"十三五"普通高等教育本科系列教材

电工与电子技术

DIANGONG YU DIANZI JISHU

主　编　陶彩霞　田　莉
副主编　田晶京　赵　霞
编　写　张廷荣
主　审　彭曙蓉

U0300255

中国电力出版社
CHINA ELECTRIC POWER PRESS

内 容 提 要

本书是在工程教育认证背景下，以 CDIO 的工程教育思想编写而成。CDIO 代表构思（Conceive）、设计（Design）、实现（Implement）和运作（Operate）。

全书共分 2 篇 13 章，内容主要包括电路的基本概念与基本分析方法、正弦交流电路、三相正弦交流电路、磁路及变压器、交流电动机、继电接触器控制系统、可编程序控制器、常用半导体器件、基本放大电路、集成运算放大器、数字电路基础与组合逻辑电路、触发器与时序逻辑电路、大规模集成电路等。本书在系统完整的教学内容基础之上借助最新的信息技术，用二维码嵌入了大量的电器、原理电路、实际应用电路的动画、仿真、视频，以及"知识延伸与应用"，帮助学生掌握概念，理解原理，理论联系实际，启迪思维，开拓能力。

本书为高等理工科非电专业电工电子技术课程分层教学编写，也可作为高等理工科非电类专业一般电工电子课程使用，同时可供有关科技、工程技术人员参考。

图书在版编目（CIP）数据

电工与电子技术/陶彩霞，田莉主编 . —北京：中国电力出版社，2019.8（2022.6 重印）
"十三五"普通高等教育本科规划教材
ISBN 978 - 7 - 5198 - 3316 - 9

Ⅰ. ①电… Ⅱ. ①陶… ②田… Ⅲ. ①电工技术—高等学校—教材②电子技术—高等学校—教材
Ⅳ. ①TM②TN

中国版本图书馆 CIP 数据核字（2019）第 125229 号

出版发行：中国电力出版社
地　　址：北京市东城区北京站西街 19 号（邮政编码 100005）
网　　址：http://www.cepp. sgcc. com. cn
责任编辑：乔　莉（010 - 63412535）
责任校对：黄　蓓　常燕昆
装帧设计：赵姗姗
责任印制：钱兴根

印　　刷：北京天宇星印刷厂
版　　次：2019 年 8 月第一版
印　　次：2022 年 6 月北京第四次印刷
开　　本：787 毫米×1092 毫米　16 开本
印　　张：20.75
字　　数：526 千字
定　　价：54.00 元

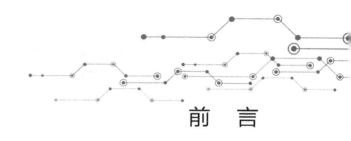

前　言

　　我国的高等教育特别是工程教育与经济发展的需要还存在很大差距，培养的工程技术人才不能很好地满足现代企业的要求。2010 年 6 月教育部启动的"卓越工程师教育培养计划"就是要"着力解决高等工程教育中的实践性和创新性问题，加紧培养一批创新性强、能够适应经济和社会发展需求的各类工程科技人才"。2016 年 6 月我国正式加入《华盛顿协议》，拉开了工程教育认证的序幕，为我国各个高校的工程教育提出了新高度。CDIO 工程教育模式是近年来国际工程教育改革的最新成果。CDIO 代表构思（Conceive）、设计（Design）、实现（Implement）和运作（Operate），它让学生以主动的、实践的、课程之间有机联系的方式学习工程。培养学生工程基础知识、个人能力、人际团队能力和工程系统能力。在这一思想的指导下，我们提出了"工程应用能力强、自主学习能力强、专业创新能力强、社会适应能力强"的"四强"培养目标，研究并实践以"四强"为目标、以工程应用为核心的工程应用人才培养的教学模式。本套教材正是在这样一个背景下编写出版。

　　本套教材突出了以下特点：①保证基础，加强概念，培养思路；②面向更新，理论联系实践；③注重启迪思维、开拓能力，培养学生较高的科学素质；④精选传统内容，引进新技术与新方法；⑤问题分析深入浅出，详略得当，着重培养学生的自学、探索与创新的意识与能力；⑥培养学生运用所学知识和方法解决工程应用问题的能力，为未来的学习、工作奠定基础。

　　教材借助最新的信息技术，用二维码嵌入大量的电器、原理电路、实际应用电路的动画、仿真以及视频，帮助学生掌握概念、理解原理、理论联系实际、启迪思维、开拓能力。用二维码嵌入的"知识延伸与应用"引导学有余力，基础较好的学生开拓眼界，提高自学、探索与创新的意识，使他们有持久的学习动力与自觉的钻研习惯，能灵活运用所学知识和方法分析、解决问题，为后继课程的学习及成为具有较高素质的应用型和研究型工程技术人才打下良好的基础。

　　本教材由兰州交通大学陶彩霞、田莉主编。本书第 1～3 章由田晶京编写，第 4、9、10 章由田莉编写，第 5 章和附录由陶彩霞编写，第 6～8 章由张廷荣编写，第 11～13 章由赵霞编写，本书由陶彩霞、田莉主编，陶彩霞负责本书的统稿和定稿。在教材编写过程中，参考了大量优秀教材，受益匪浅；同时，兰州交通大学自动化与电气工程学院电工学教研室全体老师对此书的编写给予了大力支持；中国电力出版社的有关编辑及工作人员为此书的顺利出版也付出了积极的努力。在此，一并致以诚挚的谢意。

　　本书由长沙理工大学彭曙蓉主审，提出了许多宝贵意见和修改建议，在此表示衷心的感谢和敬意。

最后，感谢使用本书的各高校同行教师和读者。虽然我们精心组织，认真编写，但难免有疏漏和不妥之处，恳请读者给予批评指正。

编　者

2019 年 4 月

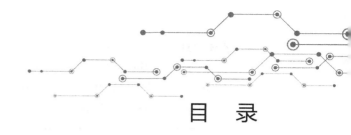

目　录

前言

上篇　电　工　技　术

第1章　电路的基本概念与基本分析方法 ……………………………………………… 1

1.1　电路的基本概念 ………………………………………………………………… 1

1.2　基尔霍夫定律 ……………………………………………………………………… 11

1.3　电路的基本分析方法 ……………………………………………………………… 12

1.4　一阶电路的暂态分析 ……………………………………………………………… 20

1.5　用 Multisim 对电路进行仿真 …………………………………………………… 24

本章小结 ……………………………………………………………………………… 27

习题 …………………………………………………………………………………… 27

第2章　正弦交流电路 ……………………………………………………………………… 31

2.1　正弦量的基本概念 ………………………………………………………………… 31

2.2　单一参数的交流电路 ……………………………………………………………… 35

2.3　一般正弦交流电路的分析 ………………………………………………………… 41

2.4　电路中的谐振 ……………………………………………………………………… 49

2.5　用 Multisim 对单相交流电路进行仿真 ………………………………………… 51

本章小结 ……………………………………………………………………………… 53

习题 …………………………………………………………………………………… 54

第3章　三相正弦交流电路 ………………………………………………………………… 58

3.1　对称三相正弦交流电源 …………………………………………………………… 58

3.2　负载的星形和三角形连接 ………………………………………………………… 60

3.3　三相电路的功率 …………………………………………………………………… 63

3.4　用 Multisim 对三相电路进行仿真 ……………………………………………… 64

本章小结 ……………………………………………………………………………… 67

习题 …………………………………………………………………………………… 67

第4章　磁路及变压器 ……………………………………………………………………… 69

4.1　磁路 ………………………………………………………………………………… 69

4.2　交流铁芯线圈电路 ………………………………………………………………… 71

4.3　变压器结构及工作原理 …………………………………………………………… 73

4.4　其他用途变压器 …………………………………………………………………… 80

本章小结 ……………………………………………………………………………… 82

习题 …………………………………………………………………………………… 82

第5章　交流电动机 ·· 84

5.1　三相异步电动机构造 ··· 84

5.2　三相异步电动机铭牌数据 ······································ 86

5.3　三相异步电动机转动原理 ······································ 87

5.4　三相异步电动机电磁转矩 ······································ 92

5.5　三相异步电动机机械特性 ······································ 94

5.6　三相异步电动机启动 ··· 97

5.7　三相异步电动机调速 ·· 101

5.8　三相异步电动机制动 ·· 102

5.9　单相异步电动机 ·· 103

本章小结 ·· 105

习题 ·· 106

第6章　继电接触器控制系统 ······································ 108

6.1　常用控制电器 ·· 108

6.2　三相异步电动机的基本控制电路 ································ 114

6.3　行程控制 ·· 119

6.4　应用举例 ·· 120

本章小结 ·· 124

习题 ·· 125

第7章　可编程序控制器 ·· 128

7.1　可编程序控制器硬件组成与工作原理 ···························· 128

7.2　可编程序控制器编程语言 ······································ 133

7.3　S7－400 系列 PLC 的指令系统 ································· 135

7.4　PLC 梯形图控制程序的设计 ··································· 138

本章小结 ·· 142

习题 ·· 142

下篇　电子技术

第8章　常用半导体器件 ·· 144

8.1　半导体基础知识 ·· 144

8.2　半导体二极管 ·· 147

8.3　晶体三极管 ·· 155

8.4　绝缘栅型场效应晶体管 ·· 161

8.5　应用举例 ·· 165

8.6　用 Multisim 对二极管电路的仿真实验 ························· 166

本章小结 ·· 166

习题 ·· 167

第 9 章　基本放大电路 ·· 169

9.1　放大电路的基本概念和主要性能指标 ··· 169

9.2　共射极放大电路 ··· 171

9.3　共集电极放大电路 ··· 178

9.4　场效应管放大电路 ··· 180

9.5　多级放大电路 ·· 182

9.6　差分放大电路 ·· 184

9.7　功率放大器 ··· 186

9.8　应用举例 ··· 189

9.9　用 Multisim 对基本放大电路的仿真实验 ·· 190

本章小结 ·· 191

习题 ··· 192

第 10 章　集成运算放大器 ··· 195

10.1　集成运算放大器概述 ··· 195

10.2　放大电路中的负反馈 ··· 198

10.3　运算放大器的线性应用 ·· 202

10.4　运算放大器的非线性应用 ··· 210

10.5　集成运算放大器的应用举例 ·· 214

10.6　用 Multisim 对波形发生器的仿真实验 ··· 215

本章小结 ·· 216

习题 ··· 217

第 11 章　数字电路基础与组合逻辑电路 ·· 221

11.1　数字电路基础知识 ·· 221

11.2　集成门电路 ·· 233

11.3　组合逻辑电路的分析与设计 ·· 236

11.4　应用举例 ·· 248

11.5　用 Multisim 对组合逻辑电路的仿真实验 ·· 250

本章小结 ·· 251

习题 ··· 251

第 12 章　触发器与时序逻辑电路 ·· 255

12.1　触发器 ··· 255

12.2　常用时序逻辑电路 ·· 262

12.3　555 定时器及其应用 ··· 273

12.4　应用举例 ·· 278

12.5　用 Multisim 对时序逻辑电路仿真 ·· 280

本章小结 ·· 281

习题 ··· 282

第 13 章　大规模集成电路 ··· 285

　　13.1　模拟量和数字量的相互转换 ·· 285

　　13.2　可编程逻辑器件 ·· 289

　　13.3　芯片及应用举例 ·· 294

　　本章小结 ··· 297

　　习题 ··· 298

附录 A　电阻器和电容器的命名方法及性能参数 ······················· 299

附录 B　Y 系列三相异步电动机技术数据及型号说明 ··················· 302

附录 C　常用低压控制电器的电气图形、文字符号及技术数据 ········· 304

附录 D　Multisim10 软件使用简介 ···································· 309

附录 E　半导体分立器件命名方法 ···································· 316

附录 F　半导体集成电路型号命名方法及性能参数 ····················· 320

参考文献 ·· 323

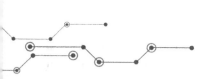

上篇 电 工 技 术

第 1 章

电路的基本概念与基本分析方法

电路分析是电工技术和电子技术的基础。本章从电路模型入手，通过电阻电路讨论电路的基本物理量、电路的基本定律、电压和电流的参考方向等；介绍基尔霍夫定律并以直流电路为例介绍分析电路的一些基本方法和定理；介绍电路瞬态过程的概念及其产生的原因；介绍一阶线性电路暂态过程分析方法。

1.1 电路的基本概念

1.1.1 电路与电路模型

1. 电路的组成与作用

电路即电流的通路，它是为了满足某种用途由某些电器设备或器件按一定的方式相互连接组成的。

电路一般包括电源、负载和中间环节三个组成部分。电源是将非电能量转换为电能量的供电设备，例如电池、发电机等。负载是将电能量转换为非电能量的用电设备，例如电动机、照明灯等。负载的大小用负载取用的功率大小来衡量。中间环节，是指对电路实现连接、控制、测量及保护的装置与设备，包括导线、开关和熔断器等。

电路的作用一般分为两类：①实现电能的传输和转换。如电力系统，发电机产生的电能通过输电线输送到各用户，如图 1.1（a）所示。由于这类电路电压较高，电流、功率较大，常称为强电电路。②用于电信号的传递和处理，如收音机和电视机，它们的接收天线（信号源）把载有语音、图像信息的电磁波接收后转换为相应的电信号，通过电路传递和处理信号，送到扬声器和显像管（负载），还原为原始信息。这类电路通常电压较低，电流、功率较小，常称为弱电电路。例如扩音机电路，如图 1.1（b）所示。

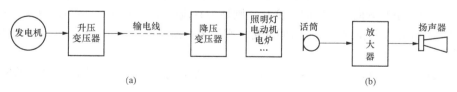

图 1.1 电路示意图

（a）电力系统；（b）扩音机电路

学习札记

不论是电能的传输和转换，还是信号的传递和处理，其中电源或信号源的电压或电流称为激励，它推动电路工作；激励在电路各部分产生的电压和电流称为响应。电路分析，就是在已知电路结构和元件参数的条件下，讨论激励与响应之间的关系。

2. 电路模型和电路元件

各种实际电路都是由电阻、电容、电感线圈、变压器、晶体管、发电机、电池等实际电气器件组成的。这些实际电气器件的物理特性一般是比较复杂的。一种实际电气器件往往同时具有几种物理特性。例如，一个实际的电感线圈，当有电流通过时，不仅会产生磁通，形成磁场，而且还会消耗电能。即线圈不仅具有电感性质，而且具有电阻性质。不仅如此，电感线圈的匝与匝之间还存在分布电容，具有电容性质。

为了便于对实际电路进行分析和计算，将实际元件理想化或称模型化，即在一定的条件下突出其主要的电磁性质，忽略其次要因素，将它近似地看作理想电路元件。由一些理想电路元件所组成的电路，就是实际电路的电路模型，它是对实际电路电磁性质的科学抽象与概括。

理想电路元件（简称电路元件）分为有源元件和无源元件两类。基本的有源元件有电压源和电流源［依次见图 1.2（a）、(b)］，基本的无源元件有电阻元件 R、电感元件 L、电容元件 C［依次见图 1.2（c）、(d)、(e)］。这些理想电路元件具有单一的物理特性和严格的数学定义。实际电气器件消耗电能的物理特性用电阻元件来表征，实际电气器件存储磁场能的物理特性用电感元件来表征；实际电气器件存储电场能的物理特性用电容元件来表征。这样，根据不同的工作条件，可以把一个实际电气器件用一个理想电路元件或几个理想电路元件的组合来模拟，从而把一个由实际电气器件连接成的实际电路转化为一个由理想电路元件组合而成的电路模型。建立实际电路的电路模型是分析研究电路问题的常用方法。

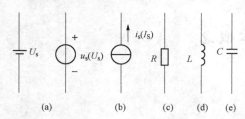

图 1.2　理想电路元件模型

(a) 电压源；(b) 电流源；(c) 电阻元件；
(d) 电感元件；(e) 电容元件

1.1.2　电路的基本物理量及其参考方向

1. 电流

把单位时间内通过导体横截面的电荷量定义为电流强度，用以衡量电流的大小。电流强度简称为电流，用符号 i 表示，即

$$i = \frac{\mathrm{d}q}{\mathrm{d}t} \tag{1.1}$$

式中：电荷量 q 的单位为库仑（C）；时间 t 的单位为秒（s）；电流 i 的单位为安培（A）。

如果电流的大小和方向都不随时间变化，则称为直流电流（direct current，DC），用大写字母 I 表示。如果电流的大小和方向都随时间变化，则称为交流电流（alternating current，AC），用小写字母 i 表示。

习惯上规定正电荷运动的方向或负电荷运动的反方向为电流的实际方向。电流的实际方向是客观存在的。

2. 电位、电压和电动势

(1) 电位。电位在数值上等于电场力把单位正电荷从电场中某点移到零电位点所做的功。工

程上常选与大地相连的部件（如机壳等）作为参考点，没有与大地相连部分的电路，常选电路的公共结点为参考点，并称为地；在电路分析中，可选电路中一点作为各点电位的参考点，用接地符号"⊥"标出。电路中 a 点的电位记为 V_a。

（2）电压。电压是电场力把单位正电荷从电场中的 a 点移到 b 点所做的功。电压用字母 $u(U)$ 表示，a、b 两点间的电压记作 $u_{ab}(U_{ab})$，下标 a、b 表明电压方向由 a→b。

电压和电位的单位都是伏特，简称伏（V）。根据电压与电位的定义可知，a、b 两点间的电压等于 a、b 两点间的电位之差，即

$$U_{ab} = V_a - V_b \tag{1.2}$$

若以 b 为参考点，a、b 两点间的电压等于 a 点的电位。

注意：

1）若 $V_a > V_b$，则 $U_{ab} > 0$；反之，$U_{ab} < 0$。电压的方向为电位降低的方向。

2）电位是相对的，电压是绝对的。即电路中参考点选的不同，各点电位值也不同，但是任两点间的电位差不会变，它与参考点的选择无关。

3）电位值与电压值都与计算时所选的路径无关。

在电子电路中，为了作图的简便和图面的清晰，常利用电位的概念简化电路。即把供给电路能量的直流电源的一端接"地"，另一端用等于电源电压值的电位表示。例如图 1.3（a）可简化为图 1.3（b）。

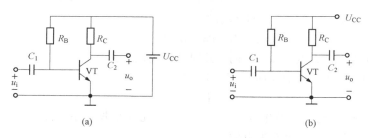

图 1.3　利用电位的概念简化电路

（a）三极管放大电路；（b）三极管放大电路简化

（3）电动势。电动势是外力把单位正电荷在电源内部由低电位端移到高电位端所做的功。电动势用字母 $e(E)$ 表示，单位与电压相同，方向为电位升高的方向，与电压方向相反。

3. 电压与电流的参考方向

在进行电路的分析与计算时，需要知道电压与电流的方向。在简单直流电路中，可以根据电源的极性判别出电压和电流的实际方向，但在复杂直流电路中，电压和电流的实际方向往往是无法预知的，而且可能是待求的；而在交流电路中，电压和电流的实际方向是随时间不断变化的。因此，在这些情况下，需要给它们假定一个方向作为电路分析与计算时的参考。这些假定的方向称为参考方向或正方向。在参考方向下，电压与电流都是代数量。当电压、电流的参考方向与实际方向一致时，则解得的电压、电流值为正；相反时则为负。分析电路前应先在电路中标出各电压与电流的正方向，如图 1.4 所

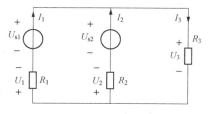

图 1.4　电压、电流的参考方向

示。参考方向一经选定不得再更改，以免与其代数值不符。

原则上电压与电流的参考方向可以任意假定，为了电路分析方便起见，在假定无源电路元件的电压、电流参考方向时，通常将两者的参考方向取为电流从电压的正端流向负端，称为关联参考方向；对电源的电压和电流的参考方向，一般习惯于取非关联参考方向。

4. 电功率

电功率是电路分析中常用到的另一个物理量。我们知道在电路接通后，电路中同时进行着电能与非电能的转换，根据能量守恒定律，电源发出的电能等于负载消耗或吸收电能的总和。

负载消耗或吸收的电能即电场力移动电荷所做的功，用字母 W 表示，计算式为

$$W = \int_0^q u\,\mathrm{d}q = \int_0^t ui\,\mathrm{d}t \tag{1.3}$$

式中：t 为电流通过负载的时间。

功率是单位时间内消耗的电能，瞬时功率用字母 p 表示，计算式为

$$p = \frac{\mathrm{d}W}{\mathrm{d}t} \tag{1.4}$$

在直流情况下

$$W = UIt \tag{1.5}$$
$$P = UI \tag{1.6}$$

在国际单位制中，电功率的单位为瓦特，简称瓦（W）；电能的单位为焦耳（J）；工程上也常用度（千瓦时 kWh）作为电能的单位。它们之间的换算关系为

$$1\mathrm{kWh} = 1000\mathrm{W} \times 3600\mathrm{s} = 3.6 \times 10^6 \mathrm{J}$$

以上各式为元件电压、电流参考方向一致时消耗电功率的表达式；当元件电压、电流参考方向不一致时，电功率的表达式前要加"—"号，即

$$P = -UI \tag{1.7}$$

无论是上述哪种情况，如结果为 $P > 0$，表示该元件吸收功率，此元件为负载；如结果为 $P < 0$，则表示输出功率，此元件为电源。

1.1.3 电路元件

1. 电阻元件

电气设备中不可逆地将电能转换成其他形式能量的特征可用"电阻"这个理想电路元件来表征。例如电灯、电炉等都可以用电阻来表示。

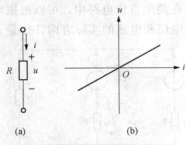

图 1.5 电阻元件
(a) 符号；(b) 伏安特性

电阻的符号如图 1.5（a）所示。当电流通过它时将受到阻力，沿电流方向产生电压降，如图 1.5（a）所示。电压降与电流之间的关系遵从欧姆定律。在关联参考方向下，其表达式为

$$u = Ri \tag{1.8}$$

式中：R 为电阻元件阻碍电流变化这一物理性质的参数，Ω。

电阻元件也可用电导参数来表征，它是电阻 R 的倒数，用字母 G 表示，即

$$G = \frac{1}{R} \tag{1.9}$$

学习札记

电导的单位是西门子（S）。

在直角坐标系中，如果电阻元件的电压—电流特性（伏安特性）为通过坐标原点的一条直线〔见图 1.5（b）〕，则定义为线性电阻。这条直线的斜率就等于线性电阻的电阻值，是一个常数。

如果电阻元件的电阻值随着通过它的电流（或其两端的电压）的大小和方向变化，则称为非线性电阻，其伏安特性是曲线。

电流通过电阻元件时电阻消耗的电功率在 u、i 取关联参考方向时为

$$P = ui = Ri^2 = \frac{u^2}{R} \tag{1.10}$$

由于电阻元件的电流和电压降的实际方向总是一致的，所以计算出的功率任何时刻都是正值，是消耗电能。因此，电阻是一种耗能元件。

2. 电感元件

电感元件是用来表征电路中储存磁场能这一物理性质的理想元件。当有电流流过电感元件时，其周围将产生磁场。磁通是描述磁场的物理量，磁通与产生它的电流方向间符合右手螺旋定则，如图 1.6（a）所示。

如果电感元件，即线圈有 N 匝，并且绕得比较密集，可以认为通过各匝的磁通相同，与线圈各匝相交链的磁通总和称为磁链，即 $\psi = N\phi$。ψ 与通过线圈的电流 i 的比值为

$$L = \frac{\psi}{i} = \frac{N\phi}{i} \tag{1.11}$$

式中：ψ（或 ϕ）为磁链，Wb；i 为电流，A；L 为线圈的电感，是电感元件的参数，H。

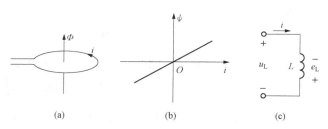

图 1.6 电感元件
(a) Φ，i 方向；(b) 韦安特性；(c) 符号

由式（1.11）可画出磁链与电流之间的函数关系，即电感的韦安特性。如果线圈的 ψ 与 i 的比值是一个大于零的常数，其韦安特性是一条通过坐标原点的直线〔见图 1.6（b）〕，则称为线性电感，否则称为非线性电感。如果线圈的电阻很小，可以忽略不计，而且线圈的电感为线性电感时，该线圈便可用图 1.6（c）所示的理想电感元件来代替。根据电磁感应定律，当线圈中的电流变化时，磁通与磁链将随之变化，并在线圈中产生感应电动势 e_L，而元件两端就有电压 u_L。e_L 的方向与磁链方向间符合右手螺旋定则，e_L 的值正比于磁链的变化率，即

$$e_L = -\frac{\mathrm{d}\psi}{\mathrm{d}t} \tag{1.12}$$

因此，在图 1.6（c）中，关联参考方向下，u_L 与 i 的参考方向是一致的，可得

$$e_L = -L\frac{\mathrm{d}i}{\mathrm{d}t} \tag{1.13}$$

根据基尔霍夫电压定律有 $u_L = -e_L$，由此可知电感电压和电流的关系为

$$u_L = L\frac{\mathrm{d}i}{\mathrm{d}t} \tag{1.14}$$

式（1.14）表明，电感电压与电流的变化律成正比。如果通过电感元件的电流是直流电流，则

$\dfrac{di}{dt}=0$，$u_L=0$，因此，在直流电路中，电感元件相当于短路。将式（1.14）等号两边积分并整理，可得电流 i 与电压 u_L 的积分关系式

$$i=\frac{1}{L}\int_{-\infty}^{t}u_L dt=\frac{1}{L}\int_{-\infty}^{0}u_L dt+\frac{1}{L}\int_{0}^{t}u_L dt=i(0)+\frac{1}{L}\int_{0}^{t}u_L dt \tag{1.15}$$

其中，$i(0)$ 为计时时刻 $t=0$ 时的电流值，又称初始值。式（1.15）说明了电感元件在某一时刻的电流值，不仅取决于 $[0,t]$ 区间的电压值，而且与电流的初始值有关。因此，电感元件有"记忆"功能，是一种记忆元件。在电压、电流关联参考方向下，电感元件吸收的电功率为

$$p=u_L i=Li\frac{di}{dt} \tag{1.16}$$

当 i 的绝对值增大时，$i\dfrac{di}{dt}>0$，$p>0$，说明此时电感从外部输入电功率，把电能转换成了磁场能；当 i 的绝对值减小时，$i\dfrac{di}{dt}<0$，$p<0$，说明此时电感向外部输出电功率，把磁场能又转换成了电能。可见，电感中储存磁场能的过程也是能量的可逆转换过程。若电流 i 由零增加到 I 值，电感元件吸收的电能为

$$W=\int_{0}^{I}Li\,di=\frac{1}{2}LI^2 \tag{1.17}$$

若电流 i 由 I 值减小到零值，则电感元件吸收的电能为

$$W'=\int_{I}^{0}Li\,di=-\frac{1}{2}LI^2 \tag{1.18}$$

W' 为负值，表明电感放出能量。比较式（1.17）、式（1.18）可见，电感元件吸收的能量与放出的能量相等。电感元件是储能元件。实际的空心电感线圈，当它的耗能作用不可忽略且电源频率不高时，常用电阻元件与电感元件的串联组合模型来表示。

当电感线圈中插入铁芯时，因电感的韦安特性不为直线，故电感不是常数，属于非线性电感。

3. 电容元件

电容是用来表征电路中储存电场能这一物理性质的理想元件。凡用绝缘介质隔开的两个导体就构成了电容器。如果忽略中间介质的漏电现象，则可看作是一个理想电容元件。

当电容元件两端加有电压 u 时，它的两极板上就会聚集等量异性的电荷 q，在极板间建立电场。电压 u 越高，聚集的电荷 q 越多，产生的电场越强，储存的电场能也越多。q 与 u 的比值

$$C=\frac{q}{u} \tag{1.19}$$

称为电容，它的单位为法拉（F）。由于法的单位太大，使用中常采用微法（μF）或皮法（pF）。由式（1.19）可画出一条电荷 q 与电压 u 之间的函数关系曲线（电容的库伏特性曲线）。当电容上的 q 与 u 的比值是一个大于零的常数，其库伏特性是一条通过坐标原点的直线［见图1.7（a）］，则称为线性电容，否则称为非线性电容。

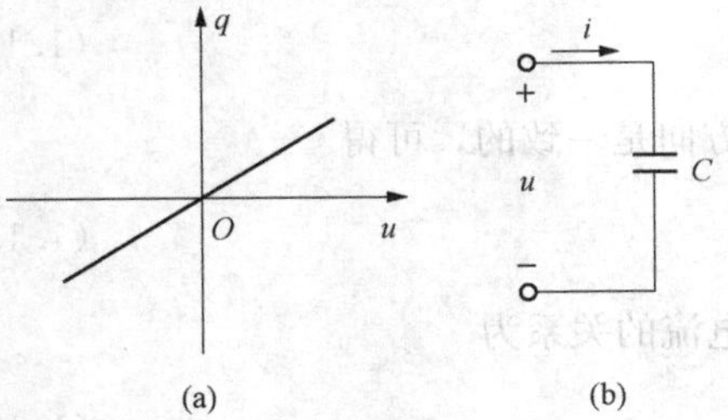

当电容元件两端的电压随时间变化时，极板上储存的电荷就随之变化，与极板连接的导线中就有电流。若 u

图1.7　电容元件
(a) 库伏特性；(b) 符号

与 i 的参考方向如图 1.7（b）所示，则

$$i = \frac{dq}{dt} = C\frac{du}{dt} \tag{1.20}$$

式（1.20）表明，线性电容的电流 i 与端电压 u 对时间的变化律 $\frac{du}{dt}$ 成正比。对于直流电压，电容的电流为零，故电容元件对直流来说相当于开路。在电压、电流关联参考方向下，电容元件吸收的电功率为

$$p = ui = Cu\frac{du}{dt} \tag{1.21}$$

若电压 u 由零增加到 U 值，电容元件吸收的电能为

$$W = \int_0^U Cu\,du = \frac{1}{2}CU^2 \tag{1.22}$$

若电压 u 由 U 值减小到零，则电容元件吸收的电能为

$$W' = \int_U^0 Cu\,du = -\frac{1}{2}CU^2 \tag{1.23}$$

W' 为负值，表明电容放出能量。比较式（1.22）、式（1.23），电容元件吸收的电能与放出的电能相等，故电容元件不是耗能元件，是储能元件。

对于实际电容器，当其介质损耗不能忽略时，可用一个电阻元件与电容元件的并联组合模型来表示。

电阻器和电容器的命名方法及性能参数见附录 A。

4. 独立电源

为电路提供电能的元件称为电源。电源分为独立电源元件和受控电源元件两大类。独立电源元件（简称独立电源）能独立地给电路提供电压和电流，而不受其他支路的电压或电流的支配。独立电源元件即理想电源元件，它是从实际电源中抽象出来的。当实际电源本身的功率损耗可以忽略不计，而只起产生电能的作用时，这种电源便可用一个理想电源元件来表示。理想电源元件分理想电压源和理想电流源两种。

（1）理想电压源。理想电压源有两个基本性质。

1）它的端电压总保持恒定值 U_s 或为某确定的时间函数 $u_s(t)$，而与流过它的电流无关，所以也称为恒压源。

2）它的电流由与它连接的外电路决定。电流可以从不同的方向流过恒压源，因而电压源既可向外电路输出能量，又可以从外电路吸收能量。

理想电压源的图形符号如图 1.8（a）所示，上面标明了其电压、电流的正方向。图 1.8（b）常用来表示直流理想电压源（如理想电池）。其伏安特性如图 1.8（c）所示，为平行于 i 轴且纵坐标为 U_s 的直线。伏安特性也表明了理想电压源的端电压与通过它的电流无关。

（2）理想电流源。理想电流源也有两个基本性质。

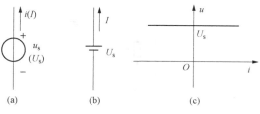

图 1.8 理想电压源

（a）理想电压源图形符号；

（b）直流理想电压源图形符号；（c）伏安特性

1）它输出的电流总保持恒定值 I_s 或为某确定的时间函数 $i_s(t)$，而与它两端的电压无关，所以也称为恒流源。

2）它两端的电压由与它连接的外电路决定。其端电压可以有不同的方向，因而电流源既可向外电路输出能量，又可以从外电路吸收能量。

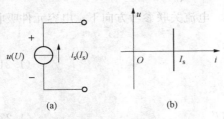

图 1.9　理想电流源

(a) 图形符号；(b) 伏安特性

理想电流源的图形符号如图 1.9（a）所示，上面标明了其电压、电流的正方向。其伏安特性如图 1.9（b）所示，为平行于 u 轴的直线。该直线表明理想电流源的电流与它的端电压无关。无论是理想电压源还是理想电流源都有两种工作状态。当它们的电压和电流的实际方向与图 1.8（a）和图 1.9（a）中规定的参考方向相同时，它们输出（产生）电功率，起电源的作用；否则，它们取用（消耗）电功率，起负载的作用。

（3）实际电源模型。一个实际的电源一般不具有理想电源的特性，例如蓄电池、发电机等电源不仅对负载产生电能，而且在能量转换过程中有功率损耗，即存在内阻，实际的电源可以通过图 1.10（a）所示电路测出其伏安特性（外特性），如图 1.10（b）所示，其端电压随输出电流的增大而减小，是一条与 u、i 坐标轴相交的斜直线。实际电源的等效内阻，用 R_s 表示。图 1.11（a）和（b）点画线框中分别为一个理想电压源与一个线性电阻串联组合的支路和一个理想电流源与一个线性电阻并联组合的支路。按图 1.11 所示电压和电流的正方向，其外特性方程为

$$U = U_s - R_s I \tag{1.24}$$

$$I = I_s - \frac{U}{R_s} \tag{1.25}$$

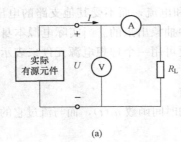
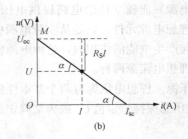

图 1.10　实际电源

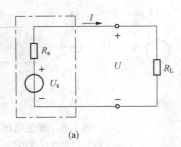
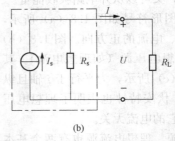

图 1.11　实际电源的电压源模型和电流源模型

(a) 电压源模；(b) 电流源模型

学习
札记

所以一个实际电源可用一个理想电压源 U_s 与一个线性电阻 R_s 的串联模型或一个理想电流源 I_s 与一个线性电阻 R_s 的并联模型等效代替。其中，理想电压源 U_s 在数值上等于实际电源的开路电压 U_{oc}；理想电流源 I_s 在数值上等于实际电源的短路电流 I_{sc}；R_s 等于实际电源的等效内阻。以上两种电路模型分别简称为实际电源的电压源模型和电流源模型。

（4）两种电源模型的等效互换。一个实际电源可以用两种模型来等效代替，这两种模型之间一定存在等效互换的关系。互换的条件可由式（1.24）和式（1.25）比较得出

$$U_s = R_s I_s \quad 或 \quad I_s = \frac{U_s}{R_s} \tag{1.26}$$

注意：

1）电压源模型和电流源模型等效互换只对外电路而言，也就是说，两种电源模型分别连接任意相同的外电路，对外电路产生的效果完全一样。一般情况下，两种电源模型内部并不等效。

2）理想电压源与理想电流源之间不存在等效变换关系。这是因为对理想电压源（$R_s=0$），其短路电流 I_s 为无穷大，而对理想电流源（$R_s=\infty$），其开路电压 U_s 为无穷大，都不能得到有限的数值，故两者之间不存在等效变换的条件。

3）任何一个理想电压源和电阻相串联的支路都可与一个理想电流源和电阻相并联的支路相互等效变换。所以采用两种电源模型的等效互换方法，可以将较复杂的电路化简为简单电路，给电路分析带来方便。

[例 1.1]　一个实际电源给负载 R_L 供电，已知电源的开路电压 $U_{oc}=4\text{V}$，内阻 $R_s=1\Omega$，负载 $R_L=3\Omega$。试画出电源的两种等效模型，并计算负载 R_L 分别接于两种模型时的电流、电压、消耗的功率、电源产生的功率，以及电源内部消耗的功率。

解：（1）实际电源的两种等效模型分别如图 1.12（a）和（b）点画线框中部分所示，则

$$U_s = U_{oc} = 4\text{V}, \ R_s = 1\Omega$$

$$I_s = I_{sc} = \frac{U_s}{R_s} = 4\text{A}$$

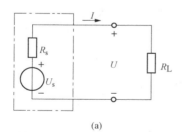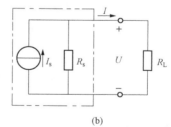

（a）　　　　　　　　　　　　　（b）

图 1.12　例 1.1 的图

（a）理想电压源与电阻串联；（b）理想电流源与电阻并联

（2）依据图 1.12（a）设定的电压、电流参考方向下：

负载电流　　　　　　　$I = \dfrac{U_s}{R_s + R_L} = \dfrac{4}{1+3}\text{A} = 1\text{A}$

负载电压　　　　　　　$U = IR_L = 1 \times 3 = 3(\text{V})$

负载消耗的功率　　　　$P_L = UI = 3 \times 1 = 3(\text{W})$

电压源产生的功率　　　$P_s = U_s I = 4 \times 1 = 4(\text{W})$

电源内部消耗的功率　　　　　$P_s = R_s I^2 = 1 \times 1 = 1(\text{W})$

图 1.12（b）中，负载电流　　$I = I_s \times \dfrac{R_s}{R_s + R_L} = 4 \times \dfrac{1}{1+3} = 1(\text{A})$

负载电压　　　　　　　　　　$U = IR_L = 1 \times 3 = 3\text{V}$

负载消耗的功率　　　　　　　$P_L = I^2 R_L = 3 \times 1 = 3(\text{W})$

电流源产生的功率　　　　　　$P_{I_s} = I_s U = 4 \times 3 = 12(\text{W})$

电源内部消耗的功率　　　　　$P_{R_s} = \dfrac{U^2}{R_s} = \dfrac{3^2}{1} = 9(\text{W})$

由此例题的计算结果可以看出，同一实际电源的两种模型向负载提供的电压、电流和功率都相等，但其内部产生的功率和损耗不同。因此，两种模型对外电路的作用是等效的，对内电路不等效。

5. 受控电源

前面介绍过的电压源和电流源都是独立电源，受控电源（简称受控源）与独立电源不同，它向外电路提供的电压或电流是受其他支路的电压或电流控制的。受控源原本是从电子器件抽象出来的。受控源与独立电源在电路中的作用是完全不同的。独立电源作为电路的输入，代表外界对电路的作用，而受控源是用来表示在电子器件中所发生的物理现象，它反映了电路中某处的电压或电流能控制另一处的电压或电流。

只要电路中有一条支路的电压（或电流）受另一条支路的电压或电流控制，这两条支路就构成一个受控源。因此，可把一个受控源看成一种四端元件，其输入端口为控制支路的端口，输出端口为受控支路端口。受控源的控制支路的控制量可以是电压或电流，受控支路中只有一个依赖于控制量的电压源或电流源（受控量）。根据控制量和受控量的不同组合，受控源可分为电压控制电压源（VCVS）、电压控制电流源（VCCS）、电流控制电压源（CCVS）和电流控制电流源（CCCS）四种类型。四种类型的理想受控源模型如图 1.13 所示。

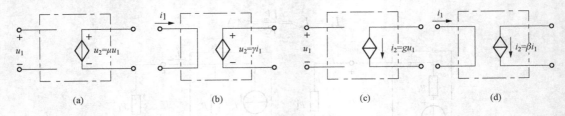

图 1.13　受控源模型
(a) VCVS; (b) CCVS; (c) VCCS; (d) CCCS

受控源的受控量与控制量之比，称为受控源的参数。图中 μ、γ、g、β 分别为四种受控源的参数。其中，VCVS 中，$\mu = \dfrac{u_2}{u_1}$ 称为电压放大倍数；VCCS 中，$g = \dfrac{i_2}{u_1}$ 称为转移电导；CCVS 中，$\gamma = \dfrac{u_2}{i_1}$ 称为转移电阻；CCCS 中，$\beta = \dfrac{i_2}{i_1}$ 称为电流放大倍数。当它们为常数时，该受控源称为线性受控源。

🎓 思考与讨论

1. 电路由哪几部分组成？它们分别在电路中起什么作用？
2. 有一元件接于某电路的 a、b 两点之间，已知 $U_{ab} = -5\text{V}$，试问 a、b 两点哪点电位高？

学习
札记

3. 如果一个电感元件两端的电压为零，其储能是否也等于零？如果一个电容元件中的电流为零，其储能是否也等于零？

4. 电感元件中通过恒定电流时可视作短路，是否此时电感 L 为零？电容元件两端加恒定电压时可看作开路，是否此时电容 C 为无穷大？

5. 电流源外接电阻越大，其端电压越高，是否正确？

6. 某实际电源的外特性为 $U=10-5I$，外接电阻 $R=2\Omega$，供出电流为多少？

1.2 基尔霍夫定律

分析与计算电路的基本定律除了欧姆定律以外，还有基尔霍夫定律。基尔霍夫定律分为电流定律和电压定律。在讨论基尔霍夫两个定律之前，首先介绍几个名词。

结点：三条或三条以上、含有电路元件的电路分支的连接点。如图 1.14 所示电路中的 a、b 两点。

支路：两个结点之间的每一条分支电路。支路中通过的电流是同一电流。在图 1.14 所示电路中有 adb、acb、aeb 三条支路。

回路：电路中任意一个闭合路径称为回路。如图 1.14 中有 adbca、adbea 和 aebca 三个回路。

网孔：未被其他回路分割的单孔眼回路。如图 1.14 中有 adbca、adbea 两个网孔。

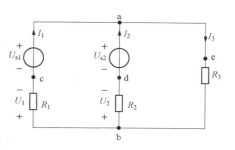

图 1.14　基尔霍夫定律

1.2.1　基尔霍夫电流定律 （KCL）

基尔霍夫电流定律说明了任何一个电路中连接在同一个结点上的各支路电流间的关系。由于电流的连续性，流入任意一个结点的电流之和必定等于流出该结点的电流之和。例如，对图 1.14 所示电路的结点 a 来说

$$I_1 + I_2 = I_3$$

或将上式改写成

$$I_1 + I_2 - I_3 = 0$$

即

$$\sum I = 0$$

这就是说，如果流入结点的电流取正，流出结点的电流取负，那么任何结点上电流的代数和就等于零。这一结论不仅适用于直流电流，而且适用于交流电流。因此基尔霍夫电流定律可表述为：在任何电路的任何一个结点上，同一瞬间电流的代数和等于零，即

$$\sum i = 0 \qquad (1.27)$$

基尔霍夫电流定律不仅适用于电路中任意一个结点，而且可以推广应用于电路中任何一个假想的闭合面。一个闭合面可看作一个广义的结点。如图 1.15 所示电路中，点画线包围部分分别有

$$I_1 + I_2 + I_3 = 0$$

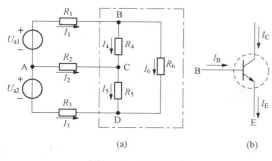

(a)　　　　　　　　(b)

图 1.15　广义结点

$$I_B + I_C = I_E$$

1.2.2 基尔霍夫电压定律 （KVL）

基尔霍夫电压定律说明了电路中任意一个回路中各部分电压之间的相互关系。由于电路中任意一点的瞬时电位具有单值性，所以在任意时刻，沿电路的任意一个闭合回路循行一周，回路中各部分电压的代数和等于零，即

$$\sum u = 0 \tag{1.28}$$

对直流电路有

$$\sum U = 0 \tag{1.29}$$

其中与回路循行方向一致的电压前取正号，不一致的电压前取负号。例如，对于图 1.14 所示电路的 adbca 回路，从 a 点出发，以顺时针方向（或逆时针方向）沿回路循行一周可列出

$$U_{s2} + U_1 - U_{s1} - U_2 = 0$$

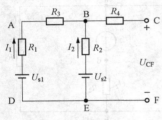

图 1.16 广义回路

基尔霍夫电压定律不仅适用于电路中任意一个闭合回路。而且还可推广应用于任何一个假想闭合的一段电路，例如在图 1.16 电路中，C、F 间无支路连通，开口处虽无电流，但有电压。可将 BCFEB 看作假想的回路（广义回路），根据 KVL 列出回路电压方程

$$U_{CF} - U_{s2} + R_2 I_2 = 0$$

由此可得 C、F 间的电压为

$$U_{CF} = U_{s2} - R_2 I_2$$

应该指出的是，在应用基尔霍夫定律时，要在电路图上标出各支路电流和各部分电压的参考方向，因为所列方程中各项前的正、负号是由它们的参考方向决定的，参考方向选得相反，则会相差一个负号。另外，基尔霍夫定律是电路的结构约束，与电路元件性质无关。

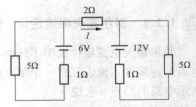

图 1.17 思考与讨论的图

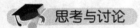

试分析图 1.17 电路中 I 是多少？

1.3 电路的基本分析方法

分析与计算电路的方法有很多，常用的有支路电流法、结点电压法、叠加原理、等效电源定理等。

1.3.1 支路电流法

支路电流法是一种最基本的电路分析方法。在介绍支路电流法之前，先介绍与支路电流法有关的几个概念。

1. 独立结点

含有 n 个结点的电路，任意选取其中的 $n-1$ 个结点，都是独立结点。剩下的一个结点是非独

学习
札记

立结点。

2. 独立回路

至少含有一条没有被其他回路所包含的支路的回路。

3. 平面电路

凡是可以画在一个平面上而不使任何两条支路交叉的电路。平面电路的每一个网孔都是独立回路。

支路电流法是以支路电流为未知变量、直接应用基尔霍夫定律列方程求解的方法。由代数学可知，求解 b 个未知变量必须用 b 个独立方程式联立求解。因此，对具有 b 条支路、n 个结点的电路，用支路电流法分析时，须根据 KCL 列出 $n-1$ 个独立的电流方程。根据 KVL 列出 $b-(n-1)$ 个独立的回路电压方程，最后解此 b 元方程组即可解得各支路电流。下面以一个例题具体说明解题步骤。

[例 1.2]　图 1.18 所示电路中，试求各支路电流。

解：（1）确定支路数，标出各支路电流的参考方向。图 1.18 所示电路有三条支路，即有三个待求支路电流。选择各支路电流的参考方向如图 1.18 所示。

（2）确定独立结点数，列出独立的结点电流方程式。图 1.18 所示电路中，有 A、B 两个结点，选结点 A 为独立结点，利用 KCL 列出独立结点方程式为

$$I_1 + I_2 - I_3 = 0$$

（3）根据 KVL 列出 $b-(n-1)$ 个独立回路电压方程式。本题有 3 条支路 2 个结点，需列出 $3-(2-1)=2$ 个独立的回路电压方程。选取两个网孔为独立回路，回路循行方向为顺时针方向，列写方程为

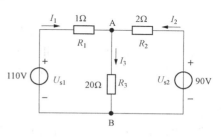

图 1.18　例 1.2 的图

$$I_1 + 20I_3 = 110$$
$$-2I_2 - 20I_3 = -90$$

（4）解联立方程式，求出各支路电流值。将以上三个方程联立求解，得

$$I_1 = 10\text{A}, \quad I_2 = -5\text{A}, \quad I_3 = 5\text{A}$$

1.3.2　结点电压法

当一个电路的支路数较多，而结点数较少时，采用结点电压法可以减少列写方程的个数，从而简化对电路的计算。

在电路中任选一个结点作为参考结点，即零电位点，其他结点与参考结点之间的电压称为独立结点电压。结点电压法是以独立结点电压为未知量，根据基尔霍夫电流定律和欧姆定律列写方程来求解各结点电压，从而求解电路方法。

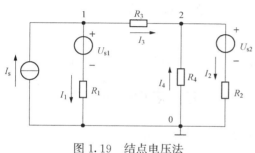

图 1.19　结点电压法

结点电压的参考极性均以零参考结点处为负。在任一回路中，各结点电压满足 KVL，所以在结点电压法中不必再列出 KVL 方程。下面以图 1.19 为例推导用结点电压法解题的方法。

在图 1.19 中，结点数 $n=3$，选结点 0 为零参考结点，结点 1 和结点 2 的电压分别以 U_1 和 U_2 表示，各支路电流的参考方向如图中所示。根据

KCL 可列出两个独立结点电流方程：

结点 1 $\qquad\qquad\qquad I_1 + I_3 = I_s$ $\qquad\qquad$ (1.30)

结点 2 $\qquad\qquad\qquad I_2 = I_3 + I_4$ $\qquad\qquad$ (1.31)

应用欧姆定律，各支路电流为

$$
\left.
\begin{aligned}
I_1 &= \frac{1}{R_1}(U_1 - U_{s1}) = G_1(U_1 - U_{s1}) \\
I_2 &= \frac{1}{R_2}(U_2 - U_{s2}) = G_2(U_2 - U_{s2}) \\
I_3 &= \frac{1}{R_3}(U_1 - U_2) = G_3(U_1 - U_2) \\
I_4 &= -\frac{1}{R_4}U_2 = -G_4 U_2
\end{aligned}
\right\}
\qquad (1.32)
$$

将式（1.32）代入式（1.30）和式（1.31）并整理后可得出求解电路的结点电压方程为

$$
\left.
\begin{aligned}
(G_1 + G_3)U_1 - G_3 U_2 &= I_s + G_1 U_{s1} \\
-G_3 U_1 + (G_2 + G_3 + G_4)U_2 &= G_2 U_{s2}
\end{aligned}
\right\}
\qquad (1.33)
$$

解联立方程组，即可求出结点电压 U_1 和 U_2，并进而求出各支路电流、电压。为了掌握列写结点电压方程的一般规律，可将式（1.33）总结出以下普遍形式：

结点 1 $\qquad\qquad\qquad G_{11}U_1 + G_{12}U_2 = I_{s11}$ $\qquad\qquad$ (1.34)

结点 2 $\qquad\qquad\qquad G_{21}U_1 + G_{22}U_2 = I_{s22}$ $\qquad\qquad$ (1.35)

等式左边，$G_{11} = G_1 + G_3$，是指连接到结点 1 的各支路的电导之和，称为结点 1 的自电导；$G_{22} = G_2 + G_3 + G_4$，是指连接到结点 2 的各支路的电导之和，称为结点 2 的自电导；$G_{12} = G_{21} = -G_3$，是指连接在结点 1 和结点 2 之间的公共电导之和的负值，称为结点 1 和结点 2 之间的互电导。在列写结点电压方程时，自电导取正，互电导取负，这是因为结点电压参考方向都假定为从该结点指向参考结点的缘故。等式左边各项相当于流出该结点的电流之和。

等式右边，I_{s11} 和 I_{s22} 是指连接到结点 1 和结点 2 上的各支路中的电流源和电压源分别流入结点 1 和结点 2 的电流之和。对于具有 $(n-1)$ 个独立结点的电路，其结点电压方程可按式（1.34）和式（1.35）推广而得。

需要指出的是，在列结点电压方程时，可不必事先指定各支路中电流的参考方向，只有需要求出各支路电流时才有必要。

[**例 1.3**] 　在图 1.20 所示电路中，$U_{s1} = 4V$，$R_1 = R_2 = R_3 = R_4 = R_5 = 1\Omega$，$I_s = 3A$，用结点电压法求各支路电流。

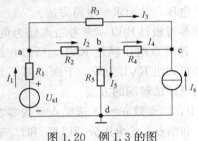

图 1.20　例 1.3 的图

解： 选结点 d 为参考结点，对独立结点分别列结点电压方程为

$$
\left.
\begin{aligned}
\left(\frac{1}{R_1} + \frac{1}{R_2} + \frac{1}{R_3}\right)U_a - \frac{1}{R_2}U_b - \frac{1}{R_3}U_c &= \frac{1}{R_1}U_{s1} \\
-\frac{1}{R_2}U_a + \left(\frac{1}{R_4} + \frac{1}{R_2} + \frac{1}{R_5}\right)U_b - \frac{1}{R_4}U_c &= 0 \\
-\frac{1}{R_3}U_a - \frac{1}{R_4}U_b + \left(\frac{1}{R_3} + \frac{1}{R_4}\right)U_c &= I_s
\end{aligned}
\right\}
$$

代入各数据，得

$$3U_a - U_b - U_c = 4 \\ U_a + 3U_b - U_c = 0 \\ -U_a - U_b + 2U_c = 3$$

解得

$$U_a = 4V, \quad U_b = 3V, \quad U_c = 5V$$

各支路电流为

$$I_1 = \frac{U_{s1} - U_a}{R_1} = \frac{4-4}{1} = 0(A)$$

$$I_2 = \frac{U_a - U_b}{R_2} = \frac{4-3}{1} = 1(A)$$

$$I_3 = \frac{U_a - U_c}{R_3} = \frac{4-5}{1} = -1(A)$$

$$I_4 = \frac{U_b - U_c}{R_4} = \frac{3-5}{1} = -2(A)$$

$$I_5 = \frac{U_b}{R_5} = \frac{3}{1} = 3(A)$$

［例 1.4］ 图 1.21 所示电路具有两个结点 A、B，取 B 点为参考结点。电流的参考方向如图所示，求结点 A 的电位。

解： 因为只有一个独立结点，所以只需列出一个结点电压方程

$$(G_1 + G_2 + G_3 + G_4)U_A = G_1 U_{s1} - G_2 U_{s2}$$

$$U_A = \frac{G_1 U_{s1} - G_2 U_{s2}}{G_1 + G_2 + G_3 + G_4} = \frac{\dfrac{U_{s1}}{R_1} - \dfrac{U_{s2}}{R_2}}{\dfrac{1}{R_1} + \dfrac{1}{R_2} + \dfrac{1}{R_3} + \dfrac{1}{R_4}}$$

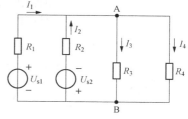

图 1.21 例 1.4 的图

总结上式可得出直接求解两结点电路的结点电压的一般表达式

$$U_A = \frac{\displaystyle\sum_{k=1}^{m} \frac{U_{sk}}{R_k}}{\displaystyle\sum_{k=1}^{m} \frac{1}{R_k}} \tag{1.36}$$

此式称为弥尔曼公式。式中的 m 为接于两结点间的支路数，U_{sk}、R_k 分别为第 k 条支路中的电压源的源电压和电阻。分子为流入 A 结点电源电流的代数和，当第 k 条支路中的 U_{sk} 方向与结点电压 U_A 方向一致时，此项为正，相反时为负；当 U_{sk} 为零时，此项为零。

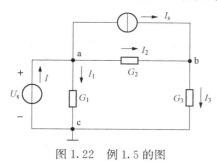

图 1.22 例 1.5 的图

对于某支路中仅含理想电压源的情况，可将该支路中理想电压源中的电流作为变量引入结点电压方程，同时也增加一个结点电压与理想电压源电压间的约束关系，这样方程数仍与变量数相同。有时还可以通过选取合适的参考结点来简化计算。

［例 1.5］ 电路如图 1.22 所示，用结点电压法求各支路电流。

解： 因该电路左边支路仅含有一个理想电压源，可设

流过该支路的电流为 I，列结点电压方程为

$$(G_1 + G_2)U_a - G_2 U_b = I - I_s$$
$$-G_2 U_a + (G_2 + G_3)U_b = I_s$$

补充约束方程

$$U_a = U_s$$

求解方程组，可求得变量 U_a、U_b 及 I 的值，然后再求出其余各支路电流 I_1、I_2 和 I_3。其实对于本题在不需要求 I 的情况下，因选择 c 点为参考结点，使得 a 点电位为已知，所以只需列出 b 点的结点电压方程即可。

1.3.3　叠加原理

叠加原理是解决许多工程问题的基础，也是分析线性电路的最基本的方法之一。线性电路，简单地说就是由线性电路元件组成并满足线性性质的电路。

叠加原理可表述为，在含有多个电源的线性电路中，任意一条支路的电流或电压等于电路中各个电源分别单独作用时在该支路中产生的电流或电压的代数和。叠加原理可用图 1.23（a）所示电路具体说明。

在图 1.23（a）所示电路中，设 U_s、I_s、R_1、R_2 已知，求电流 I_1 和 I_2，由于只有两个未知电流，利用支路电流法求解时可以只列出两个方程式。

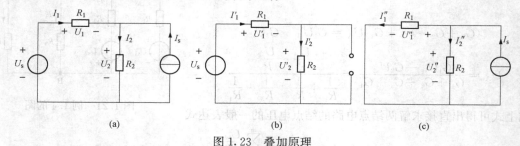

图 1.23　叠加原理

（a）原电路；（b）电压源单独作用的电路；（c）电流源单独作用的电路

上结点 $\qquad\qquad I_1 - I_2 + I_s = 0$

左网孔 $\qquad\qquad R_1 I_1 + R_2 I_2 = U_s$

由此解得

$$I_1 = \frac{U_s}{R_1 + R_2} - \frac{R_2 I_s}{R_1 + R_2} = I_1' - I_1''$$
$$I_2 = \frac{U_s}{R_1 + R_2} + \frac{R_1 I_s}{R_1 + R_2} = I_2' + I_2''$$

其中，I_1' 和 I_2' 是在理想电压源单独作用时［将理想电流源开路，见图 1.23（b）］产生的电流；I_1'' 和 I_2'' 是在理想电流源单独作用时［将理想电压源短路，见图 1.23（c）］产生的电流。同样，电压也有

$$U_1 = R_1 I_1 = R_1(I_1' - I_1'') = U_1' - U_1''$$
$$U_2 = R_2 I_2 = R_2(I_2' + I_2'') = U_2' + U_2''$$

由此可见，利用叠加原理可将一个多电源的复杂电路问题简化成若干个单电源的简单电路问题。

应用叠加原理时，应注意以下几点：

学习
札记

（1）当某个电源单独作用于电路时，其他电源应"除源"。具体地，对电压源来说，令 U_s 为零，相当于短路；对电流源来说，令 I_s 为零，相当于开路。

（2）对各电源单独作用产生的响应求代数和时，要注意单电源作用时电流和电压的方向是否和原电路中的方向一致。一致的，前为"＋"号；反之，取"－"号。

（3）叠加原理只适用于线性电路。

（4）叠加原理只适用于电路中电流和电压的计算，不能用于功率和能量的计算。例如，图 1.23（a）所示电路中 R_1 消耗的功率为 $P_1 = R_1 I_1^2 = R_1 (I_1' - I_1'')^2 \neq R_1 I_1'^2 - R_1 I_1''^2$。

[**例 1.6**] 电路如图 1.24（a）所示。试完成：（1）用叠加原理求电压 U；（2）求电流源提供的功率。

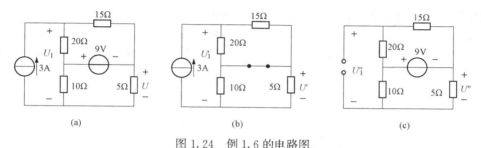

图 1.24 例 1.6 的电路图

（a）原电路；（b）3A 电流源单独作用；（c）9V 电压源单独作用

解：（1）当 3A 电流源单独作用时的等效电路如图 1.24（b）所示，由叠加原理得

$$U' = \frac{5 \times 10}{5 + 10} \times 3 = 10 (\text{V})$$

9V 电压源单独作用时的等效电路如图 1.24（c）所示，则

$$U'' = -\frac{5}{5 + 10} \times 9 = -3 (\text{V})$$

因此

$$U = U' + U'' = 10 + (-3) = 7 (\text{V})$$

（2）由图 1.24（b）
$$U_1' = \left(\frac{15 \times 20}{15 + 20} + \frac{5 \times 10}{5 + 10} \right) \times 3 = 35.7 (\text{V})$$

由图 1.24（c）
$$U_1'' = -\frac{20}{20 + 15} \times 9 + \frac{10}{5 + 10} \times 9 = 0.86 (\text{V})$$

故
$$U_1 = U_1' + U_1'' = 35.7 + 0.86 = 36.56 (\text{V})$$

3A 电流源产生的功率为
$$P_s = 36.56 \times 3 = 109.68 (\text{W})$$

1.3.4 戴维南定理

等效电源定理包含戴维南定理和诺顿定理。等效电源定理是分析计算复杂线性电路的一种有力工具。凡是具有两个接线端的部分电路称为二端网络。内部不含电源的称为无源二端网络，含电源的称为有源二端网络。图 1.25（a）所示电路为一个无源二端网络，图 1.25（b）所示电路为一个有源二端网络。二端网络的图形符号如图 1.25（c）所示。常以 N_A 表示有源二端网络，N_P 表示无源二端网络。

有源二端网络不论其简繁程度如何，因为它对外电路提供电能，相当于一个等效电源，这个

学习
札记

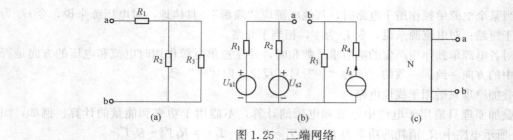

图 1.25　二端网络

(a) 无源二端网络；(b) 有源二端网络；(c) 二端网络图形符号

电源可以用两种电路模型表示：一种是电压源 U_s 和内阻 R_s 串联的电路（电压源）；另一种是电流源 I_s 和内阻 R_s 并联的电路（电流源），因此有源二端网络有两种等效电源模型。

戴维南定理指出：任意一个有源二端线性网络，可用一个电压源模型等效代替，如图 1.26 所示。电压源的源电压 U_s 为有源二端线性网络的开路电压 U_{oc}，内阻 R_s 为有源二端网络除源后的等效电阻 R_o。

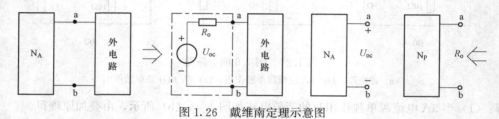

图 1.26　戴维南定理示意图

应用戴维南定理，关键是掌握如何正确求出有源二端网络的开路电压和有源二端网络除源后的等效电阻。

（1）求有源二端网络的开路电压的两种途径。

1）用两种电源模型的等效变换将复杂的有源二端网络化简为一个等效电源。

2）用所学过的任何一种电路分析方法求有源二端网络的开路电压 U_{oc}。

（2）求戴维南等效电路中 R_s 的方法。

1）电阻串、并联法，是利用电阻串、并联化简的方法。

2）加压求流法，是将有源二端网络除源以后，在端口处外加一个电压 U，求其端口处的电流 I，则其端口处的等效电阻为

$$R_o = \frac{U}{I} \tag{1.37}$$

3）开短路法，是根据戴维南定理和诺顿定理，显然有

$$R_o = \frac{U_{oc}}{I_{sc}} \tag{1.38}$$

可见只要求出有源二端网络的开路电压 U_{oc} 和短路电流 I_{sc}，就可由上式计算出 R_o。

注意：戴维南定理要求等效二端网络必须是线性的，而对外电路则无此要求。另外，还要求二端网络与外电路之间没有耦合关系。本书只介绍戴维南定理，诺顿定理需要求解的是短路电流 I_{sc}，等效电阻的求法与戴维南定理相同，电路形式为电流源并联电阻，或者可以在戴维南定理的基础上，通过压流源等效变换得到。

学习
札记

[例 1.7]   用戴维南定理求图 1.27 （a）电路中 R 支路的电流 I。

解：将图 1.27 （a）中 R 支路划出，剩下一个有源二端网络如图 1.27 （b）所示。

计算 A、B 端口的开路电压 U_{oc}

$$U_{oc} = 15 + 1 \times 10 = 25(V)$$

将有源二端网络除源如图 1.27 （c）所示，其等效电阻为

$$R_o = R_{AB} = 1\Omega$$

画出戴维南等效电路如图 1.27 （d）点画线框部分。其中，$U_s = U_{oc} = 25V$，$R_s = R_o = 1\Omega$，则

$$I = \frac{U_s}{R_s + R} = \frac{25}{1+1} = 12.5(A)$$

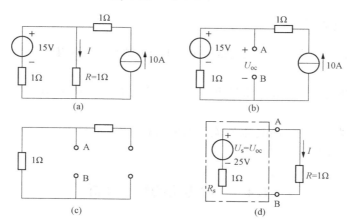

图 1.27   例 1.7 的图

[例 1.8]   用戴维南定理计算图 1.28 （a）所示桥式电路中的电阻 R_1 上的电流 I。

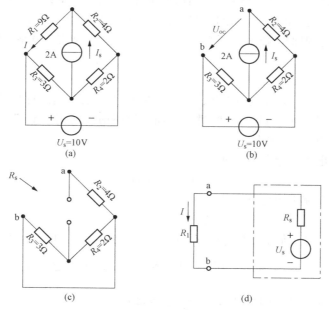

图 1.28   例 1.8 的图

学习
札记

解：将图 1.28（a）中 R_1 支路断开，剩下部分电路为有源二端网络，如图 1.28（b）所示。

（1）计算 a、b 端口的开路电压 U_{oc}。

$$U_{oc} = I_s R_2 - U_s = 2 \times 4 - 10 = -2(\text{V})$$

（2）将有源二端网络除源，如图 1.28（c）所示。因 R_3 和 R_4 被短接线短路，所以其等效电阻为

$$R_s = R_2 = 4\Omega$$

（3）画出戴维南等效电路，如图 1.28（d）点画线框部分，连接断开的 R_1 支路，即可方便求出电流 I，即

$$I = \frac{U_s}{R_s + R_1} = \frac{-2}{4+9} = -\frac{2}{13}(\text{A})$$

思考与讨论

1. 叠加原理可否用于将多个电源电路（如有 4 个电源）看成是几组电源（如 2 组电源）分别单独作用的叠加？

2. 利用叠加原理可否说明在单电源电路中，各处的电压和电流随电源电压和电流成比例地变化？

3. 欲求有源二端线性网络的戴维南等效电路，现有直流电压表、直流电流表、电阻各一个，如何用实验的方法求得？

1.4 一阶电路的暂态分析

前面讨论的电阻和电感或电容组成的电路，当电源电压或电流恒定或做周期性变化时，电路中的电压和电流也都是恒定的或做周期性变化的。电路的这种工作状态称为稳态。而这种具有储能元件的电路在电源刚接通、断开或电路参数、结构改变时，电路不能立即达到稳态，需要经过一定的时间后才能达到稳态。这是由于储能元件能量的积累和释放都需要一定的时间。分析电路从一个稳态变到另一个稳态的过程称为暂态分析或瞬态分析。无论是直流或交流电路，都存在瞬变过程。

1.4.1 换路定律

电路与电源接通、断开，或电路参数、结构改变统称为换路。在电路分析中，通常规定换路是瞬间完成的。为表述方便，设 $t = 0$ 时进行换路，换路前瞬间用"0_-"表示，换路后瞬间用"0_+"表示，则换路定律可表述为：

换路前后，电容电压不能突变，即

$$u_C(0_+) = u_C(0_-) \tag{1.39}$$

换路前后，电感电流不能突变，即

$$i_L(0_+) = i_L(0_-) \tag{1.40}$$

换路定律实际上反映了储能元件所储存的能量不能突变。因为电容和电感所储存的能量分别为 $W_C = \frac{1}{2} C u_C^2$ 和 $W_L = \frac{1}{2} L i_L^2$，电容电压 u_C 和电感电流 i_L 的突变意味着元件所储存能量的突变，而能量 W 的突变要求电源提供的功率 $P = \frac{dW}{dt}$ 达到无穷大，这在实际中是不可能的。由此可见，

含有储能元件的电路发生暂态过程的根本原因在于能量不能突变。

需要指出的是，由于电阻不是储能元件，因而电阻电路不存在暂态过程。另外，由于电容电流 $i_C=C\dfrac{du_C}{dt}$，电感电压 $u_L=L\dfrac{di_L}{dt}$，所以电容电流和电感电压是可以突变的。利用换路定律可以确定换路后瞬间的电容电压和电感电流，从而确定电路的初始状态。

在分析一阶电路的动态过程时，当输入信号为零时，称为零输入响应；当初始状态为零时，称为零状态响应；当输入信号和初始状态都不为零时，称为全响应。

1.4.2 RC 电路的暂态分析

图 1.29 是一个 RC 电路。设在 $t=0$ 时开关闭合，因为 $i=C\dfrac{du_C}{dt}$，由 KVL 可列出回路电压方程 $Ri+u_C=U_s$，所以

$$RC\frac{du_C}{dt}+u_C=U_s \tag{1.41}$$

式（1.41）是一阶常系数非齐次线性微分方程，解此方程就可得到电容电压随时间变化的规律。由于列出的方程是一阶方程，因此常称这类电路为一阶电路。式（1.41）的解由特解 u_C' 和通解 u_C'' 两部分组成，即

$$u_C(t)=u_C'+u_C'' \tag{1.42}$$

特解 u_C' 是满足式（1.42）的任一解。因为电路达到稳态时也满足式（1.42），且稳态值很容易求得，故取特解作电路的稳态解，也称稳态分量，即

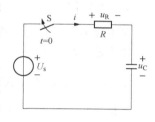

图 1.29　RC 电路

$$u_C'=u_C(t)\big|_{t\to\infty}=u_C(\infty) \tag{1.43}$$

u_C'' 为齐次方程的通解。其解的形式为 Ae^{pt}，其中 p 是待定系数，是齐次方程所对应的特征方程的特征根，即 $p=-\dfrac{1}{RC}=-\dfrac{1}{\tau}$，上式中 $\tau=RC$，具有时间的量纲，称为 RC 电路的时间常数。因此通解 u_C'' 可写为

$$u_C''=Ae^{-\frac{t}{\tau}} \tag{1.44}$$

可见 u_C'' 是按指数规律衰减的，它只出现在瞬变过程中，通常称 u_C'' 为暂态分量。将式（1.43）和式（1.44）代入式（1.42）中，就得到全解为

$$u_C(t)=u_C(\infty)+Ae^{-\frac{t}{\tau}} \tag{1.45}$$

式中常数 A 可由初始条件确定。设开关闭合后的瞬间为 $t=0_+$，此时电容器的初始电压（初始条件）为 $u_C(0_+)$，则在 $t=0_+$ 时有

$$u_C(0+)=u_C(\infty)+A$$
$$A=u_C(0+)-u_C(\infty)$$

故将 A 值代入式（1.45）可得

$$u_C(t)=u_C(\infty)+[u_C(0+)-u_C(\infty)]e^{-\frac{t}{\tau}} \tag{1.46}$$

式（1.46）为求一阶 RC 电路瞬变过程中电容电压的通式。

1.4.3　RL 电路的暂态分析

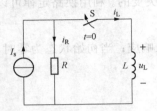

RL 电路的暂态分析类似于 RC 电路的暂态分析。图 1.30 所示为一个 RL 电路。设在 $t=0$ 时开关 S 闭合，则 S 闭合后的结点电流方程为 $i_R = \dfrac{u_L}{R}$，$u_R = L\dfrac{di_L}{dt}$，其中 $i_R + i_L = I_s$，代入上式得

$$\frac{L}{R}\frac{di_L}{dt} + i_L = I_s \tag{1.47}$$

与式（1.41）类似，式（1.47）是以电感电流 i_L 为变量的一阶常系数非齐次线性微分方程，因此可以得出一阶 RL 电路瞬变过程中电

图 1.30　RL 电路

感电流的表达式为

$$i_1(t) = i_L(\infty) + [i_L(0+) - i_L(\infty)]e^{-\frac{t}{\tau}} \tag{1.48}$$

式中：$i_L(\infty)$ 为 RL 电路换路后电感电流的稳态值；$i_L(0+)$ 为换路后电感电路的初始值，其值大小由换路定律确定；τ 为 RL 电路的时间常数 $\tau = \dfrac{L}{R}$。

对于含多个电阻或电源的一阶 RL 电路，可将除电感元件以外的电路部分用戴维南等效电路或诺顿等效电路代替。

1.4.4　一阶线性电路暂态分析的三要素法

凡是含有一个储能元件或经等效简化后含有一个储能元件的线性电路，在进行暂态分析时，所列出的微分方程都是一阶微分方程。求解一阶微分方程只需要求出初始值、稳态值和时间常数这三个要素后，就可利用式（1.46）或式（1.48）得到其他支路的电压和电流随时间变化的关系式。因此可将其写成下列的一般形式

$$f(t) = f(\infty) + [f(0+) - f(\infty)]e^{-\frac{t}{\tau}} \tag{1.49}$$

这就是分析一阶电路瞬变过程的三要素法公式。由上分析可知，求解一阶电路问题，实际上是怎样从一阶电路中求出三个要素。实际应用时，所求物理量不同，公式中 f 所代表的含义就不同。式中的 $f(t)$ 为待求响应；$f(0_+)$ 为待求响应的初始值；$f(\infty)$ 为待求响应的稳态值；τ 为时间常数。

三要素法具有方便、实用和物理概念清楚等优点，是求解一阶电路常用的方法。

[例 1.9]　电路如图 1.31 所示，设 $U_s = 10\text{V}$，$R_1 = R_2 = 10\Omega$，$C = 200\text{pF}$，开关 S 原在 1 位，电路处于稳态；在 $t=0$，开关 S 切换到 2 位，求 $u_C(t)$、$i_C(t)$、$i(t)$ 并画波形图。

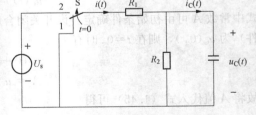

图 1.31　例 1.9 的电路

解：用三要素法求解。

（1）求 $u_C(t)$。

1）求 $u_C(0_+)$。因开关 S 在 1 位时已达到稳态，电容无初始储能，即 $u_C(0_-) = 0$。故 $u_C(0_+) = u_C(0_-) = 0$。

2）求 $u_C(\infty)$。电路达到稳态后，电容两端的电压即为电阻 R_2 两端的电压。因此

$$u_C(\infty) = \frac{R_2}{R_1 + R_2} U_s = \frac{10}{10 + 10} \times 10 = 5(V)$$

3）求 τ。R 应为换路后电容两端的除源后网络的等效电阻，故

$$\tau = \frac{R_1 R_2}{R_1 + R_2} C = \frac{10 \times 10}{10 + 10} \times 10^3 \times 200 \times 10^{-12} = 10^{-6}(s)$$

所以电容电压 $u_C(t) = u_C(\infty) + [u_C(0+) - u_C(\infty)]e^{-\frac{t}{\tau}} = 5(1 - e^{-10^6 t})(V)$

（2）求 $i_C(t)$。电容电流可由 $i_C = C\dfrac{du_C(t)}{dt}$ 求得，这里用三要素法求 $i_C(t)$。由于换路后瞬间电容电压 $u_C(0_+) = 0$，电容相当于短路，通过电阻 R_2 的电流为零，因此有

$$i_C(0_+) = i(0_+) = \frac{U_s - u_C(0_+)}{R_1} = \frac{10}{10 \times 10^3} = 10^{-3}(A) = 1(mA)$$

稳态后，电容电流为零，即 $i_C(\infty) = 0$，时间常数 τ 仍为 10^{-6} s，则

$$i_C(t) = i_C(\infty) + [i_C(0_+) - i_C(\infty)]e^{-\frac{t}{\tau}} = 1e^{-10^6 t}(mA)$$

（3）求 $i(t)$。初始值 $i(0_+) = 1$mA，稳态后，电容相当于开路，则

$$i(\infty) = \frac{U_s}{R_1 + R_2} = \frac{10}{(10 + 10) \times 10^3} = 0.5 \times 10^{-3} = 0.5(mA)$$

时间常数不变，所以

$$i(t) = i(\infty) + [i(0_+) - i(\infty)]e^{-\frac{t}{\tau}} = 0.5 + (1 - 0.5)e^{-10^6 t} = 0.5(1 + e^{-10^6 t})(mA)$$

$u_C(t)$、$i_C(t)$、$i(t)$ 的波形如图 1.32 所示。

[**例 1.10**]　在图 1.33 所示电路中，设 $u_s = 10$V，$R_1 = 3$kΩ，$R_2 = 2$kΩ，$L = 10$mH，在 $t = 0$ 时开关闭合，闭合前电路已达到稳态。求开关闭合后暂态过程中的电感电流 $i_L(t)$ 和电压 $u_L(t)$ 的表达式，并画出波形图。

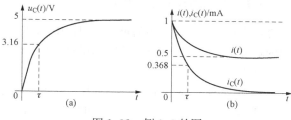

图 1.32　例 1.9 的图
(a) 电压波形；(b) 电流波形

解：先求三要素

$$i_L(0_+) = i_L(0_-) = \frac{U_s}{R_1 + R_2} = \frac{10}{(3 + 2) \times 10^3} = 2(mA)$$

$$\tau = \frac{L}{R_2} = \frac{10 \times 10^{-3}}{2 \times 10^3} = 5 \times 10^{-6}(s)$$

$$i_L(\infty) = \frac{U_s}{R_2} = \frac{10}{2 \times 10^3} = 5 \times 10^{-3} = 5(mA)$$

根据式（1.48），得

$$i_L(t) = 5 + (2 - 5)e^{\frac{1}{5 \times 10^{-6}}t} = 5 - 3e^{-2 \times 10^5 t}(mA)$$

$$u_L(t) = L\frac{di_L(t)}{dt} = 6e^{-2 \times 10^5 t}(V)$$

$i_L(t)$ 和 $u_L(t)$ 的波形如图 1.34 所示。

学习
札记

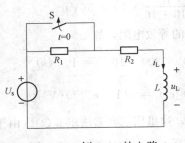

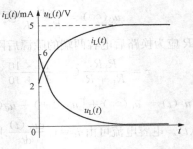

图 1.33　例 1.10 的电路　　　　　　图 1.34　例 1.10 的波形图

思考与讨论

1. 对含有储能元件的电路进行分析时，电容有时可看成开路，有时却又看成短路，电感也有同样的情况，为什么？

2. 一阶电路的时间常数是由电路的结构形式决定的，对吗？

1.5　用 Multisim 对电路进行仿真

1.5.1　叠加原理的验证仿真

叠加定理是电路理论中的重要定理，用 Multisim 10 分析验证。叠加定理指在线性电路中，电路中的响应是电路中各独立源单独作用时引起的响应的代数和。以图 1.35 所示的电路为例，求电路中的电压 U。

（1）创建电路。从元器件库中选择电压源、电流源、电阻创建叠加定理应用电路，同时接万用表 XMM1，如图 1.36 所示。测得电压 $U=-4\mathrm{V}$，如图 1.36 所示。

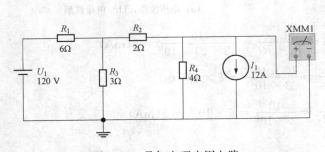

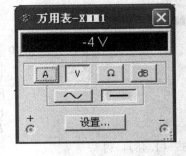

图 1.35　叠加定理应用电路　　　　　　图 1.36　电压 U

（2）让电压源 U_1 单独作用，电流源开路处理，同时接入万用表 XMM2，如图 1.37 所示。测得电压的第一个分量 $U_1=20\mathrm{V}$，如图 1.38 所示。

（3）让电流源 I_1 单独作用，电压源短路处理，同时接入万用表 XMM3，如图 1.39 所示。测得电压的第二个分量 $U_2=-24\mathrm{V}$，如图 1.40 所示。

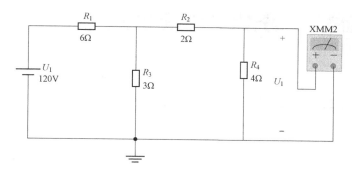

图 1.37　电压源 U_1 单独作用电路

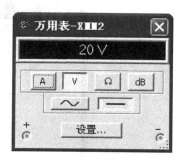

图 1.38　电压 U_1

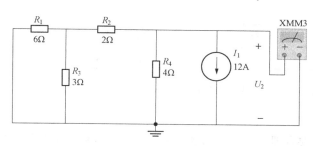

图 1.39　电流源 I_1 单独作用电路

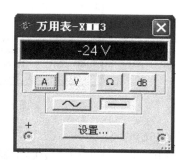

图 1.40　电压 U_2

1.5.2　一阶电路暂态过程的仿真分析

若电路中含有动态元件（电容或电感），在电路发生换路（电路的结构改变或元件参数变化）时，则电路出现过渡过程（暂态）。本节以一阶电路为例，分析电路的暂态过程，即电容或电感的充放电过程。在 Multisim 中，用虚拟示波器可方便观察电容或电感两端的电压变化。

一阶电路如图 1.41 所示。

（1）创建电路。从元器件库中选择电压源、电阻、电容、单刀单掷开关 S1 和示波器 XSCI，创建如图 1.41 所示的一阶电路。电容的充放电由开关 S1 控制，仿真时，开关的切换由空格键 Space 控制，按下一次空格键，开关从一个触点切换到另一个触点。

图 1.41　一阶电路

（2）电容的充放电过程。当开关 S1 闭合时，电压源 U_1 经电阻 R_1 给电容 C_1 充电当开关打开时，电容经电阻 R_2 放电。

（3）仿真运行。单击"运行"（RUN）按钮，双击示波器 XSCI 图标，弹出示波器显示界面，反复切换开关，就得到电容的充放电波形，如图 1.42 所示。

说明：

（1）当开关一直闭合时，电源一直给电容充电，电容充到最大值 8V，如图 1.42 中电容充放

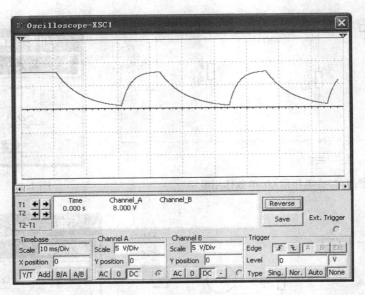

图 1.42　一阶电路电容的充放电波形

电波形的开始阶段。

（2）仿真时，电路的参数大小选择要合理，电路暂态过程快慢与时间常数大小有关，时间常数越大，暂态过程越慢；时间常数越小，暂态过程越快。电路其他参数不变时，电容量大小就代表时间常数的大小。如图 1.43 所示给出了电容容量较小，$C=100\mathrm{pF}$ 时，电容的充放电波形，该波形近似为矩形波，充放电加快，上升沿和下降沿变陡。有兴趣的读者还可通过改变电阻阻值的大小，观察电容的充放电过程。

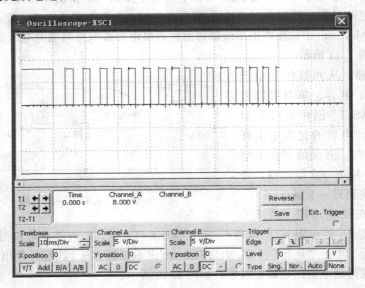

图 1.43　电容容量较小时的充放电波形

本 章 小 结

（1）电路一般包括电源、负载和中间环节三个组成部分。由一些理想电路元件所组成的电路，就是实际电路的电路模型，它是对实际电路电磁性质的科学抽象与概括。

（2）理想电路元件有无源元件和有源元件两类。基本的无源元件有电阻元件 R、电感元件 L、电容元件 C；基本的有源元件有恒压源和恒流源。恒压源输出的电压恒定，输出的电流与功率由外电路决定。恒流源输出的电流恒定，其端电压及输出的功率由外电路决定。实际电源两种模型的等效互换，可用来简化电路。

（3）电压、电流的正方向（参考方向）是为分析计算电路而人为假定的。电路图中所标出的电压和电流的方向都是正方向。如果电压、电流值为正，则与实际方向相同；否则相反。在假定正方向时应尽可能采用"关联"方向，对于有源元件采用"非关联"方向。当电压、电流的正方向为非关联正方向时，电路元件的约束方程前应加"—"号。

（4）基尔霍夫定律是分析电路的基本定律，它包括两条 KLC（$\sum i = 0$）和 KLC（$\sum u = 0$）。KCL 是描述电路中与结点相连的各支路电流之间的关系；KVL 是描述回路中各支路电压之间的约束关系。

（5）当元件的 u、i 的参考方向为关联参考方向时，其功率用 $p=ui$ 计算；当 u、i 的参考方向为非关联参考方向时，用 $p=-ui$ 计算。若 $p>0$，表明元件消耗功率，为负载；若 $p<0$，表明元件发出功率，为电源。

（6）电位是相对的，电压是绝对的。即电路中各点的电位是相对参考点而言的，而任两点间的电位差与参考点无关。电位值与电压值都与计算时所选的路径无关。在电子电路中，常利用电位的概念简化电路。

（7）依据 KVL、KCL 和元件的电压电流关系建立电路方程，从而求得所需电流、电压和功率。本章讨论的支路电流法、结点电压法都属于此类方法。

（8）戴维南定理。该定理指出可将有源二端网络等效成恒压源与电阻串联。当只需要求解复杂电路中某一支路的电流（或电压）时，采用戴维南定理较简单方便。用戴维南定理求解电路是本章的重点内容之一。

（9）叠加定理。该定理是应用线性性质分析电路的一个重要定理。它适用于多个独立电源作用的线性电路。利用叠加定理分析电路时，当某独立电源单独作用时，其他独立电源必须置零（除源），即恒压源短路，恒流源开路。用叠加定理求解电路是本章的重点内容之一。

叠加定理不适用于功率的叠加。

（10）换路定律。设 $t=0$ 时电路换路，对于电容有 $u_C(0+)=u_C(0-)$，电容电压不能跃变；对于电感有 $i_L(0+)=i_L(0-)$，电感电流不能跃变。

一阶线性电路的暂态过程的一般形式为

$$f(t) = f(\infty) + [f(0+) - f(\infty)]e^{-\frac{t}{\tau}}$$

习　　　题

1.1　在图 1.44 中，已知 $I_1=3\text{mA}$，$I_2=1\text{mA}$。试确定电路元件 3 中的电流 I_3 和其两端电压

U_3，并说明它是电源还是负载。校验整个电路的功率是否平衡。

1.2 试求图 1.45 中 A 点和 B 点的电位。如将 A、B 两点直接连接或接一个电阻，对电路工作有无影响？

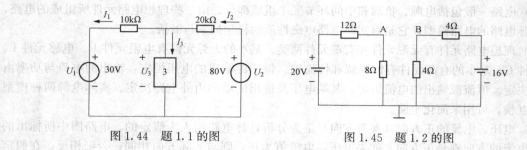

图 1.44 题 1.1 的图　　　　　　图 1.45 题 1.2 的图

1.3 在图 1.46 中，在开关 S 断开和闭合的两种情况下试求 A 点的电位。

1.4 在图 1.47 中，已知 $R_1=R_2=1\Omega$，$I_{s1}=1A$，$I_{s2}=2A$，$U_{s1}=U_{s2}=1V$，求 A、B 两点的电压 U_{AB}。

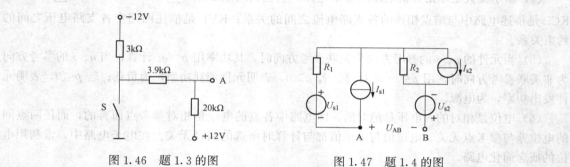

图 1.46 题 1.3 的图　　　　　　图 1.47 题 1.4 的图

1.5 利用实验方法测得某电源的开路电压 $U_{oc}=10V$，当电源接某一负载时又测得电路电流 $I=10A$，负载两端电压 $U=9V$，试求该电源的两种电路模型。

1.6 电路图 1.48 所示，已知 $I_s=2A$，$U_{s1}=12V$，$U_{s2}=2V$，$R_1=2\Omega$，$R_2=R_L=6\Omega$。试求：（1）R_L 中的电流；（2）求理想电压源 U_{s1} 输出的电流和功率；（3）理想电流源 I_s 两端的电压和输出功率。

1.7 试用电源模型等校变换的方法求图 1.49 所示电路中的电流 I。

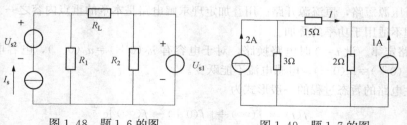

图 1.48 题 1.6 的图　　　　　　图 1.49 题 1.7 的图

1.8 某用电器的额定功率为 1W，额定电压为 100V，欲接到 200V 的直流电源上工作，应选下列哪个电阻与之串联才能正常工作？为什么？

学习
札记

（1）$R=10\text{k}\Omega$，$P_N=0.5\text{W}$；（2）$R=5\text{k}\Omega$，$P_N=2\text{W}$；

（3）$R=20\text{k}\Omega$，$P_N=0.25\text{W}$；（4）$R=10\text{k}\Omega$，$P_N=1.2\text{W}$。

1.9　已知 $U_{s1}=30\text{V}$，$U_{s2}=24\text{V}$，$I_s=1\text{A}$，$R_1=6\Omega$，$R_2=R_3=12\Omega$，用支路电流法求图 1.50 所示电路中各支路电流。

1.10　用结点电压法求解 1.9 题。

1.11　用结点电压法求图 1.51 所示电路中电压 $U_{N'N}$ 和电流 I_1、I_2、I_3。已知 $U_{s1}=224\text{V}$，$U_{s2}=220\text{V}$，$U_{s3}=216\text{V}$，$R_1=R_2=50\Omega$，$R_3=100\Omega$。

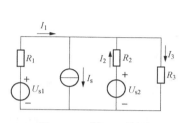
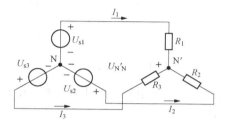

图 1.50　题 1.9 的图　　　　　　　　図 1.51　题 1.11 的图

1.12　用叠加原理求图 1.52 所示电路中的电压 U。已知 $R_1=R_2=3\Omega$，$R_3=R_4=6\Omega$，$I_s=3\text{A}$，$U_s=9\text{V}$。若 U_s 由 9V 变为 12V，求 U 变化了多少？

1.13　图 1.53 所示电路中，$U_{s1}=24\text{V}$，$U_{s2}=6\text{V}$，$I_s=10\text{A}$，$R_1=3\Omega$，$R_2=R_3=R_L=2\Omega$，试用戴维南定理求电流 I_L。

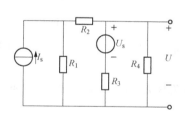
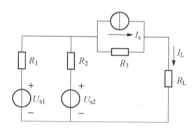

图 1.52　题 1.12 的图　　　　　　　　图 1.53　题 1.13 的图

1.14　已知 $R_1=20\Omega$，$R_2=5\Omega$，$U_s=140\text{V}$，$I_s=15\text{A}$，求图 1.54 所示电路中 R 获得最大功率的阻值及最大功率。

1.15　求图 1.55 所示电路中流过 ab 支路的电流 I_{ab}。

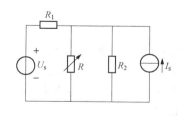
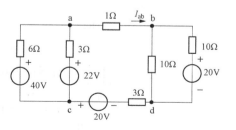

图 1.54　题 1.14 的图　　　　　　　　图 1.55　题 1.15 的图

学习
札记

1.16 在图 1.56 所示电路中，开关 S 闭合前电路已处于稳态，试确定 S 闭合后电压 u_C 和电流 i_C、i_1、i_2 的初始值。

1.17 在图 1.57 所示电路中，开关 S 闭合前电路已处于稳态，试确定 S 闭合后电压 u_L 和电流 i_L、i_1、i_2 的初始值。

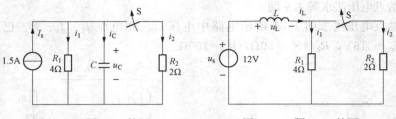

图 1.56 题 1.16 的图 　　　　图 1.57 题 1.17 的图

1.18 图 1.58 所示电路源已处于稳态，在 $t=0$ 时，将开关 S 闭合。试求响应 u_C 和 $i_C(t)$，并说明是什么响应。

1.19 图 1.59 所示电路原已稳定，求开关 S 闭合后的响应 u_C 和 i_1、i_2，并画出其变化曲线。

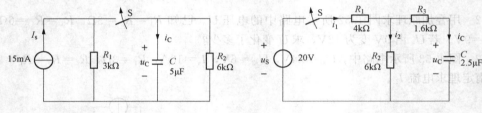

图 1.58 题 1.18 的图 　　　　图 1.59 题 1.19 的图

1.20 图 1.60 所示电路中电容源充电。在 $t=0$ 时，将开关 S1 闭合。$t=0.1s$ 时将开关 S2 闭合，试求 S2 闭合后的响应 u_{R1}，并说明是什么响应。

1.21 图 1.61 所示电路源已稳定，在 $t=0$ 时，将开关 S 从 a 端换接到 b 端。试求换路后的 u_L 和 i_L。

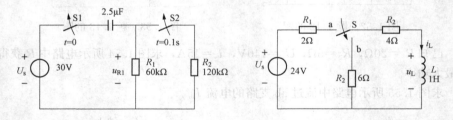

图 1.60 题 1.20 的图 　　　　图 1.61 题 1.21 的图

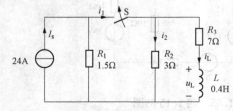

图 1.62 题 1.22 的图

1.22 图 1.62 所示电路源已处于稳态。试求 S 闭合后的电压 u_L 和电流 i_L、i_2，并画出其变化曲线。

1.23 试用 Multisim 10 仿真求解习题 1.13 电路，并与习题 1.13 的结果相比较。

1.24 试用 Multisim 10 仿真求解习题 1.20 电路。

学习
札记

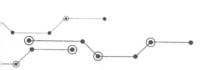

第 2 章

正 弦 交 流 电 路

正弦交流电路，是指激励和响应均按正弦规律变化的电路。交流发电机中所产生的电动势和正弦信号发生器所输出的信号电压，都是随时间按正弦规律变化的。在生产上和日常生活中所用的交流电，一般都是正弦交流电。因此，研究正弦交流电路具有重要的现实意义，是电工学中很重要的一部分。本章首先介绍正弦交流电路的基本概念及相量表示法，然后讨论电阻、电感、电容元件的串、并联和混联交流电路，再分析和讨论正弦交流电路的功率以及功率因数的提高。

2.1 正弦量的基本概念

由第 1 章的分析可知，直流电路中电流和电压的大小与方向（或电压的极性）是不随时间而变化的。正弦电压和电流的大小和方向都是按照正弦规律周期性变化的，其波形如图 2.1（a）所示。

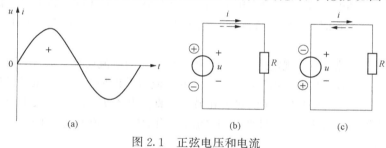

图 2.1 正弦电压和电流

(a) 波形；(b) 正半圆；(c) 负半圆

由于正弦电压和电流的方向是周期性变化的，在电路图上所标的方向是指它们的参考方向，即代表正半周时的方向，如图 2.1（b）所示。在负半周时，由于所标的参考方向与实际方向相反，则其值为负，如图 2.1（c）所示。图中的虚线箭标代表电流的实际方向；⊕、⊖代表电压的实际方向（极性）。

🗼 2.1.1 正弦量的三要素

正弦电压和电流等物理量，统称为正弦量。正弦量的特征表现在变化的快慢、大小及初始值三方面，它们分别由角频率 ω、幅值 U_m 或 I_m 和初相位 φ_0 来确定。所以角频率、幅值和初相位称为正弦量的三要素。正弦量的一般表示式为（电压或电流）

$$u = U_m \sin(\omega t + \varphi_0) \quad 或 \quad i = I_m \sin(\omega t + \varphi_0) \tag{2.1}$$

1. 周期、频率、角频率

正弦量变化一周所需的时间（秒）称为周期 T，每秒内变化的次数称为频率 f，它的单位是赫兹（Hz）。频率是周期的倒数，即

$$f = \frac{1}{T} \tag{2.2}$$

我国和大多数国家都采用 50Hz 作为电力标准频率，有些国家（如美国、日本等）采用 60Hz。这种频率在工业上应用广泛，习惯上也称为工频。通常的交流电动机和照明负载都用这种频率。在其他各种不同的技术领域内使用着各种不同的频率。例如，收音机中波段的频率是 530～1600kHz，短波段是 2.3～23MHz。

正弦量变化的快慢除用周期和频率表示外，还可用角频率 ω 表示。在一个周期 T 内相角变化了 2π 弧度，所以角频率为

$$\omega = \frac{2\pi}{T} = 2\pi f \tag{2.3}$$

它的单位是弧度每秒（rad/s）。式中表示 T、f、ω 三者之间的关系，只要知道其中之一，则其余各量均可求得。

2. 幅值与有效值

正弦量在任一时刻的值称为瞬时值，用小写字母表示，如 i、u 和 e 分别表示电流、电压和电动势的瞬时值。瞬时值中最大的值称为幅值或最大值，用带下标 m 的大写字母表示，如 U_m、I_m 和 E_m 分别表示电流、电压及电动势的幅值。

正弦电流、电压和电动势的大小常用有效值（均方根值）来计量，如 I、U 和 E 分别表示电流、电压及电动势的有效值。通常所说的交流电压值 220V、380V 以及交流电压、电流表上的读数均为有效值。

有效值是由电流的热效应来规定的。不论是周期性变化的电流还是直流，只要它们在相等的时间内通过同一电阻而两者的热效应相等，就把它们的电流值看作是等效的。也就是说，若一个周期电流 i 通过电阻 R，在一个周期内产生的热量和另一个直流电流 I 通过同样大小的电阻在相等的时间内产生的热量相等，那么这个周期性变化的电流 i 的有效值在数值上就等于这个直流电流 I。

由上述定义可得

$$\int_0^T i^2 R \, \mathrm{d}t = RI^2 T$$

则电流的有效值为

$$I = \sqrt{\frac{1}{T} \int_0^T i^2 \, \mathrm{d}t} \tag{2.4}$$

当电流为正弦量，即 $i = I_m \sin(\omega t + \varphi_0)$ 时，式（2.4）可写为

$$I = \sqrt{\frac{1}{T} \int_0^T [I_m \sin(\omega t + \varphi_0)]^2 \, \mathrm{d}t}$$

因为

$$\int_0^T \sin^2(\omega t + \varphi_0) \, \mathrm{d}t = \int_0^T \frac{1 - \cos 2(\omega t + \varphi_0)}{2} \, \mathrm{d}t = \frac{T}{2}$$

所以

$$I = \sqrt{\frac{1}{T} I_m^2 \frac{T}{2}} = \frac{I_m}{\sqrt{2}} \quad 即 \quad I_m = \sqrt{2} I \tag{2.5}$$

可见，最大值为有效值的 $\sqrt{2}$ 倍。同理

学习
札记

$$U_{\mathrm{m}} = \sqrt{2}U, \quad E_{\mathrm{m}} = \sqrt{2}E \tag{2.6}$$

3. 初相位与相位差

将正弦量 $u = U_{\mathrm{m}}\sin(\omega t + \varphi_0)$ 中 $\omega t + \varphi_0$ 称为正弦量的相位（相位角），它反映出正弦量的变化进程。当相位角随时间连续变化时，正弦量的瞬时值也随之连续变化。在正弦量的一般表达式 $u = U_{\mathrm{m}}\sin(\omega t + \varphi_0)$ 中，将 $t = 0$ 时的相位角称为初相位角或初相位 φ_0。

在同一个正弦交流电路中，电压 u 和电流 i 的频率是相同的，但初相位不一定相同，例如图 2.2（a）所示。图中 u 和 i 的波形可表示为

$$u = U_{\mathrm{m}}\sin(\omega t + \varphi_1)$$
$$i = I_{\mathrm{m}}\sin(\omega t + \varphi_2)$$

它们的初相位分别为 φ_1 和 φ_2。

两个同频率正弦量的相位角之差或初相角之差，称为相位角差或相位差，用 $\Delta\varphi$ 表示。

$$\Delta\varphi = (\omega t + \varphi_1) - (\omega t + \varphi_2) = \varphi_1 - \varphi_2 \tag{2.7}$$

相位差与时间 t 无关，它表明了在同一时刻两个同频率的正弦量间的相位关系。若 $\Delta\varphi = \varphi_1 - \varphi_2 > 0$，则称正弦电流 u 比 i 超前 $\Delta\varphi$ 角，或称 i 比 u 滞后 $\Delta\varphi$ 角，其波形如图 2.2（a）所示。超前与滞后是相对的，是指它们到达正的最大值的先后顺序。若 $\Delta\varphi = \varphi_1 - \varphi_2 < 0$，则称 u 比 i 滞后 $\Delta\varphi$ 角，或说 i 比 u 超前 $\Delta\varphi$ 角。

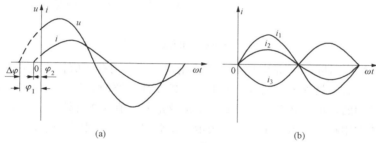

图 2.2　同频率正弦量的相位关系
（a）u 与 I 的初相位不相等；（b）正弦量的同相和反相

如图 2.2（b）中 i_1 与 i_2 所示，$\Delta\varphi = \varphi_1 - \varphi_2 = 0$，则称 i_1 与 i_2 同相位，简称同相。如图 2.2（b）中 i_1 与 i_3 所示，$\Delta\varphi = \varphi_1 - \varphi_3 = 180°$，则称 i_1 与 i_3 反相位，简称反相。

通常，正弦量的初相位和相位差用绝对值小于等于 π 的角度表示。若初相和相位差大于 π，要用 $\omega t \pm 2\pi$ 的角度表示。例如 $u = U_{\mathrm{m}}\sin(\omega t + 240°)$ 中，初相位可写为 $240° - 360° = -120°$，即电压表达式可写为 $u = U_{\mathrm{m}}\sin(\omega t - 120°)$。

在正弦交流电路分析中，当所有正弦量的初相位都未知时，常设其中一个正弦量的初相为零，其余各正弦量的初相位都以它们与此正弦量的相位差表示。所设初相为零的正弦量称为参考正弦量。

2.1.2　正弦量的相量表示法

一个正弦量具有幅值、频率及初相位三个特征，而这些特征可以用一些方法表示出来。正弦量的各种表示方法是分析与计算正弦交流电路的工具。前面我们已经讲过两种表示法，即三角函数式和正弦波形。这两种表达式难于进行加、减、乘、除等运算，需要一种新的表示式，即相量表示法。

学习
札记

相量表示法的基础是复数，就是用复数来表示正弦量。用复数的模表示正弦量的幅值，幅角表示正弦量的初相位。

一个复数的直角坐标形式为

$$A = a + \mathrm{j}b \tag{2.8}$$

式中：a、b 分别为复数 A 的实部和虚部；j 为虚数单位。在数学中，虚数单位为 i，在电工技术中，因 i 已表示了电流 (i)，故采用 j 表示虚数单位，以免混淆。式 (2.8) 又称为复数的代数式。

复数也可以用极坐标形式表示为

$$A = r\underline{/\varphi} \tag{2.9}$$

式 (2.9) 中，$r = \sqrt{a^2 + b^2}$ 是复数的大小，称为复数的模；$\varphi = \arctan\dfrac{b}{a}$ 是复数与实轴正方向间的夹角，称为复数的幅角。复数的直角坐标形式与极坐标形式之间可以相互转换，即

$$A = a + \mathrm{j}b = r\cos\varphi + \mathrm{j}r\sin\varphi = r(\cos\varphi + \mathrm{j}\sin\varphi) \tag{2.10}$$

一个复数可以用复平面内的一个有向线段（复矢量）来表示，故正弦量可以用这样的旋转矢量表示。

动画演示

相量表示法

为了与一般的复数相区别，将表示正弦量的复数称为相量，并在大写字母上打"·"表示，则表示正弦电压 $u = U_\mathrm{m}\sin(\omega t + \varphi)$ 的相量形式为

$$\dot{U}_\mathrm{m} = U_\mathrm{m}(\cos\varphi + \mathrm{j}\sin\varphi) = U_\mathrm{m}\underline{/\varphi} \tag{2.11}$$

或

$$\dot{U} = U(\cos\varphi + \mathrm{j}\sin\varphi) = U\underline{/\varphi} \tag{2.12}$$

$\dot{U}_\mathrm{m}$ 是电压的幅值相量，$\dot{U}$ 是电压的有效值相量，一般用有效值相量表示正弦量。注意，相量只是表示正弦量，而不是等于正弦量。由于在分析线性电路时，正弦激励和响应均为同频率的正弦量，频率是已知的，可不必考虑，只要求出正弦量的幅值（或有效值）和初相位即可。

只有正弦量才能用相量表示，相量不能表示非正弦量。只有同频率的正弦量才能画在同一相量图上，不同频率的正弦量不能画在一个相量图上，否则无法比较和计算。

由上可知，表示正弦量的相量有两种形式：相量图和复数式（相量式）。两个或多个正弦量的加减运算可用复数的代数式加减运算，乘除运算可用复数的极坐标式来进行。

[例 2.1]　试写出表示 $u_\mathrm{A} = 220\sqrt{2}\sin314t\,\mathrm{V}$，$u_\mathrm{B} = 220\sqrt{2}\sin(314t - 120°)\,\mathrm{V}$ 和 $u_\mathrm{C} = 220\sqrt{2}\sin(314t + 120°)\,\mathrm{V}$ 的相量，并画出相量图。

解：分别用有效值相量 $\dot{U}_\mathrm{A}$、$\dot{U}_\mathrm{B}$、$\dot{U}_\mathrm{C}$ 表示正弦电压 u_A、u_B 和 u_C，则

$$\dot{U}_\mathrm{A} = 220\underline{/0°} = 220\,\mathrm{V}$$

$$\dot{U}_\mathrm{B} = 220\underline{/-120°} = 220\left(-\frac{1}{2} - \mathrm{j}\frac{\sqrt{3}}{2}\right)\,\mathrm{V}$$

$$\dot{U}_\mathrm{C} = 220\underline{/120°} = 220\left(-\frac{1}{2} + \mathrm{j}\frac{\sqrt{3}}{2}\right)\,\mathrm{V}$$

相量图如图 2.3 所示。

图 2.3　例 2.1 的图

[例 2.2]　在图 2.4 所示的电路中，设 $i_1 = 30\sqrt{2}\sin(\omega t + 0°)\,\mathrm{A}$，$i_2 = 40\sqrt{2}\sin(\omega t + 90°)\,\mathrm{A}$，试求总电流 i。

解：根据表示正弦量的几种方法对本题分别进行计算。

学习札记

（1）用相量法求解。将 $i=i_1+i_2$ 化为基尔霍夫电流定律的相量表示式，求 i 的相量 $\dot{I}$

$$\dot{I}=\dot{I}_1+\dot{I}_2=I_1\underline{/\varphi_1}+I_2\underline{/\varphi_2}=30\underline{/0°}+40\underline{/90°}$$
$$=(30\cos0°+\text{j}30\sin0°)+(40\cos90°+\text{j}40\sin90°)$$
$$=30+\text{j}0+0+\text{j}40=50\underline{/53.1°}\,(\text{A})$$

则 $i=50\sqrt{2}\sin(\omega t+53.1°)\,\text{A}$

（2）用相量图求解。先作出表示 i_1 和 i_2 的相量 $\dot{I}_1$ 和 $\dot{I}_2$，而后以 $\dot{I}_1$ 和 $\dot{I}_2$ 为两邻边作一个平行四边形，其对角线即为总电流 i 的有效值相量 $\dot{I}$，它与横轴正方向间的夹角即为初相位，如图 2.5 所示。即相量图求解法采用矢量图的加减乘除作图规则。

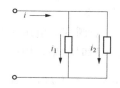

图 2.4 例 2.2 的图   图 2.5 例 2.2 的图

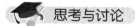

思考与讨论

1. 若某电路中，已知 $u=380\sin(314t-30°)\text{V}$。试完成：（1）求出它的频率、周期、角频率、幅值、有效值及初相位各为多少？（2）画出波形图。

2. 若 $u_1=10\sin(100\pi t+30°)\text{V}$，$u_2=15\sin(200\pi t-15°)\text{V}$，则两者的相位差为 $\Delta\varphi=30°-(-15°)=45°$，是否正确，为什么？

3. 若 $u_1=10\sin(100\pi t+30°)\text{V}$，$i_1=2\sin(100\pi t+60°)\text{A}$，则 u_1 与 i_1 的相位关系是什么？

4. 已知某正弦电压在 $t=0$ 时为 230V，其初相位为 45°，试问它的有效值等于多少？

2.2 单一参数的交流电路

分析各种正弦交流电路，主要是确定电路中电压与电流之间的关系（包括大小和相位），并讨论电路中能量的转换和功率问题。分析各种交流电路时，首先掌握单一参数电路中电压与电流之间的关系，其他电路是一些单一参数元件的组合。下面分析电阻、电感与电容元件的单一参数交流电路。

2.2.1 电阻元件的交流电路

1. 电流与电压的关系

为了方便分析，假定加在电阻两端的交流电压为 $u=U_{\text{m}}\sin\omega t$，则电路中将有电流 i 流过电阻 R，今假定电压、电流的参考方向如图 2.6（a）所示，依照欧姆定律

$$i=\frac{u}{R}=\frac{U_{\text{m}}\sin\omega t}{R}=I_{\text{m}}\sin\omega t \qquad (2.13)$$

式中
$$I_{\text{m}}=\frac{U_{\text{m}}}{R} \quad 或 \quad I=\frac{U}{R}$$

学习
札记

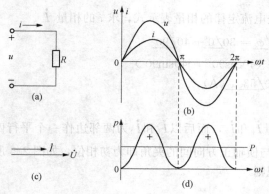

图 2.6　电阻元件的交流电路

（a）电路；（b）电压与电流的正弦波形；

（c）电压与电流的相量图；（d）功率波形

由此可得，加在电阻两端的电压为正弦量，则通过电阻的电流也按正弦规律变化，并且电流与电压是同相的。它们之间的大小关系为 $U_m = I_m R$ 或用有效值表示为 $U = IR$。

图 2.6（b）、（c）中画出了电流和电压的变化曲线以及两者的相量图。

如用相量表示电压与电流的关系，则为

$$\dot{U}_m = \dot{I}_m R \quad 或 \quad \dot{U} = \dot{I} R \qquad (2.14)$$

此即欧姆定律的相量表示式。

2. 功率

在任意瞬间，电压瞬时值与电流瞬时值的乘积，称为瞬时功率，用小写字母 p 代表，即

$$p = ui = U_m I_m \sin^2 \omega t = \frac{U_m I_m}{2}(1 - \cos 2\omega t) = UI(1 - \cos 2\omega t) \qquad (2.15)$$

由式（2.15）可见，瞬时功率 p 是由两部分组成的，第一部分是常数 UI，第二部分是幅值为 UI，并以 2ω 的角频率随时间而变化的交变量 $UI\cos 2\omega t$，p 随时间而变化的波形如图 2.6（d）所示。由于在电阻元件的交流电路中 u 与 i 同相，它们同时为正，同时为负，所以瞬时功率总是正值，即 $p > 0$。瞬时功率为正，表示电阻是耗能元件，电阻将电能转变为热能。

在一个周期内消耗在电阻上的平均功率为

$$P = \frac{1}{T}\int_0^T p\,dt = \frac{1}{T}\int_0^T UI(1 - \cos 2\omega t)\,dt = \frac{U_m I_m}{2} = UI = I^2 R = \frac{U^2}{R} \qquad (2.16)$$

在一个周期内的平均功率 P，即瞬时功率的平均值，称为有功功率。

[例 2.3]　交流电压 $u = 100\sqrt{2}\sin 314t\,V$ 作用在 20Ω 电阻两端，试写出电流的瞬时值函数式并计算其平均功率。

解： 电压的有效值为

$$U = \frac{U_m}{\sqrt{2}} = \frac{100\sqrt{2}}{\sqrt{2}} = 100(V)$$

电流的有效值为

$$I = \frac{U}{R} = \frac{100}{20} = 5(A)$$

根据纯电阻电路中电流与电压同相位关系，故得

$$i = 5\sqrt{2}\sin 314t\,A$$

平均功率为

$$P = UI = 100 \times 5 = 500(W)$$

2.2.2　电感元件的交流电路

下面分析电感元件的交流电路，实际的电感线圈是由导线绕制而成的，导线有一定的电阻，有电流时要消耗电能，若消耗电能很小忽略不计时，实际的电感线圈可用一个理想电感 L 作为模型。

学习札记

如果把电感 L 接在交流电路中，由于电流、电压是随时间按正弦规律变化的，因此在电感中产生感应电动势 e_L，起阻止电流变化的作用。如果在电路中电感 L 起主要作用，其他参数的影响可以忽略不计时，则称为纯电感电路。

1. 电流与电压的关系

当正弦电流 $i = I_m \sin\omega t$ 通过线性电感 L 时，在线圈两端将产生感应电动势 e_L。电流 i 和电感电压 u 的参考方向如图 2.7（a）所示。根据基尔霍夫电压定律

$$u_L = -e_L = L\frac{\mathrm{d}i}{\mathrm{d}t} = L\frac{\mathrm{d}(I_m\sin\omega t)}{\mathrm{d}t}$$
$$= \omega L I_m \sin(\omega t + 90°) = U_m \sin(\omega t + 90°) \tag{2.17}$$

式（2.17）中

$$U_m = \omega L I_m \tag{2.18}$$

用有效值表示为

$$U = \omega L I \tag{2.19}$$

由此可知，通过电感元件的电流是正弦的，则电感两端产生的电压降也是同频率的正弦量。电压与电流的大小关系为 $U_m = \omega L I_m$ 或 $U = \omega L I$，电流与电压的相位关系为电压超前电流 $90°$。电流与电压的波形图如图 2.7（b）所示。

由式（2.18）和式（2.19）可见，$\dfrac{U_m}{I_m} = \dfrac{U}{I} = \omega L$，此式中 ωL 具有电阻的单位，当电压 U 一定时，ωL 越大，则电流 I 越小。可见它具有对交流电流起阻碍作用的物理性质，所以称它为电感的电抗，简称感抗，记为 X_L，即

$$X_L = \omega L = 2\pi f L \tag{2.20}$$

感抗 X_L 与电感 L、频率 f 成正比。因此，电感线圈对高频电流的阻碍作用很大，而对直流则可视作短路，即对直流来说，$X_L = 0$（注意，不是 $L = 0$，而是 $f = 0$）。这种特性称为通直阻交。

当 U 和 L 一定时，X_L 和 I 同 f 的关系如图 2.8 所示。

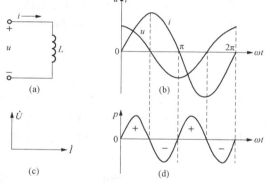

图 2.7　电感元件的交流电路
（a）电路图；（b）电压与电流的正弦波；
（c）电压与电流的相量图；（d）功率

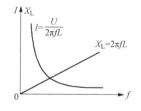

图 2.8　X_L 和 I 及 f 的关系

应该注意，感抗只是电压与电流的幅值或有效值之比，而不是它们的瞬时值之比，即 $\dfrac{u}{i} \neq X_L$，因为这与电阻电路不一样。在纯电感电路中电压与电流之间成导数的关系（见式 2.17），而不是成正比关系。

如用相量表示电压与电流的关系，则为

$$\dot{U}_m = \mathrm{j}\omega L \dot{I}_m \quad 或 \quad \dot{U} = \mathrm{j}\omega L \dot{I} \tag{2.21}$$

式（2.21）表示电压的有效值等于电流的有效值与感抗的乘积，在相位上电压比电流超前 $90°$。因电流相量乘上算子 j 后，即向前（逆时针方向）旋转 $90°$。电压和电流的相量图如图 2.7（c）所示。

学习
札记

2. 功率

确定了电压 u 和电流 i 的变化规律和相互关系后，便可找出瞬时功率的变化规律，即若 $i = I_m \sin\omega t$，$u = U_m \sin(\omega t + 90°)$，则

$$p = ui = U_m I_m \sin\omega t \sin(\omega t + 90°) = U_m I_m \sin\omega t \cos\omega t = \frac{U_m I_m}{2}\sin2\omega t = UI\sin2\omega t \quad (2.22)$$

由上式可见，p 是一个幅值为 UI，角频率为 2ω 的随时间变化的交变量，其波形如图 2.7（d）所示。在第一个和第三个 $\frac{1}{4}$ 周期内，p 是正的（u 和 i 正负相同），瞬时功率为正值，电感元件处于充电状态，电流值在增大，即磁场在建立，电感线圈从电源取用电能，并转换为磁能而储存在线圈的磁场内；在第二个和第四个 $\frac{1}{4}$ 周期内，p 是负的（u 和 i 一正一负），瞬时功率为负值，电感元件处于供电状态，电流值在减小，即磁场在消失，线圈放出原先储存的磁场能量并转换为电能而归还给电路。在忽略电感电阻的影响下，也就是说电路中没有消耗能量的器件，线圈从电源取用的能量一定等于它归还给电源的能量。关于这一点也可从平均功率看出。

纯电感电路的平均功率为 $P = \frac{1}{T}\int_0^T p\,dt = \frac{1}{2\pi}\int_0^{2\pi} UI\sin2\omega t\,d(\omega t) = 0$，即电感电路的平均功率等于零，即电感不消耗功率，只有电源与电感元件间的能量互换。这种能量互换的规模，用无功功率 Q 来衡量。规定无功功率等于瞬时功率的最大值，即

$$Q = UI = I^2 X_L = \frac{U^2}{X_L} \quad (2.23)$$

无功功率的单位是乏（var）或千乏（kvar）。

应当指出，电感元件和电容元件都是储能元件，它们与电源间进行能量互换。这对电源而言，也是一种负担。但对储能元件本身而言，没有消耗能量，将电源与储能元件之间交换的功率命名为无功功率。因此，平均功率也可称为有功功率。

3. 电感中磁场能量的计算

设当 $t = 0$ 时 $i = 0$，磁场中也无能量，若经过时间 t_1 后，电流由 0 变为 i_1，则电感电路磁场中储存的能量为

$$W = \int_0^{t_1} p\,dt$$

令

$$p = ui = L\frac{di}{dt}i = \frac{Li\,di}{dt}$$

则

$$W = \int_0^{t_1} p\,dt = \int_0^{i_1} Li\,di = \frac{1}{2}Li_1^2$$

可见磁场储存的能量与电流的平方成正比，与电感的大小成正比。

[例 2.4] 正弦电源电压为 220V，频率 $f = 50Hz$，若将此电源电压加于电感 $L = 0.024H$，而电阻很小可忽略不计的线圈两端，试求：（1）线圈的感抗 X_L；（2）线圈中的电流 I；（3）线圈的无功功率 Q；（4）储存在线圈内的最大磁场能量 W_m。

解：（1）$X_L = 2\pi f L = 2 \times 3.14 \times 50 \times 0.024 = 7.54(\Omega)$

学习
札记

（2）$I = \dfrac{U}{X_L} = \dfrac{220}{7.54} = 29.2(\text{A})$

（3）$Q = UI = 220 \times 29.2 = 6420(\text{var})$

（4）储存在线圈内的最大磁场能量

$$W_m = \int_0^{I_m} Li\,di = \frac{1}{2}Li^2 \Big|_0^{I_m} = \frac{1}{2}LI_m^2 = LI^2$$

则

$$W_m = 0.024 \times (29.2)^2 = 20.4(\text{J})$$

2.2.3　电容元件的交流电路

1. 电流与电压的关系

设电流、电压的参考方向如图 2.9（a）所示，电容两端的电压为正弦交流电压

$$u = U_m \sin\omega t$$

由

$$C = \frac{q}{u}, \quad i = \frac{dq}{dt}$$

可得

$$i = \frac{dq}{dt} = C\frac{du}{dt} = C\frac{d(U_m\sin\omega t)}{dt} = \omega C U_m \cos\omega t$$

$$= \omega C U_m \sin(\omega t + 90°) = I_m \sin(\omega t + 90°) \tag{2.24}$$

式中

$$I_m = \omega C U_m \quad \text{或} \quad I = \omega C U \tag{2.25}$$

由式（2.24）可知，通过电容元件的电压是正弦量，流过电容的电流是同频率的正弦量。电流与电压的关系为 $I_m = \omega C U_m$ 或 $I = \omega C U$；电流与电压的相位关系为电流超前电压 90°。电流与电压的波形图如图 2.9（b）所示。

由式（2.24）可得，$\dfrac{U_m}{I_m} = \dfrac{U}{I} = \dfrac{1}{\omega C}$，此式中 $\dfrac{1}{\omega C}$

具有电阻的单位，当电压 U 一定时，$\dfrac{1}{\omega C}$ 越大，则电流 I 越小。可见，它具有对交流电流起阻碍作用的物理性质，所以称为电容的电抗，简称容抗，记为 X_C，即

$$X_C = \frac{1}{\omega C} = \frac{1}{2\pi f C} \tag{2.26}$$

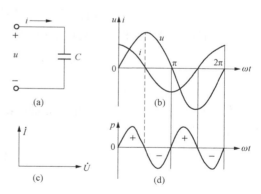

图 2.9　电容元件的交流电路波形
（a）电路图；（b）电压与电流的正弦波；
（c）电压与电流的相量图；（d）功率

容抗 X_C 与电容量 C、频率 f 成反比。在同样的电压下，当电容越大时，电容器所容纳的电荷就越多，因而电流越大。当频率越高时，电容器的充电与放电就进行得越快。所以电容元件对高频电流所呈现的容抗很小，是一捷径，而对直流（$f=0$）所呈现的容抗 X_C，可视作开路。因此，电容元件有通交隔直的作用。

当电压 U 和电容 C 一定时，容抗 X_C 和电流 I 同频率 f 的关系如图 2.10 所示。如用相量表示电压与电流的关系，则为

$$\dot{U}_m = -jX_C\dot{I}_m = -j\frac{\dot{I}_m}{\omega C} \tag{2.27}$$

学习
札记

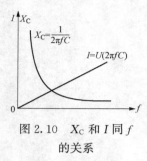

图 2.10 X_C 和 I 同 f
的关系

有效值相量为

$$\dot{U} = -jX_C\dot{I} = \frac{\dot{I}}{j\omega C} = -j\frac{\dot{I}}{\omega C} \tag{2.28}$$

式（2.28）表示电压的有效值等于电流的有效值与容抗的乘积，而在相位上电压比电流滞后 90°。因为电流相量乘上算子（−j）后，即向后（顺时针方向）旋转 90°。电压和电流的相量图如图 2.9（c）所示。

2. 瞬时功率与无功功率

若 $u=U_m\sin\omega t$，$i=I_m\sin(\omega t+90°)$，则纯电容元件的瞬时功率为

$$p = ui = U_mI_m\sin\omega t\sin(\omega t+90°) = U_mI_m\sin\omega t\cos\omega t$$

$$= \frac{U_mI_m}{2}\sin2\omega t = UI\sin2\omega t \tag{2.29}$$

由式（2.29）可见，p 是一个幅值为 UI，并以 2ω 的角频率随时间变化的交变量，波形如图 2.9（d）所示。在第一个和第三个 $\frac{1}{4}$ 周期内 p 是正的，电压值在增高，就是电容元件在充电。这时，电容元件从电源取用电能而储存在它的电场中。在第二个和第四个 $\frac{1}{4}$ 周期内 p 是负的，电压值在降低，就是电容元件在放电。电容元件放出在充电时所储存的能量，把它归还给电源。从整个过程来看，电容电路中只有电能与电场能的互换，没有能量的损失，故电容与电感相同，为储能元件。

电容元件电路中的平均功率

$$P = \frac{1}{T}\int_0^T p\,dt = \frac{1}{2\pi}\int_0^{2\pi} UI\sin2\omega t\,d(\omega t) = 0 \tag{2.30}$$

可见，电容元件与电感元件相同，平均功率（有功功率）为零，但由于交换能量，将电源与电容转换能量的最大值称为无功功率 Q，单位为乏（var）或千乏（kvar）。

$$Q = UI = I^2X_C = \frac{U^2}{X_C} = U^2\omega C \tag{2.31}$$

3. 电容中电场能量的计算

设当 $t=0$ 时 $u=0$，则电场中无能量，若经过时间 t_1 后，电压由 0 变为 u_1，则电容电路在电场中储存的能量为

$$W = \int_0^{t_1} p\,dt$$

令

$$p = ui = uC\frac{du}{dt}$$

则

$$W = \int_0^{t_1} p\,dt = \int_0^{u_1} Cu\,du = \frac{1}{2}Cu_1^2$$

可见电场储存的能量与电压的平方成正比，与电容的大小成正比。

[例 2.5]   已知某电容器的容量为 $C=10\mu F$，若将它分别接在工频、220V 和 500Hz、220V 的电源上，求通过电容器的电流和电容器的无功功率。

解：（1）接在工频、220V 电源上时

$$X_C = \frac{1}{2\pi fC} = \frac{1}{2 \times 3.14 \times 50 \times 10 \times 10^{-6}} \approx 318(\Omega)$$

$$I = \frac{U}{X_C} = \frac{220}{318} \approx 0.692(A)$$

$$Q_C = UI = 220 \times 0.692 = 152.24(\text{var})$$

（2）接在 500Hz、220V 电源上时

$$X_C = \frac{1}{2\pi fC} = \frac{1}{2 \times 3.14 \times 500 \times 10 \times 10^{-6}} \approx 31.8(\Omega)$$

$$I = \frac{U}{X_C} = \frac{220}{31.8} \approx 6.92(A)$$

$$Q_C = UI = 220 \times 6.92 = 1522.4(\text{var})$$

思考与讨论

指出下列各式哪些是对的，哪些是错的（均为单一参数电路）？

（1）$\frac{u}{i} = X_L$；（2）$\frac{I}{U} = j\omega L$；（3）$\frac{\dot{U}}{\dot{I}} = X_C$；（4）$\dot{I} = -j\frac{\dot{U}}{\omega L}$；（5）$\dot{I} = j\omega C\dot{U}$；（6）$i = Ru$。

2.3 一般正弦交流电路的分析

2.3.1 RLC 串联电路

电阻、电感与电容元件的串联交流电路如图 2.11 所示。

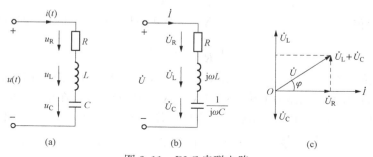

图 2.11 RLC 串联电路

（a）原电路图；（b）相量模型；（c）相量图

图 2.11（a）是一个由 R、L 和 C 串联组成的电路。当电路在正弦电压 $u(t)$ 的激励下，有正弦电流 $i(t)$ 通过，而且在各元件上引起的响应 u_R、u_L 和 u_C 也是同频率的正弦量。它们的相位关系，根据 2.2 节的讨论可以直接写出来，即

$$\left. \begin{array}{l} \dot{U}_R = R\dot{I} \\ \dot{U}_L = j\omega L\dot{I} \\ \dot{U}_C = \dfrac{\dot{I}}{j\omega C} \end{array} \right\}$$ (2.32)

学习
札记

并且电路中的电压、电流可用相量表示，各元件的参数可用复数表示，即可做出与原电路对应的相量模型，如图 2.11（b）所示。由基尔霍夫电压定律，写出电阻、电感与电容元件串联电路的电压相量方程式为

$$\dot{U} = \dot{U}_R + \dot{U}_L + \dot{U}_C \tag{2.33}$$

因串联电路中各元件上的电流是相同的，故选电流 $\dot{I}$ 为参考相量，电阻两端电压 $\dot{U}_R$ 与电流 $\dot{I}$ 同相，电感两端电压 $\dot{U}_L$ 超前电流 $\dot{I}$ 90°，电容两端电压 $\dot{U}_C$ 滞后电流 $\dot{I}$ 90°，由此作出电路的相量图，如图 2.11（c）所示。由图可见

$$U = \sqrt{U_R^2 + (U_L - U_C)^2} = I\sqrt{R^2 + (X_L - X_C)^2} = I\sqrt{R^2 + X^2} \tag{2.34}$$

式中：$X = X_L - X_C$ 称为电路电抗，它是反映感抗和容抗的综合限流作用而导出的参数。

因为串联的电感与电容上电压的相位差为 180°，故其等效电压为它们的相量之和，即

$$\dot{U}_X = \dot{U}_L + \dot{U}_C = jX_L\dot{I} - jX_C\dot{I} = j(X_L - X_C)\dot{I} = jX\dot{I} \tag{2.35}$$

由式（2.34）可以看出，$\dot{U}$、$\dot{U}_X$、$\dot{U}_R$ 构成一个直角三角形，成为电压三角形，如图 2.12（a）所示。

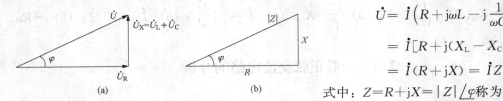

$$\dot{U} = \dot{I}\left(R + j\omega L - j\frac{1}{\omega C}\right)$$
$$= \dot{I}[R + j(X_L - X_C)] \tag{2.36}$$
$$= \dot{I}(R + jX) = \dot{I}Z$$

图 2.12　电压三角形和阻抗三角形
(a) 电压三角形；(b) 阻抗三角形

式中：$Z = R + jX = |Z|\underline{/\varphi}$ 称为复阻抗，它是反映电阻和电抗的综合限流作用而导出的参数。

$$|Z| = \sqrt{R^2 + X^2} = \sqrt{R^2 + (X_L - X_C)^2} \tag{2.37}$$

为电路的阻抗，单位是欧（Ω），可见 Z、R、X 之间的关系构成阻抗三角形，如图 2.12（b）所示。

$$\varphi = \arctan\frac{X}{R} = \arctan\frac{X_L - X_C}{R} \tag{2.38}$$

φ 的大小是由电路的参数决定的。若 $X_L > X_C$，即 $\varphi > 0$，则在相位上电压超前电流 φ 角，电路中电感的作用大于电容的作用，电路为电感性；若 $X_L < X_C$，即 $\varphi < 0$，则在相位上电压滞后电流 φ 角，电路中电感的作用小于电容的作用，电路为电容性；若 $X_L = X_C$，即 $\varphi = 0$，则在相位上电压与电流同相，电路呈纯电阻性。$\dot{U} = \dot{I}Z$ 称为欧姆定律的相量式。若设 $\dot{U} = U\underline{/\varphi_u}$，$\dot{I} = I\underline{/\varphi_i}$，则

$$Z = \frac{\dot{U}}{\dot{I}} = \frac{U\underline{/\varphi_u}}{I\underline{/\varphi_i}} = \frac{U}{I}\underline{/\varphi_u - \varphi_i} = |Z|\underline{/\varphi} \tag{2.39}$$

　　[例 2.6]　在 RLC 串联电路中，已知 $R = 15\,\Omega$，$L = 12\,\text{mH}$，$C = 5\,\mu\text{F}$，电源电压 $u = 220\sqrt{2}\sin(314t + 30°)\text{V}$，试求电路在稳态时的电流和各元件上的电压，并作出相量图。

　　解：（1）先写出已知相量和元件的导出参数，即

$$\dot{U} = 220\underline{/30°}\,\text{V}$$

$$X_L = \omega L = 314 \times 12 \times 10^{-3} = 3.768(\Omega)$$

$$X_C = \frac{1}{\omega C} = \frac{1}{314 \times 5 \times 10^{-6}} = 636.94(\Omega)$$

学习
札记

相量模型如图 2.13 (a) 所示。

（2）由相量模型可求得

$$Z = R + j(X_L - X_C) = 15 + j(3.768 - 636.94)$$
$$= 633.35 \underline{/-88.64°}(\Omega)$$

$$\dot{I} = \frac{\dot{U}}{Z} = \frac{220 \underline{/30°}}{633.35 \underline{/-88.64°}} = 0.347 \underline{/118.64°}(A)$$

$$\dot{U}_R = \dot{I}R = 0.347 \underline{/118.64°} \times 15 = 5.21 \underline{/118.64°}(V)$$

$$\dot{U}_L = j\omega L \dot{I} = 3.768 \underline{/90°} \times 0.347 \underline{/118.64°}$$
$$= 1.307 \underline{/208.64°}(V)$$

$$\dot{U}_C = -j\frac{1}{\omega C}\dot{I} = 636.94 \underline{/-90°} \times 0.347 \underline{/118.64°}$$
$$= 221.01 \underline{/28.64°}(V)$$

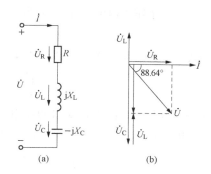

图 2.13 例 2.6 的图
（a）电路相量模型；（b）相量图

（3）由各相量写出相应的瞬时表达式

$$i = 0.347\sqrt{2}\sin(314t + 118.64°)A$$
$$u_R = 5.21\sqrt{2}\sin(314t + 118.64°)V$$
$$u_L = 1.307\sqrt{2}\sin(314t + 208.64°)V$$
$$u_C = 221.01\sqrt{2}\sin(314t + 28.64°)V$$

根据结果以电流为参考相量作相量图，如图 2.13 (b) 所示。

2.3.2 RLC 并联电路

如图 2.14 (a) 所示，是 R、L 和 C 并联电路，当电路在正弦电压 $u(t)$ 的激励下，在各元件上引起的响应 i_R、i_L、i_C 也是同频率的正弦量。各支路电流相量分别表示为

$$\left.\begin{array}{l} \dot{I}_R = \dfrac{\dot{U}}{R} \\[2mm] \dot{I}_L = \dfrac{\dot{U}}{jX_L} = -j\dfrac{\dot{U}}{X_L} \\[2mm] \dot{I}_C = \dfrac{\dot{U}}{-jX_C} = j\dfrac{\dot{U}}{X_C} \end{array}\right\} \tag{2.40}$$

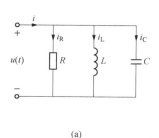 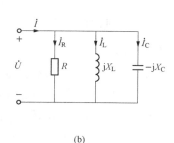

    (a)   (b)   (c)

图 2.14 RLC 并联电路

由基尔霍夫电流定律，可列出 RLC 并联电路的电流相量方程式，即

$$\dot{I} = \dot{I}_R + \dot{I}_L + \dot{I}_C \tag{2.41}$$

将式（2.40）代入式（2.41）可得

$$\dot{I} = \frac{\dot{U}}{R} - j\frac{\dot{U}}{X_L} + j\frac{\dot{U}}{X_C} = \dot{U}\left[\frac{1}{R} - j\left(\frac{1}{X_L} - \frac{1}{X_C}\right)\right] \tag{2.42}$$

在并联电路中，由于各支路的端电压是相同的，选电压为参考相量，作相量图如图 2.14（c）所示。由相量图可知，总电流的有效值为

$$I = \sqrt{I_R^2 + (I_L - I_C)^2} = U\sqrt{\left(\frac{1}{R}\right)^2 + \left(\frac{1}{X_L} - \frac{1}{X_C}\right)^2} \tag{2.43}$$

电路中电压与电流之间的相位差为

$$\varphi = \arctan\frac{I_L - I_C}{I_R} = \arctan\frac{\dfrac{1}{X_L} - \dfrac{1}{X_C}}{\dfrac{1}{R}} \tag{2.44}$$

2.3.3　RLC 混联电路

混联电路是指阻抗串联与并联的组合电路。混联电路的计算归纳起来主要有相量解析法和相量图图解法两种。

1. 相量解析法

相量解析法是应用相量形式的欧姆定律、扩展到正弦电路中的求解电路参数的方法。与直流电路不同的是必须用电压和电流相量，电路参数是复阻抗，电路方程式为相量形式。

[**例 2.7**]　电路参数如图 2.15 所示，电源电压 $\dot{U} = 220\underline{/0°}$ V，试求各支路电流 $\dot{I}_1$、$\dot{I}_2$ 和 $\dot{I}_3$ 及电压 $\dot{U}_1$、$\dot{U}_{23}$。

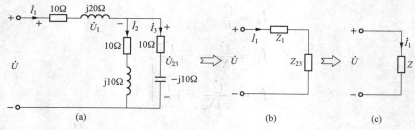

图 2.15　例 2.7 的图

解：各支路的阻抗和电路的等效复阻抗为

$$Z_1 = 10 + j20 = 10\sqrt{5}\underline{/63.5°}\ (\Omega)$$

$$Z_2 = 10 + j10 = 10\sqrt{2}\underline{/45°}\ (\Omega)$$

$$Z_3 = 10 - j10 = 10\sqrt{2}\underline{/-45°}\ (\Omega)$$

$$Z_{23} = \frac{Z_2 Z_3}{Z_2 + Z_3} = \frac{10\sqrt{2}\underline{/45°} \times 10\sqrt{2}\underline{/-45°}}{10 + j10 + 10 - j10} = 10\ (\Omega)$$

$$Z = Z_1 + Z_{23} = 10 + 10 + j20 = 20\sqrt{2}\underline{/45°}\ (\Omega)$$

学习札记

各支路电流和电压为

$$\dot{I}_1 = \frac{\dot{U}}{Z} = \frac{220\underline{/0^\circ}}{20\sqrt{2}\underline{/45^\circ}} = 7.78\underline{/-45^\circ}(\text{A})$$

$$\dot{U}_1 = \dot{I}_1 Z_1 = 7.78\underline{/-45^\circ} \times 10\sqrt{5}\underline{/63.5^\circ} = 174\underline{/18.5^\circ}(\text{V})$$

$$\dot{U}_{23} = \dot{I}_{23} Z_{23} = 7.78\underline{/-45^\circ} \times 10 = 77.8\underline{/-45^\circ}(\text{V})$$

$$\dot{I}_2 = \frac{\dot{U}_{23}}{Z_2} = \frac{77.8\underline{/-45^\circ}}{10\sqrt{2}\underline{/45^\circ}} = 5.5\underline{/-90^\circ}(\text{A})$$

$$\dot{I}_3 = \frac{\dot{U}_{23}}{Z_3} = \frac{77.8\underline{/-45^\circ}}{10\sqrt{2}\underline{/-45^\circ}} = 5.5(\text{A})$$

[例 2.8]　在图 2.16 (a) 所示的电路中，已知 $R = 15\Omega$，$X_L = 2\Omega$，$X_{C1} = 3\Omega$，$X_{C2} = 12\Omega$，$\dot{U}_s = 10\underline{/0^\circ}\text{V}$。试用戴维南定理求通过 AB 支路的电流 $\dot{I}$ 。

解： 从 A、B 处将电路断开，如图 2.16 (b) 所示，A、B 两点的开路电压 $\dot{U}_{oc}$ 为

$$\dot{U}_{oc} = \frac{-jX_{C1}}{jX_L - jX_{C1}} \dot{U}_s = \frac{-j3}{j2 - j3} \times 10\underline{/0^\circ}\text{V}$$

$$= 30\underline{/0^\circ}\text{V}$$

将电压源短路，如图 2.16 (c) 所示，A、B 两点的复阻抗 Z_{AB} 为

$$Z_{AB} = \frac{jX_L(-jX_{C1})}{jX_L - jX_{C1}} + R$$

$$= \frac{j2 \times (-j3)}{j2 - j3} + 15 = 15 + j6(\Omega)$$

作出戴维南等效电路，如图 2.16 (d) 所示，并求得 AB 支路的电流为

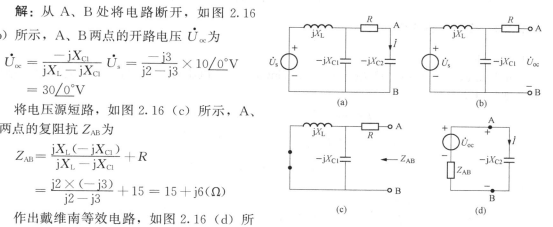

图 2.16　例 2.8 的图

$$\dot{I} = \frac{\dot{U}_{oc}}{Z_{AB} - jX_{C2}} = \frac{30\underline{/0^\circ}}{15 + j6 - j12} = 1.85\underline{/21.8^\circ}(\text{A})$$

2. 相量图解法

这种方法是根据基尔霍夫定律把各相量画在复平面上，并借助相量图中各量的几何关系，求出待求量。

[例 2.9]　在电路图 2.17 (a) 中，$I_1 = I_2 = 10\text{A}$，$U = 100\text{V}$，$\dot{U}$ 与 $\dot{I}$ 同相，试求 I、R、X_C 及 X_L。

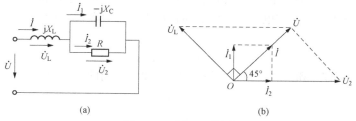

图 2.17　例 2.9 的图
（a）电路图；（b）相量图

解： 以 $\dot{U}_2$ 为参考相量，作相量图如图 2.17（b）所示，由相量图中的电流三角可得

$$I = \sqrt{I_1^2 + I_2^2} = \sqrt{10^2 + 10^2} = 10\sqrt{2}(\text{A})$$

$$\varphi = \arctan\frac{I_1}{I_2} = \arctan 1 = 45°$$

根据给定的条件，$\dot{U}$ 与 $\dot{I}$ 同相位，$\dot{U}_L$ 超前于 $\dot{I}$ 90°，$\dot{U}_2$ 与 $\dot{I}_2$ 同相位，从相量图中看到电压三角形为一个等腰直角三角形，因此得

$$U_2 = U/\cos 45° = 141(\text{V})$$

$$U_L = U = 100(\text{V})$$

$$X_L = U_L/I = 100/(10\sqrt{2}) = 7.07(\Omega)$$

$$X_C = U_2/I_1 = 141/10 = 14.1(\Omega)$$

$$R = U_2/I_2 = 141/10 = 14.1(\Omega)$$

导纳与阻抗在数值上互为倒数，计算与推导与前面相类似，在这里就不再赘述了。

2.3.4   交流电路的功率

1. 电路的功率

设正弦稳态电路中负载的端电压为 $u = U_m\sin(\omega t + \varphi)$，电流为 $i = I_m\sin\omega t$，则电路在任一瞬时的功率即瞬时功率为

$$\begin{aligned}
p &= ui = U_m I_m\sin(\omega t + \varphi)\sin\omega t \\
&= 2UI\left[\frac{1}{2}\cos\varphi - \frac{1}{2}\cos(2\omega t + \varphi)\right] \\
&= UI\cos\varphi - UI\cos(2\omega t + \varphi)
\end{aligned}$$

平均功率为

$$P = \frac{1}{T}\int_0^T p\,\mathrm{d}t = \frac{1}{T}\int_0^T[UI\cos\varphi - UI\cos(2\omega t + \varphi)]\mathrm{d}t = UI\cos\varphi \tag{2.45}$$

从电压三角形可得出

$$U\cos\varphi = U_R = RI$$

于是，电阻上消耗的电能为

$$P_R = U_R I = RI^2 = UI\cos\varphi = P \tag{2.46}$$

由式（2.46）可见，交流电路中的有功功率 P 等于电阻中消耗的功率 P_R。串联电路中无功功率 Q 为储能元件上的电压 U_X 乘以 I，即

$$Q = U_X I = (U_L - U_C)I = I^2(X_L - X_C) = UI\sin\varphi \tag{2.47}$$

式（2.45）和式（2.47）是计算正弦交流电路中平均功率（有功功率）和无功功率的一般公式。

在正弦交流电路中，电压与电流有效值的乘积称为视在功率 S，单位为伏安（VA）或千伏安（kVA）。

$$S = UI = |Z|I^2 \tag{2.48}$$

由式（2.45）、式（2.47）和式（2.48）可得，P、Q 和 S 之间的关系为

$$\left.\begin{aligned}
P &= S\cos\varphi \\
Q &= S\sin\varphi \\
S &= \sqrt{P^2 + Q^2}
\end{aligned}\right\} \tag{2.49}$$

学习
札记

显然，它们也可以用一个直角三角形（功率三角形）来表示，如图 2.18 所示。电压、功率和阻抗的三角形是相似的。

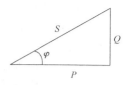

如果电路中同时接有若干个不同功率因数的负载，电路总的有功功率为各负载有功功率的算术和，无功功率为无功功率的代数和，即

$$\Sigma P = P_1 + P_2 + P_3 + \cdots + P_n \qquad (2.50)$$
$$\Sigma Q = Q_1 + Q_2 + Q_3 + \cdots + Q_n \qquad (2.51)$$

图 2.18　功率三角形

则视在功率为

$$S = UI = \sqrt{(\Sigma P)^2 + (\Sigma Q)^2} \qquad (2.52)$$

式中：U 和 I 分别代表电路的总电压和总电流。当负载为感性负载，Q 为正值；当负载为容性负载，Q 为负值。

[例 2.10]　计算例 2.7 中电路的有功功率、无功功率和视在功率。

解： 电路如图 2.15 所示，已知 $\dot{U} = 220\underline{/0°}\text{V}$，$R_1 = 10\Omega$，$X_{L1} = 20\Omega$，$R_2 = 10\Omega$，$X_{L2} = 10\Omega$，$R_3 = 10\Omega$，$X_{L3} = 10\Omega$，并已求得 $\dot{I}_1 = 7.78\underline{/-45°}\text{A}$，$\dot{I}_2 = 5.5\underline{/-90°}\text{A}$，$\dot{I}_3 = 5.5\underline{/0°}\text{A}$，则

$$Q_1 = I_1^2 X_{L1} = (7.78)^2 \times 20 = 1210.3\,(\text{var})$$
$$Q_2 = I_2^2 X_{L2} = (5.5)^2 \times 10 = 302.5\,(\text{var})$$
$$Q_3 = -I_3^2 X_{C3} = (5.5)^2 \times 10 = -302.5\,(\text{var})$$
$$P_1 = I_1^2 R_1 = (7.78)^2 \times 10 = 605.3\,(\text{W})$$
$$P_2 = I_2^2 R_2 = (5.5)^2 \times 10 = 302.5\,(\text{W})$$
$$P_3 = I_3^2 R_3 = (5.5)^2 \times 10 = 302.5\,(\text{W})$$
$$\Sigma Q = Q_1 + Q_2 + Q_3 = 1210.3\,(\text{var})$$
$$\Sigma P = P_1 + P_2 + P_3 = 605.3 + 302.5 + 302.5 = 1210.3\,(\text{W})$$
$$S = \sqrt{(\Sigma P)^2 + (\Sigma Q)^2} = \sqrt{1210.3^2 + 1210.3^2} = 1712\,(\text{VA})$$

或

$$S = UI = 220 \times 7.78 = 1712\,(\text{VA})$$

2. 功率因数的提高

由有功功率公式 $P = UI\cos\varphi$ 可知，在一定的电压和电流的情况下，电路获得的有功功率取决于功率因数的大小，而 $\cos\varphi$ 的大小只取决于负载本身的性质。一般的用电设备，如感应电动机、感应炉、日光灯等都属于电感性负载，它们的功率因数都是比较低的。如交流感应电动机在轻载运行时，功率因数为 $0.2 \sim 0.3$，即使在额定负载下运行时，功率因数也只在 $0.8 \sim 0.9$。因此，供电系统的功率因数总是在 $0 \sim 1$。

负载的功率因数太低，将使发电设备的利用率和输电线路的效率降低。

发电机（或变压器）都有它的额定电压 U_N、额定电流 I_N 和额定视在功率 S_N。但发电机发出的有功功率 $P = U_N I_N \cos\varphi = S_N \cos\varphi$ 与负载的功率因数 $\cos\varphi$ 成正比，即负载的 $\cos\varphi$ 越高，发电机发出的有功功率越大，其容量才能得到充分地利用。例如，容量为 1000kVA 的变压器，如果 $\cos\varphi = 1$，即发出 1000kW 的有功功率，而在 $\cos\varphi = 0.7$ 时，只能发出 700kW 的有功功率。

在供电方面，当发电机的电压 U 和输出的功率 P 一定时，电流与功率因数成反比，而线路和发电机绕组上的功率损耗则与 $\cos\varphi$ 的平方成反比，即

$$\Delta P = I^2 R = \frac{P^2 R}{U^2 \cos^2\varphi} \qquad (2.53)$$

可见，功率因数越高，线路上的电流越小，所损失的功率也就越小，从而提高了输电效率。由以上分析可见，功率因数的提高，能使发电设备的容量得到充分利用，同时也是节约能源和提高电能质量的重要措施。

功率因数低的原因在于供电系统中存在有大量的电感性负载，由于电感性负载需要一定的无功功率，如交流感应电动机需要一定的感性无功电流来建立磁场。为了提高功率因数，必须使负载所需要的无功功率不全部取自电源，而是部分地由电路本身来提供，并且在采取提高 $\cos\varphi$ 的措

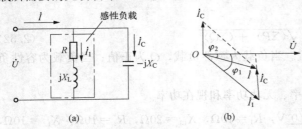

图 2.19　功率因数提高电路与相量图

(a) 电路图；(b) 相量图

施时，应当保证负载的正常运行状态（电压、电流和功率）不受影响。根据这些原则，通常在电感性负载的两端并联一个补偿电容器来提高供电系统的功率因数，其电路图和相量图如图 2.19 所示。

相量图表明，在感性负载的两端并联适当的电容，可使电压与电流的相位差 φ 减小，即原来是 φ_1，现减小为 φ_2，$\varphi_2 < \varphi_1$，

故 $\cos\varphi_2 > \cos\varphi_1$；同时线路电流由并联前的 I_1 减小为 I（此时线路电流 $\dot{I} = \dot{I}_1 + \dot{I}_C$）。而原感性负载的端电压、电流、功率因数、功率都不变。这时能量互换部分发生在感性负载与电容器之间，因而使电源设备的容量得到充分利用，线路上的能耗和压降也减小了。

未并入电容时，电路的无功功率为

$$Q = UI_1\sin\varphi_1 = UI_1\frac{\sin\varphi_1\cos\varphi_1}{\cos\varphi_1} = P\tan\varphi_1$$

并入电容后，电路的无功功率为

$$Q' = UI\sin\varphi_2 = P\tan\varphi_2$$

电容需要补偿的无功功率为

$$Q_C = Q - Q' = P(\tan\varphi_1 - \tan\varphi_2)$$

又因

$$Q_C = I_C^2 X_C = \frac{U^2}{X_C} = \omega C U^2$$

故

$$C = \frac{Q_C}{\omega U^2} = \frac{P}{2\pi f U^2}(\tan\varphi_1 - \tan\varphi_2) \tag{2.54}$$

式中：P 为负载所吸收的功率；U 为负载的端电压；φ_1 和 φ_2 分别为补偿前和补偿后的功率因数角；C 为所需并联的电容器的电容量。

[例 2.11]　某低压工频配电变压器，额定容量为 50kVA，输出额定电压为220V，供电给一个电感性负载，其功率因数为 0.7，若将一组电容与负载并联，使功率因数提高到 0.85。试求：所需的电容量为多少？电容器并联前后，其输出电流各为多少？

动画演示

功率因数补偿

解：

$$P = S\cos\varphi_1 = 50 \times 0.7 = 35(\text{kW})$$

$$\cos\varphi_1 = 0.7, \ \tan\varphi_1 = 1.02; \ \cos\varphi_2 = 0.85, \ \tan\varphi_2 = 0.62$$

由式（2.54）得

$$C = \frac{P}{\omega U^2}(\tan\varphi_1 - \tan\varphi_2) = \frac{35 \times 10^3}{314 \times 220^2} \times (1.02 - 0.62) = 921(\mu\text{F})$$

学习札记

电容器并联前，变压器输出电流为额定电流

$$I_1 = \frac{S}{U} = \frac{50 \times 10^3}{220} = 227.3(\text{A})$$

电容器并联后，线路的有功功率不变，即 $UI_1\cos\varphi_1 = UI\cos\varphi_2$，则电容器并联后输出电流为

$$I = \frac{UI_1\cos\varphi_1}{U\cos\varphi_2} = I_1\frac{\cos\varphi_1}{\cos\varphi_2} = 227.3 \times \frac{0.7}{0.85} = 187.2(\text{A})$$

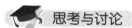 **思考与讨论**

1. 下列各式中 S 为视在功率，P 为有功功率，Q 为无功功率，正弦交流电路的视在功率表示式哪些是正确的？

(1) $S = P + Q_L - Q_C$；(2) $S^2 = P^2 + Q_L^2 - Q_C^2$；(3) $S^2 = P^2 + (Q_L - Q_C)^2$；(4) $S = \sum S$；

(5) $S = UI$；(6) $S = I\sum U$；(7) $S = \sqrt{(\sum P)^2 + (\sum Q)^2}$。

2. RL 串联电路的阻抗为 $Z = 3 + \text{j}4\Omega$，试问该电路的电阻和感抗各为多少？若电源电压的有效值为 110V，则电路的电流为多少？

3. 在供电电路中，电路的功率因数是否因并联电容越大功率因数就提高得越快？

2.4 电路中的谐振

在具有电感和电容元件的电路中，电路两端的电压与其中的电流一般是不相同的，如果调节电路的参数或电源的频率而使它们相同，这时电路就发生谐振现象。按发生谐振电路的不同，谐振现象可分为串联谐振和并联谐振。

2.4.1 串联谐振

在 R、L、C 串联电路中，如图 2.20 所示。当 $X_L = X_C$ 时，电路中的电压和电流同相，电路发生串联谐振。此时 $\varphi = \arctan\dfrac{X_L - X_C}{R} = 0$，$\cos\varphi = 1$，电路呈电阻性。令谐振频率为 ω_0，则由 $X_L = X_C$ 得 $\omega_0 L = \dfrac{1}{\omega_0 C}$，$\omega_0 = \sqrt{\dfrac{1}{LC}}$，因此

$$f = f_0 = \frac{1}{2\pi\sqrt{LC}} \tag{2.55}$$

可见只要调节 L、C 和电源频率 f 都能使电路发生谐振。串联谐振具有以下特征：

(1) 电路的阻抗模 $|Z| = \sqrt{R^2 + (X_L - X_C)^2} = R$，其值最小。因此，在电源电压 U 不变的情况下，电路中的电流将在谐振时达到最大值，即 $I = I_0 = \dfrac{U}{R}$。在图 2.20 中分别画出了阻抗和电流等随频率变化的曲线。

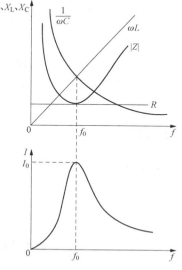

图 2.20 阻抗与电流等随频率变化曲线

学习
札记

（2）由于电源电压与电路中电流同相（$\varphi=0$），因此电路对电源呈现电阻性。电源供给电路的能量全被电阻所消耗，电源与电路之间不发生能量的互换。能量的互换只发生在电感和电容之间。

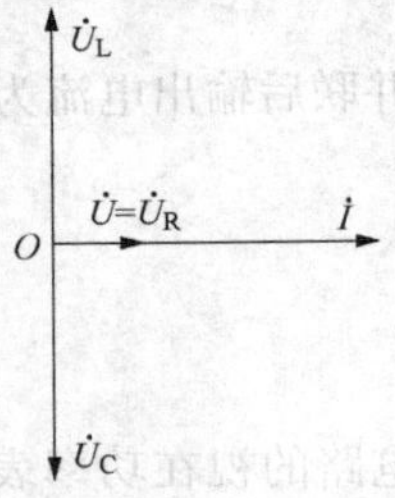

（3）由于 $X_L=X_C$，于是 $U_L=U_C$。而 $\dot{U}_L$ 和 $\dot{U}_C$ 在相位上相反，互相抵消，对整个电路不起作用，因此电源电压 $\dot{U}=\dot{U}_R$（见图 2.21）。但 U_L 和 U_C 的单独作用不容忽视，因为

$$\left.\begin{array}{l} U_L=X_L I=X_L\dfrac{U}{R} \\[2mm] U_C=X_C I=X_C\dfrac{U}{R} \end{array}\right\} \tag{2.56}$$

图 2.21　串联谐振相量图

当 $X_L=X_C>R$ 时，U_L 和 U_C 都高于电源电压 U。如果电压过高，可能击穿线圈和电容器的绝缘。因此，在电力工程中一般应避免发生串联谐振。但在无线电工程中，常利用串联谐振以获得较高电压，电容和电感电压常高于电源电压几十倍或几百倍。所以，串联谐振也称为电压谐振。U_L 和 U_C 与电源电压 U 的比值通常称为电路的品质因数 Q，即

$$Q=\frac{U_C}{U}=\frac{U_L}{U}=\frac{1}{\omega_0 CR}=\frac{\omega_0 L}{R}$$

表示在谐振时电容和电感元件上的电压是电源电压的 Q 倍。在无线电中通常利用这一特征选择信号并将小信号放大。

如图 2.22 所示，当谐振曲线比较尖锐时，稍有偏离谐振频率 f_0，信号就大大减弱。就是说，谐振曲线越尖锐，选择性越强。一般用通频带来表示，通频带宽度规定为在电流 I 等于最大值 I_0 的 70.7%（即 $\dfrac{1}{\sqrt{2}}$）处频率的上下限之间的宽度，即 $\Delta f=f_2-f_1$。

通频带宽度越小，表明谐振曲线越尖锐，电路的频率选择性越强。对于谐振曲线，Q 值越大，曲线越尖锐，则电路的频率选择性也越强。

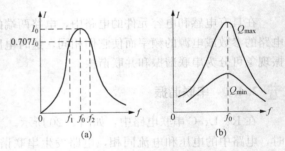

图 2.22　串联谐振曲线
（a）通频带宽度；（b）Q 与谐振曲线的关系

2.4.2　并联谐振

图 2.23 是电容器与电感线圈并联的电路。电路的等效阻抗为

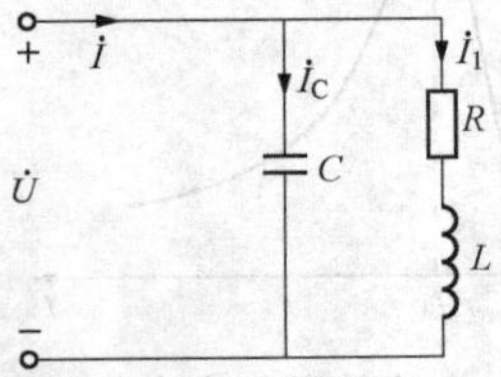

$$Z=\frac{\dfrac{1}{j\omega C}(R+j\omega L)}{\dfrac{1}{j\omega C}+(R+j\omega L)}=\frac{R+j\omega L}{1+j\omega RC-\omega^2 LC} \tag{2.57}$$

通常线圈的电阻很小，即 $\omega L\gg R$，则式（2.57）可写成

$$Z\approx\frac{j\omega L}{1+j\omega RC-\omega^2 LC}=\frac{1}{\dfrac{RC}{L}+j\left(\omega C-\dfrac{1}{\omega L}\right)} \tag{2.58}$$

图 2.23　并联电路

由式（2.58）可得并联谐振频率，即将电源频率 ω 调到 ω_0 时发生谐振，这时

学习札记

$$\omega_0 C - \frac{1}{\omega_0 L} \approx 0 \quad \text{或} \quad f = f_0 \approx \frac{1}{2\pi\sqrt{LC}} \tag{2.59}$$

与串联谐振频率近于相等。

并联谐振具有下列特征：

（1）由式（2.58）可知，谐振时电路的阻抗模为

$$|Z_0| = \frac{1}{\dfrac{RC}{L}} = \frac{L}{RC} \tag{2.60}$$

其值最大，因此在电源电压 U 一定的情况下，电路中的电流 I 将在谐振时达到最小值，即

$$I = I_0 = \frac{U}{\dfrac{L}{RC}} = \frac{U}{|Z_0|} \tag{2.61}$$

（2）由于电源电压与电路中电流同相（$\varphi = 0$），因此电路对电源呈现电阻性，谐振时电路的阻抗模 $|Z|$ 与电流的谐振曲线如图 2.24 所示。

（3）谐振时各并联支路的电流为

$$I_1 = \frac{U}{\sqrt{R^2 + (2\pi f_0 L)^2}} \approx \frac{U}{2\pi f_0 L}$$

$$I_C = \frac{U}{\dfrac{1}{2\pi f_0 C}} = 2\pi f_0 C U$$

而

$$|Z_0| = \frac{L}{RC} = \frac{2\pi f_0 L}{R(2\pi f_0 C)} \approx \frac{(2\pi f_0 L)^2}{R}$$

当 $2\pi f_0 L \gg R$ 时

$$2\pi f_0 L \approx \frac{1}{2\pi f_0 C} \ll \frac{(2\pi f_0 L)^2}{R} = |Z_0|$$

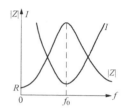

图 2.24　阻抗和电流
随频率变化曲线

于是可得 $I_1 \approx I_C \gg I_0$，即在谐振时并联支路的电流近于相等，而比总电流大许多倍。因此，并联谐振也称为电流谐振。I_C 或 I_1 与总电流 I_0 的比值为电路的品质因数

$$Q = \frac{I_1}{I_0} = \frac{2\pi f_0 L}{R} = \frac{\omega_0 L}{R}$$

知识延伸与应用

电热水器工作原理
动画演示与制作视频

即在谐振时，支路电流 I_C 或 I_1 是总电流 I_0 的 Q 倍。

（4）如果并联电路由恒流源供电，当电源为某一频率时电路发生谐振，电路阻抗最大，电流通过时电路两端产生的电压也是最大。当电源为其他频率时电路不发生谐振，阻抗较小，电路两端的电压也较小。这样起到选频的作用。Q 越大，选择性越好。

2.5　用 Multisim 对单相交流电路进行仿真

在线性电路中，当激励是正弦电流（或电压）时，其响应也是同频率的正弦电流（或电压），因而这种电路也称为正弦稳态电路。本节主要利用 Multisim 软件来研究时不变电路在正弦激励下的稳态响应，即正弦稳态分析。

学习
札记

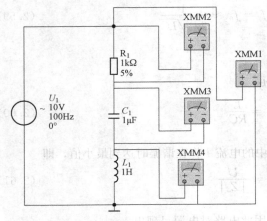

图 2.25　交流基尔霍夫电压定律应用电路

2.5.1　正弦稳态电路电压关系仿真分析

正弦交流电路中，KCL 和 KVL 适用于所有瞬时值和相量形式。以图 2.25 所示电路为例，验证 KVL 定理。

1. 创建电路

从元器件库中选择电压源、电阻、电容、电感，创建仿真电路，如图 2.26 所示，同时接万用表 XMM1、XMM2、XMM3、XMM4 选择交流电压挡 (U)，可得总电压 U 为 10V，电阻 R_1 上的电压为 7.2V，电容 C_1 上的电压为 11.459V，电感 L_1 上的电压为 4.524V，分别如图 2.26～图 2.29 所示。

图 2.26　总电压 U

图 2.27　电压 U_{R1}

图 2.28　电压 U_{C1}

图 2.29　电压 U_{L1}

2. 结果分析

在交流电路中应用基尔霍夫电压定律时，各个电压相加必须使用相量加法。图 2.26 所示电路中，电阻两端的电压 U_{R1} 相位与电流相同，电感两端的电压相位超前电流 90°，电容两端的电压落后电流 90°。所以总电抗两端的电压 U_X 等于电感电压与电容电压之差，总电压 $U=\sqrt{U_R^2+U_X^2}=$ 10V。可见计算结果与仿真结果相同。

2.5.2　谐振电路的仿真分析

对电路中谐振现象的研究有着重要的意义：一方面谐振现象在科学技术中得到了广泛的应用；

另一方面在某些情况下电路中发生谐振会破坏电路的正常工作，要加以避免。本节以串联谐振电路为例，分析电路的谐振现象，如图 2.30 所示。

1. 创建电路

从元器件库中选择电压源、电阻、电容、电感，接成串联电路，电压源的频率 $f_0 =$ 156Hz，电感 $L_1 = 1$mH，电容 $C_1 = 1$mF 时，满足串联电路发生谐振的条件 $f_0 = \dfrac{1}{2\pi\sqrt{LC}}$，如图 2.30 所示；选择双踪示波器观察串联谐振电路外加电压与谐振电流的波形，选择波特图仪测定频率特性。

2. 串联谐振电路的电压与电流波形

单击运行（RUN）按钮，双击双踪示波器的图标，可看出当 $f_0 = 156$Hz 电路发生谐振时，电路呈纯阻性，外加电压与谐振电流同相位，其波形如图 2.31 所示。

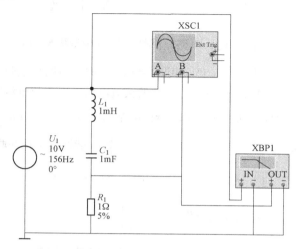

图 2.30　串联谐振电路

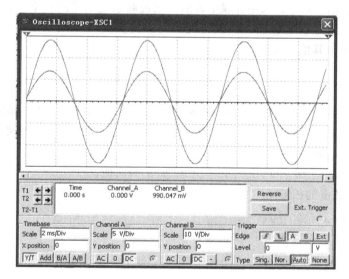

图 2.31　串联谐振电路电压与电流波形

本　章　小　结

（1）正弦量的三要素为幅值、（角）频率和初相位。正弦量的大小通常用有效值表示，有效值为幅值的 $\dfrac{1}{\sqrt{2}}$。

（2）相位差定义为两个同频率正弦量的相位之差，它等于初相之差。相位差表明了两个同频

学习
札记

率的正弦量的相位关系，不同频率的两个正弦量不能进行相位比较。

（3）复阻抗为 $Z=\dfrac{\dot{U}}{\dot{I}}=R+\mathrm{j}X=|Z|\underline{/\varphi}$，其中，阻抗值 $|Z|=\sqrt{R^2+X^2}$，阻抗角 $\varphi=\arctan\dfrac{X}{R}$。当 $\varphi>0$ 时，电路呈感性，等效相量模型为 R 与 $\mathrm{j}X_L$ 串联；当 $\varphi<0$ 时，电路呈容性，等效相量模型为 R 与 $-\mathrm{j}X_C$ 串联；当 $\varphi=0$ 时，电路呈电阻性，可等效为一个电阻元件。

（4）含 R、L、C 元件的交流电路，电压与电流同相时，电路呈谐振状态。谐振发生在串联电路中称串联谐振，串联谐振电路的特点：①u_L 与 u_C 大小相等，相位相反，即 $\dot{U}_L+\dot{U}_C=0$；②阻抗模最小，$Z=R$，电流最大 $I=\dfrac{U}{R}$。谐振发生在并联电路中称为并联谐振，并联谐振电路的特点：①i_L 与 i_C 大小相等，相位相反，即 $\dot{I}_L+\dot{I}_C=0$；②阻抗模 $Z=R$ 最大，总电流最小，$I=I_R=\dfrac{U}{R}$。

产生谐振的条件为 $\omega_0=\dfrac{1}{\sqrt{LC}}$。

（5）功率因数 $\cos\varphi=\dfrac{P}{S}$。电路的功率因数低会增加线路的功率损耗，降低供电质量，并且不能使电能得以充分利用。通常，采用并联电容的方法提高感性电路的功率因数，但并非并联的电容越大越好。感性电路并联电容后，P 没有变，电源提供的电流减少了，S 减小，Q 减小，故 $\cos\varphi$ 增大，电源还可带其他负载工作。

习 题

2.1 已知正弦量 $u_A=200\sqrt{2}\sin314t\,\mathrm{V}$ 和 $u_B=200\sqrt{2}\sin(314t-120°)\mathrm{V}$，试完成：

（1）指出两个正弦电压的最大值、有效值、初相位、角频率、频率、周期及两者的相位差；

（2）画出 u_A 及 u_B 的波形；

（3）计算当 $t=0.05$、0.1、0.5、1T 时 u_A 和 u_B 的瞬时值；

2.2 求下列正弦量的相量图。

（1）$u_1=30\sqrt{2}\sin(\omega t-60°)\mathrm{V}$；

（2）$i_1=5\sin10t+3\cos10t\,\mathrm{A}$；

（3）$u_2=-2\sqrt{2}\sin(\omega t+30°)\mathrm{V}$。

2.3 （1）已知 $\dot{U}=86.6+\mathrm{j}50\mathrm{V}$，$\dot{I}=8.66+\mathrm{j}5\mathrm{A}$，求 Z、P、Q、S 和 $\cos\varphi$；

（2）已知 $u=200\sqrt{2}\sin(314t+60°)\mathrm{V}$，$i=5\sqrt{2}\sin(314t+30°)\mathrm{A}$，求 Z、R、P、Q、S 和 $\cos\varphi$。

2.4 在图 2.32 所示电路中，试分别求出 PA0 表和 PV0 表上的读数，并作出相量图。

2.5 在图 2.33 所示电路中，已知 $i_s=10\sqrt{2}\sin(2t+45°)\mathrm{A}$，$u_R=5\sin2t\,\mathrm{V}$，求 i_R、i_C、i_L 和 L。

2.6 若已知 $\omega=10\mathrm{rad/s}$，求图 2.34 所示电路的 Z_{ab} 是多少？

2.7 在图 2.35 所示电路中，电压表 PV、PV1、PV3 的读数分别为 10、6V 和 6V。试求：
（1）电压表 PV2、PV4 的读数；（2）若电流有效值 $I=0.1\mathrm{A}$，求电路的复阻抗；（3）该电路是何性质？

学习
札记

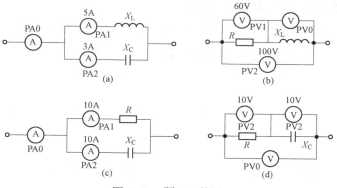

图 2.32 题 2.4 的图

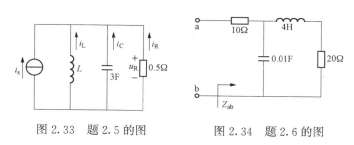

图 2.33 题 2.5 的图 图 2.34 题 2.6 的图

2.8 图 2.36 所示电路中，$Z_1 = 4+j10\Omega$，$Z_2 = 8+j6\Omega$，$Z_3 = j8.33\Omega$，$\dot{U} = 60\underline{/0°}\text{V}$，求各支路电流，并画出电压和各电流相量图。

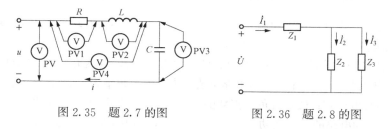

图 2.35 题 2.7 的图 图 2.36 题 2.8 的图

2.9 图 2.37 所示为 RC 选频网络，试求 $\dot{U}_i$ 和 $\dot{U}_o$ 同相的条件及 $\dot{U}_i$ 和 $\dot{U}_o$ 的比值。

2.10 求图 2.38 所示电路的阻抗 Z_{ab}。

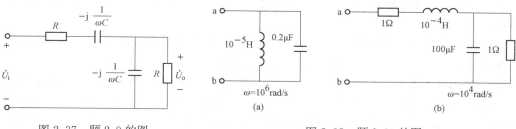

图 2.37 题 2.9 的图 图 2.38 题 2.10 的图

2.11 如图 2.39 所示电路，已知电路中 $I_1 = I_2 = 10\text{A}$，$U = 150\text{V}$，$\dot{U}$ 滞后总电流 $\dot{I}$ 45°，试

学习
札记

求电路中总电流 I 及支路的电阻 R 值并画出相量图。

2.12　如图 2.40 所示电路中，已知 $U=100\mathrm{V}$，$X_\mathrm{L}=5\sqrt{2}\,\Omega$，$X_\mathrm{C}=10\sqrt{2}\,\Omega$，$R=10\sqrt{2}\,\Omega$，且 $\dot{U}$ 与 $\dot{I}$ 同相。试求电流 I、有功功率 P 及功率因数 $\cos\varphi$。

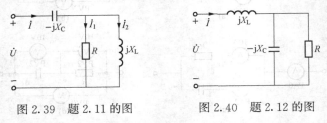

图 2.39　题 2.11 的图　　　　图 2.40　题 2.12 的图

2.13　如图 2.41 所示电路中各支路的电流 $I_1=4\mathrm{A}$，$I_2=2\mathrm{A}$，功率因数为 $\cos\varphi_1=0.8$，$\cos\varphi_2=0.3$，求总电流及总功率因数。

2.14　图 2.42 所示电路中，已知电流有效值 $I=I_\mathrm{L}=I_1=2\mathrm{A}$，电路的有功功率 $P=100\mathrm{W}$，求 R、X_L、X_C。

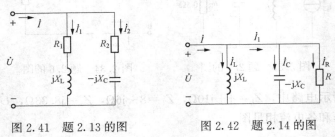

图 2.41　题 2.13 的图　　　　图 2.42　题 2.14 的图

2.15　已知 R、L 串联电路的电流 $i=50\sqrt{2}\sin(314t+20°)\mathrm{A}$，有功功率 $P=8.8\mathrm{kW}$，无功功率 $Q=6.6\mathrm{kvar}$，试求：（1）电源电压 u；（2）电路参数 R、L。

2.16　两个感性负载串联，其中一个负载的电阻 $R_1=5\,\Omega$，电感 $L_1=10.5\mathrm{mH}$，另一个负载的电阻 $R_2=10\,\Omega$，电感 $L_2=100.7\mathrm{mH}$，若电路电流 I 为 10A，频率为 50Hz，试求：（1）各负载的电压 U_1、U_2 和电路总电压 U；（2）各负载消耗的功率 P_1、P_2 和电路的总有功功率 P；（3）各负载的视在功率 S_1、S_2 和电路的总视在功率 S；（4）各负载的功率因数 $\cos\varphi_1$、$\cos\varphi_2$ 和电路的功率因数 $\cos\varphi$。

2.17　额定容量为 40kVA 的电源，额定电压为 220V，专供照明用。试完成：（1）如果白炽灯用 220V，40W 的普通电灯，最多可点多少盏？（2）如果用 220V，40W，$\cos\varphi=0.5$ 的日光灯，最多可点多少盏？

2.18　把一只日光灯接到 220V，50Hz 的电源上，已知电流有效值为 0.366A，功率因数为 0.5，现欲将功率因数提高到 0.9，应当并联多大的电容？

2.19　欲用频率为 50Hz，额定电压为 220V，额定容量为 9.6kVA 的正弦交流电源供电给额定功率为 4.5kW，额定电压为 220V，功率因数为 0.5 的感性负载，问：（1）该电源供电的电流是否超过其额定电流？（2）若将电路功率因数提高到 0.9，应并联多大的电容？（3）并联电容后还可接多少盏 220V、40W 的白炽灯才能充分发挥电源的能力？

2.20　图 2.43 所示 R、L、C 串联电路中，已知 $u=50\sqrt{2}\sin314t$，调节电容 C 使电流 i 与 u 同

学习
札记

相，且电流有效值 $I=1\text{A}$，电感电压 $U_L=90\text{V}$，求：（1）电路参数 R、C；（2）若改变电源频率为 $f=100\text{Hz}$，电路是何性质？

2.21 图 2.44 所示正弦交流电路中，已知电压有效值 $U_1=100\text{V}$，$U_2=80\text{V}$，电流 $i=10\sqrt{2}\sin200t$，且 i 与总电压 u 同相。求总电压 u 及 R、X_L、X_C。

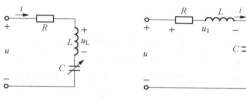

图 2.43 题 2.20 的图　　图 2.44 题 2.21 的图

2.22 在图 2.45 所示电路中，$R=1\text{k}\Omega$，$C=2\mu\text{F}$，当电源频率为 500Hz 时电路发生谐振，谐振时电流为 0.1A。试求：（1）L 及各支路电流有效值；（2）若电源频率改为 1000Hz，电路的有功功率为多少？此时电路是何性质？

2.23 图 2.46 所示电路中，已知电压有效值 $U=10\text{V}$，电阻支路和电感支路电流有效值 $I_R=I_L=1\text{A}$，且电源电压 $\dot{U}$ 与 $\dot{I}_C$ 同相，求 R、X_L、X_C。

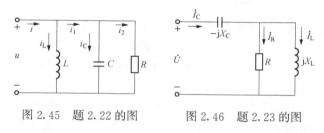

图 2.45 题 2.22 的图　　图 2.46 题 2.23 的图

2.24 试用 Multisim 10 仿真求解习题 2.20 和习题 2.21 电路。

学习
札记

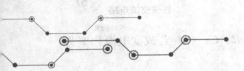
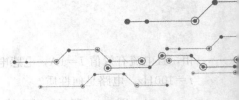

第 3 章
三相正弦交流电路

在电力工业中，电能的产生、传输和分配大多数采用三相正弦交流电的形式。由三相正弦交流电源供电的电路称为三相电路。第 2 章介绍的正弦交流电路为单相正弦交流电路。三相电路比单相电路有许多优点。制造三相交流电机比同容量的单相电机省材，成本低，性能好，效率高；三相输电最经济；对称三相交流电路的瞬时功率不随时间而变化，与其平均功率相等。本章主要讨论对称三相正弦交流电源，对称三相正弦交流电路的计算和功率计算，不对称三相正弦交流电路的分析。

3.1 对称三相正弦交流电源

3.1.1 对称三相正弦交流电的产生及特征

三相正弦交流电是三相交流发电机产生的。三相交流发电机主要由定子和转子两部分组成，其结构示意图如图 3.1 (a) 所示。定子铁芯内圆上冲有均匀分布的槽，槽内对称地嵌放三组完全相同的绕组，每一组称为一相。图 3.1 (a) 中，绕组 AX、BY、CZ 简称 A 相绕组、B 相绕组、C 相绕组。三相绕组的各首端 A、B、C 之间及各末端 X、Y、Z 之间的位置互差 120°，构成对称绕组。转子铁芯上绕有直流励磁绕组，选用合适的极面形状和励磁绕组的布置，可以使发电机空气隙中的磁感应强度按正弦规律分布。当转子由原动机（汽轮机、涡轮机等）带动并以均匀速度顺时针方向旋转时，三相定子绕组将依次切割磁力线，产生频率相同、幅值相等的正弦交流电动势 e_A、e_B、e_C。

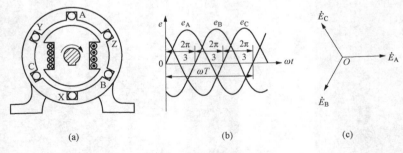

图 3.1 对称三相交流电

(a) 发电机结构图；(b) 波形图；(c) 相量图

若以 e_A 为参考正弦量，三个电动势的表达式为

学习
札记

$$e_A = E_m \sin\omega t$$
$$e_B = E_m \sin(\omega t - 120°)$$
$$e_C = E_m \sin(\omega t + 120°)$$

(3.1)

e_A、e_B、e_C 的波形及相量图如图 3.1（b）、（c）所示。

由式（3.1）或相量图 3.1（c）可见，三相电动势的和等于零，即

$$e_A + e_B + e_C = 0$$
$$\dot{E}_A + \dot{E}_B + \dot{E}_C = 0$$

(3.2)

三相正弦电压达到最大值的次序称为相序。若 e_A 达到最大值时超前 e_B 120°，e_B 达到最大值时超前 e_C 120°，e_C 达到最大值时超前 e_A 120°，则将 A→B→C 的相序称为正相序，反之与此相反的相序 C→B→A 的相序称为逆相序。在我国供配电系统中的三相母线都标有规定的颜色以便识别相序，即规定 A 相为黄色，B 相为绿色，C 相为红色。

相序是一个不容忽视的问题，在并入电网时必须同名相连接；另外，一些电气设备的工作状态与相序有关，如电动机的正反转。

3.1.2　三相电源的连接

1. 星形连接（Y 连接）

三相交流发电机的三相定子绕组末端 X、Y、Z 连接在一起，分别由三个首端 A、B、C 引出三条输电线，称为星形连接。这三条输电线称为相线或端线，俗称火线，用 A、B、C 表示；X、Y、Z 的连接点称为中性点。由三条端线向用户供电，称为三相三线制供电方式；在低压系统中，一般采用三相四线制，即由中性点再引出一条称为中性线（零线）的输电线与三条相线一起向用户供电。星形连接的三相四线制电源如图 3.2（a）所示。

三相电源的每一相线与中性线构成一相，其间的电压称为相电压（即每相绕组上电压），常用 U_A、U_B、U_C 表示，

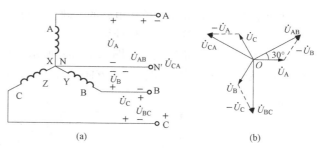

(a)　　　　　　(b)

图 3.2　三相电源的 Y_0 形连接
(a) 连接图；(b) 相量图

一般用 U_p 表示。每两条相线之间的电压称为线电压，其有效值用 U_{AB}、U_{BC}、U_{CA} 表示，一般用 U_l 表示。

$$\dot{U}_{AB} = \dot{U}_A - \dot{U}_B = U\underline{/0°} - U\underline{/-120°} = \sqrt{3}U\underline{/30°}$$
$$\dot{U}_{BC} = \dot{U}_B - \dot{U}_C = U\underline{/-120°} - U\underline{/120°} = \sqrt{3}U\underline{/-90°}$$
$$\dot{U}_{CA} = \dot{U}_C - \dot{U}_A = U\underline{/120°} - U\underline{/0°} = \sqrt{3}U\underline{/150°}$$

(3.3)

画出各相电压及线电压相量如图 3.2（b）所示。

由式（3.3）和图 3.2（b）可得，对称三相交流电源星形连接时三相线电压也对称。线电压的有效值是相电压有效值的 $\sqrt{3}$ 倍，线电压的相位超前对应相电压 30°。有效值关系可表示为 $U_l = \sqrt{3}U_p$。

学习
札记

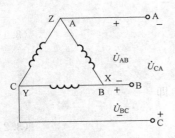

图 3.3　三相电源的△连接

我国的低压配电系统中，使用三相四线制电源额定电压为 380/220V，即相电压 220V，线电压为 $220\sqrt{3}=380$V。三相三线制只提供 380V 线电压。一般将三相四线制星形连接记为 Y_N，三相三线制连接记为 Y。

2. 三角形连接（△连接）

将电源的三相绕组首末端依次相连成三角形，并由三角形的三个顶引出三条相线 A、B、C 给用户供电，称为三角形（△）连接，如图 3.3 所示，采用三相三线制供电方式，$U_l=U_p$。由于 $\dot{U}_{AB}+\dot{U}_{BC}+\dot{U}_{CA}=0$，故电源内部无环流。

3.2　负载的星形和三角形连接

三相供电系统中大多数负载也是三相的，即由三个负载接成 Y 形或△形。每一个负载称为一相负载，每相负载的端电压称为负载相电压，流过每个负载的电流称为相电流，流过端线的电流称为线电流，三相负载的复阻抗相等时称为对称三相负载，三相负载的复阻抗不相等时称为不对称三相负载。

3.2.1　负载星形连接的电路分析

三相电路的分析计算是在单相电路的基础上进行的，其为含有三个电压源的电路，可应用结点电压法、支路电流法等方法分析计算。

负载作星形连接的相量模型如图 3.4（a）所示，有中性线星形连接常称为 Y_N 联结，负载的公共连接点为 N′，各电压、电流参考方向如图 3.4（a）所示。

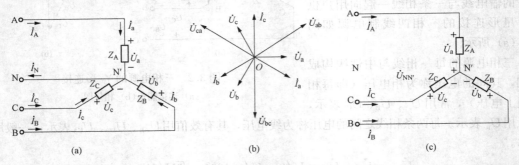

图 3.4　负载的星形连接及相量图

（a）Y_N 连接图；（b）相量图；（c）Y 形连接图

由图 3.4（a）可以看出，负载 Y_N 连接时各相电压即为电源的相电压，各相电压对称，与负载是否对称无关。相电压值为电源线电压的 $\dfrac{1}{\sqrt{3}}$，相位滞后于线电压 30°，负载的线电流等于相电流。设 $\dot{U}_a=U_p\underline{/0°}$，则相电流

$$\left.\begin{array}{l} \dot{I}_{A} = \dot{I}_{a} = \dfrac{\dot{U}_{a}}{Z_{A}} = \dfrac{U_{p}}{|Z_{A}|} \underline{/-\varphi_{a}} \\[3mm] \dot{I}_{B} = \dot{I}_{b} = \dfrac{\dot{U}_{b}}{Z_{B}} = \dfrac{U_{p}}{|Z_{B}|} \underline{/-120° - \varphi_{b}} \\[3mm] \dot{I}_{C} = \dot{I}_{c} = \dfrac{\dot{U}_{c}}{Z_{C}} = \dfrac{U_{p}}{|Z_{C}|} \underline{/120° - \varphi_{c}} \end{array}\right\} \qquad (3.4)$$

由 KCL 得中性线电流为

$$\dot{I}_{N} = \dot{I}_{a} + \dot{I}_{b} + \dot{I}_{c} \qquad (3.5)$$

若三相负载对称，即 $|Z_{A}| = |Z_{B}| = |Z_{C}|$，$\varphi_{a} = \varphi_{b} = \varphi_{c}$，则由式（3.4）可知，负载各相电流也对称，且由式（3.5）可得，$\dot{I}_{N} = \dot{I}_{a} + \dot{I}_{b} + \dot{I}_{c} = 0$，故对于对称负载中性线可以省去，成为三相三线制供电，无中性线。总之，三相对称负载 Y 形连接时，$U_{l} = \sqrt{3} U_{p}$，$I_{l} = I_{p}$。

当不对称的负载作星形连接且无中性线时，电路如图 3.4 （c）所示，负载中性点 N′ 与电源中性点 N 间的电压可用结点电压法求得

$$\dot{U}_{N'N}\left(\frac{1}{Z_{A}} + \frac{1}{Z_{B}} + \frac{1}{Z_{C}}\right) = \frac{\dot{U}_{A}}{Z_{A}} + \frac{\dot{U}_{B}}{Z_{B}} + \frac{\dot{U}_{C}}{Z_{C}}$$

$$\dot{U}_{N'N} = \frac{\dfrac{\dot{U}_{A}}{Z_{A}} + \dfrac{\dot{U}_{B}}{Z_{B}} + \dfrac{\dot{U}_{C}}{Z_{C}}}{\dfrac{1}{Z_{A}} + \dfrac{1}{Z_{B}} + \dfrac{1}{Z_{C}}} \qquad (3.6)$$

则各相负载的电压分别为

$$\left.\begin{array}{l} \dot{U}_{a} = \dot{U}_{A} - \dot{U}_{N'N} \\[2mm] \dot{U}_{b} = \dot{U}_{B} - \dot{U}_{N'N} \\[2mm] \dot{U}_{c} = \dot{U}_{C} - \dot{U}_{N'N} \end{array}\right\} \qquad (3.7)$$

因此，负载不对称，$\dot{U}_{N'N} \neq 0$，三相负载的相电压 $\dot{U}_{a}$、$\dot{U}_{b}$ 和 $\dot{U}_{c}$ 不对称。若负载承受的电压偏离其额定电压太多，便不能正常工作，甚至造成损坏。

由以上分析可知，中性线可使星形连接的负载相电压对称。单相负载作星形连接的三相电路，工作时不能保证三相负载对称。例如照明用电电路，必须用中性线的三相四线制电源供电，且中性线上不允许接刀开关和熔断器，以避免造成无中性线的三相不对称情况引起事故。

［例 3.1］   用线电压为 380V 的三相四线制电源给某三相照明电路供电。试完成：（1）若 A、B、C 相各接有 20 盏 220V、100W 的白炽灯，求各相的相电流、线电流和中性线电流。（2）若 A、C 相各接 40 盏，B 相接 20 盏 220V、100W 的白炽灯，求各相的相电流、线电流和中性线电流。

解：线电压为 380V，各相电压为 $380/\sqrt{3} = 220$（V），则每盏白炽灯的额定电流为

$$I_{N} = \frac{P_{N}}{U_{N}} = \frac{100}{220} = 0.45（A）$$

（1）每相上白炽灯都是并联的，故各相电流

$$I_{a} = I_{b} = I_{c} = 20 \times 0.45 = 9（A）$$

由于为 Y_{N} 接法，故线电流等于相电流，且中性线电流为零。

学习
札记

（2）各相电流为

$$I_a = I_c = 40 \times 0.45 = 18(A)$$
$$I_b = 20 \times 0.45 = 9(A)$$

若设 $\dot{U}_a = 220\underline{/0°}\text{V}$，则

$$\dot{I}_a = 18\underline{/0°}\text{A}, \quad \dot{I}_b = 9\underline{/-120°}\text{A}, \quad \dot{I}_c = 18\underline{/120°}\text{A}$$

所以中性线电流为

$$\dot{I}_N = \dot{I}_a + \dot{I}_b + \dot{I}_c = 18\underline{/0°} + 9\underline{/-120°} + 18\underline{/120°}$$
$$= 18 - 4.5 - j7.79 - 9 + j15.59 = 9\underline{/60°}(A)$$

可见，当负载对称时，中性线中无电流流过，但当负载不对称时，中性线中有电流流过，保证了每相负载上的相电压对称。

[**例 3.2**]　在例 3.1 负载不对称时，断开中性线，求各相负载上的电压。

解：设 $\dot{U}_A = 220\underline{/0°}\text{V}$，$\dot{U}_B = 220\underline{/-120°}\text{V}$，$\dot{U}_C = 220\underline{/120°}\text{V}$，因此各相负载为

$$Z_A = Z_C = \frac{1}{40} \times \frac{220^2}{100} = 12.1(\Omega), \quad Z_B = 24.2(\Omega)$$

则

$$\dot{U}_{N'N} = \frac{\dfrac{\dot{U}_A}{Z_A} + \dfrac{\dot{U}_B}{Z_B} + \dfrac{\dot{U}_C}{Z_C}}{\dfrac{1}{Z_A} + \dfrac{1}{Z_B} + \dfrac{1}{Z_C}} = \frac{\dfrac{220\underline{/0°}}{12.1} + \dfrac{220\underline{/-120°}}{24.2} + \dfrac{220\underline{/120°}}{12.1}}{\dfrac{1}{12.1} + \dfrac{1}{24.2} + \dfrac{1}{12.1}}$$

$$= \frac{440\underline{/0°} + 220\underline{/-120°} + 440\underline{/120°}}{2 + 1 + 2}$$

$$= 88\underline{/0°} + 44\underline{/-120°} + 88\underline{/120°}$$

$$= 88 + (-22) - j22\sqrt{3} + (-44) + j44\sqrt{3}$$

$$= 22 + j22\sqrt{3} = 44\underline{/60°}(V)$$

所以各相负载的电压

$$\dot{U}_a = \dot{U}_A - \dot{U}_{N'N} = 220\underline{/0°} - 44\underline{/60°} = 201.6\underline{/-10.9°}(V)$$

$$\dot{U}_b = \dot{U}_B - \dot{U}_{N'N} = 220\underline{/-120°} - 44\underline{/60°} = -110 - j190.5 - 22 - j38.1$$
$$= -132 - j228.6 = 264\underline{/-120°}(V)$$

$$\dot{U}_c = \dot{U}_C - \dot{U}_{N'N} = 220\underline{/120°} - 44\underline{/60°} = -110 + j190.5 - 22 - j38.1$$
$$= -132 + j152.4 = 201.6\underline{/130.9°}(V)$$

由 [例 3.2] 可见，无中性线时，各相负载上的相电压不对称，高出额定电压的负载将易烧坏，而低于额定电压的负载则灯光不亮。若不对称性较大，则会使某些灯烧坏。所以在 Y_N 连接时，不允许将中性线断开，即中性线内不接入熔断器或刀开关。

3.2.2　负载三角形连接的电路分析

负载作三角形连接的三相电路及各电流、电压参考方向如图 3.5（a）所示。由图可见，负载的相电压等于线电压，即 $\dot{U}_p = \dot{U}_l$。负载的线电流与相电流关系由 KCL 可知

学习
札记

$$\left.\begin{array}{l} \dot{I}_A = \dot{I}_{ab} - \dot{I}_{ca} \\ \dot{I}_B = \dot{I}_{bc} - \dot{I}_{ab} \\ \dot{I}_C = \dot{I}_{ca} - \dot{I}_{bc} \end{array}\right\} \quad (3.8)$$

因为各相负载直接接在电源的线电压上，所以负载的相电压与电源的线电压相等。因此，不论负载对称与否，其相电压总是对称的，即 $U_l = U_p$。

如果三相负载对称，则 $\dot{I}_{ab}$、$\dot{I}_{bc}$、$\dot{I}_{ca}$ 也是对称的，若设线电压 $\dot{U}_{ab} = U_l \underline{/0^\circ}$，阻抗 $Z_{AB} = Z_{BC} = Z_{CA} = |Z| \underline{/\varphi}$，则相电流

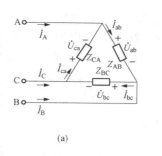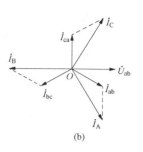

图 3.5　负载三角形连接图及电流相量图
（a）连接图；（b）电流相量图

$$\left.\begin{array}{l} \dot{I}_{ab} = \dfrac{\dot{U}_{ab}}{Z_{AB}} = \dfrac{U_l \underline{/0^\circ}}{|Z| \underline{/\varphi}} = I_p \underline{/-\varphi} \\[2mm] \dot{I}_{bc} = \dfrac{\dot{U}_{bc}}{Z_{BC}} = I_p \underline{/-120^\circ - \varphi} \\[2mm] \dot{I}_{ca} = \dfrac{\dot{U}_{ca}}{Z_{CA}} = I_p \underline{/120^\circ - \varphi} \end{array}\right\} \quad (3.9)$$

因此，各线电流

$$\left.\begin{array}{l} \dot{I}_A = I_p \underline{/-\varphi} - I_p \underline{(120^\circ - \varphi)} = \sqrt{3} I_p \underline{/-\varphi - 30^\circ} \\[1mm] \dot{I}_B = I_p \underline{/-120^\circ - \varphi} - I_p \underline{/-\varphi} = \sqrt{3} I_p \underline{/-\varphi - 150^\circ} \\[1mm] \dot{I}_C = I_p \underline{/120^\circ - \varphi} - I_p \underline{/-120^\circ - \varphi} = \sqrt{3} I_p \underline{/90^\circ - \varphi} \end{array}\right\} \quad (3.10)$$

可见，线电流 $\dot{I}_A$、$\dot{I}_B$、$\dot{I}_C$ 也是对称的，其值为相电流的 $\sqrt{3}$ 倍，相位滞后于对应相电流 30°。各相电流、线电流的相量图如图 3.5（b）所示。

总之，△形连接时，$\dot{U}_l = \dot{U}_p$，$\dot{I}_l = \sqrt{3} \dot{I}_p \underline{/-30^\circ}$。

思考与讨论

1. 什么是三相对称负载，试总结 Y 形连接和△形连接时相电压与线电压、相电流与线电流的关系。
2. 中性线的作用是什么？为什么中性线不接开关，也不接熔断器？
3. 某三相异步电动机的额定电压为 380/220V，在什么情况下需接成 Y 形或△形？

3.3　三相电路的功率

在三相电路中，不论负载是 Y 接还是△接，总的有功功率必定等于各相有功之和，即

$$P = P_1 + P_2 + P_3 = U_1 I_1 \cos\varphi_1 + U_2 I_2 \cos\varphi_2 + U_3 I_3 \cos\varphi_3 \quad (3.11)$$

当负载对称时，每相的有功功率相等，则

$$P = 3P_p = 3U_p I_p \cos\varphi \quad (3.12)$$

学习札记

式中：φ 为相电压 U_p 和相电流 I_p 之间的相位差。

由于三相电路的线电压与线电流易于测量，一般三相负载的铭牌上给出的额定电压、电流均指额定线电压、线电流，因此对称三相电路的有功功率在实际中常以线电压、线电流计算。

当对称负载是星形连接时，$U_p = \dfrac{1}{\sqrt{3}} U_l$，$I_p = I_l$；当对称负载是三角形连接时，$U_p = U_l$，$I_p = \dfrac{1}{\sqrt{3}} I_l$。所以式（3.12）可写为

$$P = 3U_p I_p \cos\varphi = \sqrt{3} U_l I_l \cos\varphi \qquad (3.13)$$

同理，可得出三相对称负载无功功率和视在功率

$$Q = 3U_p I_p \sin\varphi = \sqrt{3} U_l I_l \sin\varphi \qquad (3.14)$$

$$S = 3U_p I_p = \sqrt{3} U_l I_l \qquad (3.15)$$

[例 3.3]　有一个三相电动机，每相的等效电阻 $R = 29\Omega$，等效感抗 $X_L = 21.8\Omega$，试求在下列两种情况下电动机的相电流、线电流以及从电源输入的功率，并比较所得的结果：（1）绕组连成星形接于 $U_L = 380V$ 的三相电源上；（2）绕组连成三角形接于 $U_L = 220V$ 的三相电源上。

解：（1）$I_p = \dfrac{U_p}{|Z|} = \dfrac{220}{\sqrt{29^2 + 21.8^2}} = 6.1(A)$

Y 形连接，故 $I_l = I_p = 6.1(A)$

$P = \sqrt{3} U_l I_l \cos\varphi = \sqrt{3} \times 380 \times 6.1 \times \dfrac{29}{\sqrt{29^2 + 21.8^2}}$

$\qquad = \sqrt{3} \times 380 \times 6.1 \times 0.8 = 3.2(kW)$。

（2）$I_p = \dfrac{U_p}{|Z|} = \dfrac{220}{\sqrt{29^2 + 21.8^2}} = 6.1(A)$

$I_l = \sqrt{3} I_p = \sqrt{3} \times 6.1 = 10.5(A)$

$P = \sqrt{3} U_l I_l \cos\varphi = \sqrt{3} \times 220 \times 10.5 \times \dfrac{29}{\sqrt{29^2 + 21.8^2}} = 3.2(kW)$

比较 [例 3.3]（1）、（2）的结果，三相电动机有两种额定电压 220/380V，这表示当电源电压为 220V 时，电动机的绕组应连成三角形；当电源电压为 380V 时，电动机应连接成星形。两种连接时应保证电动机的每相电压为额定相电压 220V。但接法不同，线电流不同，△形连接时的线电流为 Y 形连接时的 $\sqrt{3}$ 倍。

3.4　用 Multisim 对三相电路进行仿真

本节以三相电路为例，用 Multisim 软件对其进行仿真分析，一方面验证并加深理解三相电路理论，另一方面使读者初步了解三相电路的仿真方法。

3.4.1　三相四线制对称负载工作方式

1. 创建电路

如图 3.6 所示，从元器件库中选择电压源 U1、U2、U3 设定电压有效值为 220V，相位分别

学习
札记

为 0°、−120°、120°，频率为 50Hz，选择三相对称负载为纯电阻，阻值为 1kΩ；选择四踪虚拟示波器 XSC1，将 A、B、C 三个输入通道分别接入三相电源 U1、U2、U3 的正极；选择万用表 XMM1，将其"+""−"两个输入端子分别接入电源的中性点和负载的中性点。

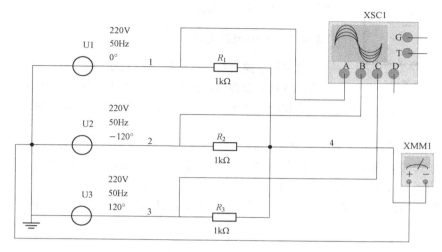

图 3.6　对称三相电路

2. 对称三相电源电压测量

单击运行（RUN）按钮，双击示波器 XSC1 图标，可得示波器 XSC1 的显示界面如图 3.7 所示。测量电压时，通过示波器旋钮，分别将示波器的纵坐标刻度设定为 200V/DIV，以便于观察波形。从图 3.7 可以看出，三相电压幅值相等，相位差均为 120°，拖动示波器的红色指针到 A 相峰值处，图中标尺显示 A 通道电压最大值为 311.127V，B、C 通道电压均为 −155.563V，从电压的幅值和相位来看，测量结果反映了三相电源的基本特征，测量结果和理论分析一致。

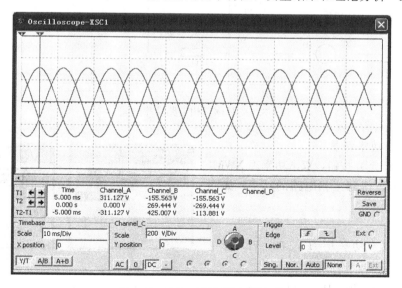

图 3.7　对称三相电源电压波形

图 3.8　中性线电流

3. 对称三相电路的中性线电流测量

双击万用表 XMM1 图标，可得万用表 XMM1 的显示界面，如图 3.8 所示。选择电流（A）挡，得到电流为 0，说明对称三相电路三相四线制连接时，中性线电流为 0。

3.4.2　三相电路的功率

测量三相电路的功率可以使用三只功率表分别测出三相负载的功率，然后将其相加得到，这在电工上称为三瓦法。还有一种方法在电工上也是常用的，即两瓦法，其接法如图 3.9 所示。下面用两瓦法测量三相电路的功率。

1. 创建电路

从元器件库中选择电压源 U1、U2、U3 设定电压有效值为 220V，相位分别为 0°、−120°、120°，频率为 50Hz，选择三相对称负载为纯电阻，阻值为 1kΩ；选择虚拟功率表 XWM1 和 XWM2，将功率表 XWM1 的电压表并接在 AC 相之间，功率表 XWM1 的电流表串入 A 相电路，将功率表 XWM2 的电压表并接在 BC 相之间，功率表 XWM2 的电流表串入 B 相电路，创建电路如图 3.9 所示。

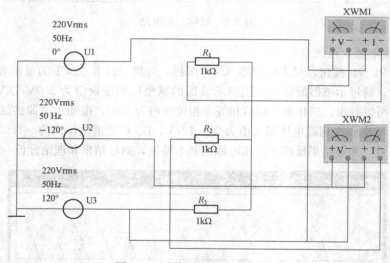

图 3.9　对称三相电路功率测量

2. 三相电路功率测量

单击运行（RUN）按钮，双击功率表 XWM1 和 XWM2 的图标，得到三相电路的功率，如图 3.10 所示。

3. 结果分析

仿真结果，负载功率 $P = P_1 + P_2 = 72.598 + 72.598 = 145.196（W）$；

理论计算，负载功率 $P = \sqrt{3} U_l I_l \cos\varphi = \sqrt{3} \times$

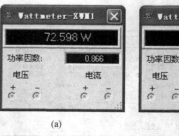

(a)　　　　(b)

图 3.10　三相对称电路的功率

学习札记

$380 \times 0.22 \times 1 = 144.799(\text{W})$。仿真结果同理论计算基本一致，偏差主要在计算精确度上。

说明：

（1）两瓦计法测量三相电路的功率，适用于对称电路和不对称电路，也适用于 Y 形接法和 △ 形接法。测量中一个功率表的读数是没有意义的。

（2）三相四线制接法中，一般不用两瓦计法测量三相功率，这是因为在一般情况下，三个线电流的代数和不等于 0，测量时可采用三瓦法。

本 章 小 结

（1）三相正弦交流电是由三相交流发电机产生的，经电力网、变压器传输、分配到用户。我国低压系统普遍使用 380/220V 的三相四线制电源，可向用户提供 380V 的线电压和 220V 的相电压。

（2）负载作 Y 形连接时，$\dot{I}_p = \dfrac{\dot{U}_p}{Z_p}$，$\dot{I}_l = \dot{I}_p$，$\dot{I}_N = \dot{I}_a + \dot{I}_b + \dot{I}_c$。当负载对称或不对称作 Y_N 连接时，$\dot{U}_l = \sqrt{3}\,\dot{U}_p\underline{/30°}$。当负载对称时 $\dot{I}_N = 0$，当负载不对称时，$\dot{I}_N \neq 0$。

（3）负载作三角形连接时，$\dot{U}_l = \dot{U}_p$，$\dot{I}_p = \dfrac{\dot{U}_p}{Z}$，当负载对称时，$\dot{I}_l = \sqrt{3}\,\dot{I}_p\underline{/-30°}$，不对称时，$I_l \neq \sqrt{3} I_p$。

（4）对称三相电路有功功率为 $P = 3U_p I_p \cos\varphi = \sqrt{3}U_l I_l \cos\varphi$，无功功率为 $Q = 3U_p I_p \sin\varphi = \sqrt{3}U_l I_l \sin\varphi$，视在功率为 $S = 3U_p U_p = \sqrt{3}U_l I_l = \sqrt{P^2 + Q^2}$，功率因数角 φ 为相电压与相电流的相位差。不对称三相负载的功率为 $P = \sum P_k$，$Q = \sum Q_k$，$S = \sqrt{P^2 + Q^2}$。

习　　题

3.1　有一个三相负载，其每相的电阻 $R = 8\Omega$，感抗 $X_L = 6\Omega$。如果将负载连成星形接于线电压 $U_l = 380V$ 的三相电源上，试求相电压、相电流和线电流。

3.2　用线电压为 380V 的三相四线制电源给照明电路供电。白炽灯的额定值为 220V、100W，若 A、B 相各接 10 盏，C 相接 20 盏。试完成：（1）求各相的相电流和线电流、中性线电流；（2）画出电压、电流相量图。

3.3　同题 3.2。若：（1）A 相输电线断开，求各相负载的电压和电流；（2）若 A 相输电线和中性线都断开，再求各相电压和电流，并分析各相负载的工作情况。

3.4　额定功率为 2.4kW，功率因数为 0.6 的三相对称感性负载，由线电压为 380V 的三相电源供电，负载接法为 △。试完成：（1）求负载的额定电压；（2）求负载的相电流和线电流；（3）各相负载的复阻抗。

3.5　已知 △ 接法的三相对称电路线电压为 380V，每相负载的电阻 $R = 24\Omega$，感抗 $X_L = 18\Omega$，求负载的线电流，并画出各线电压、线电流的相量图。

3.6　有一台三相发电机，其绕组连成星形，每相额定电压为 220V。在一次试验时，用电压表量得相电压 $U_A + U_B + U_C = 220V$，而线电压 $U_{AB} = U_{CA} = 220V$，$U_{BC} = 380V$，试问这种现象是如何造成的？

3.7 △接法的三相对称感性负载与 $f=50\text{Hz}$，$U_l=380\text{V}$ 的三相电源相接。今测得三相功率为 20kW，线电流为 38A。若将此负载接成 Y 形，求其线电流及消耗的功率。

3.8 有一台三相异步电动机，其绕组连成三角形，接在线电压 $U_l=380\text{V}$ 的电源上，从电源所取用的功率 $P_l=11.43\text{kW}$，功率因数 $\cos\varphi=0.87$，试求电动机的相电流和线电流。

3.9 一台 380V、△接法的三相异步电动机，运行时测得输入功率为 50kW，功率因数为 0.7。为了使功率因数提高到 0.9，采用一组△接法的电容器进行功率补偿。试求：（1）每相电容器的电容值、耐压值；（2）电路提高功率因数后的线电流。

3.10 试用 Multisim 10 仿真求解习题 3.2。

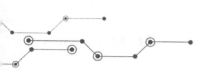

第 4 章

磁 路 及 变 压 器

本章开始介绍电气设备（如变压器、电动机、继电接触器等）方面的知识。这些电气设备都是依靠电与磁相互作用而工作的，它们的原理既涉及电路问题，又涉及磁路问题。为了比较全面地掌握各种电气设备的原理与性能，需要进一步学习磁路的基本理论。

4.1 磁 路

工程中的许多电气设备，如电动机、变压器、继电器等都是利用电磁感应原理制成的，借助磁场实现电能和机械能之间的相互转换，磁场是实现设备正常运行的关键。为了把分布的磁场集中在特定的区域内，常用高磁导率的磁性材料做成一定形状，使通电线圈产生的磁通绝大部分通过该路径闭合。这种磁通的闭合路径称为磁路。图 4.1（a）、（b）和（c）所示分别是单相变压器磁路、直流电动机磁路和继电器磁路的示意图。

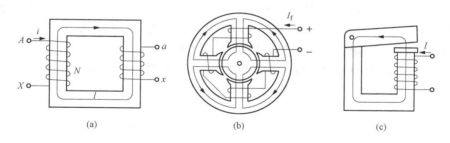

图 4.1 磁路示意图

（a）单相变压器的磁路；（b）直流电动机的磁路；（c）继电器的磁路

4.1.1 铁磁材料的磁性能

按物质的导磁性能区分，自然界中的物质可分为两类，即磁性材料与非磁性材料。

非磁性材料的导磁能力很低，基本上不具有磁化的特性，其磁导率为一个常数，与真空磁导率近似相等。而磁性材料通常具有很强的导磁能力，其磁导率随磁化程度变化。其中，铁、钴、镍及其合金形成的铁磁材料是磁性材料中最重要的一族。

下面介绍铁磁材料的磁性能。

1. 高导磁性

铁磁材料的磁导率很高，其相对磁导率 μ_r 可高达数万。这是因为在磁性材料内部存在着许多很小的天然磁化区，称为磁畴。在没有外磁场的作用下，磁畴的排列呈现杂乱无章的状态，磁场相互抵消，对外显示不出磁性。在外磁场的作用下，磁畴的方向渐趋一致，形成一个附加磁场，它与外磁场相叠加，从而加强了原来的磁场，铁磁材料也就呈现出较高的磁导率，如图 4.2 所示。

学习札记

当外磁场消失后，磁畴排列又恢复到原来的状态。非铁磁性材料没有磁畴的结构，所以不具有磁化的特性，故 μ 相对较小。

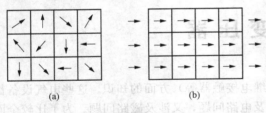

图 4.2　外磁场下磁畴结构

（a）无外磁场；（b）有外磁场

2. 磁饱和现象

在外磁场的作用下，由于内部的磁畴结构，铁磁材料很快被磁化，产生一个很强的与外磁场方向相同的磁化磁场。磁感应强度 B 随磁场强度 H 的增大而很快增大。但磁畴的作用是有限的，当 H 增高到一定程度后，磁畴已完全排列整齐，此时 B 的增高将仅仅与外磁场有关，这时称铁磁材料的磁化达到饱和。

铁磁材料的磁化特性用磁化曲线（或 B-H 特性）来表示，如图 4.3 所示。

从这条曲线可以看出，在 Oa 段磁感应强度 B 随磁场强度 H 的增长较慢；在 ab 段 B 与 H 的增长近于正比关系；在 bc 段磁感应强度 B 的增加减慢；c 点以后 B 基本不变，即为饱和状态。图中 B_0-H 曲线反映的是真空中的磁化特性，以便与铁磁材料的磁化特性作比较。

由磁化特性可以看到，铁磁材料中的 B 与 H 是非线性关系，可见铁磁材料的磁导率 μ 不是常数。μ 随 H 的变化情况也在图 4.3 中给出。

3. 磁滞现象

将一块尚未磁化的铁磁材料放在幅度为 $+H_m \sim -H_m$ 的磁场内反复交变磁化，便可获得一条对称于原点的闭合磁化曲线，如图 4.4 所示，称为磁滞回线。当 H 从 $+H_m$ 降到零时，B 则由 $+B_m$ 减到 B_r 而不是零。B_r 表示剩磁的强弱，这一现象称为磁滞现象，即 B 的变化落后于 H。若欲消除剩磁，必须反方向磁化。当反方向磁化的磁场强度由零增加到 $-H_c$ 时，剩磁被完全除掉，H_c 称为矫顽力。

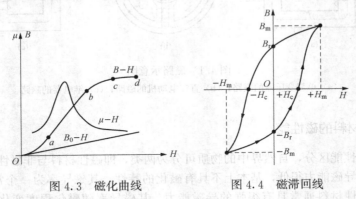

图 4.3　磁化曲线　　　　图 4.4　磁滞回线

由于磁滞现象的存在，使铁磁材料在交变磁化过程中产生了磁滞损耗，它会使铁芯发热。磁滞损耗的大小与磁滞回线的面积成正比。

铁磁材料在电工领域应用很广泛。铁磁材料的成分及制造工艺不同，相应的磁滞回线也不同。根据磁滞回线的形状，常把铁磁材料分成两类。

（1）软磁材料。软磁材料的磁滞回线窄长，磁导率很高，易磁化、矫顽力较小，磁滞损耗也较小，常用来制造交流电动机、变压器及继电器的铁芯。软磁材料主要有铸铁、硅钢、坡莫合金及铁氧体等。

学习札记

（2）硬磁材料。硬磁材料具有很宽的磁滞回线，一旦它被磁化，会留下很强的剩磁，且不易退磁，因此常被用来制造永久磁铁。硬磁材料有碳钢、钴钢、镍铝钴合金和钕铁硼合金等。

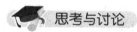 ### 4.1.2　磁路的欧姆定律

设由铁磁材料构成的均匀磁路长度为 l，截面积为 S，则磁路上各点的 μ、B 及 H 都相等。通过截面积 S 的磁通为 H，则

$$\Phi = BS = \mu HS \tag{4.1}$$

根据安培环路定律，对均匀磁路有

$$\oint_l H\mathrm{d}l = Hl = IN \tag{4.2}$$

式中：N 为励磁绕组的匝数。

将式（4.2）代入式（4.1），得

$$IN = \Phi\frac{l}{\mu S} \tag{4.3}$$

将式中的 $\frac{l}{\mu S}$ 记作 R_m，称为磁阻，则式（4.3）变成

$$F_\mathrm{m} = \Phi R_\mathrm{m} \tag{4.4}$$

式（4.4）所表达的磁通与磁动势之间的关系与电路的欧姆定律形式上十分相似，通常称为磁路的欧姆定律。

思考与讨论

1. 磁性材料有哪些特征？
2. 试比较磁路的欧姆定律和电路的欧姆定律，说明其异同点。

4.2　交流铁芯线圈电路

直流铁芯线圈在稳态工作时，其内部不存在铁耗，励磁电流只与线圈本身的电阻有关，只要外加电压恒定不变，流过线圈的电流也不变，因此直流铁芯线圈具有恒磁动势的特点。

若励磁电流为交流电流，则该铁芯线圈为交流铁芯线圈。交流铁芯线圈在交流电磁铁、交流接触器和交流继电器等电磁装置中有广泛地应用。交流铁芯线圈稳态工作时的电磁过程比直流铁芯线圈要复杂。

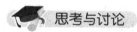 ### 4.2.1　交流铁芯线圈中的磁通

图 4.5 所示为交流铁芯线圈电路，线圈共有 N 匝。外加电压为正弦交流电压 u，流过线圈的励磁电流近似为正弦交流电流，由此电流建立的磁场若用磁通来表示。其中，大部分磁通通过铁芯闭合，该部分磁通称为主磁通 Φ；另外还有少量磁通经由空气等非磁性物质闭合，该部分磁通称为漏磁通，用 Φ_σ 表示。这些磁通均为同频率的正弦交变磁通。由于磁通和一线圈交链，变化的磁通必然会在线圈中产生感应电动势。主磁通 Φ 和漏磁通 Φ_σ 产生的感应电动势分别为 e 和 e_σ。

图 4.5 中所有物理量的参考方向都取关联方向，则

学习
札记

_____

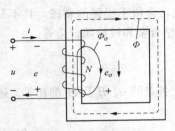

图 4.5 交流铁芯线圈

$$e = -N\frac{\mathrm{d}\Phi}{\mathrm{d}t}$$

$$e_\sigma = -N\frac{\mathrm{d}\Phi_\sigma}{\mathrm{d}t}$$

且

$$u + e + e_\sigma = Ri \tag{4.5}$$

考虑到空气的磁导率 μ_0 为常数，远小于铁芯的磁导率 μ，线圈本身的电阻也较小，忽略 e_σ 和 Ri 的影响，式（4.5）可写成

$$u \approx -e = N\frac{\mathrm{d}\Phi}{\mathrm{d}t}$$

设 $\Phi = \Phi_\mathrm{m}\sin\omega t$，则

$$u \approx -e = N\frac{\mathrm{d}(\Phi_\mathrm{m}\sin\omega t)}{\mathrm{d}t}$$

$$= N\omega\Phi_\mathrm{m}\cos\omega t = \omega N\Phi_\mathrm{m}\sin(\omega t + 90°)$$

有效值为

$$U \approx \frac{\omega N\Phi_\mathrm{m}}{\sqrt{2}} = \frac{2\pi f N\Phi_\mathrm{m}}{\sqrt{2}} = 4.44 f N\Phi_\mathrm{m} \tag{4.6}$$

或

$$U \approx 4.44 f NSB_\mathrm{m}$$

式中：Φ_m、B_m 分别为铁芯中的磁通和磁感应强度的幅值；S 为铁芯的截面积。

由此可见，励磁电压在相位上比铁芯磁通 Φ 超前 $90°$，二者的数量关系基本上是固定的，与线圈中的电流和磁路的磁阻无关。在 f、N 和 S 保持不变的前提下，只要电压不变，磁通也基本不变，即交流磁路具有恒磁通的特性，这一特性对分析交流磁路十分有用。如果磁路中的磁阻发生变化，则励磁线圈所产生的磁动势必须相应地随之变化，也即励磁电流将随磁阻的变化而做相应的变化。这和直流磁路中的恒磁动势特性是不同的。

在交流磁路中，励磁电流与磁通的关系按有效值仍可采用 4.1.2 节的方法计算。但因铁磁材料的磁化特性有磁滞及饱和作用，当 μ 及 Φ 为正弦波形时，电流 i 的波形已发生畸变，为一个近似正弦波形。分析时，可用一个等效的正弦电路去代替实际电路。等效的条件是等效正弦电流的频率和有效值与原电流相等。

4.2.2 功率损耗

在交流铁芯线圈中，除了线圈电阻的铜耗 ΔP_Cu（$\Delta P_\mathrm{Cu} = I^2R_\mathrm{Cu}$），还有铁芯的磁滞损耗 ΔP_h 和涡流损耗 ΔP_e，两者合称铁耗用 ΔP_Fe 表示。为了减小磁滞损耗，应选用软磁材料做铁芯。为了减小涡流损耗，在顺磁场方向，铁芯可由彼此绝缘的硅钢片叠成。交流铁芯线圈总的功率损耗可表示为

$$\Delta P = \Delta P_\mathrm{Cu} + \Delta P_\mathrm{Fe} = I^2R_\mathrm{Cu} + \Delta P_\mathrm{h} + \Delta P_\mathrm{e} \tag{4.7}$$

由上述分析可知，交流铁芯线圈的等效电路模型应该是电感与电阻的串联。

由于铁耗差不多与铁芯内磁感应强度的幅值 B_m 的平方成比例，故 B_m 不宜选得太大。

思考与讨论

1. 在交流铁芯磁路中，若保持外加正弦交流电压的大小及频率不变，此时铁芯内的磁通具有什么性质？若由于某种原因使磁路的磁阻发生变化，此时总的磁动势将如何应对，为什么？

学习札记

2. 若在交流铁芯电路的端子上加的不是正弦交流电压，而是同样大小的直流电压，将会产生什么后果？为什么？

3. 正常工作时，为什么可以把交流铁芯电路处理为一个等效电路，此等效电路为一个空心线圈与一个铁芯线圈的串联？

4.3 变压器结构及工作原理

变压器是利用电磁感应原理制成的一种静止的电气设备，它将一种电压、电流的交流电能转换成同频率的另一种电压、电流的交流电能。它具有变换电压、变换电流和变换阻抗的功能，因而在各工业领域获得了广泛地应用。

4.3.1 用途及分类

电力系统输送一定的电功率，由于 $P=UI\cos\varphi$，在功率因数一定时，电压 U 越高，电流就越小。这样不仅可以减小输电导线截面节省材料，而且还可以减小电能传输中的功率损耗，故电力系统中均用高电压输送电能，这需要变压器将电压升高。在用电方面，为了保证用电的安全和符合用电设备的电压要求，还要利用变压器将电压降低。上述提到的变压器都是电力变压器，每一相有两个绕组的，称为双绕组变压器，它有两个电压等级，应用最为广泛。每一相有三个绕组的变压器称为三绕组变压器，它有三个电压等级，在电力系统中用来连接三个电压等级的电网。电力变压器用于传输电能，具有容量大的特点，标志其性能的主要指标是外特性及效率。

除了电力变压器外，根据变压器的用途，在电子技术中，还有用于整流、传递信号和实现阻抗匹配的整流变压器、耦合变压器及输出变压器。这些变压器的容量小，效率不是主要的技术指标。此外，还有调节电压用的自耦变压器、电加工用的电焊变压器和电炉变压器、测量电路用的仪用互感器等。

变压器虽然种类很多，不同的变压器满足不同的应用环境要求，但是它们的基本构造及工作原理是相同的。下面以双绕组电力变压器为例，说明变压器的结构及工作原理。

4.3.2 变压器的基本结构

变压器是利用电磁感应原理从一个电路向另一个电路传递电能或传输信号的一种电气设备。两个电路中的电压和电流一般不相等，但两个电路具有相同的频率。变压器基本结构如图 4.6 所示。从图中可以看出，变压器的主要部件是一个铁芯和两个线圈。这两个线圈一般称为绕组，它们具有不同的匝数，并且在电气上是互相绝缘的。

1. 铁芯

变压器的铁芯是用硅钢片叠压而成的闭合磁路，按照铁芯结构的不同，可分为心式和壳式两种。小型变压器的铁芯一般做成壳式。壳式变压器的特征是铁芯包围绕组。例如仪器设备和家用电器中的电源变压器的铁芯一般做成这种结构形式。电力变压器的容量大，又以三相的居多，由于心式结构比较简单，绕组

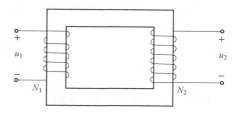

图 4.6　变压器基本结构示意图

的装配及绝缘比较容易，因此国产电力变压器均采用心式结构。心式变压器的特征是绕组包围铁芯。图4.7给出了这两种变压器的结构，其中图4.7（a）和图4.7（b）分别为心式和壳式变压器结构。

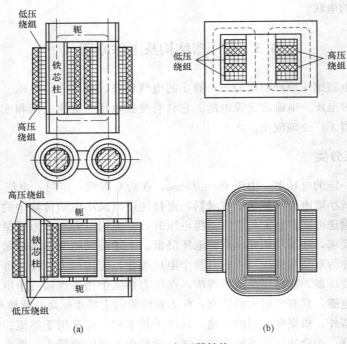

图 4.7　变压器结构
（a）心式；（b）壳式

2. 绕组

变压器中与电源连接的绕组称为一次绕组，它从电源吸收电能；与负载连接的绕组称为二次绕组，它输出电能给负载。也可以根据相对工作电压的大小，将绕组分为高压绕组和低压绕组。为了加强它们之间的磁耦合以及减小绝缘距离，两种绕组共同绕在同一根铁芯柱上，一、二次绕组的匝数分别为 N_1 和 N_2。

单相变压器只有一个一次绕组，至少有一个二次绕组；三相变压器有三个一次绕组和三个二次绕组，并且一一对应。

3. 外壳及冷却装置

小型变压器由于损耗小，温升不大，靠自然冷却，一般不需特别的外壳。

中大型变压器由于传输功率大，损耗也大，绕组和铁芯温升严重，必须采用适当的冷却措施。一般都制成油冷式，铁芯和绕组浸在变压器油中。变压器油既是一种绝缘介质，又是一种冷却介质，依靠油的对流将热量传送到箱体和散热管上散发到空气中。大容量变压器还采用强迫风冷和水冷措施。油浸式电力变压器外形图如图4.8所示。

4.3.3　变压器的额定数据

为了正确使用变压器，必须了解变压器额定值的意义。变压器的额定值是制造厂根据设计或实验数据，对变压器正常运行状态所作的规定值。它标注在铭牌上，主要包括额定容量、额定电压、额定电流。

1. 额定容量 S_N(kVA)

额定容量是指在铭牌规定额定运行状态下变压器所能输送的容量（视在功率），它表明变压器传输电能的大小。

2. 额定电压 U_N(kV)

额定电压是指变压器在额定容量下长时间运行时所能承受的工作电压。一次侧额定电压 U_{1N} 是指规定加到一次侧的电压；二次侧额定电压 U_{2N} 是指变压器一次侧加额定电压，二次侧空载时的端电压。三相变压器的额定电压均指线电压。

3. 额定电流 I_N(A)

额定电流是指变压器在额定容量下允许长期通过的工作电流。额定电流时的负载称为额定负载。同样，三相变压器的额定电流均指线电流。

额定容量、额定电压、额定电流间的关系如下：

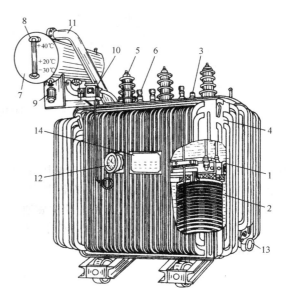

图 4.8 油浸式电力变压器外形图

1—铁芯；2—绕组及绝缘；3—分接开关；
4—油箱；5—高压套管；6—低压套管；7—储油柜；
8—油位计；9—吸湿器；10—气体继电器；11—安全气道；
12—信号式温度计；13—放油阀门；14—铭牌

单相变压器
$$S_N = U_{1N} I_{1N} = U_{2N} I_{2N} \tag{4.8}$$

三相变压器
$$S_N = \sqrt{3} U_{1N} I_{1N} = \sqrt{3} U_{2N} I_{2N} \tag{4.9}$$

4. 额定频率

变压器工作时铁芯中的磁通大小直接和电源的频率有关。在设计中已经确定了对电源频率的要求，该频率称为额定频率。我国电网的标准工作频率为 50Hz，电力变压器一般都取该频率为额定频率。美国的标准工频为 60Hz，所以两国以各自标准生产的电力变压器不能混用。

4.3.4 变压器的工作原理

由以上分析可知，变压器主要是由一个铁芯和两个彼此绝缘的绕组组成。变压器的输入和输出之间无电的联系，是靠磁路把两侧耦合起来的。能量的传递要经过电→磁→电的变换过程。下面对变压器的工作原理予以分析。

图 4.9 是一台单相变压器工作原理图。为了分析方便，将高压绕组和低压绕组分别画在两侧。接交流电源的绕组为原绕组（又称原边或一次绕组），其匝数为 N_1，电压、电流、电动势分别用 u_1、i_1、e_1 表示；与负载相接的绕组为副绕组（又称副边或二次绕组），其匝数为 N_2，相应的物理量分别用 u_2、i_2、e_2 表示，图中标明的是它们的参考方向。图中各物理量的参考方向是这样选定的：一次绕组作为电源的负载，电流 i_1 的参考方向与 u_1 的参考方向一致；电流 i_1、感应电动势 e_1 及 e_2 的参考方向和主磁通 Φ 的参考方向符合右手螺旋法则，因此图 4.9 中 e_1 与 i_1 的参考方向是一致的；而二次绕组作为负载的电源，规定 i_2 与 e_2 的参考方向一致。

学习
札记

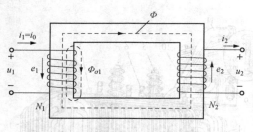

图 4.9 单相变压器工作原理图

当一次绕组上加上正弦交流电压 u_1 时，一次绕组中便有电流 i_1 流过。磁动势 $i_1 N_1$ 在铁芯中产生磁通 Φ，从而在一次、二次绕组中感应出电动势 e_1、e_2。若二次绕组上接有负载时，其中便有电流 i_2 通过。下面分别讨论变压器的电压变换、电流变换和阻抗变换。

1. 电压变换

如图 4.9 所示，当变压器空载运行时（二次绕组开路，不接负载），在一次绕组交流电压 u_1 作用下，一次绕组中的电流为 i_0，这个电流称为空载电流或励磁电流。磁动势 $i_0 N_1$ 将在铁芯中产生同时交链着一、二次绕组的主磁通 Φ，以及只和本身绕组相交链的漏磁通 $\Phi_{\sigma 1}$。因 $\Phi_{\sigma 1}$ 比主磁通 Φ 在数值上要小得多（Φ 约占总磁通的 99%，而 $\Phi_{\sigma 1}$ 约占 1%），故在分析计算时，常忽略不计。根据电磁感应原理，主磁通在一、二次绕组中分别产生频率相同的感应电动势 e_1 和 e_2。

$$e_1 = -N_1 \frac{\mathrm{d}\Phi}{\mathrm{d}t}$$

$$e_2 = -N_2 \frac{\mathrm{d}\Phi}{\mathrm{d}t}$$

变压器空载时一次绕组的情况与交流铁芯线圈中的情况类似。根据图示参考方向，忽略一次绕组的电阻及漏磁通的影响时，可得

$$u_1 \approx -e_1 \tag{4.10}$$

对于负载来说，变压器的二次绕组是一个电源，即 e_2 为负载的电源电动势，若二次绕组的开路电压记为 u_{20}，则可写为

$$u_{20} = e_2 \tag{4.11}$$

式（4.10）、式（4.11）如用相量表示，则为

$$\dot{U}_1 \approx -\dot{E}_1$$

$$\dot{U}_{20} = \dot{E}_2$$

根据式（4.6）可得

$$U_1 \approx E_1 = 4.44 f N_1 \Phi_{\mathrm{m}}$$

$$U_{20} = E_2 = 4.44 f N_2 \Phi_{\mathrm{m}}$$

由此可以推出变压器的电压变换关系为

$$\frac{U_1}{U_{20}} \approx \frac{E_1}{E_2} = \frac{N_1}{N_2} = K \tag{4.12}$$

式中：K 为变压器的变比。

当变压器二次绕组接有负载时，在 e_2 的作用下，二次绕组中就会产生电流 i_2。当忽略二次绕组的线圈电阻和漏磁通的影响时，二次电压 u_2 近似为 e_2，则式（4.12）可近似为

$$\frac{U_1}{U_2} \approx \frac{E_1}{E_2} = \frac{N_1}{N_2} = K$$

此式表明变压器一、二次绕组的电压与一、二次绕组的匝数成正比。当 $K > 1$ 时为降压变压器，$K < 1$ 时为升压变压器。

学习札记

2. 电流变换

如图 4.10 所示，变压器二次绕组接有负载 Z_L 时，图中一次绕组的电流为 i_1，二次绕组的电流为 i_2。i_2 的参考方向与 e_2 及 u_2 的参考方向一致。铁芯中的交变主磁通在二次绕组中感应出电动势 e_2，e_2 又产生 i_2 及磁动势 $i_2 N_2$。根据楞次定律，$i_2 N_2$ 对主磁通的作用是阻止主磁通的变化。例如，当 Φ 增大时，$i_2 N_2$ 就应使 Φ 减小。但由式（4.6）可知，当电源电压 u_1 及频率 f 一定时，Φ_m 不变。因此，随着 i_2 的出现及增大，一次绕组电流 i_1 及磁动势 $i_1 N_1$ 也应随之增大，以抵消 $i_2 N_2$ 的作用。这就是说，变压器负载运行时，一、二次绕组的电流 i_1、i_2 是通过主磁通紧密联系在一起的。当负载变化使 i_2 增加或减少时，必然引起 i_1 的增加或减少，以保证主磁通大小不变。变压器空载时，主磁通由磁动势 $i_0 N_1$ 产生，变压器负载运行时，主磁通由合成磁动势（$i_1 N_1 + i_2 N_2$）产生。因为在 u_1 与 f 一定时，变压器的主磁通幅值几乎不变，所以变压器在空载及负载运行时的磁动势近似相等，即

$$i_1 N_1 + i_2 N_2 \approx i_0 N_1$$

用相量表示为

$$\dot{I}_1 N_1 + \dot{I}_2 N_2 \approx \dot{I}_0 N_1$$

即 $$\dot{I}_1 \approx \dot{I}_0 + \left(\frac{-N_2}{N_1} \cdot \dot{I}_2 \right) = \dot{I}_0 + \dot{I}_2'$$

$$(4.13)$$

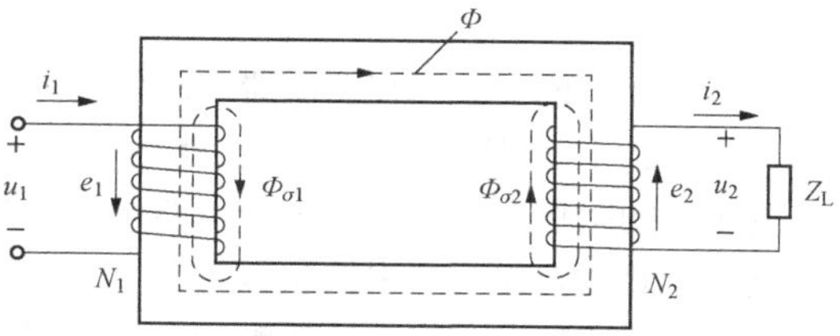

式中：$\dot{I}_2' = -\dfrac{N_2}{N_1} \cdot \dot{I}_2$。式（4.13）说明，变压

图 4.10 变压器的负载运行

器负载运行时，一次绕组电流 $\dot{I}_1$ 由两个分量组成，其一是 $\dot{I}_0$，用来产生主磁通；其二是 $\dot{I}_2'$，用来抵消负载电流 $\dot{I}_2$ 对主磁通的影响，以保持 Φ_m 不变。无论 I_2 怎样变化，I_1 均能按比例自动变化。变压器的空载电流 I_0 很小，在变压器接近满载（额定负载）时，一般 I_0 约为一次绕组额定电流 I_{1N} 的 $2\% \sim 8\%$，即 $I_0 N_1$ 远小于 $I_1 N_1$ 和 $I_2 N_2$，故 $I_0 N_1$ 可忽略不计，即

$$\dot{I}_1 N_1 + \dot{I}_2 N_2 \approx 0$$

$$\dot{I}_1 N_1 \approx -\dot{I}_2 N_2$$

$$(4.14)$$

一、二次绕组电流的有效值之比为

$$\frac{I_1}{I_2} \approx \frac{N_2}{N_1} = \frac{1}{K}$$

$$(4.15)$$

式（4.15）说明，变压器负载运行时，其一次绕组和二次绕组电流有效值之比近似等于它们的匝数比的倒数，即变比的倒数，这就是变压器的电流变换作用。

式（4.14）中的负号说明 $\dot{I}_1$ 和 $\dot{I}_2$ 的相位相反，即 $\dot{I}_2 N_2$ 对 $\dot{I}_1 N_1$ 有去磁作用。

3. 阻抗变换

由上述分析可以看出，虽然变压器一、二次绕组之间只有磁的耦合，没有电的直接联系，但实际上一次绕组的电流会随着负载阻抗 Z_L 的大小而变化，若 $|Z_L|$ 减小，则 $I_2 = U_2 / |Z_L|$ 增大，$I_1 = I_2 / K$ 也增大。因此，从一次绕组看变压器，可等效为一个能反映二次绕组阻抗 Z_L 变化的等效阻抗 $|Z_L'|$。在图 4.11（a）中，负载阻抗 Z_L 接在变压器的二次绕组，而图中点划线框中部分的总阻抗可用图 4.11（b）所示的等效阻抗 Z_L' 来代替。所谓等效，就是图 4.11（a）和图 4.11（b）

中的电压、电流均相同。Z'_L 与 Z_L 的数值关系为

$$|Z'_L| = \frac{U_1}{I_1} = \frac{KU_2}{\frac{1}{K}I_2} = K^2\frac{U_2}{I_2} = K^2|Z_L| \tag{4.16}$$

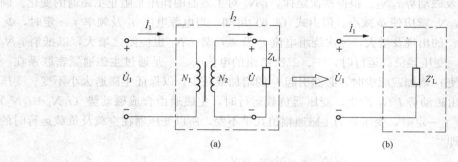

图 4.11　变压器的阻抗变换

式（4.16）说明，接在变压器二次绕组的负载阻抗 $|Z_L|$ 折算到变压器一次绕组的等效阻抗是 $|Z'_L| = K^2|Z_L|$，即增大 K^2 倍，这就是变压器的阻抗变换作用。

变压器的阻抗变换常用于电子电路中。例如：收音机、扩音机中扬声器（喇叭）的阻抗一般为几欧或十几欧，而其功率输出级要求负载与信号源内阻相等时才能使负载获得最大输出功率，这就称为阻抗匹配。实现阻抗匹配的方法，就是在电子设备功率输出级和负载（如扬声器）之间接入一个输出变压器，适当选择其变比，就能获得所需要的阻抗。

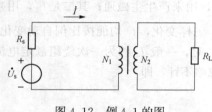

图 4.12　例 4.1 的图

［例 4.1］　交流信号源电压 $U_s = 80$V，内阻 $R_s = 400\Omega$，负载电阻 $R_L = 4\Omega$。试完成：

（1）负载直接接在信号源上，求信号源的输出功率。

（2）接入输出变压器，电路如图 4.12 所示。要使折算到一次绕组的等效电阻 $R'_L = R_s = 400\Omega$，求变压器变比及信号源输出功率。

解：（1）负载直接接在信号源上，信号源的输出电流

$$I = \frac{U_s}{R_s + R_L} = \frac{80}{400 + 4} = 0.198(\text{A})$$

输出功率　　　　　　　　$P = I^2R_L = (0.198)^2 \times 4 = 0.1568(\text{W})$

（2）当 $R'_L = R_s$ 时，输出变压器的变比　　$K = \sqrt{R'_L/R_L} = \sqrt{400/4} = 10$

输出电流　　　　　　　　$I = \frac{U_s}{R_s + R'_L} = \frac{80}{400 + 400} = 0.1(\text{A})$

输出功率　　　　　　　　$P = I^2R'_L = (0.1)^2 \times 400 = 4(\text{W})$

可见，接入变压器后，可使等效电阻 R'_L 与信号源内阻 R_s 匹配，获得最大的输出功率。

［例 4.2］　有一台变压器如图 4.13 所示，已知一次绕组电压 $U_1 = 380$V，匝数 $N_1 = 760$ 匝，二次绕组要求有两个电压输出，空载时分别为 127V 和 36V。试求：

（1）两个二次绕组的匝数 N_2 和 N_3。

（2）若二次绕组接上纯电阻负载，并测得 $I_2 = 2.14$A，$I_3 = 3$A，则一次绕组的电流及一、二

学习
札记

次绕组的功率各为多少。

解：（1）二次绕组多于一个时，匝数比关系与只有一个绕组时是一样的，因为磁路中主磁通相同，频率相同，每匝伏数是定数。所以有

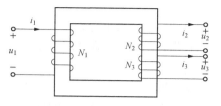

$$\frac{N_1}{N_2} = \frac{U_1}{U_2} \qquad \frac{N_1}{N_3} = \frac{U_1}{U_3}$$

$$N_2 = N_1 \times \frac{U_2}{U_1} = 760 \times \frac{127}{380} = 254(\text{匝})$$

$$N_3 = N_1 \times \frac{U_3}{U_1} = 760 \times \frac{36}{380} = 72(\text{匝})$$

图 4.13　例 4.2 的图

（2）略去空载磁动势，在图示的电流参考方向下

$$\dot{I}_1 N_1 + \dot{I}_2 N_2 + \dot{I}_3 N_3 = 0$$

故一次绕组的电流有效值为

$$I_1 = \frac{I_2 N_2 + I_3 N_3}{N_1} = \frac{2.14 \times 254 + 3 \times 72}{760} = 1(\text{A})$$

一次绕组功率　　　　　$P_1 = U_1 I_1 = 380 \times 1 = 380(\text{W})$

二次绕组功率　　　　　$P_2 = U_2 I_2 = 127 \times 2.14 = 272(\text{W})$

$$P_3 = U_3 I_3 = 36 \times 3 = 108(\text{W})$$

存在关系　　　　　　　$P_1 = P_2 + P_3 = 380\text{W}$

4.3.5　变压器的外特性

1. 外特性

前面对变压器的工作原理进行了分析，但忽略了一、二次绕组的电阻及漏磁通感应电动势对变压器工作情况的影响。实际上，在变压器运行中，随着输出电流 I_2 的增大，变压器绕组本身的电阻压降及漏磁感应电动势都将增大，从而使变压器输出电压 U_2 降低。

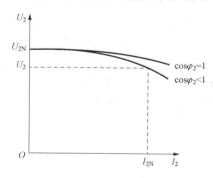

图 4.14　变压器的外特性曲线

在电源电压 U_1 及负载功率因数 $\cos\varphi$ 不变的条件下，二次绕组的端电压随二次绕组输出电流 I_2 变化的关系 $U_2 = f(I_2)$，称为变压器的外特性，外特性曲线如图 4.14 所示。对电阻性或电感性负载，U_2 随 I_2 的增加而下降，负载功率因数越低，U_2 下降越大。

变压器由空载到满载（额定负载 I_{2N}），二次绕组端电压 U_2 的变化量称为电压调整率，用 $\Delta U\%$ 表示，即

$$\Delta U\% = \frac{U_{20} - U_2}{U_{20}} \times 100\% \qquad (4.17)$$

电压调整率表示了变压器运行时输出电压的稳定性，是变压器主要性能指标之一。电力变压器的电压调整率一般为 5% 左右。

2. 变压器的损耗与效率

变压器的功率损耗包括铜损耗和铁损耗两种，铜损耗是由一、二次绕组中的电阻 R_1 和 R_2 产生的，即

学习札记

$$\Delta P_{Cu} = I_1^2 R_1 + I_2^2 R_2$$

它与负载电流的大小有关。

铁损耗是主磁通在铁芯中交变时所产生的磁滞损耗 ΔP_h 和涡流损耗 ΔP_e，即

$$\Delta P_{Fe} = \Delta P_h + \Delta P_e$$

它与铁芯的材料及电源电压 U_1、频率 f 有关，与负载电流大小无关。

变压器的效率是变压器的输出功率 P_2 与对应的输入功率 P_1 的比值，通常用百分数表示，即

$$\eta = \frac{P_2}{P_1} \times 100\% = \frac{P_2}{P_2 + \Delta P_{Cu} + \Delta P_{Fe}} \times 100\%$$

通常在满载的 60% 左右时，变压器的效率最高，大型电力变压器的效率可达 99%，小型变压器的效率为 60%~90%。

思考与讨论

1. 变压器是否能对直流电压进行变压，为什么？

2. 单相变压器的一、二次绕组之间有磁的耦合关系，但无电的直接联系。那么，一次绕组从电源吸取的电功率又是通过什么途径传到二次绕组的？二次绕组所接负荷的大小又是如何反映到一次绕组的？

3. 一台 220/110V 单相电源变压器，已知其变比 $K = 2$，现在若把低压端接到 220V 交流上，在高压端能否得到 440V 的交流电压，为什么？

4.4 其他用途变压器

其他用途变压器又称特种用途变压器，用来满足各种特殊应用场合。下面简要地介绍其中的自耦变压器、电流互感器、电压互感器的工作原理及特点。

4.4.1 自耦变压器

和普通的双绕组变压器不同，自耦变压器是一种单绕组变压器。一、二次绕组之间不仅有磁的耦合，还有电的联系。它的原理图由图 4.15 给出。由图可见，其中高压绕组的一部分兼作低压绕组。或者可以把自耦变压器的一次绕组看成是双绕组变压器一、二次绕组的串联，而二次绕组继续作为二次侧。这样，就可以利用普通双绕组变压器的分析方法来研究自耦变压器的特点。具体分析过程不再重复，有关结论性的关系式如下

$$\frac{U_1}{U_2} = \frac{N_1}{N_2} = K$$

$$\frac{I_1}{I_2} = \frac{N_2}{N_1} = \frac{1}{K}$$

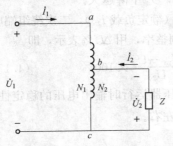

图 4.15　自耦变压器原理图

显然，只要保持 U_1 不变，随着 N_2 的变化，U_2 也跟着变化。实际上，二次绕组的引出端靠电刷在裸露绕组线圈表面滑动，连续改变匝数 N_2，达到平滑调节输出电压 U_2 的目的。实验室中常用的调压器就是一种可改变二次绕组匝数的自耦变压器，其外形

学习札记

和电路如图 4.16 所示。

4.4.2 电压互感器

图 4.17 是电压互感器的原理图。它的一次绕组匝数 N_1 很多，直接并联到被测的高压线路上。二次绕组的匝数 N_2 较少，接在高阻抗的测量仪表上（如电压表、功率表的电压线圈等）。由于二次绕组接在高阻抗的仪表上，二次侧的电流很小，所以电压互感器的运行情况相当于变压器的空载运行状态。如果忽略漏阻抗压降，则有 $U_1/U_2 = N_1/N_2 = K$。因此，利用一、二次侧不同的匝数比可将线路上的高电压变为低电压来测量。电压互感器的二次侧额定电压一般都设计为 100V。

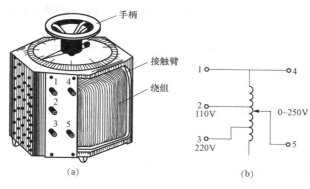

图 4.16　调压器的外形和电路
（a）外形图；（b）电路图

图 4.17　电压互感器原理图

提高电压互感器的准确度，关键是减小励磁电流和绕组的漏阻抗。所以，应选用性能较好的硅钢片制作铁芯，且不能使铁芯饱和。

为安全起见，**使用中的电压互感器的二次侧不能短路**，否则会产生很大的短路电流。因此，电压互感器的二次侧连同铁芯一起必须可靠地接地。

4.4.3 电流互感器

电流互感器的原理图如图 4.18 所示。它的一次绕组由一匝到几匝较大截面的导线做成，并且串入需要测量电流的电路中。二次绕组的匝数较多，并与阻抗很小的仪表（例如电流表、功率表）的电流线圈接成回路。因此，电流互感器的运行情况相当于变压器的短路运行。若忽略励磁电流，根据磁动势平衡关系，有 $I_1/I_2 = N_2/N_1 = 1/K$。其中，$1/K$ 为电流互感器的额定电流比。因此，利用一、二次侧不同的匝数比可将线路上的大电流变为小电流来测量。电流互感器二次侧的额定电流规定为 5A 或 1A。

由于电流互感器要求的测量误差较小，所以励磁电流越小越好。为此，铁芯的磁密度应较低。绝对避免励磁电流是不可能的，按照误差的大小，电流互感器准确度分为 0.2、0.5、1.0、3.0 和 10.0 五个等级。例如：0.5 级准确度就是表示在额定电流时，一、二次侧电流比的误差不超过 0.5%。

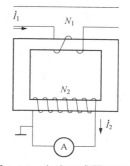

图 4.18　电流互感器原理图

学习札记

为了使用安全，电流互感器的二次绕组必须可靠地接地。另外，**电流互感器在运行中二次绕组绝对不允许开路**。因为二次侧开路，会使电流互感器成为空载运行，此时线路中的大电流全部成为励磁电流，使铁芯中的磁密度剧增。这一方面使铁损耗大大增加，从而使铁芯发热到不能允许的程度；另一方面又使二次绕组的感应电动势增高到危险的程度。

思考与讨论

1. 试分析一次绕组匝数比原设计值减少时，铁芯饱和程度，空载电流大小，铁芯损耗、二次绕组空载电压和变比的变化。

2. 一台 50Hz 的变压器，如接在 60Hz 的电网上运行，额定电压不变，问空载电流、铁芯损耗、漏抗、励磁阻抗及电压调整率有何变化？

3. 为什么工作中的电压互感器二次侧不能短路，而电流互感器的二次侧不能开路？

4. 为什么变压器空载运行时的功率因数很低？

本 章 小 结

（1）使磁通集中通过的闭合路径，称为磁路。

（2）磁路中的磁动势、磁压、磁通和磁阻与电路中的电动势、电压、电流和电阻相对应。磁路的欧姆定律的表达式为 $\Phi = F_m / R_m$。

（3）交流铁芯线圈接通正弦电压时，铁芯磁通与电压之间的关系为 $U = 4.44 f N \Phi_m$。当外加电压一定时，磁通的幅值基本不变。当磁路气隙改变时，磁阻 R_m 改变，从而励磁电流也改变。

（4）交流铁芯线圈的功率损耗包括铜损耗和铁损耗，其中铁损耗是磁滞损耗和涡流损耗的总和。

（5）变压器利用电磁感应原理制成并实现不同回路间的能量及信号的传递。

（6）变压器具有变压、变流和变换阻抗的功能。电压平衡关系和磁动势平衡关系是变压器工作的基础。

（7）普通双绕组变压器的理论及分析方法对于自耦变压器都是适用的。

（8）电压互感器在使用中二次侧不能短路，否则会产生很大的短路电流；而电流互感器在运行中二次侧绕组绝对不允许开路。

习　题

4.1　将交流铁芯线圈接到电压为 200V，频率为 50Hz 的正弦交流电源上，测得其消耗的功率为 $P_1 = 250W$，$\cos\varphi_1 = 0.68$，若将此铁芯抽出再接到同一个电源上，则消耗功率 $P_2 = 100W$，$\cos\varphi_2 = 0.05$。试求该线圈具有铁芯时的铁损耗 ΔP_{Fe}、铜损耗 ΔP_{Cu} 和电流。

4.2　将一组铁芯线圈接在 $U_1 = 20V$ 的直流电源上，测得 $I_1 = 10A$；然后接在 $U_2 = 200V$，$f = 50Hz$ 的正弦交流电源上，测得 $I_2 = 2.5A$，$P_2 = 300W$。试求此线圈的铁损耗、铜损耗和线圈的功率因数。

4.3　有一组交流铁芯线圈 $N_1 = 400$，接在电压 $U = 220V$，$f = 50Hz$ 的正弦电源上，如在此铁芯上再绕一个匝数 $N = 200$ 的线圈。当此线圈开路时，其两端的电压为多少？

4.4　有一台单相变压器，额定容量为 5kVA，一、二次绕组均由两个线圈组成，一次绕组每个线圈的额定电压为 1100V，二次绕组每个线圈的额定电压为 110V，用这个变压器进行不同的连

学习
札记

接，试问可得到几种不同电压变化比？每种连接法一次绕组、二次绕组的额定电流是多少？

4.5 如图 4.19 所示理想变压器，已知 $R_1 = 1\Omega$，$R_2 = 1\Omega$，匝数比为 10，$X_L = 1\Omega$，$X_C = 2\Omega$，$\dot{U}_1 = 10\underline{/0°}$V。试求输出电压 U_2。

4.6 如图 4.20 所示理想变压器，已知 $R_0 = 200\Omega$，$R_1 = 50\Omega$，$R_2 = 10\Omega$，$\dot{U}_1 = 10\underline{/0°}$V，试确定使输出电阻 R_2 获得最大功率时匝数比应为何值，最大功率为多少。

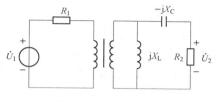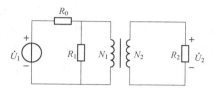

图 4.19 题 4.5 的图   图 4.20 题 4.6 的图

4.7 电源变压器电压为 220V/22V，如接成图 4.21 所示两种电路，分别求通过白炽灯的电流，说明哪个灯更亮<u>些</u>。已知电流表内阻 $r = 1\Omega$，灯泡内阻为 300Ω。

4.8 一台变压器容量为 10kVA，在满载情况下向功率因数为 0.95（滞后）的负载供电，变压器的效率为 0.94，求变压器的损耗。

4.9 有一台容量为 10kVA 的单相变压器，电压为 3300V/220V，变压器在额定状态下运行。试求：（1）一、二次绕组的额定电流；（2）二次绕组可接 40W、220V 的白炽灯多少盏？（3）二次绕组改接 40W、220V、$\cos\varphi = 0.44$ 的日光灯，可接多少盏？（镇流器损耗不计）

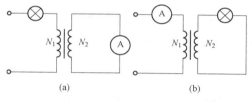

图 4.21 题 4.7 的图

4.10 有一台音频变压器，一次绕组连接一个信号源，其电压 $U_S = 8.5$V，电阻 $R_0 = 72\Omega$，变压器二次绕组接扬声器，其电阻 $R_L = 8\Omega$。试求：（1）扬声器获得最大功率时的变压器变比和最大功率值；（2）扬声器直接接入信号源获得的功率；（3）比较以上结果，说明变压器在电路中所起的作用。

4.11 图 4.22 所示为一台输出变压器，二次绕组有中间抽头，以便与 8Ω 或 16Ω 的扬声器都能达到阻抗匹配，试求二次绕组两部分匝数 N_2 与 N_3 之比。

4.12 图 4.23 所示为一台单相自耦变压器，已知一次绕组额定电压 $U_1 = 200$V，二次绕组电压 $U_2 = 180$V，二次绕组电流 $I_2 = 400$A。当忽略损耗和漏磁影响时，试求：（1）输入功率和输出功率（均指视在功率）；（2）自耦变压器一次侧电流 I_1 及公共绕组中的电流 I。

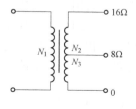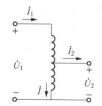

图 4.22 题 4.11 的图   图 4.23 题 4.12 的图

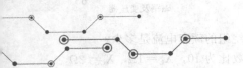
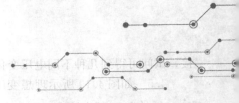

第5章

交流电动机

电动机是实现机电能量转换的电磁装置，把电能转换为机械能，是工农业生产中应用最广泛的动力机械。按电动机所耗用电能的不同，可分为交流电动机和直流电动机两大类，而交流电动机又可分为同步电动机和异步电动机。异步电动机具有结构简单、运行可靠、维护方便和价格低等优点。在电力拖动系统中，异步电动机被广泛应用于各种机床、起重机、鼓风机、水泵、皮带运输机等设备中。

本章主要讨论三相异步电动机，对单相异步电动机仅作简单介绍。

5.1 三相异步电动机构造

三相异步电动机分成定子（固定部分）和转子（旋转部分）两个基本部分。图5.1所示为三相异步电动机的构造。

5.1.1 定子

三相异步电动机的定子由机座和装在机座内的圆筒形铁芯以及其中的三相定子绕组组成。机座主要起固定和机械支撑作用，是用铸铁或铸钢制成的。定子铁芯是电动机磁路的组成部分，为了减小铁耗，定子铁芯由厚约0.5mm，表面涂有绝缘清漆、具有良好导磁率的硅钢片冲片叠压而成，做好的定子铁芯被整体挤入机座内腔。铁芯的内圆周表面冲有槽，如图5.2所示，用以嵌放对称三相定子绕组。

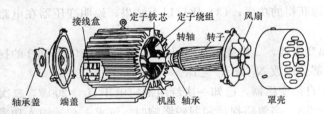

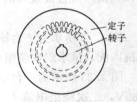

图5.1 三相异步电动机的构造　　　　图5.2 定子和转子铁芯冲片

定子绕组是定子中的电路部分，中、小型电动机一般采用高强度漆包线绕制而成。每相绕组可能有多个线圈连接，绕线时将一相绕组一次绕成，各相绕组应做得完全一致。嵌线时，将三相绕组按一定规律嵌入定子绕组中，形成三相定子绕组。三相对称绕组，是指组成三相绕组的每个相绕组在结构上完全相同，在排列上依次相差120°电角度。今后凡是涉及异步电动机定子三相绕组均是指三相对称绕组。

三相绕组的6个出线端其首端分别用A、B、C表示，尾端用X、Y、Z表示。它们分别接到机座接线盒内标记为A、B、C、X、Y、Z的6个接线柱上，通过接线盒连接到三相电源上。根据铭牌规定，定子绕组可接成星形和三角形，接法如图 5.3 所示。

有的电动机铭牌上额定电压标有 380/220V，接法 Y/△，这表明定子的每相绕组额定电压为 220V。如电源的线电压为 380V，定子绕组应作 Y 接；电源线电压为 220V，则定子绕组应接成△连接，如图 5.3 所示。

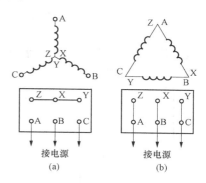

图 5.3 定子绕组的星形和三角形连接

（a）星形连接；（b）三角形连接

🏭 5.1.2 转子

转子是电动机的旋转部分，由转子铁芯、转子绕组、风扇和转轴等组成。

转子铁芯是圆柱状，也是用 0.5mm 厚的硅钢片叠压而成，外圆周表面冲有槽孔，以便嵌放转子绕组（见图 5.2）。铁芯装在转轴上，轴上加机械负载。

转子根据构造的不同分为笼型和绕线式两种型式。

笼型转子在转子铁芯槽内压进铜条，其两端用端环连接，如图 5.4 所示。由于转子绕组的形状像一只松鼠笼，故称为笼型转子。为了节省铜材，现在中、小型电动机一般都采用铸铝转子，即在槽中浇铸铝液，铸成一个鼠笼，如图 5.5 所示，这样便可以用比较便宜的铝来代替铜，同时制造也更快捷。笼型异步电动机的"鼠笼"是它的构造特点，易于识别。

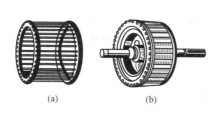

图 5.4 笼型转子

（a）笼型绕组；（b）转子外形

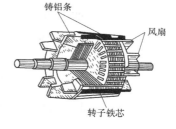

图 5.5 铸铝的笼型转子

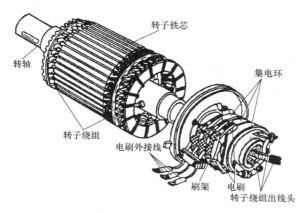

图 5.6 绕线式转子异步电动机结构

绕线式转子异步电动机的结构示意如图 5.6 所示，它的转子绕组同定子绕组一样，也是三相的，作星形连接。每相绕组的首端连接在三个铜制的集电环上，集电环固定在转轴上。环与环，环与转轴都互相绝缘。在环上用弹簧压住碳质电刷。集电环通过电刷将转子绕组的三个首端引到机座的接线盒上，以便在转子电路中串入附加电阻，用来改善电动机的启动和调速性能。通常就是根据绕线式转子异步电动机具有三个集电环的构造特点来辨认它的。

学习
札记

5.2　三相异步电动机铭牌数据

要正确使用电动机必须看懂铭牌。下面以图 5.7 所示 Y132M-4 型电动机的铭牌为例,来说明铭牌上各个数据的意义。

三相异步电动机		
型号 Y132M-4	额定功率 7.5kW	额定频率 50Hz
额定电压 380V	额定电流 15.4A	接法△
额定转速 1440r/min	绝缘等级 B	工作方式连续
年　月　日	电机厂	

图 5.7　Y132M-4 型电动机铭牌

此外,它的主要技术数据还有功率因数、效率,可从手册上查出。

1. 型号

电动机的型号是表示电动机的类型、用途和技术特征的代号。用大写拼音字母和阿拉伯数字组成,各有一定的含义。Y132M-4 型电动机型号含义如图 5.8 所示。

图 5.8　Y132M-4 型电动机型号含义

常用 Y 系列三相异步电动机技术数据及型号说明见附录 B。

2. 额定功率、额定效率、额定功率因数

额定功率是电动机在额定运行状态下,其轴上输出的机械功率,用 P_{2N} 表示。输出功率 P_{2N} 与电动机从电源输入的功率 P_{1N} 不等,其差值 $P_{1N}-P_{2N}$ 为电动机的损耗;其比值 P_{2N}/P_{1N} 为电动机的效率,即

$$\eta = \frac{P_{2N}}{P_{1N}} \times 100\%$$

电动机为三相对称负载,从电源输入的功率用下式计算

$$P_{1N} = \sqrt{3}U_N I_N \cos\varphi$$

其中,$\cos\varphi$ 是电动机的功率因数。

笼型异步电动机在额定运行时,效率为 72%~93%,功率因数为 0.7~0.9。

3. 额定频率

额定频率,是指定子绕组上的电源频率,我国工业用电的标准频率为 50Hz。

4. 额定电压

额定电压,是指额定运行时,定子绕组上应加的电源线电压值,称为额定电压 U_N。一般规定异步电动机的电压不应高于或低于额定值的 5%。当电压高于额定值时,磁通将增大,磁通的增

学习札记

大又将引起励磁电流的增大（由于磁路饱和，可能增加得很大）。这不仅使铁损增加，铁芯发热，而且绕组也会有过热现象。

但常见的是电压低于额定值，这时引起转速下降，电流增加。如果在满载的情况下，电流的增加将超过额定值，使绕组过热；同时，在低于额定电压下运行时，和电压的平方成正比的最大转矩会显著下降，对电动机的运行是不利的。

三相异步电动机的额定电压有 380、3000、6000V 等多种。

5. 额定电流

额定电流 I_N，是指电动机在额定运行时，定子绕组的线电流值，称为额定电流。

6. 接法

接法，是指电动机在额定运行时定子绕组应采取的连接方式，有星形（Y）接法和三角形（△）接法两种，如图 5.3 所示。通常，Y 系列三相异步电动机容量在 4kW 以上均采用三角形接法。

7. 额定转速

额定转速 n_N，是指电源为额定电压、频率为额定频率和电动机输出额定功率时，电动机每分钟的转数。

8. 绝缘等级

绝缘等级，是指电动机绕组所用的绝缘材料，按使用时的最高允许温度而划分的不同等级。常用绝缘材料的等级为 A、E、B、F、H，其对应的最高允许温度分别为 105、120、130、155、180℃。

上述最高允许温度为环境温度（40℃）和允许温升之和。

9. 工作方式

工作方式是对电动机在铭牌规定的技术条件下运行持续时间的限制，以保证电动机的温度不超过允许值。电动机的工作方式可分为三种。

（1）连续工作：在额定状态下可长期连续工作，如机床、水泵、通风机等设备所用的异步电动机工作方式。

（2）短时工作：在额定状态下，持续运行时间不允许超过规定的时限（分钟），有 15、30、60、90 四种。否则，会使电动机过热。

（3）断续工作：可按一系列相同的工作周期，以间歇方式运行，如吊车、起重机等工作方式。

5.3　三相异步电动机转动原理

众所周知，三相异步电动机接上电源，就会转动。这是什么道理呢？下面简单介绍这个转动原理。

图 5.9 所示的是一个装有手柄的蹄形磁铁，磁极间放有一个可以自由转动的、由铜条组成的转子。铜条两端分别用铜环连接起来，形似鼠笼，作为笼型转子。磁极和转子之间没有机械联系。当摇动磁极时，发现转子跟着磁极一起转动。摇得

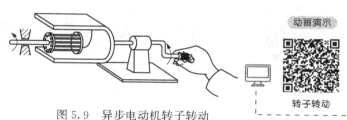

图 5.9　异步电动机转子转动

动画演示

转子转动

学习札记

快，转子转得也快；摇得慢，转得也慢；反摇，转子马上反转。

由以上分析可得两点启示：①有一个旋转的磁场；②转子跟着磁场转动。异步电动机转子转动的原理是与上述相似的。那么，在三相异步电动机中，磁场从何而来，又为什么会旋转呢？下面来讨论这个问题。

5.3.1　旋转磁场

1. 旋转磁场的产生

三相异步电动机的定子铁芯中放有三相对称绕组 AX、BY 和 CZ。设将三相绕组接成星形，如图 5.10（a）所示，A、B、C 分别接在三相电源上，绕组中通入三相对称电流

$$i_A = I_m \sin \omega t$$
$$i_B = I_m \sin(\omega t - 120°)$$
$$i_C = I_m \sin(\omega t + 120°)$$

其波形如图 5.10（b）所示。取绕组首端到末端的方向作为电流的参考方向。在电流的正半周时，其值为正，其实际方向与参考方向一致；在负半周时，其值为负，其实际方向与参考方向相反。

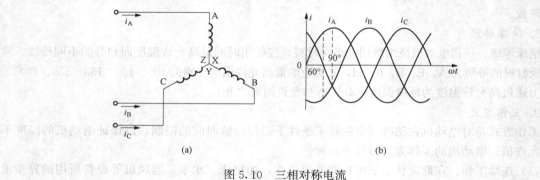

图 5.10　三相对称电流
（a）接线图；（b）波形图

在 $\omega t = 0$ 的瞬时，定子绕组中的电流方向如图 5.11（a）所示。这时，$i_A = 0$；i_B 为负，其方向与参考方向相反，即电流自 Y 端流入到 B 端；i_C 为正，其方向与参考方向相同，即电流自 C 端流入到 Z 端。将每相电流所产生的磁场相加，便得出三相电流的合成磁场。在图 5.11（a）中，合成磁场轴线的方向是自上而下。因是两极磁场，故称其为一对磁极，用 p 表示极对数，则 $p = 1$。

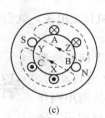

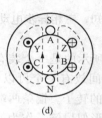

图 5.11　三相电流产生的旋转磁场（$p=1$）

（a）$\omega t = 0$；（b）$\omega t = \dfrac{\pi}{3}$；（c）$\omega t = \dfrac{2}{3}\pi$；（d）$\omega t = \pi$

图 5.11（b）所示的是 $\omega t = \dfrac{\pi}{3}$ 时定子绕组中电流方向和三相电流合成磁场的方向。这时的合成磁场已从 $t = 0$ 瞬时所在位置顺时针方向转过了 $\dfrac{\pi}{3} = 60°$。

同理可得，在 $\omega t = \dfrac{2}{3}\pi$ 时的三相电流的合成磁场，如图 5.11（c）所示。合成磁场从 $t = 0$ 瞬时所在位置顺时针方向转过了 $\dfrac{2}{3}\pi = 120°$。

而当 $\omega t = \pi$ 时，合成磁场从 $t = 0$ 瞬时所在位置顺时针方向旋转了 $\pi = 180°$。合成磁场方向如图 5.11（d）所示。

由上可知，当定子绕组中通入三相对称电流后，它们共同产生的合成磁场是随电流的交变而在空间不断地旋转着，这就是旋转磁场。旋转磁场同磁极在空间旋转（见图 5.9）所起的作用是一样的。

2. 旋转磁场的转向

旋转磁场的方向取决于三相电流的相序。从图 5.11 可以看出，当三相电流的相序为 A→B→C 时，旋转磁场方向也是沿绕组 A→B→C 的方向，即顺时针方向，所以，旋转磁场的旋转方向与三相电流的相序一致。如果将与三相电源连接的三根导线中的任意两根的一端对调位置，如 B、C 对调，C 相绕组通入 B 相电流 i_B，B 相绕组通入 C 相电流 i_C，则旋转磁场就会反转，即转向为 A→C→B，如图 5.12 所示。分析方法与前述相同。

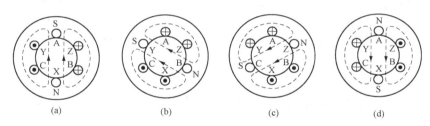

图 5.12　旋转磁场的反转

（a）$\omega t = 0$；（b）$\omega t = \dfrac{\pi}{3}$；（c）$\omega t = \dfrac{2}{3}\pi$；（d）$\omega t = \pi$

3. 旋转磁场的极数

三相异步电动机的极数就是旋转磁场的极数。旋转磁场的极数和三相绕组的安排有关。在上述图 5.11 的情况下，每相绕组只有一个线圈，绕组的首端之间相差 120°空间角，则产生的旋转磁场具有一对极，即 $p = 1$。如将定子绕组按如图 5.13 所示连接，即每相绕组有两个线圈串联，绕组的首端之间相差 60°空间角，则产生的旋转磁场具有两对极，即

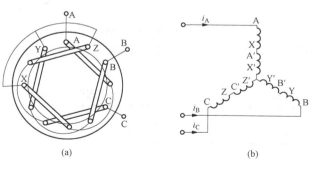

图 5.13　产生四极磁场的定子绕组

（a）嵌放情况；（b）接线图

学习
札记

$p=2$。四极旋转磁场见图 5.14 所示。

同理，如果要产生三对极，即 $p=3$ 的旋转磁场，则每相绕组必须有三个线圈串联且在空间位置上，绕组的首端互差 $40°$ 空间角。

4. 旋转磁场的转速

三相异步电动机的转速与旋转磁场的转速有关，而旋转磁场的转速取决于磁场的极数。在一对极的情况下，由图 5.11 可见，当电流从 $\omega t = 0$ 到 $\omega t = 60°$ 经历了 $60°$ 时，磁场在空间也旋转了 $60°$。当电流交变了一次（一个周期）时，磁场恰好在空间旋转了一圈。设电流的频率为 f_1，即电流每秒钟交变 f_1 次或每分钟交变 $60f_1$ 次，则旋转磁场的转速为 $n_0 = 60f_1$。转速的单位为 r/min（转每分）。

在旋转磁场具有两对极的情况下，由图 5.14 可见，当电流也从 $\omega t = 0$ 到 $\omega t = 60°$ 经历了 $60°$ 时，而磁场在空间仅旋转了 $30°$。就是说，当电流交变了一次时，磁场仅旋转了半圈，比 $p=1$ 情况下的转速慢了一半，即 $n_0 = \dfrac{60f_1}{2}$。

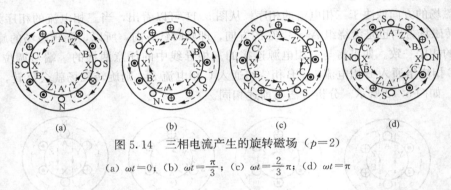

图 5.14 三相电流产生的旋转磁场（$p=2$）

(a) $\omega t = 0$；(b) $\omega t = \dfrac{\pi}{3}$；(c) $\omega t = \dfrac{2}{3}\pi$；(d) $\omega t = \pi$

同理，在三对极的情况下，电流交变一次，磁场在空间仅旋转了 $\dfrac{1}{3}$ 圈，只是 $p=1$ 情况下的转速的三分之一，即 $n_0 = \dfrac{60f_1}{3}$。

由此推知，当旋转磁场具有 p 对极时，磁场的转速为

$$n_0 = \frac{60f_1}{p} \tag{5.1}$$

由此可得，旋转磁场的转速 n_0 取决于电流频率 f_1 和磁场的极对数 p，而后者又取决于三相绕组的安排情况。旋转磁场的转速称为同步速度，我国的电源频率为 50Hz，不同磁极对数所对应的同步转速见表 5.1。

表 5.1   不同磁极对数时的同步转速

p	1	2	3	4	5	6
n_0(r/min)	3000	1500	1000	750	600	500

5.3.2 电动机的转动原理

图 5.15 所示是两极三相异步电动机转动原理示意图，图中 N、S 表示两极旋转磁场，转子中

学习札记

只示出两根导条（铜或铝）。设旋转磁场以同步转速 n_0 顺时针方向旋转，其磁通切割转子导条，导条中就感应出电动势。电动势的方向由右手定则确定。在这里应用右手定则时，可假设磁极不动，而转子导条向逆时针方向旋转切割磁通，这与实际上磁极顺时针方向旋转时磁通切割转子导条是相当的。

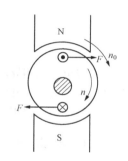

由于转子导条的两端由端环连通，形成闭合的转子电路，在电动势的作用下，闭合的导条中产生感应电流。载流的转子导条在磁场中受电磁力 F 的作用（电磁力的方向可应用左手定则来确定）形成电磁转矩，在此转矩的作用下，转子就沿旋转磁场的方向转动起来。转子转动的方向和磁极旋转的方向相同，正如前述"转子转动演示"中转子跟着磁场转动一样。当旋转磁场反转时，电动机也跟着反转。

图 5.15 转子转动原理图

转子转速用 n 表示，但 n 总是要小于旋转磁场的同步转速 n_0，否则两者之间没有相对运动，就不会产生感应电动势及感应电流，电磁转矩也无法形成，电动机不可能旋转，这就是异步电动机名称的由来。又因转子中的电流是感应产生的，故又称为感应电动机。

5.3.3 转差率

异步电动机作电动运行时，它的转速低于同步转速，即 $n < n_0$。异步电动机的同步转速 n_0 与转子转速 n 之差称为转差，其程度用转差率 s 来表征，即

$$s = \frac{n_0 - n}{n_0} \tag{5.2}$$

转差率是异步电动机的一个重要的物理量。转子转速越接近磁场转速，则转差率越小。由于三相异步电动机的额定转速与同步转速相近，所以它的转差率很小。

在电动机启动初始瞬间，$n = 0$，$s = 1$，这时转差率最大。

空载运行时，转子转速最高，转差率最小，s 约为 0.5%。

额定负载运行时，转子的转速较空载要低，s_N 为 1%～6%。

[例 5.1] 有一台三相异步电动机，其额定转速 $n_N = 975 \text{r/min}$。试求电动机的极数和额定负载时的转差率。电源频率 $f_1 = 50 \text{Hz}$。

解：由于电动机的额定转速接近而略小于同步转速，而同步转速对应于不同的极对数有一系列固定的数值（见表 5.1）。显然，与 975r/min 最相近的同步转速 $n_0 = 1000 \text{ r/min}$，与此相应的磁极对数 $p = 3$。因此，额定负载时的转差率为

$$s_N = \frac{n_0 - n_N}{n_0} = \frac{1000 - 975}{1000} = 0.025 = 2.5\%$$

思考与讨论

1. 试述感应电动机工作原理，为什么感应电动机是一种异步电动机？
2. 什么是同步转速？它与哪些因素有关？
3. 旋转磁场的转向由什么决定？
4. 什么是三相电源的相序？就三相异步电动机本身而言，有无相序？

学习
札记
_____

5.4 三相异步电动机电磁转矩

电磁转矩是三相异步电动机的重要物理量。异步电动机稳定运行时，电磁转矩除一小部分用以克服由于机械损耗和附加损耗引起的空载制动转矩外，大部分用来平衡所拖动负载的反作用转矩（大小等于输出转矩）。

5.4.1 电磁转矩的物理表达式

由三相异步电动机的转动原理可知，驱动电动机旋转的电磁转矩是由转子导条中的电流 I_2 与旋转磁场每极磁通 Φ 相互作用而产生的。因此，电磁转矩的大小与 I_2 及 Φ 成正比。由于转子电路是一个交流电路，它既有电阻，又有感抗存在，故转子电流 I_2 滞后于转子感应电动势 E_2 一个相位差角 φ_2，其功率因数是 $\cos\varphi_2$，转子电流只有有功分量 $I_2\cos\varphi_2$ 才能与旋转磁场相互作用而产生电磁转矩。因此，异步电动机的电磁转矩的表达式为

$$T = K_T \Phi I_2 \cos\varphi_2 \tag{5.3}$$

式中：K_T 为与电动机结构有关的常数。电磁转矩，N·m。

5.4.2 旋转磁场主磁通与电源电压 U_1 的关系

在异步电动机中，当定子绕组接入三相交流电压 U_1 后，所产生的旋转磁场在定子每相绕组中会产生感应电动势 E_1，忽略定子绕组本身阻抗压降，其端电压有效值为

$$U_1 \approx E_1 = 4.44 K_1 f_1 N_1 \Phi \tag{5.4}$$

或

$$\Phi \approx \frac{U_1}{4.44 K_1 f_1 N_1}$$

式中：f_1 为外加电源电压的频率；N_1 为每相定子绕组的匝数；Φ 为旋转磁场的每极磁通量，在数值上等于通过定子每相绕组的磁通最大值 Φ_m；K_1 为考虑电动机定子绕组按一定规律沿定子铁芯内圆周分布而引入的绕组系数，K_1 小于 1 而约等于 1。

式（5.4）说明，当电源 U_1 和 f_1 一定时，异步电动机旋转磁场的每极磁通量基本不变。或者说，在 f_1 不变时，每极磁通 Φ 的大小与定子相电压 U_1 成正比。

5.4.3 转子电流、功率因数与转差率的关系

在电动机接通电源的瞬间，转子仍处于静止状态，这时，转子转速 $n=0(s=1)$，旋转磁场的磁通 Φ 以同步转速 n_0 切割转子导条，在转子导条中感应出电动势 E_{20}，其有效值

$$E_{20} = 4.44 K_2 f_1 N_2 \Phi \tag{5.5}$$

式中：K_2 为转子绕组的绕组系数，$K_2<1$；N_2 为转子每相绕组的匝数。

这时，转子感应电动势的频率就是 f_1。

转子每相绕组的感抗

$$X_{20} = 2\pi f_1 L_2 \tag{5.6}$$

式中：L_2 为转子每相绕组的电感。

当电动机正常运行时，转子转速为 n，旋转磁场的转速为 n_0，它与转子导条间的切割速度为

学习
札记

$n_0 - n$，由式（5.1）可求得转子中感应电动势的频率

$$f_2 = \frac{p(n_0 - n)}{60} = \frac{n_0 - n}{n_0} \times \frac{pn_0}{60} = sf_1 \tag{5.7}$$

式（5.7）表明，转子转动时，转子绕组感应电动势的频率 f_2 与转差率 s 成正比。当 s 很小时，f_2 也很小，电动机额定运行时，f_2 只有 $0.5\sim3\,\mathrm{Hz}$。这时，电动机 E_2 的有效值为

$$E_2 = 4.44K_2 f_2 N_2 \Phi = sE_{20} \tag{5.8}$$

转子的每相感抗为

$$X_2 = 2\pi f_2 L_2 = sX_{20} \tag{5.9}$$

故此可得

$$I_2 = \frac{E_2}{\sqrt{R_2^2 + X_2^2}} = \frac{sE_{20}}{\sqrt{R_2^2 + (sX_{20})^2}} \tag{5.10}$$

式中：R_2 为转子每相绕组的电阻。

转子每相绕组的功率因数

$$\cos\varphi_2 = \frac{R_2}{\sqrt{R_2^2 + X_2^2}} = \frac{R_2}{\sqrt{R_2^2 + (sX_{20})^2}} \tag{5.11}$$

由上述可知，转子电路的各物理量 E_2、I_2、f_2、X_2、$\cos\varphi_2$ 都是转差率 s 的函数，即都与电动机的转速有关。特别是 I_2、$\cos\varphi_2$ 与 s 的关系可用图 5.16 表示。

5.4.4　电磁转矩

将式（5.10）、式（5.11）代入式（5.3），即可得出

$$T = K_T \Phi \frac{sE_{20}}{\sqrt{R_2^2 + (sX_{20})^2}} \times \frac{R_2}{\sqrt{R_2^2 + (sX_{20})^2}} = K_T \Phi \frac{sE_{20}R_2}{R_2^2 + (sX_{20})^2}$$

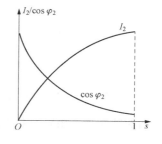

图 5.16　I_2、$\cos\varphi_2$ 与 s 的关系

由式（5.4）、式（5.5）可知，当 f_1 一定时，$\Phi \propto U_1$，$E_{20} \propto \Phi \propto U_1$，故上式可写成

$$T = K_T' U_1^2 \frac{sR_2}{R_2^2 + (sX_{20})^2} \tag{5.12}$$

式中：K_T' 为常数；U_1 为定子绕组的相电压。

由此可见，电磁转矩 T 与相电压 U_1 的平方成正比，所以电源电压的波动对电动机的电磁转矩将产生很大的影响。

思考与讨论

1. 在磁通一定时，为什么异步电动机的电磁转矩与转子电流的有功分量成正比，而不是直接与转子电流 I_2 成正比？

2. 频率为 $60\,\mathrm{Hz}$ 的异步电动机，若接在 $50\,\mathrm{Hz}$ 的电源上使用，将会发生何种现象？

3. 为什么负载增加时，三相异步电动机的定子电流和输入功率会自动增加？从空载到额定负载，电动机的主磁通有无变化？为什么？

4. 某人在检修电动机时，将转子抽掉，而在定子绕组上加三相额定电压，这会产生什么后果？

5.5 三相异步电动机机械特性

机械特性就是在一定的条件下，电动机的转速 n 和电磁转矩 T 的函数关系，即 $n=f(T)$。由于电机的转速和转差率存在一定的关系，因此异步电动机的机械特性也常用 $T=f(s)$ 的形式来表示。

5.5.1 机械特性

在式（5.12）中，当电源电压 U_1 和 f_1 一定，且 R_2、X_{20} 都是常数时，电磁转矩 T 只随转差率变化，这样就可以逐点绘制 $T=f(s)$ 特性曲线，如图 5.17 所示。利用 $n=n_0(1-s)$ 把转差率转换成对应的转速 n，就可以得到机械特性 $n=f(T)$。机械特性曲线如图 5.18 所示。

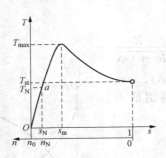

图 5.17　异步电动机的 $T=f(s)$ 曲线　　图 5.18　异步电动机的 $n=f(T)$ 曲线

机械特性是三相异步电动机的主要特性。由此可分析电动机的运行性能。

5.5.2 三个主要转矩

1. 额定转矩 T_N

电动机在等速运行时，其电磁转矩 T 必须与阻力转矩 T_C 相平衡，即 $T=T_C$。阻力转矩主要是轴上的机械负载转矩 T_2，此外，还包括电动机的空载损耗转矩 T_0。由于 T_0 一般很小，可忽略，所以有

$$T_C = T_2 + T_0 \approx T_2$$

可近似认为，电动机等速运行时，其电磁转矩与轴上的负载转矩相平衡。由此可得

$$T = T_2 = \frac{P_2 \times 10^3}{\Omega} = \frac{P_2 \times 10^3}{\frac{2\pi n}{60}} = 9550 \frac{P_2}{n} (\text{N} \cdot \text{m}) \tag{5.13}$$

式中：P_2 为电动机轴上输出的机械功率，kW；Ω 为机械角速度，rad/s；n 为电动机的转速，r/min。

电动机的额定转矩是电动机在额定负载时的转矩。可从电动机铭牌上的额定功率（输出机械功率）和额定转速应用式（5.13）求得，即

$$T_N = 9550 \frac{P_{2N}}{n_N} (\text{N} \cdot \text{m})$$

学习札记

例如，某普通车床的主轴电动机的额定功率为 7.5kW，额定转速为 1440r/min，则额定转矩为

$$T_N = 9550 \frac{P_{2N}}{n_N} = 9550 \times \frac{7.5}{1440} = 49.7(\mathrm{N} \cdot \mathrm{m})$$

2. 最大转矩 T_m

从机械特性曲线上看，转矩有一个最大值，称为最大转矩或临界转矩，用 T_m 表示，对应于最大转矩的转差率称为临界转差率，用 s_m 表示，可由 $\frac{dT}{ds}=0$ 求得，即

$$s_m = \frac{R_2}{X_{20}} \tag{5.14}$$

再将 s_m 代入式（5.12），可得

$$T_m = K_T' U_1^2 \frac{1}{2X_{20}} \tag{5.15}$$

由式（5.14）和式（5.15）可见，T_m 与 U_1^2 成正比，而与转子电阻 R_2 无关；s_m 与 R_2 有关，R_2 越大，s_m 也越大，但 s_m 与电源电压 U_1 无关。

图 5.19 所示是 U_1 一定时，对应不同 R_2 的机械特性曲线。图中 $R_2' > R_2$，故 $s_m' > s_m$。在同一负载转矩 T_2 作用下，R_2 越大，n 越小。

图 5.20 是 R_2 为常数时，对应不同 U_1 时 $n = f(T)$ 曲线。在负载转矩 T_2 一定时，U_1 下降，即 $U_1 > U_1'$ 时，电动机的转速下降，$n' < n$。U_1 进一步减小，T_2 将超过电动机的最大转矩 T_m，即 $T_2 > T_m$，转速急剧下降至 $n = 0$，电动机停转。而电动机的电流迅速升高至额定电流的 5～7 倍，电动机将严重过热，甚至烧毁。这种现象称为"闷车"或"堵转"。

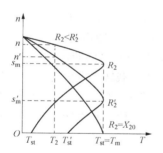

图 5.19　R_2 不同时的 $n = f(T)$ 曲线

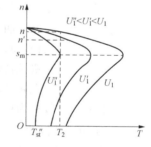

图 5.20　U_1 不同时的 $n = f(T)$ 曲线

在较短的时间内，电动机的负载转矩可以超过额定转矩而不至于过热。因此，最大转矩也表示电动机的短时允许的过载能力，是电动机重要性能指标之一。用过载系数 λ_m 表示，即

$$\lambda_m = \frac{T_m}{T_N} \tag{5.16}$$

一般三相异步电动机的过载系数为 1.8～2.5，特殊电动机可达 3.7。

在选用电动机时，必须考虑可能出现的最大负载转矩，而后根据所选电动机的过载系数算出电动机的最大转矩，它必须大于负载转矩，否则就要重选电动机。

3. 启动转矩 T_{st}

电动机接通电源瞬间（$n=0$，$s=1$）的电磁转矩称为启动转矩。将 $s=1$ 代入式（5.12）得

学习
札记

$$T_{\text{st}} = K'_T U_1^2 \frac{R_2}{R_2^2 + X_{20}^2} \tag{5.17}$$

由式（5.17）可见，T_{st} 与 U_1^2 及 R_2 有关。当电源电压降低时，启动转矩会减小，如图 5.20 所示。当转子电阻适当加大时，启动转矩会增大，如图 5.19 所示。当 $R_2 = X_{20}$ 时，可得 $T_{\text{st}} = T_{\text{m}}$，$s_{\text{m}} = 1$，如图 5.19 所示，此时 T_{st} 达到最大值。但继续增大 R_2 时，T_{st} 就要减小。绕线式电动机通常采用改变 R_2 的方法来改善启动性能。

电动机的启动转矩必须大于电动机静止时的负载转矩才能带负载启动。启动转矩与负载转矩的差值越大，启动越快，启动过程越短。通常用 T_{st} 与 T_N 之比表示异步电动机的启动能力，称为启动系数，用 λ_s 表示，即

$$\lambda_s = \frac{T_{\text{st}}}{T_N} \tag{5.18}$$

一般笼型异步电动机的启动系数为 1.0～2.2，特殊用电动机可达 4.0。

5.5.3 电动机的稳定运行

异步电动机接通电源后，只要启动转矩大于轴上的负载转矩 T_2，转子便启动旋转，如图 5.21 所示。由机械特性曲线 $n = 0$ 的 c 点沿 cb 段加速运行，cb 段 T 随着转速 n 升高而不断增大，经过 b 点后，由于 T 随 n 的增加而减小，故加速度也逐渐减小，直到 a 点，$T = T_2$ 电动机就以恒定转速 n 稳定运行。

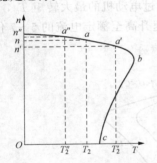

图 5.21 电动机的稳定运行

若由于某种原因使负载转矩增加，如 $T'_2 > T$，电动机就会沿 ab 段减速，电磁转矩 T 随 n 的下降而增大，直至 $T'_2 = T$，对应于曲线的 a' 点。电动机在新的稳定状态下，以较低的转速 n' 运行。反之，若负载转矩变小，如 $T''_2 < T$，电动机将沿曲线 ab 段加速，上升至曲线的 a'' 点。这时，电磁转矩随 n 的增加而减小，又达新的稳定状态 $T''_2 = T$，电动机以较高的转速 n'' 稳定运行。由此可见，在机械特性的 $n''b$ 段内，当负载转矩发生变化时，电动机能自动调节电磁转矩，使之适应负载转矩的变化，而保持稳定运行，故 $n''b$ 段称为稳定运行区，且在 $n''b$ 段，较大转矩的变化对应的转速的变化很小，异步电动机有硬的机械特性。

在电动机运行中，若负载转矩增加太多，使 $T_2 > T_{\text{m}}$，电动机将越过机械特性的 b 点而沿 bc 段运行。在 bc 阶段，T 随 n 的下降而减小，T 的减小又进一步使 n 下降，电动机的转速很快下降到零，即电动机停转（堵转）。所以，机械特性 bc 段称为不稳定运行区。电动机堵转时，其定子绕组仍接在电源上，而转子却静止不动，此时，定、转子电流剧增，若不及时切断电源，电动机将迅速过热而烧毁。

[例 5.2] 一台三相笼型异步电动机，已知 $U_N = 380V$，$I_N = 20A$，△接法，$\cos\varphi_N = 0.87$，$\eta_N = 0.875$，$n_N = 1450\text{r/min}$，$\lambda_m = 2$，$\lambda_s = 1.4$。试求：（1）电动机轴上输出的额定转矩 T_N；（2）若要保证能满载启动，电网电压不能低于多少？

解：（1）电动机轴上输出的额定转矩

$$P_{1N} = \sqrt{3} U_N I_N \cos\varphi_N$$

学习札记

$$= \sqrt{3} \times 380 \times 20 \times 0.87 = 11.45(\text{kW})$$

$$P_{2N} = P_{1N} \times \eta_N$$

$$= 11.45 \times 0.875 = 10(\text{kW})$$

$$T_N = 9550 \times \frac{P_{2N}}{n_N}$$

$$= 9550 \times \frac{10}{1450} = 65.86(\text{N} \cdot \text{m})$$

（2）因为电磁转矩与电压平方成正比，对同一台电动机，$U_1 = 380\text{V}$ 时，$T_{st} = 1.4 T_N$，设电压为 U_1' 时，$T_{st}' = T_N$，则

$$\frac{380^2}{U_1'^2} = \frac{1.4 T_N}{T_N}$$

所以

$$U_1' = \sqrt{\frac{380^2}{1.4}} = 321(\text{V})$$

即满载启动时，电源线电压不得低于 321V，否则电动机无法满载启动。

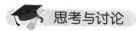 **思考与讨论**

1. 三相异步电动机在一定的负载转矩下运行时，如电源电压降低，电动机的转矩、电流及转速有无变化？

2. 三相异步电动机在正常运行时，如果转子突然卡住而不能转动，试问这时电动机的电流有何改变？对电动机有何影响？

3. 为什么三相异步电动机不在最大转矩处或接近最大转矩处运行？

4. 某三相异步电动机的额定转速为 1460r/min。当负载转矩为额定转矩的一半时，电动机的转速约为多少？

5. 三相笼型异步电动机在额定状态附近运行，试分别说明当负载增大、电压升高、频率增高时，其转速和电流作何变化。

5.6 三相异步电动机启动

电动机接通电源后开始转动，转速不断上升，直至达到稳定转速，这一过程称为启动。

5.6.1 启动性能

下面从启动时的电流和转矩来分析电动机的启动性能。

在电动机接通电源的瞬间，即 $n=0$，$s=1$，转子尚未转动时，定子电流即启动电流 I_{st} 很大，一般是额定电流的 5～7 倍。启动电流虽然很大，但启动时间很短，而且随着电动机转速的上升电流会逐渐减小，故对于容量不大且不频繁启动的电动机影响不大。

但是，电动机的启动电流对线路是有影响的。过大的启动电流在短时间内会在线路上造成较大的电压降落，而使负载端的电压降低，影响邻近负载的正常工作。例如：对邻近的异步电动机，电压的降低不仅会影响它们的转速（下降）和电流（增大），甚至可能使它们的最大转矩降到小于负载转矩，以致使电动机停下来。

其次，如果启动转矩过小，就不能在满载下启动，应设法提高。但如果启动转矩过大，会使传动机构（譬如齿轮）受到冲击而损坏，所以又应设法减小。一般机床的主电动机都是空载启动（启动后再切削），对启动转矩没有要求。但对移动床鞍、横梁以及起重用的电动机应采用启动转矩较大一点的。

由上述可知，异步电动机启动时的主要缺点是启动电流较大。为了减小启动电流（有时也为了提高或减小启动转矩），必须采用适当的启动方法。

5.6.2 启动方法

笼型电动机有直接启动和降压启动两种启动方法。

1. 直接启动

直接启动是利用刀开关或接触器将电动机直接接到具有额定电压的电源上。这种启动方法虽然简单，但如上所述，由于启动电流较大，将使线路电压下降，影响负载正常工作。

一台电动机能否直接启动有一定的规定。有的地区规定，用电单位如有独立的变压器，则在电动机启动频繁时，电动机容量小于变压器容量的 20％ 时允许直接启动；如果电动机不经常启动，它的容量小于变压器容量的 30％ 时允许直接启动。如果没有独立的变压器（与照明共用），电动机直接启动时所产生的电压降不应超过 5％。

2. 降压启动

如果电动机直接启动时所引起的线路电压降较大，必须采用降压启动，就是在启动时降低加在电动机定子绕组上的电压，以减小启动电流。笼型电动机的降压启动常用下面几种方法。

（1）星形—三角形换接启动。如果电动机在工作时其定子绕组是连接成三角形的，那么在启动时可把它接成星形，等到转速接近额定值时再换接成三角形连接。这样，在启动时就把定子每相绕组上的电压降到正常工作电压的 $\frac{1}{\sqrt{3}}$。

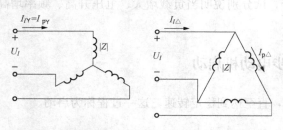

图 5.22 定子绕组 Y 连接和△连接时的启动电流

图 5.22 是定子绕组的两种连接法，$|Z|$ 为启动时每相绕组的等效阻抗。

当定子绕组为星形连接，即降压启动时，

$$I_{lY} = I_{pY} = \frac{U_l/\sqrt{3}}{|Z|}$$

当定子绕组为三角形连接，即直接启动时

$$I_{l\triangle} = \sqrt{3}I_{p\triangle} = \sqrt{3}\,\frac{U_l}{|Z|}$$

比较上列两式，可得

$$\frac{I_{lY}}{I_{l\triangle}} = \frac{1}{3}$$

即降压启动时的电流为直接启动时的 $\frac{1}{3}$，也即 $I_{stY} = \frac{1}{3}I_{st\triangle}$。

由于转矩和电压的平方成正比，所以启动转矩也减小到直接启动时的 $\frac{1}{3}$，即 $T_{stY} = \frac{1}{3}T_{st\triangle}$。因此，这种方法只适合于空载或轻载时启动。

学习札记

这种换接启动可采用星形—三角形启动器来实现。图 5.23 是一种星形—三角形启动器的接线简图。在启动时将手柄向右扳，使右边一排动触点与静触点相连，电动机就接成星形。等电动机转速接近额定转速时，将手柄往左扳，则使左边一排动触点与静触点相连，电动机换接成三角形连接。

星形—三角形启动器的体积小，成本低，寿命长，动作可靠。目前，4～100kW 的异步电动机都已设计为 380V 三角形连接，因此星形—三角形启动器得到了广泛地应用。

（2）自耦降压启动。自耦降压启动是利用三相自耦变压器将电动机在启动过程中的端电压降低，其接线图如图 5.24 所示。启动时，先把开关 Q2 扳到"启动"位置。当转速接近额定值时，将 Q2 扳向"工作"位置，切除自耦变压器。

设自耦变压器一、二次绕组的变比为 K，全压启动时的启动电流为 I_{st}，则采用自耦变压器降压启动后，电动机从电网吸取的电流为 $I'_{st} = \dfrac{I_{st}}{K^2}$，此时的启动转矩也降为直接启动时的 $1/K^2$。

自耦变压器降压启动的变压器通常有几个抽头，使其输出电压分别为电源电压的 73%、64%、55% 或 80%、60%、40%，可供用户根据要求进行选择。

自耦降压启动适用于容量较大的或正常运行时为星形连接不能采用星形—三角形启动器的笼型异步电动机。

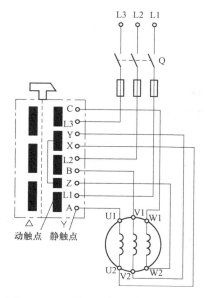

图 5.23　星形—三角形启动接线简图

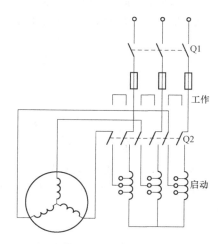

图 5.24　自耦降压启动接线图

3. 绕线式转子异步电动机的启动

上面讲到的直接启动及降压启动方法也适用于绕线式转子异步电动机。根据绕线式转子异步电动机的自身特点，在转子回路中串接适当大小的电阻，可以改变机械特性的斜率，增大启动转矩，又可以限制启动电流。绕线式转子异步电动机转子电路串接启动变阻器启动接线图如图 5.25 所示。

学习札记

_____

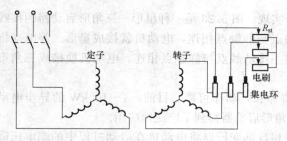

图 5.25 绕线式转子异步电动机启动时的接线图

绕线式转子异步电动机常用于要求启动转矩较大的生产机械上，例如卷扬机、锻压机、起重机和转炉等。

[例 5.3] 一台笼型异步电动机，$P_{2N} = 28\text{kW}$，$I_N = 58\text{A}$，$n_N = 1455\text{r/min}$，△连接，$I_{st}/I_N = 6$，$T_{st}/T_N = 1.1$，供电变压器要求启动电流不大于 150A，负载转矩为 73.5N·m。

问：采用 Y—△启动法是否可行？

解： 电动机的额定转矩

$$T_N = 9550 \frac{P_{2N}}{n_N} = 9550 \times \frac{28}{1455} = 183.8(\text{N·m})$$

Y—△启动时的启动转矩

$$T_{stY} = \frac{1}{3} T_{st\triangle} = \frac{1}{3} \times 1.1 \times 183.8 = 67.4(\text{N·m})$$

Y—△启动时的启动电流

$$I_{stY} = \frac{1}{3} I_{st\triangle} = \frac{1}{3} \times 6 \times 58 = 116(\text{A})$$

可见，Y—△启动时的启动电流符合供电变压器对启动电流的要求，但由于启动转矩仅为 67.4N·m，小于 73.5N·m 的负载转矩，所以不能采用 Y—△启动。

[例 5.4] 例 5.3 中的电动机，若采用自耦变压器降压启动，抽头有 55%、64%、73% 三种。用哪种抽头启动时才能满足启动要求？

解： 直接启动时的启动电流及启动转矩分别为

$$I_{st} = 6 \times 58 = 348(\text{A})$$
$$T_{st} = 1.1 \times 183.8 = 202.0(\text{N·m})$$

根据题意，有

$$\begin{cases} \dfrac{348}{K^2} < 150 \\ \dfrac{202.0}{K^2} > 73.5 \end{cases} \Rightarrow \begin{cases} K > 1.52 \\ K < 1.66 \end{cases} \Rightarrow \begin{cases} \dfrac{1}{K} < 0.66 \\ \dfrac{1}{K} > 0.60 \end{cases}$$

则应选择抽头为 64%，此时能同时满足变压器对启动电流的要求和电动机的启动转矩能克服负载转矩的要求。请思考为何不可采用 55% 及 73% 两种抽头。

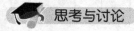 **思考与讨论**

1. 三相异步电动机在满载和空载下启动时，启动电流和启动转矩是否一样？

2. 绕线式转子电动机采用转子串电阻启动时，为什么能减少启动电流，增大启动转矩？是否所串电阻越大，启动转矩也越大？

3. 某三相笼型异步电动机铭牌上标明的额定电压为 380/220V，接在 380V 的交流电网上空载启动，能否采用 Y—△降压启动？

学习札记

5.7 三相异步电动机调速

电动机的调速就是在一定的负载条件下，人为地改变电动机或电源的参数，使电动机的转速改变，以满足生产过程的要求，在讨论异步电动机的调速时，首先从公式

$$n = (1-s)n_0 = (1-s)\frac{60f_1}{p}$$

出发。此式表明，改变电动机的转速有改变电源频率 f_1、极对数 p 和转差率 s 三种可能。前两者是笼型电动机的调速方法，后者是绕线式转子电动机的调速方法，现分别讨论如下。

5.7.1 变频调速

变频调速是通过改变三相异步电动机定子绕组的供电频率 f_1 来改变同步转速 n_0 而实现调速的目的。近年来变频调速技术发展很快，目前主要采用如图 5.26 所示的变频调速装置，它主要由整流器和逆变器两大部分组成。整流器先将频率 f 为 50Hz 的三相交流电变换为直流电，再由逆变器变换为频率 f_1 可调、电压有效值 U_1 也可调的三相交流电，供给三相笼型电动机。这种电动机调速的平滑性好（无级调速），并具有硬的机械特性。

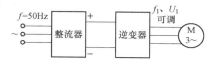

图 5.26 变频调速装置

随着电力电子技术的发展，三相异步电动机的变频调速技术的发展越来越成熟，已在我国全面普及。

5.7.2 变极调速

由式 $n_0 = \dfrac{60f_1}{p}$ 可知，如果极对数 p 减小一半，则旋转磁场的转速 n_0 便提高一倍，转子转速 n 差不多也提高一倍。因此改变 p 可以得到不同的转速。

如何改变极对数呢？这同定子绕组的接法有关。

图 5.27 所示的是定子绕组的两种接法。把 A 相绕组分成线圈 A1X1 和 A2X2 两半。

图 5.27（a）中是两个线圈串联，得出 $p=2$。图 5.27（b）中是两个线圈反并联（头尾相连），得出 $p=1$。在换极时，一个线圈中的电流方向不变，而另一个线圈中的电流必须改变方向。

双速电动机在机床上用得较多，像某些镗床、磨床、铣床上都有。这种电动机的调速是有级的。

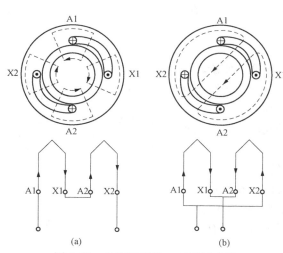

图 5.27 改变极对数 p 的调速方法
（a）顺向串联；（b）反向并联

5.7.3　变转差率调速

只要在绕线式转子电动机的转子电路中接入一个调速电阻（和启动电阻一样接入，见图 5.25），改变电阻的大小，就可实现平滑调速。譬如增大调速电阻时，转差率 s 上升，而转速 n 下降。这种调速方法又称为改变转差率调速，其优点是设备简单、投资少，但能量损耗较大。

这种调速方法广泛应用于起重设备中。

5.8　三相异步电动机制动

在生产中，常要求电动机能迅速而准确地停止转动，所以需要对电动机进行制动。笼型异步电动机常用的电气制动方法有反接制动和能耗制动。

5.8.1　能耗制动

这种制动方法就是在切断三相电源的同时接通直流电源，使直流电流通入定子绕组，如图

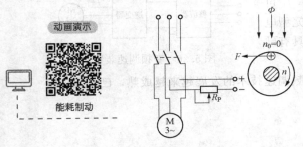

图 5.28　能耗制动原理图

5.28 所示。直流电流的磁场是固定不动的（磁场的强弱通过调节电位器 R_p 来实现），而转子由于惯性继续在原方向转动。根据右手定则和左手定则不难确定这时的转子电流与固定磁场相互作用产生的转矩的方向。它与电动机转动的方向相反，因而起制动的作用。制动转矩的大小与直流电流的大小有关。直流电流的大小一般为电动机额定电流的 0.5～1 倍。

因为这种方法是用消耗转子的动能（转换为电能）来进行制动的，所以称为能耗制动。

这种制动方法能量消耗小，制动平稳，但需要直流电源。在有些机床中采用这种制动方法。

5.8.2　反接制动

这种制动方法在制动时，将任意两根电源线对调，使旋转磁场反向旋转，而转子由于惯性仍在原方向转动。这时的转矩方向与电动机的转动方向相反，如图 5.29 所示，因而起制动的作用。当转速接近零时，利用某种控制电器将电源自动切断，否则电动机将会反转。

由于在反接制动时旋转磁场与转子的相对转速 (n_0+n) 很大，因而电流较大。为了限制电流，对功率较大的电动机进行制动时必须在定子电路（笼型）或转子电路（绕线式）中接入电阻。

这种制动比较简单，效果较好，但能量消耗较大。对有些中型车床和铣床主轴的制动采用这种方法。

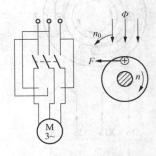

图 5.29　反接制动原理图

学习札记

5.9 单相异步电动机

在单相电源电压作用下运行的异步电动机称为单相异步电动机，广泛用于家用电器、医疗器械等产品及自动控制系统中。其容量一般从几瓦到几百瓦。随着用途的不同，其结构可能不一样，但基本工作原理却是相似的。

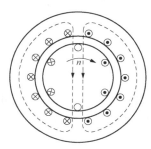

单相异步电动机的结构特征是，定子绕组为单相，转子大多是笼型。其磁场特征是，当单相正弦电流通过定子绕组时，会产生一个空间位置固定不变，而大小和方向随时间作正弦交变的脉动磁场，而不是旋转磁场，如图 5.30 所示。其工作特征是，由于不能旋转，故不能产生启动转矩，因此单相异步电动机不能自行启动。但当外力使转子旋转起来后，脉动磁场产生的电磁转矩能使其继续沿原旋转方向运行。

为了使单相异步电动机通电后能产生一个旋转磁场，自行启动，常用电容式和罩极式两种方法。

图 5.30 单相异步电动机的
脉动磁场

5.9.1 电容分相式异步电动机

图 5.31 为电容式单相异步电动机。电动机定子上有两个绕组 AX 和 BY。AX 是工作绕组，BY 是启动绕组。两绕组在定子圆周上的空间位置相差 90°，如图 5.31（a）所示。启动绕组 BY 与电容 C 串联后，再与工作绕组 AX 并联接入电源，如果电容器的容量选得适当，可使两个绕组中的电流在相位上近乎相差 90°，这就是分相。即电容器的作用使单相交流电分裂成两个相位相差 90°的交流电。其接线图和相量图分别如图 5.31（b）、（c）所示。这样，在空间相差 90°的两个绕组，分别通有在相位上相差 90°（或接近 90°）的两相电流，也能产生旋转磁场。

设两相电流为

$$i_A = I_{Am}\sin\omega t, \; i_B = I_{Bm}\sin(\omega t + 90°)$$

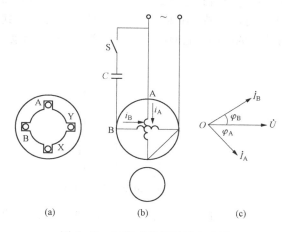

图 5.31 电容式单相异步电动机
（a）绕组的空间位置；（b）接线图；（c）电压电流相量图

它们的正弦曲线如图 5.32（a）所示。根据三相电流产生旋转磁场的原理，则图 5.32（b）中两相电流所产生的合成磁场也是在空间旋转的。在这个旋转磁场的作用下，电动机就有了启动转矩，转子就转动起来。在接近额定转速时，可以借助离心力的作用把开关 S 断开（在启动时是靠弹簧使其闭合的），以切断启动绕组。也可以采用启动继电器把它的吸引线圈串接在工作绕组的电路中。在启动时由于电流较大，继电器动作，其动合触点闭合，将启动绕组与电源接通。随着转速的升高，工作绕组中电流减小，当减小到一定值时，继电器复位，切断启动绕组。也有在电动机运行时不断开启动绕组（或仅切除部分电容）以提高功率因数和增大转矩的。

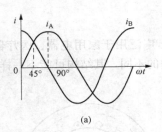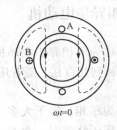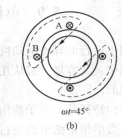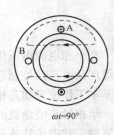

图 5.32　电容式单相异步电动机的电流波形和旋转磁场

（a）两相电流波形；（b）旋转磁场

除用电容来分相外，也可用电感和电阻来分相。工作绕组的电阻小，匝数多（电感大）；启动绕组的电阻大，匝数少，以达到分相的目的。

改变电容器 C 的串联位置可使单相异步电动机反转。在图 5.33 中，将开关 S 合在位置 1，电容器 C 与 B 绕组串联，电流 i_B 较 i_A 超前近 $90°$；当将 S 切换到位置 2，电容器 C 与 A 绕组串联，i_A 较 i_B 超前近 $90°$。这样就改变了旋转磁场的转向，从而实现电动机的反转。洗衣机中的电动机就是由定时器的转换开关来实现这种自动切换的。

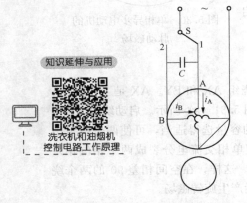

知识延伸与应用

洗衣机和油烟机控制电路工作原理

图 5.33　实现正反转的电路

5.9.2　罩极式异步电动机

罩极式单相异步电动机的结构如图 5.34 所示。单相绕组绕在磁极上，在磁极的约 1/3 部分套一个短路铜环。

在图 5.35 中，Φ_1 是励磁电流 i 产生的磁通，Φ_2 是 i 产生的另一部分磁通（穿过短路铜环）和短路铜环中的感应电流所产生的磁通的合成磁通。由于短路环中的感应电流阻碍穿过短路环磁通的变化，使 Φ_1 和 Φ_2 之间产生相位差，Φ_2 滞后于 Φ_1。当 Φ_1 达到最大值时，Φ_2 尚小；而当 Φ_1 减小时，Φ_2 才增大到最大值。这相当于在电动机内形成一个向被罩部分移动的磁场，它便使笼型转子产生转矩而启动。

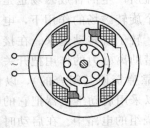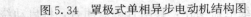

图 5.34　罩极式单相异步电动机结构图

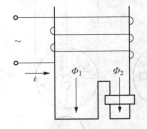

图 5.35　罩极式电动机的移动磁场

罩极式单相异步电动机结构简单，工作可靠，但启动转矩较小，常用于对启动转矩要求不高的设备中，如风扇、吹风机等。

最后简单讨论关于三相异步电动机的单相运行问题。三相电动机接到电源的三根导线中由于

学习札记

某种原因断开了一线，就成为单相电动机运行。如果在启动时就断了一线，则不能启动，只听到"嗡嗡"声。这时电流很大，时间长了，电动机就会被烧坏。如果在运行中断了一线，则电动机仍将继续转动。若此时还带动额定负载，则势必超过额定电流。时间一长，也会使电动机烧坏。这种情况往往不易察觉（特别在无过载保护的情况下），在使用三相异步电动机时必须注意。

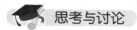 **思考与讨论**

1. 单相异步电动机为什么要有启动绕组？试简述电容式单相异步电动机的启动原理。
2. 如何使单相异步电动机反转？试简述其工作原理。

本 章 小 结

（1）三相异步电动机的基本结构由定子和转子组成。定子绕组为三相对称绕组，按转子结构可分为笼型和绕线转子异步电动机两种。笼型结构简单，应用广泛，绕线型转子可外接变阻器，启动、制动和调速性能好。

（2）三相异步电动机定子绕组接通三相对称交流电流后，产生气隙旋转磁场，该磁场是正弦分布的。旋转磁场的同步转速 $n_0 = \dfrac{60 f_1}{p}$，其中 f_1 为电源频率，p 为磁极对数，由相绕组中线圈的连接方式决定。旋转磁场的转动方向与三相定子电流的相序一致，从超前相转到滞后相。将三根电源线中的任意两根对调，可使电动机反向旋转。

（3）电动机运行时，转子转速 $n < n_0$，且 n 与 n_0 方向一致。转差率 $s = \dfrac{n_0 - n}{n_0}$，带上负载后，转子转速比同步转速略低，一般的异步电动机的额定转差率在 $1\% \sim 6\%$。要理解各项额定数据的意义。特别指出，额定转矩可由铭牌数据算得，$T_N = 9550 \times \dfrac{P_{2N}\ \text{(kW)}}{n_N\ \text{(r/min)}}$，单位为 N·m。

（4）一般的三相异步电动机都工作在额定电源电压下，不论空载还是负载，可以认为气隙磁通保持不变。因此，定子电流 I_1 随转子电流 I_2 的变化也发生改变，或者说定子电流随输出功率的变化而变化，这实际上反映了异步电动机内部的磁动势平衡关系。因此，若负载变大，转子电流 I_2 也增大，定于电流 I_1 随其增大，由于 U_1 不变，所以电动机从电源吸取的有功功率也增大。

（5）异步电动机的运行特性反映了各个物理量随输出功率的变化而变化的情况。为追求最佳的技术经济指标，在选择和使用电动机时，应该使电动机的实际输出功率尽量维持在额定功率附近，尽量避免电动机的轻载及空载运行。

（6）异步电动机的启动转矩系数 λ_s 和过载系数 λ_m 表征了电动机的启动能力和短时过载能力，计算式为

$$\lambda_s = \frac{T_{st}}{T_N},\ \lambda_m = \frac{T_m}{T_N}$$

电动机不允许长时间的过载工作。电动机启动瞬间，启动电流可达额定电流的 $5 \sim 7$ 倍，由于功率因数低，实际的启动转矩却不大。为减小启动电流冲击，一般都采用降压启动。Y—△启动的启动电流为全压启动时的 1/3，启动转矩也降为全压启动时的 1/3，这种启动方法仅适用于正常工作时定子三相绕组为△接的情况，自耦变压器降压启动的启动电流和启动转矩均为直接启动时

的 $1/K^2$ 倍。上述两种降压启动方法适用于空载及轻载启动。

（7）异步电动机的电气制动性能十分可靠，并且常和其他制动方法配合使用。反接制动的制动作用比较强烈，应在制动开始之前，接入一个一定大小的制动电阻，以限制制动电流。

（8）改变磁极对数调速在多速电机中得到应用。异步电动机的变频调速为无级调速，实现比较困难，但由于其优越的调速性能，使异步电动机变频调速有望取代直流调压调速，成为电拖系统调速技术的主流。

（9）单相异步电动机应用广泛，但本身不存在自启动能力。为解决启动转矩问题，采取的措施有电容分相法和罩极法。其根本目的仍然是提供一个启动时的旋转磁场。

习　　题

5.1　有 Y112M - 2 型和 Y160M - 8 型异步电动机各一台，额定功率都是 4kW，但前者额定转速为 2890r/min，后者为 720r/min。试比较它们的额定转矩，并由此说明电动机的磁极数、转速及转矩三者之间的大小关系。

5.2　一台三相异步电动机，接在频率为 50Hz 的三相电源上，已知电动机的额定数据 $P_{2N}=$ 4kW，$U_N=380V$，$\cos\varphi_N=0.77$，$\eta_N=0.84$，$n_N=960r/min$。试求：（1）磁极对数 p；（2）额定转差率 s_N；（3）额定电流 I_N；（4）额定输出转矩 T_N；（5）额定转速下的转子电流频率 f_2。

5.3　一台笼型三相异步电动机，其额定数据 $P_{2N}=3kW$，$U_N=220/380V$，$I_N=11.2/6.48A$，$n_N=1430r/min$，$f_1=50Hz$，$T_m/T_N=2$，$\cos\varphi_N=0.84$，$T_{st}/T_N=1.8$，$I_{st}/I_N=7$。试求：（1）额定转差率 s_N；（2）额定转矩 T_N；（3）最大转矩 T_m；（4）启动转矩 T_{st}；（5）额定状态下运行时的效率 η_N。

5.4　某三相笼型异步电动机，其铭牌数据如下：△接法，$P_{2N}=10kW$，$U_N=380V$，$I_N=$ 19.9A，$n_N=1450r/min$，$T_{st}/T_N=1.4$，$I_{st}/I_N=7$。若负载转矩为 20N·m，电源允许最大电流为 60A，试问应采用直接启动还是 Y—△转换方法启动，为什么？

5.5　有一台三相异步电动机，其额定转速为 1470r/min，电源频率为 50Hz。在（a）启动瞬间；（b）转子转速为同步转速的 $\frac{2}{3}$ 时；（c）转差率为 0.02 时三种情况下，试求：（1）定子旋转磁场对定子的转速；（2）定子旋转磁场对转子的转速；（3）转子旋转磁场对转子的转速；（4）转子旋转磁场对定子的转速；（5）转子旋转磁场对定子旋转磁场的转速。

5.6　有一台 Y225M - 4 型三相异步电动机，其额定数据如下：

功率	转速	电压	效率	功率因数	I_{st}/I_N	T_{st}/T_N	T_m/T_N
45kW	1480r/min	380V	92.3%	0.88	7.0	1.9	2.2

试求：（1）额定电流 I_N；（2）额定转差率 s_N；（3）额定转矩 T_N；（4）最大转矩 T_m 和启动转矩 T_{st}。

5.7　有一台三相异步电动机铭牌数据如下：

P_{2N}	n_N	U_N	η_N	$\cos\varphi_N$	I_{st}/I_N	T_{st}/T_N	T_m/T_N	接法
40kW	1470r/min	380V	90%	0.9	6.5	1.2	2.0	△

学习札记

试完成：（1）当负载转矩为 250N·m 时，在 $U=U_N$ 及 $U=0.8U_N$ 两种情况下，电动机能否启动？（2）欲采用 Y—△启动，问当负载转矩为 $0.45T_N$ 和 $0.35T_N$ 两种情况下，电动机能否启动？（3）若采用自耦变压器降压启动，设降压比为 0.64，求电源线路中通过的启动电流及电动机的启动转矩。

5.8　为什么绕线式转子异步电动机在转子串入电阻启动时，启动电流减小，而启动转矩反而增大？

5.9　三相异步电动机断了一根电源线后，为什么不能启动？而在运行时断了一根线，为什么能继续转动？这两种情况对电动机有何影响？

5.10　某台异步电动机的铭牌数据如下：$P_{2N}=10kW$，$U_N=220/380V$，$\eta_N=0.866$，$n_N=1460r/min$，$I_{st}/I_N=6.5$，$\cos\varphi_N=0.88$，$T_{st}/T_N=1.5$。试求：（1）额定电流；（2）用 Y—△启动时的启动电流和启动转矩；（3）当负载转矩为额定转矩的 60% 和 25% 时，问电动机能否用 Y—△转换方法启动？

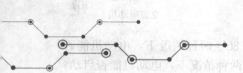
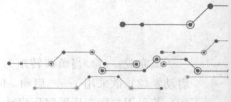

第6章
继电接触器控制系统

就现代机床或其他生产机械而言，它们的运动部件大多是由电动机来拖动的，通过对电动机的控制（启动、停止、正/反转、调速及制动等），实现对生产机械的自动控制。由各种有触点的控制电器（如继电器、接触器、按钮等）组成的控制系统称为继电接触器控制系统。

本章介绍各种常用控制电器的结构、工作原理以及由它们组成的各种基本控制电路。通过本章的学习，学会设计常用的基本控制电路，并掌握阅读控制电路的一般方法。

6.1 常用控制电器

常用控制电器有组合开关、按钮等手动电器，还有交流接触器、热继电器、熔断器、时间继电器、自动空气开关、行程开关等自动电器。

6.1.1 组合开关

在机床电气控制电路中，组合开关（又称转换开关）常用来作为电源引入开关，也可以用它来直接控制小容量笼型电动机。

组合开关的种类很多，常用的有 HZ10 等系列的，其结构如图 6.1（a）所示。它有三对静触片，每个触片的一端固定在绝缘垫板上，另一端伸出盒外，连在接线柱上，三个动触片套在装有手柄的绝缘转动轴上，转动转轴就可以将三个触点（彼此相差一定角度）同时接通或断开。图 6.1（b）所示是用组合开关来启动和停止异步电动机的接线图。图 6.1（c）所示是组合开关的图形符号。

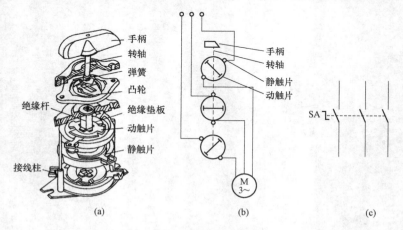

图 6.1 组合开关

(a) 结构图；(b) 与电动机接线图；(c) 图形符号

组合开关有单极、双极、多极性三大类，额定电流有 10、25、60A 和 100A 等几个等级。根据接线方式的不同分为同时通断、交替通断、两位转换、三位转换和四位转换等。

6.1.2   按钮

按钮通常用来接通或断开控制电路，以操纵接触器、继电器和电动机等的动作，从而控制电动机或其他电气设备的运行。图 6.2 给出了一种控制按钮的外形、内部结构和图形符号。在图 6.2（b）中，1 和 2 是静触点，3 是动触点（导体）。动触点 3 与按钮帽 4 为一体，按下按钮帽，动触点向下移动，先断开静触点 1，后接通静触点 2。松开按钮帽，由于弹簧作用，动触点 3 自动恢复。动作前接通的触点为动断触点，断开的触点为动合触点。

图 6.2 所示的按钮有一对动断触点和一对动合触点。有的按钮只有一对动断触点或一对动合触点，也有具有两对动合触点或两对动合触点和两对动断触点的。实际上，往往把两个、三个或多个按钮单元做成一体，组成双联、三联或多联按钮，以满足电动机启停、正/反转或其他复杂控制的需要。

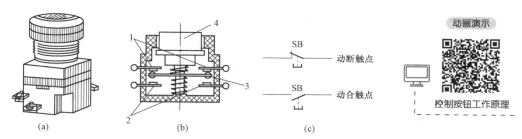

图 6.2   按钮
（a）外形图；（b）结构图；（c）图形符号
1，2—静触点；3—动触点；4—按钮帽

6.1.3   交流接触器

交流接触器常用来接通和断开电动机或其他设备的主电路，每小时可开闭几百次。接触器主要由电磁铁和触点两部分组成，它是利用电磁铁的吸引力而动作的。图 6.3（a）是交流接触器的主要结构图。当吸引线圈通电后，吸引山字形动铁芯（上铁芯），而使动合触点闭合，动断触点断开。图 6.3（b）所示为交流接触器的图形符号。根据用途不同，接触器的触点分为主触点和辅助触点两种。辅助触点通过电流较小，常接在电动机的控制电路中；主触点能通过较大电流，接在电动机的主电路中。如 CJ10 - 20 型交流接触器有三个动合主触点，四个辅助触点（两个动合，两个动断）。

当主触点断开时，其间产生电弧，会烧坏触点，并使切断时间拉长，因此必须采取灭弧措施。通常交流接触器的触点都做成桥式，它有两个断点，以降低当触点断开时加在断点上的电压，使电弧容易熄灭；并且相间有绝缘隔板，以免短路。在电流较大的接触器中还专门设有灭弧装置。

为了减小铁损，交流接触器的铁芯由硅钢片叠成；为了消除铁芯的颤动和噪声，在铁芯端面的一部分套有短路环。

在选用接触器时，应注意它的额定电流、线圈电压及触点数量等。CJ10 系列接触器的主触点

学习
札记

额定电流有 5、10、20、40、75、120A 等多种；线圈额定电压通常是 220V 或 380V。

常用的交流接触器还有 CJ12、CJ20 和 3TB 等系列。

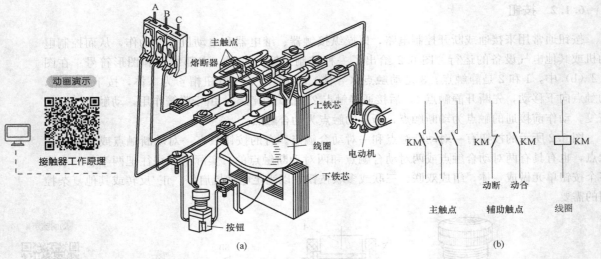

图 6.3　交流接触器的主要结构图

(a) 结构图；(b) 图形符号

6.1.4　中间继电器

中间继电器通常用来传递信号和同时控制多个电路，也可直接用它来控制小容量电动机或其他电气执行元件。中间继电器的结构和交流接触器基本相同，只是电磁系统小些，触点多些。常用的中间继电器有 JZ7 系列和 JZ8 系列两种，后者是交、直流两用的。此外，还有 JTX 系列小型通用继电器，常用在自动装置上以接通或断开电路。

在选用中间继电器时，主要是考虑电压等级和触点（动合和动断）数量。

6.1.5　热继电器

热继电器是用来保护电动机使之免受长期过载的危害。

热继电器是利用电流的热效应而动作的，它的原理图和图形符号如图 6.4 (a)、(c) 所示，接线图如图 6.4 (b) 所示。热元件是一段电阻不大的电阻丝，接在电动机的主电路中。双金属片系由两种具有不同热膨胀系数的金属碾压而成。图 6.4 中，下层金属的膨胀系数大，上层金属的膨胀系数小。当主电路中电流超过容许值而使双金属片受热时，它便向上弯曲，推杆 14 在弹簧的拉力下将动断触点断开。触点是接在电动机的控制电路中的，控制电路断开而使接触器的线圈断电，从而断开电动机的主电路。

由于热惯性，热继电器不能作短路保护。因为发生短路事故时，我们要求电路立即断开，而热继电器是不能立即动作的。但是这个热惯性也是合乎要求的，在电动机启动或短时过载时，热继电器不会动作，这可避免电动机不必要的停车。如果要热继电器复位，则按下复位按钮 12 即可。

学习札记

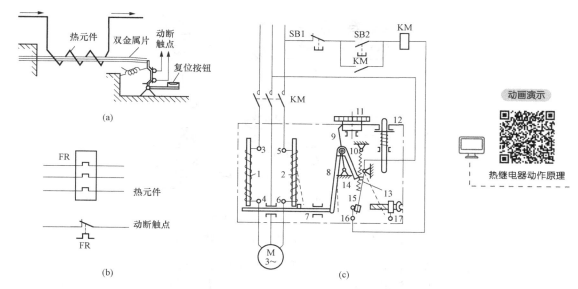

图 6.4　热继电器的原理图和图形符号

（a）原理图；（b）图形符号；（c）接线图

1，2—双金属片；3～6—热电阻丝；7—导板；8—补偿双金属片；9—调整杆；10—弹簧；

11—整定凸轮；12—复位按钮；13—自动手动螺丝；14—推杆；15—动触点；16，17—静触点

通常用的热继电器有 JR0、JR10 和 JR16 等系列。热继电器的主要技术数据是整定电流。整定电流就是热元件中通过的电流超过此值的 20％时，热继电器应当在 20min 内动作。JR10-10 型的整定电流从 0.25～10A，热元件有 17 个规格。JR0-40 型的整定电流从 0.6～40A ，有 9 种规格。根据整定电流选用热继电器，整定电流与电动机的额定电流基本一致。

6.1.6　熔断器

熔断器是最简便的，而且是最有效的短路保护电器。熔断器中的熔片或熔丝用电阻率较高的易熔合金制成，例如铅锡合金等；或用截面积甚小的良导体制成，例如铜、银等。电路在正常工作情况下，熔断器中的熔丝或熔片不应熔断。一旦发生短路或严重过载时，熔断器中的熔丝或熔片应立即熔断。

图 6.5 是常用的三种熔断器的结构图。

选择熔丝的方法如下。

（1）照明支路的熔丝。熔丝额定电流≥支路上所有照明器具的工作电流。

（2）一台电动机的熔丝。为了防止电动机启动时电流较大而将熔丝烧断，因此熔丝不能按电动机的额定电流来选择，应按下式计算

$$熔丝额定电流 \geqslant \frac{电动机的启动电流}{2.5}$$

如果电动机启动频繁，则

$$熔丝额定电流 \geqslant \frac{电动机的启动电流}{1.6 \sim 2}$$

学习札记　_____

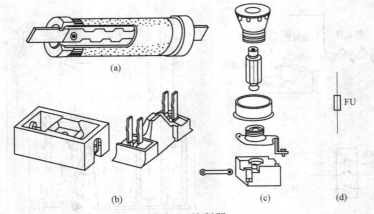

图 6.5　熔断器

(a) 管式熔断器；(b) 插式熔断器；(c) 螺旋式熔断器；(d) 图形符号

（3）几台电动机合用的总熔丝一般可粗略地按下式计算：

$$熔丝额定电流＝(1.5～2.5)×（容量最大的电动机的额定电流）$$
$$＋（其余电动机的额定电流之和）$$

熔丝的额定电流有 4、6、10、15、20、25、35、60、80、100、125、60、200、225、260、300、350、430、500A 和 600A 等。

6.1.7　自动空气开关

自动空气开关是常用的一种低压保护电器，可实现短路、过载和失电压保护。它的结构形式很多，图 6.6 所示的是一般原理图。主触点通常是由手动的操动机构来闭合的。开关的脱扣机构是一套连杆装置。当主触点闭合后就被锁钩锁住。如果电路中发生故障，脱扣机构就在有关脱扣器的作用下将锁钩脱开，于是主触点在释放弹簧的作用下迅速分断。脱扣器有过电流脱扣器和欠电压脱扣器等，它们都是电磁铁。在正常情况下，过电流脱扣器的衔铁是释放着的；一旦发生严重过载或短路故障时，与主电路串联的线圈（图 6.6 中只画出一相）就将产生较强的电磁吸力把衔铁往下吸而顶开锁钩，使主触点断开。欠电压脱扣器的工作恰恰相反，在电压正常时吸住衔铁，主触点才得以闭合；一旦电压严重下降或断电时，衔铁就被释放而使主触点断开。当电源电压恢复正常时，必须重新合闸后才能工作，实现了失电压保护。

动画演示

自动空气开关
工作原理

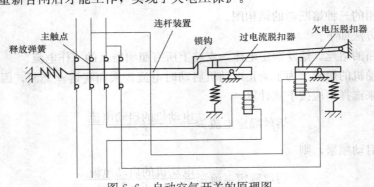

图 6.6　自动空气开关的原理图

学习
札记

常用的自动空气开关有 DZ、DW 等系列。

6.1.8　行程开关

行程控制就是当运动部件到达一定行程位置时，对其运动状态进行控制。而反映其行程位置的检测元件，称为行程开关。行程开关的种类很多，有机械式的，也有电子式的。这里仅介绍推杆式。

图 6.7 为推拉式行程开关的构造原理图和图形符号，它有一对动断触点和一对动合触点。当推杆未被撞压时，两对触点处于原始状态。当运动部件压下推杆时，动断触点断开，动合触点闭合。当运动部件离开后，在弹簧作用下复位。推拉式行程开关与按钮基本类似，区别是按钮是用手按动的，而它是运动部件压动的。

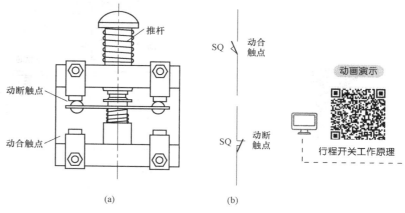

图 6.7　行程开关
（a）推拉式行程开关；（b）图形符号

6.1.9　时间继电器

时间继电器是对控制电路实现时间控制的电器。它的种类很多，常用的有空气式、电动式和电子式。其中空气式结构简单，成本低，应用较广泛。但由于准确度低，稳定性较差，正逐步被数字式时间继电器所取代。下面以空气式时间继电器为例说明时间继电器的工作原理。空气式时间继电器是利用空气阻尼作用使继电器的触点延时动作的。一般分为通电延时（线圈通电后触点延时动作）和断电延时（线圈断电后触点延时动作）两类。图 6.8 所示为通电延时时间继电器的结构示意图，它主要由电磁机构、触点系统和空气室等部分组成。当线圈通电时，动铁芯被吸下，使之与活塞杆之间拉开一段距离，在释放弹簧的作用下，活塞杆就向下移动。但由于活塞上固定有橡皮膜，因此当活塞向下移动时，橡皮膜上方空气变得稀薄，气压变小。这样橡皮膜上下方存在着气压差，限制了活塞杆下降的速度，活塞杆只能缓慢下降。经过一定时间后，活塞杆下降到一定位置，通过杠杆推动延时触点动作，动合触点闭合，动断触点断开。从线圈通电开始到触点完成动作为止，这段时间间隔就是继电器的延时时间。延时时间的长短可通过调节进气孔的大小来改变。延时继电器的触点系统有延时闭合、延时断开、瞬时闭合和瞬时断开四种触点类型。符号如图 6.8 所示。

断电延时型时间继电器读者可查阅相关资料。

空气式时间继电器的延时范围有 $0.4 \sim 60s$ 和 $0.4 \sim 180s$ 两种。

常用低压控制电器技术数据详见附录 C。

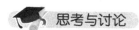

1. 为什么热继电器不能作短路保护？为什么在三相主电路中只用两个热元件就可以保护电

动机?

2. 简述自动空气断路器的基本原理和功能。

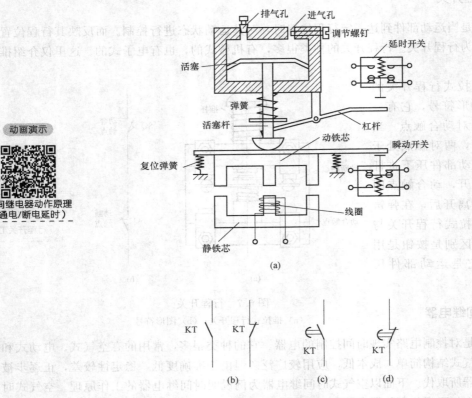

动画演示

时间继电器动作原理
（通电/断电延时）

图 6.8 空气式通电延时时间继电器
(a) 结构示意图；(b) 瞬时触点符号；(c) 动合延时闭合触点符号；(d) 动断延时断开触点符号

6.2 三相异步电动机的基本控制电路

任何复杂的控制电路都是由一些基本的控制电路组成的。掌握一些基本控制单元电路是分析和设计较复杂的控制电路的基础。

6.2.1 绘制电气控制原理图应遵守的原则

同一电器的不同部件在机械上虽然连在一起，但在电路上并不一定互相关联。为了读图、分析研究和设计电路的方便，控制电路常根据其作用原理画出。这样的图称为电气控制原理图。

绘制电气控制原理图应遵守以下原则：

（1）控制电路中各电器或电器的各部件，必须用其图形符号来表示。电器图形符号必须使用国家最新颁布的统一标准符号。常用电动机、电器的图形符号和文字符号见表 6.1。

学习
札记

表 6.1   **常用电机、电器的图形符号和文字符号**

名　称	图形符号	文字符号	名　称		图形符号	文字符号
三相笼型异步电动机	M 3~	MA	按钮触点	动合		SB
				动断		
三相绕线式转子异步电动机	M 3~		接触器吸引线圈			KM
			继电器吸引线圈			K
直流电动机	M	MD	接触器触点	动合		KM
				动断		
直流测速发电机	TG		时间继电器触点	通电延时闭合动合触点		KT
				通电延时断开动断触点		
步进电动机	M	MS		断电延时闭合动合触点		
				断电延时断开动断触点		
有分相端子的单相电动机	M 1~	MA	行程开关触点	动合		SQ
				动断		
绕组间有屏蔽的单相变压器		T	热继电器	动断触点		FR
单相变压器				热元件		
三极开关		Q	交流继电器线圈		~	KA
			过电流继电器线圈		I>	KOC
熔断器		FU	欠电压继电器线圈		U<	KUV
信号灯	⊗	HL	继电器触点	动合		K
				动断		

学习
札记

（2）绘图时应把主电路与控制电路分开。主电路放在左侧，控制电路放在右侧。主电路是指给电动机供电的那部分电器，它以传递能量为主；控制电路是指由接触器线圈、辅助触点、继电器、按钮及其他控制电器组成的电路，它用来完成信号传递及逻辑控制，并按一定规律来控制主电路工作。

（3）在电气控制原理图中，同一个电器的不同部分（无电路关联）要分开画。如接触器的线圈与触点不能画在一起；同一电路各部件都要用各自的图形符号代替。但是，同一电器的不同部件必须用同一个文字符号来标明。

（4）几乎所有电器都有两种状态，而原理图中只能画一种。因此规定电气控制原理图中各个电器都要用其常态绘出。常态是指没有发生动作之前的状态。

6.2.2　三相异步电动机直接启动控制电路

图 6.9 所示是具有短路、过载和失电压保护的笼型电动机直接启停控制的原理图。图中，由开关 Q、熔断器 FU、接触器 KM 的三个主触点、热继电器 FR 的发热元件和笼型电动机 M 组成主电路。

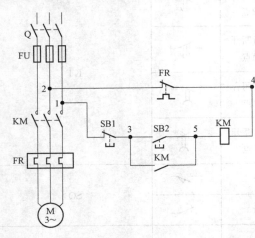

图 6.9　笼型电动机直接启停控制电路

控制电路接在 1、2 两点之间。SB1 是一个按钮的动断触点，SB2 是另一个按钮的动合触点。接触器的线圈和辅助动合触点均用 KM 表示。FR 是热继电器的动断触点。

1. 控制原理

在图 6.9 中，合上开关 Q，为电动机启动做好准备。按下启动按钮 SB2，控制电路中接触器 KM 线圈通电，其主触点闭合，电动机 M 通电并启动。松开 SB2，由于线圈 KM 通电时其动合辅助触点 KM 也同时闭合，所以线圈通过闭合的辅助触点 KM 仍然继续通电，从而使其所属动合触点保持闭合状态。与 SB2 并联的动合触点 KM 称为自锁触点。按下 SB1，KM 线圈断电，接触器动铁芯释放，各触点恢复常态，电动机停转。

2. 保护措施

（1）短路保护。图 6.9 中的熔断器起短路保护作用。一旦发生短路，其熔体立即熔断，可以避免电源中通过短路电流。同时切断主电路，电动机立即停转。

（2）过载保护。热继电器起过载保护作用。当过载一段时间后，主电路中的元件 FR 发热使双金属片动作，使控制电路中的动断触点 FR 断开，因而接触器线圈断电，主电路断开，电动机停转。另外，当电动机在单相运行时，仍有两个热元件通有过载电流，从而也保护了电动机不会长时间单相运行。

（3）失电压保护。交流接触器在此起失电压保护作用。当暂时停电或电源电压严重下降时，接触器的动铁芯释放而使主触点断开，电动机自动脱离电源而停止转动。当复电时，若不按下 SB2，电动机不会自行启动。这种作用称为失电压或零压保护。如果用刀开关直接控制电动机，而停电时没有及时断开刀开关，复电时电动机会自行启动。

学习札记

6.2.3 点动与长动 (连续) 控制电路

在图 6.9 的控制电路中，按下启动按钮 SB2，接触器 KM 得电吸合，电动机转动。由于自锁触点 KM 的作用，松手后虽然 SB2 断开，但电动机能连续地转动。这就是电动机的长动控制。

若 KM 的辅助动合触点不与启动按钮 SB2 并联，按下 SB2，接触器 KM 主触点闭合，电动机转动；松开 SB2，接触器 KM 线圈失电，电动机停止。每按一次 SB2，电动机转动一下。这就是电动机的点动控制。在生产中，很多场合需要点动操作，如起重机吊重物、机床对刀调整等。

一台设备可能有时需要点动，有时又需要长动，这在控制上是一对矛盾。图 6.9 中，SB2 并联自锁触点就只能长动不能点动；不并联自锁触点就只能点动不能长动。怎样设计才能使控制电路实现既能点动又能长动呢？请看图 6.10。

在图 6.10 中，接触器 KM 的动合辅助触点与 SB3 的动断触点串联后再与 SB2 并联。这样 SB2 就是长动启动按钮。因为，按下 SB2，线圈 KM 得电，主触点和辅助触点吸合，电动

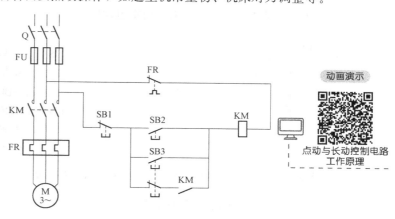

图 6.10 点动与长动控制电路

机得电转动。松开 SB2，电流经 KM 辅助动合触点和 SB3 动断触点流过线圈，电动机照常运转。由于 SB3 的动断触点与自锁触点串联，按下 SB3，动断触点先断开、动合触点后闭合，这样就消除了自锁作用。SB3 就是点动控制按钮。

6.2.4 三相异步电动机正/反转控制电路

在生产上往往要求电动机能正/反向转动，因为机床工作台的前进与后退、主轴的正转与反转、起重机的升降等都要求正/反两个方向的运动。根据三相异步电动机的转动原理可知，只要将任意两根电源线对调，就能使电动机反转。

在工作中电动机正/反转要反复切换，因而要用两个接触器 KMF 和 KMR 交替工作，一个使电动机正转，另一个使电动机反转，如图 6.11 所示。从图 6.11 中可知，若两个接触器同时得电工作，电源将经过它们的主触点短路。这就要求控制电路保证同一时间内只允许 KMF 和 KMR 中一个接触器通电吸合。

在图 6.11 的控制电路中，正转接触器 KMF 的一个动断辅助触点串

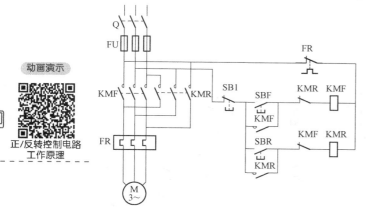

图 6.11 三相异步电动机正/反转控制电路

接在反转接触器 KMR 的线圈回路中；而反转接触器的一个动断辅助触点串接在正转接触器 KMF 的线圈回路中。当按下正转启动按钮 SBF 时，正转接触器得电，主触点闭合，电动机正转。与此同时，其动断触点 KMF 断开反转接触器 KMR 的线圈回路。这样，即使误按反转启动按钮 SBR，反转接触器也不会得电。反之也如此。这两个交叉串联的辅助动断触点起互锁作用，保证两个接触器不能同时得电。

上述正/反转控制电路的缺点：在运行中要想反转，必须先按停止按钮 SB1，使互锁触点复位（闭合）后，才能按反转启动按钮使其反转。否则，按反转启动按钮 SBR 也不能反转，因为其线圈回路被互锁触点断开。生产中有时要求电动机在运行中能够立即反转。因而设计出图 6.12 所示的改进的正/反转控制电路。这里两个启动按钮 SBF 和 SBR 的（联动）动断触点交叉地串在 KMR 和 KMF 的线圈回路中。在电动机正转运行时，按下反转启动按钮 SBR，它的动断触点先断开正转接触器 KMF 的线圈回路，正转停止（在惯性作用下继续正转），与此同时，SBR 动合触点闭合，使反转接触器得电吸合。给电动机加上反相序的电源，使电

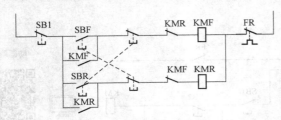

图 6.12　改进的正/反转控制电路

动机快速制动，并立即反转。如果在反转运行时，要求立即正转，只要按下 SBF 即可，道理相同。

6.2.5　多台电动机的顺序控制

在有些情况下，一台生产设备或一条生产线上的多台电动机在启动与停止时往往有一定规限，这就是顺序控制。例如：某些大型机床，必须油泵电动机先启动，提供足够的润滑油后才能启动主轴电动机。停车时，应先停主轴电动机，然后再停油泵电动机。

图 6.13 的主电路中，SBst1、SBstp1 分别为 M1 的启动和停止按钮，SBst2、SBstp2 分别为 M2 的启动和停止按钮。M1 是需要先启动的电动机，M2 是需要后启动的电动机，它们分别由接触器 KM1 和 KM2 控制。由于 KM1 的辅助动合触点串在 KM2 线圈的控制回路中，所以只有 M1 启动后，M2 才能启动。KM2 的辅助动合触点并联在 KM1 的停止按钮 SBstp1 两端，所以只有 M2 停止后才能停止 M1。

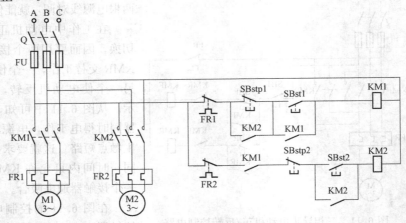

图 6.13　两台电动机顺序控制电路

学习札记

思考与讨论

1. 试画出能在两地用按钮启动和停止电动机的控制电路。
2. 图 6.14 所示各控制电路能工作吗？为什么？

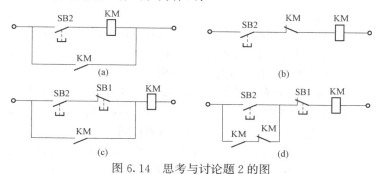

图 6.14　思考与讨论题 2 的图

6.3 行 程 控 制

行程控制通过行程开关来实现，不仅可以实现限位控制，还可以实现自动往复控制。

6.3.1　限位控制

在生产中各运动机械或部件，应在其安全行程内运动。若超出安全行程，就可能发生事故。为防止这类事故发生，可以利用行程开关进行限位控制。当运动机械或部件超出其行程范围就会撞到限位行程开关，使其动断触点断开，切断电动机电源，运动停止。这样就起到了限位保护作用。

图 6.15 所示是桥式起重机横桥运行的控制电路图。横桥必须沿其轨道左右运动，而且要求有准确的定位控制。左右运动就要求对电动机有正/反转控制；准确定位就要求对电动机有点动控制。为防止在左右端脱轨，必须采取限位控制。

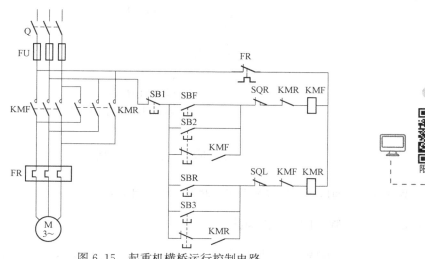

图 6.15　起重机横桥运行控制电路

动画演示

限位控制电路
工作原理

学习
札记

6.3.2　自动往复控制

在机械加工中，有时要求工作台（或其他运动部件）实现自动往复运动，如刨床和磨床的工作台等。这就要求控制电路完成自动正/反转切换控制。因这种自动往复运动是在一定行程内进行，所以要用行程开关完成这种控制功能。

图 6.16（a）所示是工作台运动循环示意图，图 6.16（b）所示是利用行程开关控制工作台自动往复的控制电路。行程开关 SQa 和 SQb 分别装在工作台的原位和终点，由装在工作台上的挡块压动，工作台由电动机 M 拖动，主电路与图 6.11 中所示相同。

在控制电路中，行程开关 SQa 的动合触点与选择开关 SW 串联。一般在正式启动之前，SW 处于断开状态，待启动后再合上 SW，这样可避免电源接通后电路自行启动。SW 合上，电路实现自动往复控制；SW 打开，电路只能实现前进与自动返回控制。

工作台在原位时，挡块将原位行程开关 SQa 压下，SQa 的动断触点断开反转控制回路，动合触点闭合（此时 SW 打开）。按下启动按钮 SBF，电动机正转带动工作台前进。当工作台到达终点时，挡块压下终点行程开关 SQb，SQb 的动断触点断开正转控制回路，电动机停止正转。同时，SQb 的动合触点闭合，使反转接触器 KMR 得电动作，电动机开始反转，工作台后退，当工作台退回原位时，挡块又压下 SQa（自动复位式），动断触点断开反转控制电路，动合触点闭合（此时 SW 已闭合），使接触器 KMF 得电，电动机带动工作台前进，实现了自动往复运动。

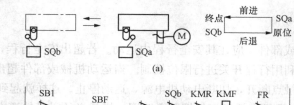

自动往复控制电路
工作原理

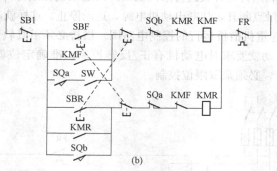

图 6.16　工作台自动往复控制电路
（a）工作台运动循环示意图；（b）控制电路

6.4　应　用　举　例

本节就电动机的启动、运行等常用控制做一些应用举例。

6.4.1　Y—△ 降压启动控制电路

在工业生产中，有些过程控制不但有顺序要求，而且有延时要求，如三相异步电动机的 Y—△

学习
札记

启动。先将电动机接成 Y 启动，经过一定时间待转速接近额定值时，再换接成△连接运行。延时时间的长短需要用时间继电器来控制。

对于容量较大的三相异步电动机，一般采用 Y—△降压启动。图 6.17 所示是笼型电动机 Y—△启动控制电路图。这里用了图 6.8 所示的通电延时的时间继电器 KT。KM1、KM2、KM3 是三个交流接触器。启动时 KM1 和 KM3 工作，使电动机 Y 连接启动；运行时，KM1 和 KM2 工作，电动机△连接运行。电路的动作次序如下：

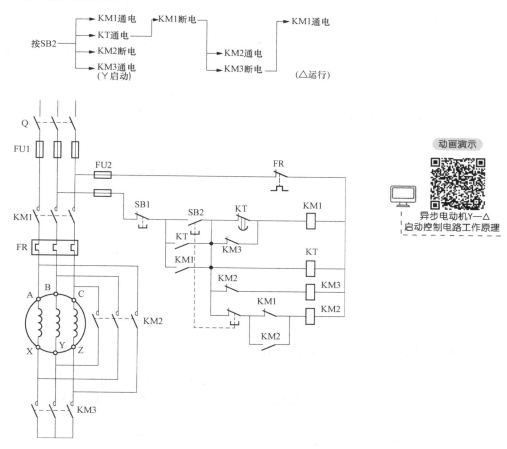

图 6.17　笼型电动机 Y—△启动控制电路

本电路的特点是在接触器 KM1 断开的情况下进行 Y—△换接，这样可以避免由 Y—△切换可能造成的电源短路。同时接触器 KM3 的动合触点在无电下断开，不产生电弧，可延长使用寿命。

6.4.2　高炉加料小车运行控制电路

高炉加料小车（料斗）要求自动往返于地面与高炉进料口（顶部）之间，并且装卸料时小车要有一定的延时停留时间。这是一种具有延时停留的自动往复运动。它的控制电路如图 6.18 所示。

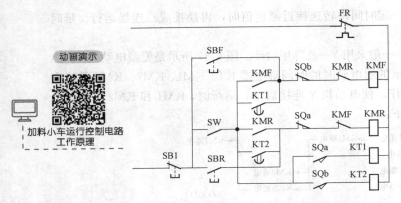

在高炉的底部装有行程开关 SQa，其动断触点串接在反转（下降）控制回路中，其动合触点串接在装料等待时间控制电路中。当小车返回到地面压动 SQa，动断触点断开，反转停止，动合触点闭合，时间继电器 KT1 得电延时开始。当装料延时完了，KT1 动合触点闭合启动正转小车上升。在高炉的顶部同样装有行程开关 SQb，其作用与 SQa 类似，不再重述。选择开关 SW 断开时，此电路只能进行正反向点动；SW 闭合，此电路就能实现具有延时停留的自动往复控制。电路动作次序如下：

图 6.18　高炉加料小车的控制电路

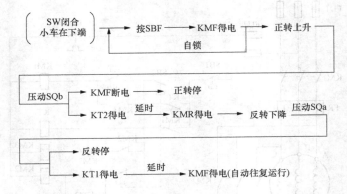

6.4.3　直流电动机启动控制电路

直流电动机与交流电动机一样，启动电流远大于其额定电流。因而对于大功率的直流电动机不能直接启动，必须采取降压启动。图 6.19 所示是一种直流电动机启动控制电路，它具有以下三种功能：

（1）将启动电流限制在一定范围内。在电枢回路串入三个分级启动电阻 R1、R2、R3，启动过程中每经过一段时间就通过直流接触器 2KMD、3KMD 和 4KMD 将启动电阻短接掉一部分。直到全部启动电阻短接，启动过程结束。

（2）用过电流继电器 KOC 实现电动机的过载保护。过电流继电器 KOC 的线圈与电枢绕组串联。当电动机严重过载或堵转时，过电流继电器动作，使主接触器 1KMD 线圈断电，主触点断开电动机的电源。

（3）串接在励磁回路中的欠电流继电器 KUC，能够防止电动机因弱磁而"飞车"。欠电流继电器的动断触点串接在 KMD 的线圈回路中，一旦励磁电流大幅度减小，它就会动作断开 1KMD 的线圈回路，使电动机脱离电源，避免因弱磁而"飞车"。

正常启动时控制电路的动作次序如下：

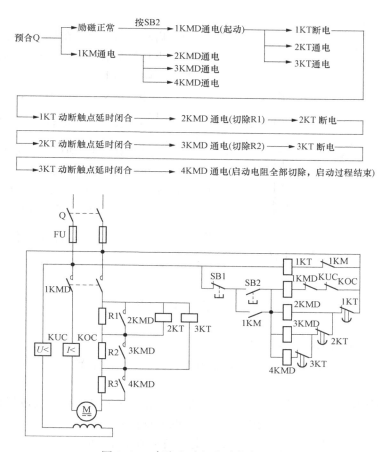

图 6.19　直流电动机启动控制电路

6.4.4　自动皮带传送系统控制电路

在实际应用中，常常有需要按照时间顺序启动和停止的工作要求，例如，自动皮带传送系统如图 6.20 所示，系统要求：开机时，皮带 3 先启动；10s 后，皮带 2 再启动；再过 10s，皮带 1 才启动，停止的顺序正好相反。试设计该系统的控制电路。

该系统为典型的时间顺序控制系统，根据题意，系统只需要一个启动按钮和一个停车按钮即可。但是，两条皮带轮的启动和停止是按时间顺序工作的，所以系统中必须有时间继电器。

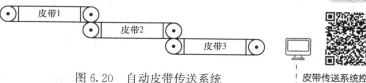

应用举例

图 6.20　自动皮带传送系统

皮带传送系统控制原理

三台电动机的主电路与直接启停控制相同，控制电路则需要用时间继电器完成，设 KM1～KM3 分别为控制三台电动机运行的接触器，KT1～KT4 分别为延时用的时间继电器，SB1 为启动按钮，SB2 为停止按钮。根据题目要求设计的控制电路如图 6.21 所示。

学习札记

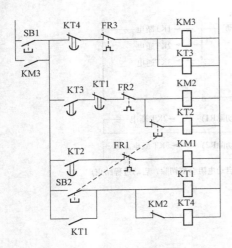

图 6.21　皮带传送机控制电路

下面介绍工作过程。

（1）启动：为了避免在前段运输皮带上造成物料堆积，要求逆物料流动方向按一定时间间隔顺序启动。其启动顺序如下：

SB1 按下，KM3 得电动作，皮带 3 先启动，$\xrightarrow{\text{KT3 延时 10s}}$ KM2 得电动作，皮带 2 启动，$\xrightarrow{\text{KT2 延时 10s}}$ KM1 得电动作，皮带 1 启动。

（2）停止：为了使运输皮带上不残留物料，要求顺物流方向按一定时间间隔顺序停止，其停止顺序如下：

SB2 按下，KM1 断电触点复位，皮带 1 先停止，$\xrightarrow{\text{KT1 延时 10s}}$ KM2 断电触点复位，皮带 2 停止，$\xrightarrow{\text{KT4 延时 10s}}$ KM3 断电触点复位，皮带 3 停止。

本 章 小 结

（1）电器分为控制电器与保护电器两大类。

控制电器又分为手动控制电器与自动控制电器两类。刀开关、转换开关与按钮等属于手动控制电器。

1）刀开关与转换开关作引入电源之用，或直接启动小容量电动机。按钮与自动控制电器配合，用于接通或断开控制电器。放开按钮后，按钮的触点自动复位。

2）接触器按电磁原理接通或断开主电路，起着自动电磁开关的作用。

3）中间继电器可将一个输入信号变成一个或多个输出信号，即中间继电器线圈接通后，可以同时控制几条电路。

4）行程开关是利用生产机械的运动部件的碰撞来接通或断开控制电路的。

5）时间继电器有通电延时动作型与断电延时动作型两种，用于按时间原则动作的控制电路中。

6）熔断器与热继电器属于保护电器。熔断器串接于主电路与控制电路作短路保护，不能作过载保护；热继电器是作过载保护的，它的发热元件接于电动机的主电路，动断触点接于控制电路。当电动机过载时，发热元件产生过量的热量，通过本身的机构，使它在控制电路里的动断触点断开，从而使接触器线圈断电，切断电动机电源，电动机停止工作而得到保护。热继电器不能作短路保护。

（2）电动机的控制电路分为主电路与控制电路两部分。主电路是电动机的工作电路，从电源、开关、熔断器、接触器的动合主触点、热继电器的发热元件到电动机本身均属于主电路（有些主电路根据需求情况，不用热继电器，或用过电流继电器等）。

控制电路是用来控制主电路的电路，保证主电路安全正确地按照要求工作。

学习
札记

（3）绘制电气控制电路的一般原则：

1）主电路与控制电路分开画出，主电路画在电路的上左边，控制电路画在电路的下边或右边。

2）同一个电器的线圈，触点分开画出，但用同一文字符号标明。电器的各触点位置，在控制电路中均为"正常位置"。

（4）阅读自动控制电路图的步骤。

1）了解生产机械的工作过程，它有多少台电动机或电磁阀，它们的用途、运转要求与相互关系等问题。

2）对于主电路部分，要明白控制各台电动机的接触器，找出它们的线圈所在的控制电路，再分析各条控制电路中有关电器的线圈与触点的相互关系，明确它们之间是怎样控制的。通常控制电路的动作是自上而下，由按钮、行程开关等发出动作命令或由控制电器、保护电器发出信号，有时又经过中间继电器、时间继电器再到接触器，最后由接触器控制电动机的启动、停止、正转或反转。

（5）笼型异步电动机的直接控制电路。自动控制电路的主电路与控制电路均须装熔断器作短路保护。主电路里还常装有过载保护的热继电器发热元件。控制电路中有动合的启动按钮并联接触器的动合辅助触点，在松开启动按钮后，接触器能自己保护接通，称之为自锁。若不加自锁触点就成为点动电路。

（6）笼型异步电动机的正/反转控制电路。这种控制电路的一个重要特点是必须有联锁装置（按钮联锁与接触器联锁），以保证控制正转与反转的接触器不会同时接通。生产机械工作台的限位与自动往返控制电路中用行程开关代替复合按钮的按钮联锁。

（7）按时间原则动作的控制电路。时间继电器是按时间原则动作的控制电路中必须使用的电器。笼型异步电动机的 Y—△降压启动，绕线转子异步电动机转子电路串接电阻启动都是按时间原则控制的。

习　　题

6.1　根据文中图 6.9 接线做实验时，将开关 Q 合上后按下启动按钮 SB2，发现有下列现象，试分析和处理故障：①接触器 KM 不动作；②接触器 KM 动作，但电动机不转动；③电动机转动，但一松手电动机就不转；④接触器动作，但吸合不上；⑤接触器触点有明显颤动，噪声较大；⑥接触器线圈冒烟甚至烧坏；⑦电动机不转动或者转得极慢，并有"嗡嗡"声。

6.2　某机床主轴由一台笼型电动机带动，润滑油泵由另一台笼型电动机带动。要求：①主轴必须在油泵开动后才能开动；②主轴要求能用电器实现正/反转，并能单独停车；③有短路、零压和过载保护。试绘出控制电路。

6.3　根据下列五个要求，分别绘出控制电路（M1 和 M2 都是三相笼型电动机）：①电动机 M1 先启动后，M2 才能启动，M2 并能单独停车；②电动机 M1 先启动后，M2 才能启动，M2 并能点动；③M1 先启动，经过一定延时后 M2 能自行启动；④M1 先启动，经过一定延时后 M2 能自行启动，M2 启动后，M1 立即停车；⑤启动时，M1 启动后 M2 才能启动；停止时，M2 停止后 M1 才能停止。

6.4　分析图 6.22 中有哪几处错误？并改正。

学习
札记

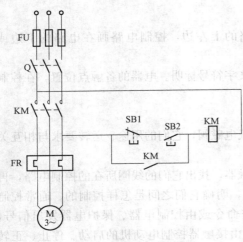

图 6.22　题 6.4 的图

6.5　在图 6.23 中，要求按下启动按钮后能顺序完成下列动作：①运动部件 A 从 1 到 2；②B 从 3 到 4；③A 从 2 回到 1；④B 从 4 回到 3。试画出控制电路。（提示：用四个行程开关，装在原位和终点，每个开关有一个动合触点和一个动断触点。）

6.6　设计一个控制电路。要求：①第一台电动机启动 10s 后，第二台自行启动；②第二台运行 20s 后，第一台停止、第三台启动；③第三台运行 30s 后，电动机全部停止。

6.7　今要求三台电动机 M1、M2、M3 按顺序启停。即 M1 启动后 M2 才能启动，M2 启动后 M3 才能启动；停止时顺序相反。试绘出控制电路图。

6.8　图 6.24 是工作台前进与自动返回控制电路。请指出此控制电路中存在的错误，说明其后果，并改正。

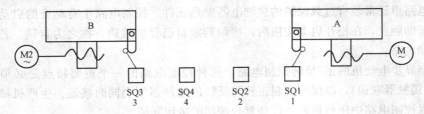

图 6.23　题 6.5 的图

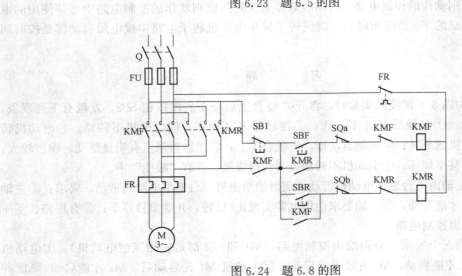

图 6.24　题 6.8 的图

6.9　小型梁式吊车上有三台电动机：横梁电动机 M1，带动横梁在车间前后移动；小车电动机 M2，带动提升机构的小车在横梁上左右移动；提升电动机 M3，升降重物。三台电动机都采用点动控制。在横梁一端的两侧装有行程开关作终端保护用，即当吊车移到车间终端时，就把行程

学习札记

开关撞开，电动机停下来，以免撞到墙上而造成重大人身和设备事故。在提升机构上也装有行程开关作提升终端保护。根据上述要求试画出控制电路。

6.10　图 6.25 所示是加热炉自动上料控制电路。请分析此控制电路的工作过程。

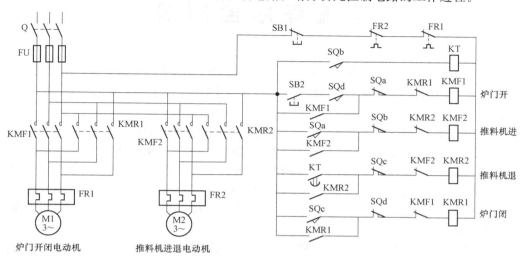

图 6.25　题 6.10 的图

6.11　图 6.26 所示是 C620 - 1 型普通车床的控制电路，试分析该电路的工作过程。

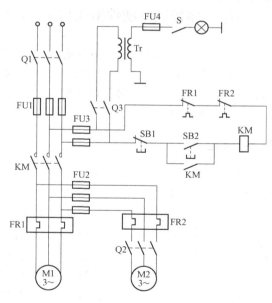

图 6.26　题 6.11 的图

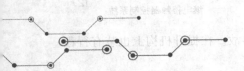
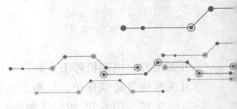

第 7 章

可 编 程 序 控 制 器

继电接触器控制系统简单、实用，但由于它是利用接线实现各种控制逻辑，当改变生产过程时就需要改变大量的硬接线，甚至重新设计继电接触器控制柜，要花费大量的人力、物力和时间。同时使控制系统体积大、可靠性差。

随着微处理器、计算机和数字通信技术的飞速发展，计算机控制已扩展到了几乎所有的工业领域。20 世纪 70 年代出现了采用微计算机技术制造的一种通用自动控制系统——可编程序控制器（Programmable Logic Controller，PLC）。PLC 把计算机功能完善、灵活、通用的特点与继电接触器控制系统的结构简单、抗干扰能力强等特点相结合，具有通用性强、可靠性高、编程简单、使用方便、抗干扰能力强等优点，已广泛应用于冶金、机械、石油、化工、电力、纺织等行业，是目前控制领域的首选控制器件。

虽然不同厂家 PLC 的编程语言不尽相同，但其工作原理与编程方法基本类似，考虑到德国 Siemens 公司的 PLC 产品在国内市场占有较大的份额，且其功能较强，本书以西门子公司的 SIMATIC S7‑400 系列微型机为例，介绍 PLC 的基础知识。

7.1 可编程序控制器硬件组成与工作原理

根据国际电工委员会（IEC）的标准，可编程序控制器定义如下：PLC 是一种数字运算操作的电子系统，专为在工业环境条件下的使用而设计。它采用可编程序的存储器，用来在其内部存储执行逻辑运算、顺序控制、定时、计数和算术运算等操作的指令，并通过数字式、模拟式的 I/O 接口，控制各种类型的机械设备或生产过程。

7.1.1 可编程序控制器硬件组成

可编程序控制器（PLC）系统硬件基本结构主要由中央处理器（CPU）、存储器（RAM、ROM）、输入/输出（I/O）模块、电源、编程器等组成，如图 7.1 所示。

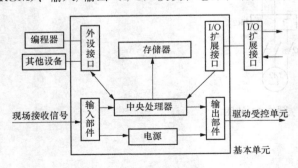

图 7.1 PLC 的硬件基本结构

主机内各部分之间均通过总线连接。下面介绍各部件的作用。

1. 中央处理器

与一般计算机一样，中央处理单元（CPU）是 PLC 的核心，它由控制器和运算器组成，其中控制器指挥和控制 PLC 各部分协调工作；运算器则是进行逻辑、算数等运算的部件。

CPU 主要功能：①接收从编程设备输入

的用户程序和数据并检查指令的格式和语法错误，将其存入用户程序存储器；②以扫描方式接收现场输入设备的状态和数据，并存入输入映像寄存器或数据存储器中；③解释执行用户程序，产生相应的内部控制信号，并根据程序执行结果更新状态标志和集中刷新输出映像寄存器的内容，完成预定的控制任务；④检测诊断系统电源、存储器及输入/输出接口的硬件故障。

CPU 芯片的性能决定了 PLC 处理控制信号的能力与速度，CPU 位数越多，PLC 所能处理的信息量越大，运算速度也越快。每台 PLC 至少需要一个 CPU，在一些按照功能分散处理、联网或按容错技术而设计的 PLC 中，可以包括多个 CPU，分别承担一定的控制功能。目前，一些厂家的 PLC 中，还采用了冗余技术，即采用双 CPU 或三 CPU 工作，进一步提高了系统的可靠性。

2. 存储器

PLC 的存储器包括系统程序存储器和用户程序存储器两部分。

（1）系统程序存储器由只读存储器（ROM）或可编程只读存储器（PROM）构成，用来存储 PLC 生产厂家编写的系统程序，用户不能访问和修改。系统程序包括系统监控程序、用户指令解释程序、标准程序模块及各种系统参数等。

（2）用户程序存储器根据存储单元类型的不同可以是随机存储器（RAM），也可以是电可擦除可编程序存储器（EEPROM），其存储的内容可以由用户修改。系统程序存储器的内容不能由用户直接存取，因此一般在产品样本中所列的存储器型号和容量，均是指用户程序存储器。

不同类型的 PLC，存储器的容量以字节为单位，其存储容量各不相同，但根据其工作原理，其存储空间一般包括以下 3 个区域。

（1）系统程序存储区。在系统程序存储区中，存放着相当于计算机操作系统的系统程序。一般采用 PROM 或 EEPROM，它存放监控程序、模块化应用功能子程序、命令解释程序、功能子程序、功能子程序的调用管理程序和各种系统参数等，用户不能访问和修改这部分存储器的内容。

（2）数据存储区。PLC 运行过程中需要随机存取的一些数据，这些数据一般不需要长久保留，因此采用 RAM。数据存储区包括输入、输出数据映像区、定时器/计数器预置数、累加器、变址寄存器和各种随机参数等。

（3）用户程序存储区。用于存放用户经编程器输入的应用程序。用户程序存储器的容量大小差别很大，小的只有几百字节，大的则有数百千字节，使用扩展存储模块或 IC 存储卡还可扩展存储器的容量。

3. 输入/输出（I/O）模块

输入/输出接口是 PLC 与外部设备连接的接口，输入/输出接口有数字量（开关量）输入、输出，模拟量输入、输出两种形式。数字量输入接口的作用是接收现场开关设备如按钮、行程开关等提供的数字量信号。数字量输入接口按使用的电源不同，有直流、交流两种。PLC 对外部设备的开关控制是通过数字量输出接口实现的。

由于 PLC 在工业生产现场工作，对输入输出接口有两个主要的要求：①接口有良好的抗干扰能力；②接口能满足工业现场各类信号的匹配要求。可编程控制器为不同的接口需求设计了不同的接口单元，主要有以下几种。

（1）开关量输入模块。它的作用是把现场的开关量信号变成可编程控制器内部处理的标准信号。开关量输入模块可按接纳的外信号电源的类型分为直流输入单元和交流输入单元，输入接口中都有滤波电路及耦合隔离电路。滤波有抗干扰的作用，耦合有抗干扰和产生标准信号的作用。

（2）开关量输出模块。它的作用是把可编程控制器内部的标准信号转换成现场执行结构所需要的开关量信号。开关量输出接口按可编程控制器内部使用的器件分为继电器型、晶体管型和可控硅型。各类输出接口中也都有具有耦合隔离电路。输出接口本身不带电源，而且在考虑外接电源时，还需考虑到输出器件的类型。

继电器型的输出模块可用于交流和直流两种电源，但接通断开的频率低；晶体管型的输出模块有较高的通断频率，但只适用于直流驱动的场合；可控硅型的输出模块仅适用于交流驱动的场合。

（3）模拟量输入模块。模拟量输入模块的作用是把现场连续变化的模拟量标准信号，转换成适合 PLC 内部处理的由若干位二进制数字表示的信号。模拟量输入模块接受标准模拟电压信号和电流信号。

模拟量信号输入后一般经运算放大器放大后进行 A/D 转换，再经光电耦合后为可编程控制器提供一定位数的数字量信号。

（4）模拟量输出模块。模拟量输出模块的作用是将可编程控制器运算处理后的若干位数字量信号，转换为相应的模拟量信号输出，以满足生产过程现场连续控制信号的需求。模拟量输出模块一般由光电隔离、D/A 转换、转换开关等环节组成。

（5）智能输入/输出模块。智能输入/输出模块是为了使用较复杂的控制工作的需要而设计的。它是一个独立的自治系统，具有与 PLC 主机相似的硬件系统，即由中央处理器单元、存储器、输入/输出单元和外部设备接口单元等部分，通过内部系统总线连接组成的。智能输入/输出单元在自身的系统程序管理下，对工业生产过程现场的信号进行检测、处理和控制，并通过外部设备接口与 PLC 主机的输入/输出扩展接口的连接来实现与主机的通信。PLC 主机在其运行的每个扫描周期中与智能输入/输出单元进行一次信息交换，以便能对现场信号进行综合处理。智能输入/输出单元不依赖主机的运行方式而独立运行，一方面是 PLC 能够通过智能输入/输出单元来处理快速变化的现场信号；另一方面也使 PLC 能够处理更多的任务。

为适应不同的控制要求，智能输入/输出单元也有不同的类型，例如高速脉冲计数器智能单元，它专门对工业现场的高速脉冲信号进行计数，并把累计值传送给 PLC 主机进行处理；PID 调节智能单元能独立完成工业生产过程控制中的一个或几个闭环控制回路的 PID 调节。特别是 PID 调节控制软件是由智能单元来执行的，而主机系统仅周期性地把调整参数和设定值传递给 PID 调节智能单元，这样就使主机从繁琐的输入/输出操作、复杂的运算处理中解脱出来，从而在其扫描周期内能够处理更多的其他任务。

4. I/O 扩展接口

I/O 扩展接口用于将各种扩展模块与 PLC 的 CPU 模块相连，使 PLC 的配置更加灵活，以满足不同的控制要求。

通信接口用于 PLC 相互之间或 PLC 与计算机等其他智能设备之间的通信。通过通信功能可以把多个 PLC 与计算机组成网络以实现更大规模的分布式控制系统。

5. 电源

可编程序控制器（简称可编程控制器）的电源包括为可编程控制器各工作单元供电的开关电源以及为断电保护电路供电的后备电源（一般为锂电池）。PLC 电源的输入电压有直流 12、24、48V 和交流 110、220V，使用时根据需要选择。由于 PLC 中的电源都是开关电源，因此在输入电压大幅

学习
札记

度波动时，PLC 仍能稳定地工作。电源模块的输出一般为直流 5V 和 24V，它们向 PLC 的 CPU、存储器等提供工作电源。

6. 编程器

编程器是 PLC 最重要和基本的外部设备，通过编程设备可以输入、修改、调试用户程序，从而调试和显示 PLC 的状态、内部器件及系统参数，它经过接口与处理器联系，完成人机对话操作，同时它也可以在线监控 PLC 的工作情况。

PLC 的编程器一般有两类：①专用的编程器，有手持的，也有台式的，也有的可编程控制器机身上自带编程器。其中，手持式编程器便于携带，适合工业控制现场应用，手持式编程器又可分为简易型及智能型两类。前者只能联机编程，后者既可联机编程又可脱机编程。②个人计算机，在个人计算机上运行可编程控制器相关的编程软件即可完成编程任务，一般是编好了以后再下载到可编程控制器中运行。

编程器还有调试和监视的功能，可以调试和显示 PLC 的状态、内部器件及系统参数，它经过接口与处理器联系，完成人机对话操作。

7. 其他外部设备

PLC 还可能配设其他一些外部设备，如打印机、EPROM 写入器、高分辨率大屏幕彩色图形监控系统等。

7.1.2　PLC 工作原理

PLC 是一种工业控制计算机，其工作原理和普通计算机一样，也是通过执行用户程序来完成其控制任务的。

PLC 中的 CPU 不能同时执行多个操作，采用分时操作的原理，按串行工作方式分时、顺序执行多个操作，但由于 CPU 的运算处理速度非常快，其外部的输出结果看起来几乎是同时完成的。PLC 的串行工作过程称为扫描工作方式。PLC 的每一个扫描周期分为输入刷新、执行用户程序、通信处理、CPU 自诊断和输出刷新五个阶段，如图 7.2 所示。

1. 输入刷新阶段

输入刷新也称输入采样，在此期间 PLC 以扫描方式顺序读入所有输入端子的状态并存入输入映像寄存器内，此后，无论外部输入是否发生变化，输入映像寄存器中的内容在下一周期输入采样之前将一直保持不变。

图 7.2　PLC 的循环扫描周期

2. 执行用户程序阶段

在执行用户程序阶段，PLC 按先上后下，从左到右的顺序执行用户程序中的每条指令，在执行过程中从输入映像寄存器中"读入"输入状态，从输出状态映像寄存器中"读入"输出状态，然后进行逻辑运算。运算结果存入输出映像寄存器中，后面的程序可以随时应用输出映像寄存器中的内容。也就是说，输出映像寄存器中的内容会随着程序的执行而发生变化。

3. 通信处理阶段

如果有通信请求，PLC 将在通信处理阶段与编程器设备或上、下位机进行通信，在与编程设备通信过程中，编程设备把编辑、修改的参数和命令发送给 PLC，PLC 则把要显示的数据、错误代码等发送给编程设备进行相应的显示。

在与上位机或下位机的通信过程中 PLC 将接收上位机发送来的指令并进行相应操作，把现场的 I/O 状态、PLC 的工作状态、各种数据发送给上位机和下位机；执行停机、启动、修改参数等命令。

4. CPU 自诊断阶段

CPU 自诊断包括对存储器、CPU、系统总线、I/O 接口等硬件的动态检测，也包括对程序执行时间的监控。对程序执行时间的监控是由时间监视器 WDT（Watchdog Timer）完成的。WDT 是一个硬件定时器，其设定值为 500ms，每一扫描周期开始前复位 WDT 定时器，然后开始计时。如果由于 CPU 硬件出现故障或由于用户程序进入死循环致使程序扫描周期超过 WDT 的设定值，则 CPU 将停止运行，复位输入输出，并发出报警信号。这种故障称为 WDT 故障。

5. 输出刷新阶段

在输出刷新阶段输出映像寄存器中的内容被转存到输出锁存器，并驱动输出电路，形成 PLC 的实际输出。

PLC 执行一个扫描周期时间的长短与 CPU 运算速度、PLC 硬件配置和用户程序的长短有关。

7.1.3　S7 - 400 系列 PLC 基本结构与特点

S7 - 400 系列 PLC 是 Siemens 公司功能全、性能好、规格大、I/O 点数多的大型 PLC 产品，采用模块化及无风扇设计，具有较强的通信能力，适用于对可靠性要求极高的大型复杂控制系统。

（1）S7 - 400 系列 PLC 基本结构。S7 - 400 系列 PLC 控制系统由机架（CR）、电源模块（PS）、中央处理器（CPU）、各种信号模块（SM）、通信模块（CP）、功能模块（FM）、接口模块（IM）、SIMATIC 5 模块组成。S7 - 400 系列 PLC 的各种模块安装在机架上，机架是一种可提供工作电压，并通过背板总线连接模块的机械框架。当一个机架构成的 S7 - 400 系列不能满足需求时，可采用扩展机架（ER）。一个 S7 - 400 系列 PLC 的系统模块结构如图 7.3 所示。

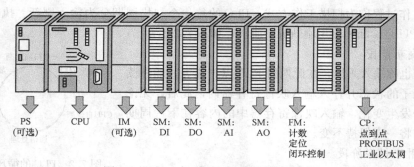

图 7.3　S7 - 400 系列 PLC 系列模块结构

S7 - 400 系列 PLC 提供了多种级别的 CPU 模块和种类齐全的通用功能的模块，使用户能根据需要组合成不同的专用系统。

（2）S7 - 400 系列 PLC 的主要特点。

1）运行速度高，基本逻辑指令的执行时间只要 $0.03\mu s$，可用于高速处理。

2）存储器容量大，例如 S7 - 400 系列 PLC 的 417 - 4 的 RAM 可以扩展到 16MB，装载存储器（FEPROM 或 RAM）可以扩展到 64MB。

3）I/O 扩展功能强，最多可以连接 21 个扩展单元，S7 - 400 系列 PLC 的 417 - 4 最多可以扩展到 262 144 个数字量 I/O 点和 16 384 个模拟量 I/O 点。

4) 有极强的通信能力，集成的 MPI 能建立最多 32 个站的简单网络。大多数 CPU 集成有 PROFIBUS-DP 主站接口，用来建立高速的分布式系统，通信速率最高 12Mbit/s。

5) 集成的 HMI（人机接口）服务，只需要为 HMI 服务定义源地址和目的地址，系统会自动传送信息。

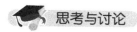 **思考与讨论**

1. PLC 的硬件由哪几部分组成，各部分的作用是什么?

2. 什么是 PLC 的扫描周期，其大小与哪些因素有关?

7. 2 可编程序控制器编程语言

PLC 的控制作用是靠执行用户程序实现的，因此须将控制要求用程序的形式表达出来。程序编制就是通过特定的语言将一个控制要求描述出来的过程。PLC 的编程语言以梯形图和语句表最为常见，两者常联合使用。

7. 2. 1 可编程控制器的继电接触器等效电路

可编程控制器（PLC）虽然采用了计算机技术，但用户可以把它看成由许多软件实现的继电器、定时器、计数器等组成的一个继电接触器控制系统，这些软继电器、定时器、计数器等称为 PLC 的编程元件，这些内部编程元件不能由外部设备来驱动，也不能直接驱动负载，只能在内部控制电路编程中使用，与 PLC 内部由数字电路构成的寄存器、计数器等数字部件相对应。为了与实际继电接触器的触点和线圈相区别，用符号"—┤├—"表示动合触点，"—┤/├—"表示动断触点，"—( )—"表示继电器的线圈。据此可以画出 PLC 的继电接触器等效电路，如图 7.4 所示。可见，PLC 的等效电路主要分为三个部分，即输入部分、输出部分和内部控制电路。

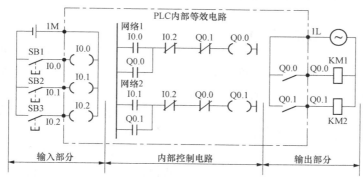

图 7.4 PLC 的继电接触器等效电路

输入部分的作用是收集被控设备的信息和操作命令，等效为一系列的输入继电器，每个输入继电器与一个输入端子相对应，有无数对动合、动断软触点供内部控制电路使用。输入继电器由接到输入端子的开关、传感器等外部设备来驱动。

输出部分的作用是驱动负载。在 PLC 内部有多个输出继电器，每个输出继电器与一个外部输出端子相对应，也有无数对动合、动断软触点供内部控制电路使用，但只有一对动合硬触点用来驱动外部负载。

内部控制电路是用户根据控制要求编制的控制程序，它的作用是根据输入条件进行逻辑运算以确定输出状态。

7.2.2　梯形图

PLC 的编程语言有梯形图（LAD）、语句表（STL）和功能块图（FBD）。考虑到读者已学习了有关继电接触器控制的基础知识，并且各 PLC 生产厂家一般都把梯形图作为 PLC 的第一用户编程语言，所以本书只介绍 PLC 的梯形图编程语言。

梯形图是由继电接触器控制电路图演变而来的，它沿用了触点、线圈、串/并联等术语和类似的图形符号，是融逻辑操作、控制于一体的面向对象的图形化编程语言，具有简单易懂、形象直观的特点，特别适合于有继电接触器控制电路基础的电气工程人员使用。图 7.4 中的内部等效控制电路实际上就是三相异步电动机正/反转控制电路的梯形图程序。

由图 7.4 可以看出，梯形图与继电接触器控制电路非常相似，以左右两条竖直线为界，这两条竖直线相当于继电接触器控制电路中的电源线，称为母线。在母线中间自上而下有多个梯级，每个梯级称为一个逻辑行，或称为网络，一个网络相当于一个逻辑方程。其输入是一些触点的串/并联组合，画在左侧母线与线圈之间。体现逻辑输出的是线圈，输出线圈是一个网络的最后一个元件。在一个网络内只能存在一个逻辑方程。

梯形图虽然是由继电接触器控制电路演变而来，但两者还是有区别的。

（1）梯形图中的继电器不是物理继电器，每个继电器实际上与 PLC 内部的一位存储器相对应。当相应存储器位为"1"态时，表示继电器接通，其动合触点闭合，动断触点断开，所以梯形图中继电器的触点可以无限多次地引用，不存在触点数量有限的问题。梯形图的设计应着重于程序结构的简化，而不是设法用复杂的结构来减少触点的使用次数。

（2）梯形图只是 PLC 形象化的编程方法，其母线并不接任何实际的电源，因此在梯形图中不存在真实的电流。

（3）在一个网络内只能有一个逻辑行。

（4）输出继电器的线圈不能直接与左母线相连。在图 7.5（a）中由于输出直接与左母线相连，所以该图是不能编译通过的。如果确实需要在 PLC 运行时 Q0.0 一直接通，则可以在输出 Q0.0 与左母线之间串接一个常通的特殊位存储器 SM0.0，如图 7.5（b）所示。

（5）在输出继电器线圈的右侧不能再连接任何元件。

语句表是类似于计算机编程语言的一种编程语言，适合于有计算机汇编语言编程基础的人员使用。

功能块图是类似于数字逻辑电路的一种编程语言，适合于有数字逻辑电路和逻辑代数基础的人员使用。

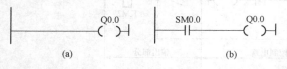

图 7.5　输出不能与左母线相连

（a）输出直接与左母线相连；

（b）输出通过 SM0.0 与左母线相连

思考与讨论

1. 什么是 PLC 的继电接触器等效电路？PLC 的输入/输出继电器起什么作用？内部等效继电器能否由外部设备来驱动？它能否直接驱动负载？

2. PLC 的编程语言有哪些？梯形图的编程规则有哪些？梯形图中是否有实际的电流存在？

7.3 S7 - 400 系列 PLC 的指令系统

指令是程序的最小单位，指令的有序排列构成用户程序。

7.3.1 CPU 的寄存器、 存储器及寻址方式

1. 寄存器

CPU 的寄存器有四个累加器（ACCU1～ACCU4）、两个地址寄存器（AR1、AR2）、两个数据块寄存器（DB 和 D1）和一个状态字寄存器。

其中累加器为 32 位，用于处理字节、字或双字。处理字节或字数据时，数据存放在累加器的低端。地址寄存器可作为指针使用，用于寄存器间接寻址。数据块寄存器分别用来保存打开的共享数据块和背景数据块的编号。状态字寄存器为 16 位，用来存储 CPU 执行指令时的一些重要状态。其结构如图 7.6 所示。

图 7.6 中分别为首次检测位 FC、逻辑运算结果 RLO、状态位 STA、或位 OR、存储上溢 OS、溢出位 OV、条件码 CC0 与 CC1、二进制结果位 BR。

15	...	8	7	6	5	4	3	2	1	0
			BR	CC1	CC0	OV	OS	OR	STA	RLO	FC

图 7.6 状态字的结构

2. 存储器

CPU 的存储器可以划分为装载存储器、工作存储器和系统存储器 3 个区域。

（1）装载存储器。用于存储用户程序和系统数据（组态、连接和模块参数等），可以是 RAM 和 FEPROM。下载程序时，用户程序被下载到 CPU 的装载存储器中。

（2）工作存储器。工作存储器是集成的高速存取的 RAM，用于存储 CPU 运行时的用户程序和数据。

（3）系统存储器。系统存储器（RAM）包含了每个 CPU 为用户程序提供的存储器单元，被划分为若干个地址区域，比如过程映像输入和输出表、位存储器、定时器和计数器等。使用指令，可以在相应的地址区域中直接对数据寻址。系统存储器的结构见表 7.1。

表 7.1　　　　　　　　　　　　系统存储器的地址区域及对应符号

地址区域	过程映像输入表	过程映像输出表	位存储器	定时器	计数器	共享数据块	背景数据块	本地数据	外设输入区	外设输出区
符号	I IB IW ID	Q QB QW QD	M MB MW MD	T	C	DB DBX DBB DBW DBD	DI DIX DIB DIW DID	L LB LW LD	PIB PIW PID	PQB PQW PQD

学习
札记

3. 寻址方式

操作数是指令操作或运算的对象，寻址方式是指取得操作数的方式，可分为立即寻址、直接寻址、存储器间接寻址和寄存器间接寻址。

7.3.2　S7 - 400 系列 PLC 的基本编程指令

S7 - 400 系列 PLC 的编程指令比较丰富，限于篇幅，在此只介绍一些基本的编程指令，详细的编程指令和使用请参见 S7 - 400 系列 PLC 可编程控制器系统手册。

1. 位逻辑指令

位逻辑指令是以位为单位对 PLC 内部存储器位进行逻辑操作的指令。

（1）基本逻辑指令。基本逻辑指令包括标准触点指令、输出指令、"与"指令（A）、"或"指令（O）、"异或"指令（X）和信号流"取反"指令（NOT）。

梯形图中的触点代表了 CPU 对存储器的读操作，当某位存储器的值为 1 时，与之对应的动合触点的逻辑值也为 1，表示动合触点闭合；而与之对应的动断触点的逻辑值为 0，表示该动断触点断开。触点指令和输出指令的编程示例如图 7.7 所示，该图是一个直接启动/停止控制电路，也称为启保停电路。I0.0 是启动按钮，I0.1 是停止按钮。

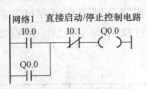

图 7.7　直接启动/停止控制电路

（2）置位（S）和复位指令（R）。置位指令的功能是逻辑运算结果（RLO）为 1，即使 RLO 又变为 0，输出仍保持为 1；若 RLO 为 0，则操作数的信号状态保持不变。

复位指令的功能是 RLO 为 1，操作数的状态置 0，即使 RLO 变为 0，输出仍保持为 0；若 RLO 为 0，则操作数的信号状态保持不变。

（3）触发指令。触发指令包括置位优先触发器（RS）和复位优先触发器（SR）。

（4）边沿检测指令。边沿检测指令包括 RLO 上升沿检测指令和 RLO 下降沿检测指令。

（5）立即读取指令和立即写入指令。立即读取在扫描立即读取梯级时，从输入模块中直接获取数字输入的状态，不必等到下一 OB1 扫描周期结束。与立即读取类似，立即写入可以将一个输出（或多个）立即写入输出模块。

2. 定时器指令

定时器用于实现或监控时间序列。例如，定时器可提供等待时间或监控时间，定时器还可以产生一定宽度的脉冲，也可测量时间。定时器是由位和字组成的复合单元，定时器的触点状态由位的状态表示，定时器的字用来存放当前的定时时间值。S7 - 400 系列 PLC 提供了多种形式的定时器，如脉冲定时器（SP）、扩展脉冲定时器（SE）、接通延时定时器（SD）、带保持的接通延时定时器（SS）和断电延时定时器（SF）。

定时器的字格式如图 7.8 所示。第 0～11 位为以 BCD 码表示的时间值，第 12～13 位为二进制编码的时间基准（时基），其取值为 00、01、10、11，对应的时间基准是 10ms、100ms、1s 和 10s。时基越小，定时器分辨率越高，但定时范围会减小。

图 7.8　定时器的字格式

3. 计数器指令

计数器用于对逻辑操作结果（RLO）正跳计数，数值由表示当前计数值的字（16 位）及状态的位组成。计数器分为三种，分别是加计数器（S_CU）、减计数器（S_CD）和可逆计算器（S_CUD）。

4. 数学运算指令

由于一般的自动控制系统中都需要实现 PID 算法，因此需要进行数学运算指令，如数据转换指令，特别是整数、浮点数的运算指令。

（1）整数转换指令。整数转换指令需要通过西门子提供的 STEP7 编程软件实现。其包括 BCD 码与整数（16 位）之间的转换、BCD 码与长整数（32 位）之间的转换、整数（16 位）与长整数（32 位）之间的转换、浮点数与长整数（32 位）之间的转换（取整）、数的求反。

（2）浮点数运算指令。这里的浮点数是指 32 位 IEEE 浮点数。浮点数运算指令分基本指令和扩展指令两类。

基本指令有实数加（ADD_R）、实数减（SUB_R）、实数乘（MUL_R）、实数除（DIV_R）、求绝对值（ABS）。

扩展指令有求平方（SQR）、平方根（SQRT）、求自然对数（LN）、求指数值（EXP）、正弦（SIN）、反正弦（ASIN）、余弦（COS）、反余弦（ACOS）、正切（TAN）、反正切（ATAN）。

5. 比较指令

比较指令用于将两个相同类型的操作数 IN1 和 IN2 按指定条件进行比较，当条件成立时，触点闭合。比较时应确保两个数的数据类型相同，数据类型可以是整数、长整数或实数。若比较的结果为真，则 RLO 为 1，否则为 0。

6. 数据传送（赋值）指令

数据传送指令（MOVE）用于 PLC 内部数据的交换，它将数据从源区 IN 输入值送到目的区 OUT 输出的指定地址。

7. 移位和循环移位指令

STEP7 中的移位指令有 6 条，循环移位指令有 2 条，详见表 7.2。循环移位和一般的移位指令的区别在于，循环移位把操作数的最高位和最低位连接起来，参与数据的移动，形成一个封闭的环。存储器中的一个二进制数向左移 N 位相当于乘以 2 的 N 次幂，向右移 N 位相当于除以 2 的 N 次幂，该指令常用在 PLC 的步进控制中。

表 7.2　移位指令和循环移位指令的分类

移位指令	无符号数的位置指令	数字数据左移指令 SHL_W
		数字数据右移指令 SHR_W
		双字型数据左移指令 SHL_DW
		双字型数据右移指令 SHR_DW

学习
札记

续表

移位指令	有符号数的移位指令	整数右移指令 SHR _ I
		长整数右移指令 SHR _ DI
循环移位指令	双字型数据循环左移指令 ROL _ DW	
	双字型数据循环右移指令 ROR _ DW	

8. 控制指令

控制指令有逻辑控制指令和程序控制指令两类。

(1) 逻辑控制指令。逻辑控制指令可以在所有逻辑块，包括组织块（OB）、功能块（FB）和功能（FC）中使用，用于实现程序的跳转与循环，包括无条件跳转（JMP）、条件跳转（JMP）、若"否"则跳转（JMPN）。

(2) 程序控制指令。程序控制指令包括逻辑块调用指令、主控继电器指令和打开数据块指令。

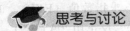 思考与讨论

1. S7 - 400 系列 PLC 有哪些寻址方式？

2. S7 - 400 系列 PLC 的计数器指令有哪些？

3. S7 - 400 系列 PLC 的数学运算指令有什么用处？

7.4 PLC 梯形图控制程序的设计

PLC 梯形图控制程序的设计有经验设计法和顺序功能图法两种。这里主要介绍经验设计法。

经验设计法就是采用与继电接触器控制系统设计相类似的方法，在一些典型的控制环节如自锁、互锁、直接启停、二分频、方波发生器、定时控制等的基础上，根据被控对象对控制系统的具体要求，不断地修改和完善梯形图程序，有时可能需要经过多次的反复调试，甚至增加一些中间编程元件，最后才能得到比较满意的结果。

经验设计法一般没有普遍的规律可以遵循，具有很大的试探性和随意性，最后的设计结果也不是唯一的。设计所用的时间及所设计程序的质量与设计者的经验有很大的关系。

[例 7.1] 设计一个供 4 组（编号为 1～4）用的抢答器。控制要求：任一组抢先按下抢答按钮后，与其对应的指示灯亮，同时封锁其他抢答按钮使其无效。当主持人按下"复位"按钮后，可重新开始下一轮抢答。

解：设 I0.1 和 Q0.1 分别是第一组的抢答按钮和抢答指示灯；I0.2 和 Q0.2 分别是第二组的抢答按钮和抢答指示灯；I0.3 和 Q0.3 分别是第三组的抢答按钮和抢答指示灯；I0.4 和 Q0.4 分别是第四组的抢答按钮和抢答指示灯；I0.5 是复位按钮。抢答电路的关键是要实现按钮的自锁和互锁功能。设计的抢答器控制梯形图程序如图 7.9 所示。

[例 7.2] 编制洗衣机清洗控制程序。控制要求：当按下"启动"按钮对应的 PLC 接线端子 I0.0 后，电动机先正转 10s，停止 10s；然后反转 10s，停止 10s，如此反复 3 次，自动停止清洗。

 学习札记

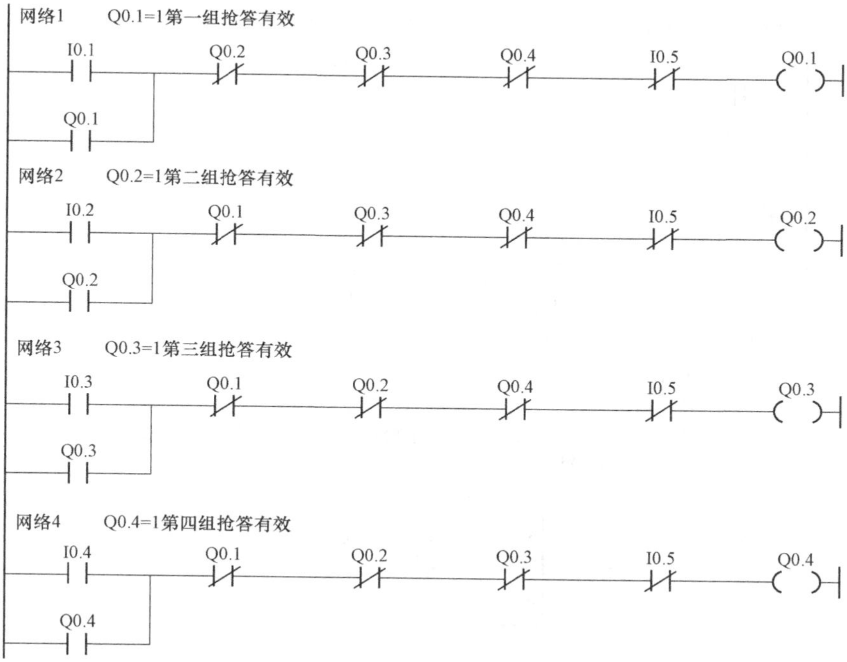
网络1 Q0.1=1第一组抢答有效
I0.1
Q0.2
Q0.3
Q0.4
I0.5
Q0.1
Q0.1
网络2 Q0.2=1第二组抢答有效
I0.2
Q0.1
Q0.3
Q0.4
I0.5
Q0.2
Q0.2
网络3 Q0.3=1第三组抢答有效
I0.3
Q0.1
Q0.2
Q0.4
I0.5
Q0.3
Q0.3
网络4 Q0.4=1第四组抢答有效
I0.4
Q0.1
Q0.2
Q0.3
I0.5
Q0.4
Q0.4

图 7.9　抢答器控制梯形图程序

按下“停止”按钮 I0.1 后，停止清洗。

解：洗衣机控制的 I/O 地址分配表

根据控制需要的输入信号和输出信号，分配 PLC 的输入点和输出点，见表 7.3。

表 7.3　　I/O 地址分配表

PLC 输入/输出点	连接的外部设备	说明
I0.0	“开始”按钮	启动
I0.1	“停止”按钮	停止
Q0.0	电动机	正转线圈
Q0.1	电动机	反转线圈

梯形图程序如图 7.10 所示。

[例 7.3]　试设计十字路口交通信号灯的 PLC 梯形图控制程序。信号灯受启动、停止按钮的控制，对信号灯一个工作周期的控制要求如下：

(1) 南北方向红灯先亮 60s，在南北方向红灯亮的同时东西方向绿灯先亮 55s，接着在 3s 内闪 3 次后熄灭，在东西方向绿灯熄灭的同时，东西方向黄灯亮并持续 2s。

(2) 60s 后，东西方向红灯亮并维持 60s，在东西方向红灯亮的同时南北方向绿灯先亮 55s，接着在 3s 内闪 3 次后熄灭，在南北方向绿灯熄灭的同时，南北方向黄灯亮并持续 2s。

解：由控制要求可知，有启动、停止两路信号输入 PLC，有南北方向绿、黄、红和东西方向绿、黄、红共 6 路信号灯需要 PLC 控制。PLC 的输入、输出分配见表 7.4。

学习
札记

网络1　启动按钮I0.0按下，置输出线圈M0.0为1，启动网络2

```
     I0.0        M1.1                                    M0.0
  ———| |————————|/|———————————————————————————————————( )———

     M1.0
  ———| |———
```

网络2　电动机正转10s

```
                        T1
     M0.0             S_PEXT              Q0.1         Q0.0
  ———| |————————————S        Q————————————|/|—————————( )———
   S5T#10s ————————TV       BI —— …
     I0.1 ——————————R      BCD —— …
```

网络3　正转10s后，电动机停转，Q0.0的动合触点断开。断开时的下降沿启动T2定时10s，
　　　　10s到时启动网络4

```
     Q0.0      M0.1          T2
  ———| |———————(N)—————————S_PEXT              M0.2
                         S        Q——————————( )———
               S5T#10s ——TV     BI —— …
                 I0.1 ———R     BCD —— …
```

网络4　T3启动，置Q0.1为1，电动机反转10s

```
     M0.2      M0.3          T3
  ———| |———————(N)—————————S_PEXT          Q0.0       Q0.1
                         S        Q—————————|/|———————( )———
               S5T#10s ——TV     BI —— …
                 I0.1 ———R     BCD —— …
```

网络5　反转10s后，启动T4定时，并置M0.5为1。10s后定时结束，启动网络6

```
     Q0.1      M0.4          T4
  ———| |———————(N)—————————S_PEXT              M0.5
                         S        Q——————————( )———
               S5T#10s ——TV     BI —— …
                 I0.1 ———R     BCD —— …
```

网络6　M0.5的下降沿置M1.0为1，再次启动电动机正转，同时C1对M0.5的
　　　　下降沿计数，计数值>3时，M1.1置1，断开网络1，停止清洗

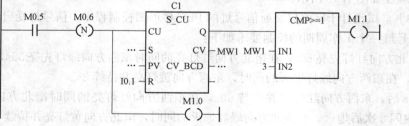

图7.10　洗衣机控制梯形图

表 7.4　　　　　　　　　　　　交通信号灯控制系统 I/O 分配表

输入	功能说明	输出	功能说明
I0.0	启动按钮	Q0.0	南北方向红灯
I0.1	停止按钮	Q0.1	东西方向绿灯
		Q0.2	东西方向黄灯
		Q0.3	东西方向红灯
		Q0.4	南北方向绿灯
		Q0.5	南北方向黄灯

　　经验法编程思想：由于对南北和东西两个方向信号灯的控制是交替进行的，且每个方向的工作时间都是 60s，所以可设计一个振荡周期为 2min，占空比为 50% 的方波来控制南北和东西方向信号灯的交替工作。对每个方向的绿灯需要一个定时为 55s 的定时器对其控制，为了实现对绿灯在 3s 内闪烁 3 次的控制，需要一个振荡周期为 1s，占空比为 50% 的方波发生器和一个计数器。对每个方向的黄灯需要一个定时时间为 2s 的定时器进行控制。根据以上编程思想编写的交通信号灯梯形图控制程序如图 7.11 所示。

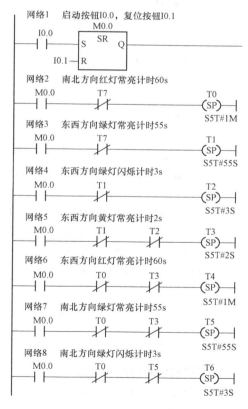

图 7.11　交通信号灯梯形图控制程序（一）

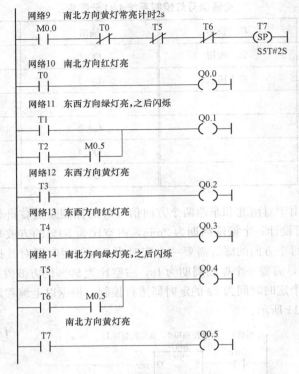

图 7.11   交通信号灯梯形图控制程序（二）

本 章 小 结

（1）可编程控制器（PLC）是一种智能化的工业自动化控制器，具有通用性强、可靠性高、体积小、编程方便等优点。不仅可用于逻辑控制，而且具有模拟量控制、通信联网功能，是目前工业自动化领域的首选控制器件。

（2）不同生产厂家 PLC 编程指令的表述形式不尽相同，但其功能却相差不大。应用 PLC 时，只要清楚具体 PLC 编程元件的寻址方式和编程指令的形式就可以对其编程了。

（3）梯形图是目前各个 PLC 厂家首选的编程语言，应重点掌握。

（4）设计 PLC 程序主要有经验设计法和顺序功能图法。经验设计法梯形图简练，但结构稍复杂。

（5）学习 PLC 的最佳方法就是实践，最好是结合实际问题编程，上机调试。

习   题

7.1   分别画出用 PLC 实现以下控制功能的梯形图。

（1）在三处可分别控制一台三相异步电动机直接启动、停止。

（2）电动机既能点动，又能连续运动。

学习
札记

（3）电动机启动工作 10min 后自行停止。

（4）电动机启动后以间歇方式工作（工作 10min，停止 5min）。

（5）两台电动机不允许同时工作，只能单独工作。

（6）两台电动机必须同时工作，不许单独工作。

（7）甲乙两台电动机，甲启动后，乙才能启动；乙停车后，甲才能停车。

（8）甲乙两台电动机，甲启动后，经过一段延时后，乙自行启动，乙启动后，甲立即停车。

7.2 有一台电动机，要求当按下"启动"按钮后，电动机运转 10s，停止 5s，重复执行三次后，电动机自行停止，试设计出梯形图程序。

7.3 有 10 个彩灯排成一圈，要求当按下"启动"按钮后，彩灯灯光按顺时针方向每隔 1s 依次点亮一盏灯。循环 3 次后，彩灯再按逆时针方向每隔 1s 依次点亮一盏灯，再循环 3 次后，所有彩灯全部点亮 3s，3s 后所有的彩灯全部熄灭 3s。如此不断循环，直至按下"停止"按钮后全部彩灯熄灭。试设计能实现以上控制功能的梯形图程序。

7.4 试设计用一个按钮控制 4 盏灯亮灭的 PLC 梯形图程序，要求第一次按下按钮后，第一盏灯点亮；第二次按下按钮后，第二盏灯点亮；第三次按下按钮后，第三盏灯点亮；第四次按下按钮后，第四盏灯点亮；第五次按下按钮后，4 盏灯全部熄灭。

7.5 设计出用 PLC 实现绕线式三相异步电动机转子串电阻启动的梯形图控制程序。

7.6 设计一台三相异步电动机的梯形图控制程序，控制要求如下：①电动机能直接实现正/反转转换；②电动机无论是正转启动还是反转启动，在启动时都采用 Y—△降压启动，Y 降压启动 10s 后转入△接法正常运行；③如果电动机原先是静止的，则根据正转指令或者反转指令直接进行 Y—△降压启动；如果电动机原先正在运行，则在进行正/反转转换之前应有 5s 的延时；④控制电路应具有过载和短路保护功能。

7.7 有一个具有四条皮带运输机的传送系统，分别用四台电动机（M1～M4）驱动。控制要求如下：

（1）启动时先启动最后一条皮带运输机，经过 1min 延时后，再依次启动其他皮带运输机，即

$$M4 \xrightarrow{1min} M3 \xrightarrow{1min} M2 \xrightarrow{1min} M1$$

（2）停车时应先停最前面一条皮带运输机，待料运送完毕后依次停止其他皮带运输机，即

$$M1 \xrightarrow{1min} M2 \xrightarrow{1min} M3 \xrightarrow{1min} M4$$

（3）当某条皮带运输机发生过载时，该机及其前面的皮带运输机应立即停止，而该机以后的皮带运输机应依次延时 1min，待料运送完后再停机。例如：M2 过载，M1、M2 应立即停，经过 1min 后，M3 停，再经过 1min 后，M4 停。

设计用 PLC 控制该传送系统的梯形图程序。

学习
札记

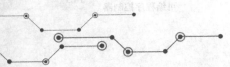
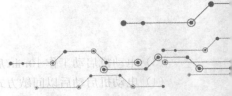

下篇 电子技术

第8章

常用半导体器件

电子技术研究的是电子器件及由电子器件构成的电子电路的应用。半导体器件是构成各种分立、集成电子电路最基本的元器件。随着电子技术的飞速发展，各种新型半导体器件层出不穷，了解和掌握各种半导体器件是学习电子技术必不可少的基础。

8.1　半导体基础知识

物质按导电能力的不同，可分为导体、半导体和绝缘体三类。半导体的导电能力介于导体和绝缘体之间，典型的半导体有硅、锗、硒、砷化镓（GaAs）等。其导电能力在不同条件下有很大的差别。这是由它的内部原子结构和原子结合方式所确定的。一种物质能否导电要看其内部有无可以自由移动的带电粒子，这种带电粒子称为载流子。下面简述半导体的原子结构和载流子的形成。

8.1.1　本征半导体

本征半导体是化学成分纯净的半导体。常用的半导体材料是硅和锗，它们在元素周期表上都是四价元素。纯净的半导体具有晶体结构（所以由半导体构成的管件也称晶体管）。在它们的晶体

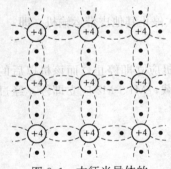

图 8.1　本征半导体的
共价键结构

结构中，原子排列整齐，且每个原子的 4 个价电子与相邻的 4 个原子所共有，构成共价键结构，如图 8.1 所示。它使得每个原子最外层具有八个电子而处于较为稳定的状态。但共价键中的价电子在获得一定能量（温度升高或受光照）后，即可挣脱共价键的束缚成为自由电子，与此同时，在这些自由电子原有的位子上就留下相应的空位，称为空穴。这个过程称为本征激发。电子带负电，空穴因失去一个电子而带正电，如图 8.2 所示。带正电的空穴会吸引附近的电子来填补这个空位而产生新的空穴，如此下去，就好像空穴在运动，这就是空穴运动。自由电子和空穴两种载流子的同时存在是半导体与导体的根本区别所在。

8.1.2　杂质半导体

本征半导体中虽然有自由电子和空穴两种载流子，但数量极少，导电能力很差。如果在其中

学习
札记

掺入微量的杂质（某种合适的元素），其导电能力将大大提高。根据所掺入的杂质不同，可分为 N 型半导体和 P 型半导体两大类。

1. N 型半导体

如在本征半导体硅中掺入磷、砷五价元素，在晶体中的某些硅原子位子被磷原子取代，由于这类元素的原子最外层有五个价电子，其中四个和相邻的硅原子构成共价键结构，多余的一个价电子因不受共价键的束缚，容易挣脱磷原子核的吸引而成为自由电子，如图 8.3（a）所示。这样半导体中自由电子的浓度大大增加，导电能力大大加强。这类半导体主要靠自由电子导电，称为电子半导体，简称 N 型半导体，其中自由电子为多数载流子，而热激发形成的空穴为少数载流子。

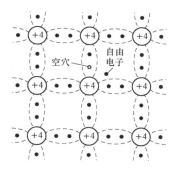

图 8.2　本征半导体中的
自由电子和空穴

由于每个磷原子都给出一个电子，这样磷原子就成了不能移动的带一个单位正电荷的离子，因此 N 型半导体可以用图 8.3（b）来表示，其中"⊕"代表磷原子，"•"代表多余电子。

2. P 型半导体

如在本征半导体硅中掺入硼、铝等三价元素，在晶体中的某些硅原子位子被硼原子取代，由于这类元素的原子最外层有三个价电子，与相邻的硅原子构成共价键时，产生一个空穴，这个空穴可以吸引外来电子来填补，如图 8.4（a）所示。这样半导体中空穴的浓度大大增加，导电能力也大大加强。这类半导体主要靠空穴导电，称为空穴半导体，简称 P 型半导体，其中空穴为多数载流子，而热激发形成的电子为少数载流子。

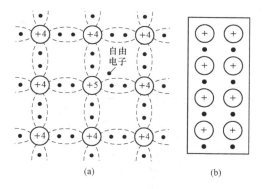

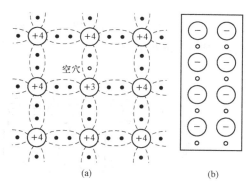

图 8.3　N 型半导体结构及其表示法
(a) 结构；(b) 表示法

图 8.4　P 型半导体结构及其表示法
(a) 结构；(b) 表示法

由于每个硼原子都提供一个空穴，这样硼原子就成了不能移动的带一个单位负电荷的离子，因此 P 型半导体可以用图 8.4（b）来表示，其中"⊖"代表硼原子，"○"代表多余空穴。

由上述可知，若给这种半导体材料外加电压，在外电场作用下，自由电子和空穴分别按反方向运动，构成的电流方向一致，所以半导体中的电流是自由电子和空穴两种载流子的运动形成的。这是半导体导电与金属导电机理上的本质区别。

半导体在现代科学技术中应用非常广泛，这是因为它有如下特性：

（1）掺入微量杂质对半导体导电能力的影响。如果在纯净半导体中掺入某些微量杂质，其导

学习
札记

电能力可增加几十万倍乃至几百万倍。利用这种特性可制作各种半导体器件。

（2）热敏性。环境温度越高，产生的自由电子和空穴对越多，半导体的导电能力就越强。利用这种特性可制作各种热敏元件，如热敏电阻等。

（3）光敏性。有些半导体（如镉、铅等的硫化物和硒化物）受到光照时，它们的导电能力随之变强，利用这种特性可制作各种光敏器件，如光敏电阻、光敏二极管、光敏三极管、光控晶闸管和光电池等。

除上述特性外，有些半导体还具有压敏、气敏、磁敏等特性。利用这些特性，可以制造非常有用的压敏、气敏、磁敏器件。

8.1.3 PN 结及其单向导电性

1. PN 结的形成

用特殊工艺在同一块半导体晶片上制成 P 型半导体和 N 型半导体两个区域，由于 P 区空穴浓度大，N 区电子浓度大，因而会发生扩散现象，如图 8.5（a）所示。多数载流子扩散到对方区域后被复合而消失，在交界面的两侧分别留下了不能移动的正负离子，呈现出一个空间电荷区，如图 8.5（b）所示。这个空间电荷区就称为 PN 结。因为在空间电荷区内缺少载流子，又将它称为耗尽层。同时正、负离子将产生一个方向由 N 区指向 P 区的电场，称为内电场。内电场对多数载流子的扩散运动起阻碍作用，而那些作杂乱无章运动的少数载流子在进入 PN 结内时，在内电场作用下，必然会越过交界面向对方区域运动。这种少数载流子在内电场作用下的运动称为漂移运动。在无外加电压的情况下，最终扩散运动和漂移运动达到动态平衡，PN 结的宽度保持一定且处于相对稳定的状态。

PN 结两边既然带有正、负电荷，这与极板带电时的电容器的情况相似。PN 结的这种电容称为结电容。结电容的数值不大，只有几皮法。工作频率不高时，容抗很大，可视为开路。

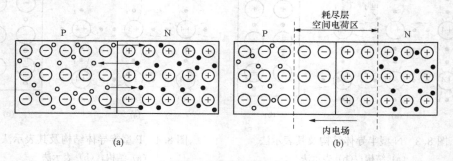

图 8.5 PN 结的形成

（a）载流子的扩散；（b）空间电荷区

2. PN 结的单向导电性

如果在 PN 结两端加上不同极性的电压，PN 结便会呈现出不同的导电性能。PN 结上所加电压称为偏置电压。

（1）外加正向电压。PN 结外加正向电压即 PN 结正向偏置，是指将外电源的正极接 P 区，负极接 N 区，如图 8.6 所示。由图可见，外电场与内电场的方向相反，因此扩散与漂移运动的平衡被破坏。外电场驱使 P 区的空穴和 N 区的自由电子分别由两侧进入空间电荷区抵消一部分空间电荷，使整个空间电荷区变窄，内电场被削弱，多数载流子的扩散运动增强，形成较大的扩散电流（正向电流）。由于外电源不断向半导体提供电荷，使该电流得以维持。这时 PN 结所处的状态称为正向导通。正向导通时，PN 结的正向电流大，结电阻小。

（2）外加反向电压。PN 结外加反向电压即 PN 结反向偏置是指将外电源的正极接 N 区，负极接 P 区，如图 8.7 所示。这时，由于外电场与内电场的方向相同，同样也破坏了原来的平衡，使得 PN 结变厚，扩散运动难以进行，漂移运动却被加强。但由于少数载流子浓度很小，故由少数载流子漂移形成的反向电流很微弱。这时 PN 结所处的状态称为反向截止。反向截止时，PN 结的反向电流小，结电阻大，且温度对反向电流影响很大。

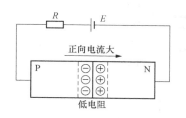

图 8.6　PN 结正向偏置

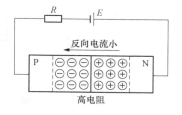

图 8.7　PN 结反向偏置

动画演示

PN结单向导电性
（正/反）

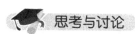

思考与讨论

1. P 型半导体中空穴是多数载流子，因而 P 型半导体带正电，N 型半导体中电子是多数载流子，因而 N 型半导体带负电，这种说法是否正确？

2. 为什么说扩散运动是多数载流子的运动？漂移运动是少数载流子的运动？

3. PN 结为什么具有单向导电性？

4. 为什么温度对反向电流影响很大？

8.2　半导体二极管

半导体二极管是由 PN 结加上引线和管壳构成的。二极管的类型很多，按制造二极管的材料不同可分为硅二极管和锗二极管；按结构不同可分为点接触型二极管、面接触型二极管和硅平面型二极管。按用途不同可分为普通二极管、稳压管、发光二极管、光敏二极管等。

8.2.1　二极管的结构和特性

1. 二极管的结构

几种常见的二极管外形如图 8.8 所示。

在 PN 结两端各接上一条引出线，再封装在管壳里就构成了半导体二极管。P 型区一端称为阳极，N 型区一端称为阴极。二极管有很多类型。按材料的不同有硅二极管和锗二极管；按 PN 结构成形式的不同又可分为点接触型、面接触型和平面型三类。

（1）点接触型二极管。结构如图 8.9（a）所示，其特点是 PN 结的结面积小，因而结电容很小，适用于小电流高频（可达几百兆赫）电路，但不能承受高的反向电压，主要用于高频检波和开关电路。

学习札记

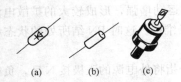

图 8.8　几种常见的二极管外形图
(a) 玻璃封装；(b) 塑料封装；
(c) 金属封装

(2) 面接触型二极管。结构如图 8.9 (b) 所示，其特点是结面积大，允许通过较大的电流，但结电容较大，适用于低频整流电路。

(3) 平面型二极管。结构如图 8.9 (c) 所示，其特点是结面积大时，能通过较大的电流，适用于大功率整流电路。结面积较小时，结电容较小，工作频率较高，适用于开关电路。

二极管的图形符号如图 8.9 (d) 所示。

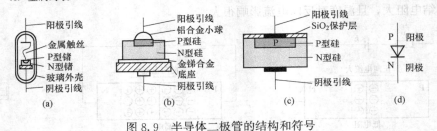

图 8.9　半导体二极管的结构和符号
(a) 点接触型；(b) 面接触型；(c) 平面型；(d) 图形符号

2. 伏安特性

既然二极管内部是一个 PN 结，因此它一定具有单向导电性，其伏安特性如图 8.10 所示。

(1) 正向特性。当二极管承受正向电压很低时，还不足以克服 PN 结内电场对多数载流子运动的阻碍作用，故这一区段二极管的正向电流很小，称为死区 (OA 段)。通常，硅二极管的死区电压约为 0.5V，锗二极管的死区电压约为 0.2V。当二极管的正向电压超过死区电压后，PN 结内电场被削弱，正向电流明显增加，并且随着正向电压增大，电流迅速增大，二极管的正向电阻变得很小，当二极管充分导通后，其正向电压基本保持不变，称为正向导通电压，普通硅二极管的导通电压为 0.6～0.7V，锗二极管的导通电压为 0.2～0.3V，当电流较小时取下限值，当电流较大时取上限值。

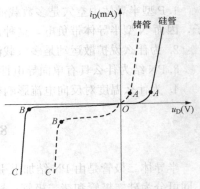

图 8.10　半导体二极管的伏安特性

(2) 反向特性。二极管承受反向电压时，由于少数载流子的漂移运动，形成很小的反向电流 (OB 段)。反向电流有两个特点：

1) 它随温度的上升增长很快。

2) 在一定反向电压范围内，反向电流与反向电压大小无关，基本保持恒定，故称为反向饱和电流。

一般硅二极管的反向饱和电流比锗管小，前者在几微安以下，而后者可达数百微安。

(3) 击穿特性。当外加反向电压过高时，反向电流将突然增大 (BC 段)，二极管失去单向导电性，这种现象称为反向击穿。发生击穿的原因是在强电场力作用下，原子最外层的价电子被强行拉出来，使载流子的数目大量增加，在强电场中获得足够能量的载流子高速运动将其他价电子撞击出来，这种撞击的连锁反应形成电子崩，使二极管中的电子与空穴数急剧上升，反向电流越

学习
札记

来越大，最后使二极管反向击穿。产生击穿时加在二极管上的反向电压称为反向击穿电压。

3. 二极管等效模型

二极管是一个非线性器件，一般采用非线性电路的分析方法。但在近似计算时可用以下两种常用模型将其简化。

（1）理想模型。理想模型，是指二极管在正向导通时，将其管压降视为零，相当于开关闭合。当反向偏置时，其电流视为零，阻抗视为无穷大，相当于开关断开，如图 8.11（a）所示。具有这种理想特性的二极管也称为理想二极管。在实际电路中，当外加电源电压远大于二极管的管压降时，可利用此模型分析。

（2）恒压降模型。恒压降模型，是指二极管在正向导通时，将其管压降视为恒定值，硅管的管压降约为 0.7V，锗管的管压降约为 0.3V，如图 8.11（b）所示。在实际电路中，此模型应用非常广泛。

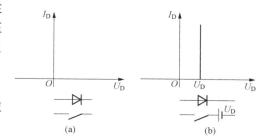

图 8.11　半导体二极管的等效模型
（a）理想模型；（b）恒压降模型

4. 主要参数

二极管的参数是正确选择和使用二极管的依据。主要参数如下。

（1）最大整流电流 I_F。最大整流电流是指二极管长期使用时，允许流过二极管的最大正向平均电流。

（2）最大反向工作电压 U_R。它是保证二极管不被击穿所允许的最高反向电压。为安全起见，一般为反向击穿电压的一半或三分之二。点接触型二极管的最大反向工作电压一般为数十伏，面接触型可达数百伏。

（3）最大反向电流 I_R。最大反向电流 I_R 是指二极管加上最大反向工作电压时的反向电流。反向电流大，则二极管的单向导电性差，且受温度影响大，硅管的反向电流小，一般在纳安级。锗二极管在微安级。

（4）最高工作频率 f_M。最高工作频率是指二极管正常工作时的上限频率，超过此值时，由于二极管结电容的影响，二极管的单向导电性能变差。

5. 二极管的应用

二极管的应用范围很广，主要都是利用它的单向导电性。它可用于整流、检波、限幅、元件保护以及在数字电路中作为开关元件等。

（1）整流电路。

1）单向桥式整流。将交流电转换成直流电的过程称为整流，完成这一转换的电路称为整流电路。图 8.12 是常用的单相桥式整流电路。图中 Tr 为电源变压器，它的作用是将市电（50Hz，220V）交流电压变换为整流所需的交流电压。二极管 VD1～VD4 构成桥式整流电路，R_L 为直流负载电阻。

当 u_2 在正半周时，a 点电位最高，b 点电位最低，二极管 VD1、VD3 承受正向电压而导通，VD2、VD4 承受反相电压而截止。电流 i_1 的通路是 a→VD1→R_L→VD3→b，如图 8.12 中实线箭头所示。

当 u_2 在负半周时，b 点电位最高，a 点电位最低，二

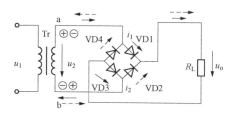

图 8.12　单相桥式整流电路图

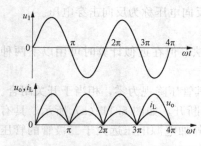

图 8.13　单相桥式整流电路波形图

极管 VD2、VD4 承受正向电压而导通，VD1、VD3 承受反向电压而截止，电流 i_2 的通路是 b→VD2→R_L→VD4→a，如图 8.12 中虚线箭头所示。

由上可见，变压器二次侧交流电压的极性虽然在不停地变化，但流经负载电阻 R_L 的电流方向始终不变，R_L 上得到一个全波电压，输出电压 u_o 的波形如图 8.13 所示。设 $u_2 = \sqrt{2}U_2\sin\omega t$，则该电路的数量关系如下：

负载直流电压为

$$U_o = 1/\pi \int_0^\pi \sqrt{2}U_2\sin\omega t\,\mathrm{d}(\omega t) = 2\sqrt{2}U_2/\pi \approx 0.9U_2 \tag{8.1}$$

负载直流电流为

$$I_o = \frac{U_o}{R_L} = \frac{0.9U_2}{R_L} \tag{8.2}$$

二极管平均电流

$$I_D = \frac{1}{2}I_o = 0.45\frac{U_2}{R_L} \tag{8.3}$$

二极管反相电压最大值

$$U_{DRM} = U_{2m} = \sqrt{2}U_2 \tag{8.4}$$

变压器二次绕组电流有效值为

$$I_2 = \frac{U_2}{R_L} = \frac{I_o}{0.9} = 1.11I_o \tag{8.5}$$

式（8.1）和式（8.2）是计算负载直流电压和电流的依据。式（8.3）和式（8.4）是选择二极管的依据。所选二极管的参数必须满足

$$I_F \geqslant I_D$$
$$U_R \geqslant U_{DRM}$$

2）电容滤波器。电容滤波器的电路结构就是在整流电路的输出端与负载电阻之间并联一个足够大的电容器，利用电容上电压不能突变的原理进行滤波，如图 8.14 所示。

电容滤波的原理是利用电源电压上升时，给 C 充电。将电能储存在 C 中，当电源电压下降时利用 C 放电，将储存的电能送给负载，从而如图 8.15 所示，填补了相邻两峰值电压之间的空白，不但使输出电压的波形变得平滑，而且还使 u_C 的平均值 U_O 增加。U_O 的大小与电容放电的时间常数 $\tau = R_LC$ 有

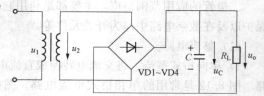

图 8.14　单相桥式整流电容滤波器

关，τ 小，放电快，u_o 也小；τ 大，放电慢，u_o 大；空载时，$R_L \to \infty$，$\tau \to \infty$，$U_O = \sqrt{2}U_2$ 最大。为了得到经济而又较好的滤波效果，一般取

$$R_LC \geqslant (3 \sim 5)\frac{T}{2} \tag{8.6}$$

式中：T 为交流电压的周期，我国交流电源的周期为 20ms。

在桥式整流电容滤波电路中，空载时的直流负载电压为

学习
札记

$$U_O = \sqrt{2}U_2$$

有载时，在满足式（8.6）的条件下

$$U_O = 1.2U_2 \qquad (8.7)$$

电容器的额定工作电压（简称耐压）应不小于其实际电压的最大值，故取

$$U_{CN} \geqslant \sqrt{2}U_2$$

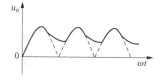

图 8.15　桥式整流电容滤波的波形图

滤波电容器的电容值较大，需采用电解电容器，这种电容器有规定的正、负极，使用时必须正极的电位高于负极的电位，否则会被击穿。

[**例 8.1**]　单相桥式整流电容滤波电路中，其输入交流电压的频率 $f = 50\text{Hz}$，负载电阻 $R_L = 200\Omega$，要求直流输出电压 $U_O = 24\text{V}$。试选择整流二极管和滤波电容器。

解：选择整流二极管。流过二极管的平均电流

$$I_D = \frac{1}{2}I_o = \frac{1}{2} \times \frac{U_o}{R_L} = \frac{1}{2} \times \frac{24}{200} = 0.06(\text{A})$$

二极管承受的最高反相工作电压　$U_{DRM} = \sqrt{2}U_2 = \sqrt{2} \times \frac{24}{1.2} \approx 28(\text{V})$

因此可选整流二极管 2CZ11A。它的最大整流电流 $I_{om} = 1\text{A}$，反向工作峰值电压 $U_{RM} = 100\text{V}$。

选择滤波电容器。根据式（8.6），取

$$R_L C = 5 \times \frac{T}{2}$$

所以
$$R_L C = 5 \times \frac{1}{50 \times 2} = 0.05(\text{s})$$

$$C = \frac{0.05}{R_L} = \frac{0.05}{200} = 250 \times 10^{-6}(\text{F}) = 250(\mu\text{F})$$

取 C 耐压为 50V。

因此可以选择容量为 $250\mu\text{F}$，耐压为 50V 的电容器。

为了进一步增加输出电压值，可以采用三相桥式整流电路，使得输出电压可以达到 U_2 的 2.34 倍。

动画演示

三相桥式整流电路

（2）限幅电路。

[**例 8.2**]　在图 8.16（a）电路中，$E_1 = E_2 = 5\text{V}$，$u_i = 10\sin\omega t\text{ V}$，忽略二极管的正向压降，试画出电压 u_o 的波形图。

解：当 $u_i > +5\text{V}$ 时，二极管 VD1 正向偏置而导通，VD2 反向偏置而截止，所以 $u_o = E_1 = +5\text{V}$。

当 $-5\text{V} < u_i < 5\text{V}$ 时，二极管 VD1、VD2 都因反向偏置而截止，所以 $u_o = u_i$。

当 $u_i < -5\text{V}$ 时，二极管 VD2 正向偏置而导通，VD1 反向偏置而截止，所以 $u_o = -E_2 = -5\text{V}$。

输出电压 u_o 的波形图如图 8.16（b）所示。输入电压的正负半周的幅值受到限制，使输出电压 u_o 近似于梯形波。这就是限幅器的作用。

（3）钳位电路。

[**例 8.3**]　已知电路如图 8.17 所示，VDA 和 VDB 为硅二极管，求下列两种情况下输出的电

学习
札记

压 U_F：(1) $U_A=U_B=3V$；(2) $U_A=3V$，$U_B=0V$。

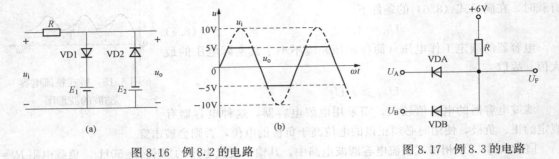

图 8.16　例 8.2 的电路　　　　　　　　　图 8.17　例 8.3 的电路
（a）电路图；(b) 波形图

解： 在多个二极管连接的电路中，如果各管子阳极连接在一起，称为共阳极电路。在电路中因各管阳极电位相同，因此阴极电位最低的那只管子抢先导通。反之，如果各管子阴极连接在一起，称为共阴极电路。在电路中因各管阴极电位相同，因此阳极电位最高的那只管子抢先导通。

(1) 电位 U_A 和 U_B 都是 $+3V$，所以 VDA 和 VDB 同时导通，设硅二极管的正向电压 $U_D=0.7V$，则 $U_F=3+0.7=3.7(V)$。

(2) 由于 $U_A>U_B$，所以 VDB 抢先导通，因而 $U_F=0+0.7=0.7(V)$，VDB 导通后，使得 VDA 承受反向电压而截止，从而隔断了 U_A 对 U_F 的影响，使 U_F 被钳制在 0.7V。

8.2.2　稳压二极管

1. 主要特点

稳压管是一种按特殊工艺制成的面接触型硅二极管。外形与普通二极管一样。由于它在电路中与适当阻值的电阻配合，能起稳定电压的作用，所以称为稳压管。其外形与符号如图 8.18 所示。稳压管的伏安特性和普通二极管的伏安特性基本相似，只是稳压管的反向击穿区特性曲线很陡，反向击穿电压较小。稳压管的特性曲线如图 8.19 所示。当反向电流在较大范围内变化 ΔI_S 时，管子两端电压相应的变化 ΔU_S 却很小，起稳压作用。

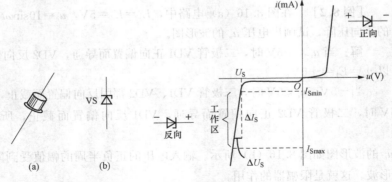

图 8.18　稳压管　　　　图 8.19　稳压管的伏安特性曲线
（a）外形；(b) 图形符号

使用稳压管组成稳压电路时，需要注意以下几个问题。

（1）稳压管正常工作是在反向击穿状态，即外加电源正极接管子的阴极，负极接管子的阳极。

（2）稳压管应与负载并联，由于稳压管两端电压变化量很小，因而使负载两端电压比较稳定，稳定电压为 U_S。

（3）必须限制流过稳压管的电流使其在 $I_{Smin} \sim I_{Smax}$，如果太大，会因过热而烧毁管子，太小，稳压特性不太好。所以稳压二极管和限流电阻 R 配合使用是非常有必要的。

稳压管其他的参数不一一介绍，学生可参考其他资料学习。

2. 稳压电路

如图 8.20 所示，将稳压管与适当数值的限流电阻 R 相配合即组成了稳压管稳压电路。图中 U_i 为整流滤波电路的输出电压，也就是稳压电路的输入电压。U_o 为稳压电路的输出电压，也就是负载电阻 R_L 两端的电压，它等于稳压管的稳定电压 U_S。由图 8.20 可知 $U_o = U_i - RI_R = U_i - R(I_S + I_L)$，当电源电压波动或负载电流变化而引起 U_o 变化时，该电路的稳压过程：只要 U_o 略有增加，I_S 便会显著增加，RI_R 增加，使得 U_o 自动降低保持近似不变。如果 U_o 降低，则稳压过程与上述过程相反。

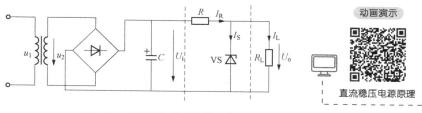

图 8.20　稳压管稳压电路

选择稳压管稳压电路的元件参数时，一般取

$$U_o = U_S \tag{8.8}$$

$$I_{Smin} < I_S < I_{Smax} \tag{8.9}$$

$$U_i = (2 \sim 3)U_o \tag{8.10}$$

8.2.3　集成稳压电源

随着半导体技术的发展，集成稳压器迅速发展起来，其中三端固定式集成稳压器是目前国内外使用最广，销售量最大的品种。它具有体积小、可靠性高、使用方便、内部含有过电流和过热保护电路、使用安全等优点。

图 8.21 所示是塑料封装的 W7800 系列（输出正电压）和 W7900 系列（输出负电压）稳压管的外形和管脚图。这种稳压管只有三个管脚：一个电压输入端（通常为整流滤波电路的输出），一个稳定电压输出端和一个公共端，故称为三端集成稳压器。对于具体器件，"00"用数字代替，表示输出电压值，如 W7815 表示输出稳定电压＋15V，W7915 表示输出稳定电压－15V。W7800 和 W7900 系列稳压管的输出电压系列有 5、8、12、15、18、24V 等。

下面为几种常用的电路，图 8.22 为输出固定正电压的电路，图 8.23 为输出固定负电压的电路；图 8.24 为正、负电压同时输出的电路。

学习札记

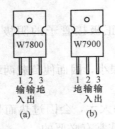

图 8.21　W7800、W7900 系列集成稳压器

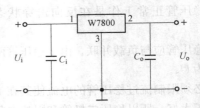

图 8.22　输出固定正电压的电路

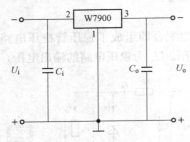

图 8.23　输出固定负电压的电路

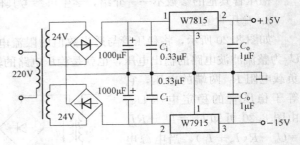

图 8.24　正、负电压同时输出的电路

8.2.4　光敏二极管和发光二极管

光敏二极管是指有光照射时，将有电流产生的二极管，如图 8.25 所示。其利用光电导效应工作，PN 结工作在反偏状态，当光照射在 PN 结上时，束缚电子获得光能变成自由电子，形成光电子—空穴对，在外电场作用下形成光电流，类型有 PN 型、PIN 型、雪崩型。

发光二极管是将电能转换成光能的特殊半导体器件，如图 8.26 所示，当管子加正向电压时，在正向电流激发下管子发光，属电致发光。

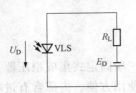

图 8.25　光敏二极管

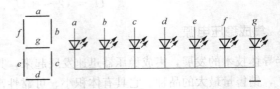

图 8.26　发光二极管（LED 显示器）

8.2.5　光电耦合器

将发光器件和光敏器件组合起来可构成光电耦合器。将它们封装在一个不透明的管壳内，由透明、绝缘的树脂隔开。发光器件常用发光二极管，受光器件（光敏器件）则根据输出电路的不同要求有光敏二极管、光敏三极管、光敏晶闸管和光敏集成电路等。图 8.27 为光电耦合器原理示意图。它具有抗干扰、隔噪声、速度快、耗能少、寿命长等优点。由于发光器件和光敏器件相互绝缘分别置于输入、输出回

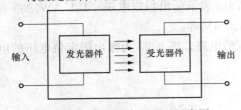

图 8.27　光电耦合器原理示意图

学习札记

路，因而可实现两电路间的电气隔离，并能实现信号的单方向传递，所以光电耦合器在电子技术中应用广泛，例如常用来在数字电路或计算机控制系统中作接口电路。

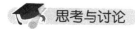 思考与讨论

1. 二极管的伏安特性上为什么会出现死区电压？
2. 为什么二极管的反向饱和电流与所加反向电压无关，而当环境温度升高时，又明显增大？
3. 怎样用万用表判断二极管的正极与负极以及管子的好坏？
4. 把一个干电池直接接到（正向接法）二极管的两端，是否会发生什么问题？

8.3 晶 体 三 极 管

由于晶体三极管在工作时电子和空穴同时参与导电，故也称为双极型晶体管，简称晶体管。它是一种 NPN 或 PNP 三层结构的半导体器件，从每一层半导体上各引出一根电极，所以晶体管又称三极管。图 8.28 所示为晶体管的几种常见外形图。

8.3.1　晶体管的结构及类型

晶体管从半导体材料上可分为硅管和锗管两类。从结构上分为平面型和合金型两类，硅管主要是平面型，锗管都是合金型。硅管多为 NPN 型，锗管多为 PNP 型。

图 8.28　晶体管的几种常见外形

晶体管的结构示意图如图 8.29 所示，三个区分别称为发射区、基区和集电区。基区与发射区之间的 PN 结称为发射结，基区与集电区之间的 PN 结称为集电结。从三个区引出的三根电极分别称为发射极 E、基极 B 和集电极 C。

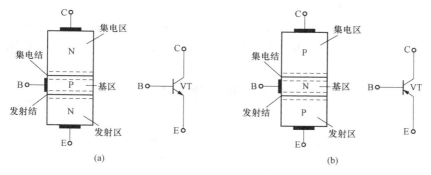

图 8.29　晶体管的结构示意图和符号表示
（a）NPN 型晶体管；（b）PNP 型晶体管

　NPN 型和 PNP 型晶体管的结构示意图和符号表示分别如图 8.29（a）、（b）所示。NPN 型和 PNP 型晶体管工作原理相似，不同之处仅在于使用时工作电源极性相反。应注意两种管子的表示符号区别是发射极的箭头方向不同，它表示发射结加正向电压时的电流方向。当前国内生产的硅晶体管多为 NPN 型（3D 系列），锗晶体管多为 PNP 型（3A 系列）。下面以应用较多的 NPN 型硅晶体管为例进行分析，所得结论同样适合于 PNP 型晶体管。

 学习札记

晶体三极管的制造特点是发射区掺杂浓度最大，基区掺杂浓度最小且制造得很薄，集电结面积最大，掺杂浓度较低，这是晶体管具有放大作用的内部条件。

8.3.2 晶体管电流放大原理

1. 晶体管的接法

晶体管有三个电极，其中一个可以作为输入端，一个可以作为输出端，这样必然有一个电极是公共电极。这样产生三种接法，也称三种组态，如图 8.30 所示。

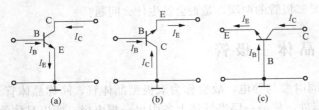

图 8.30 晶体管三种组态

（a）共发射极；（b）共集电极；（c）共基极

（1）共发射极接法。发射极作为公共端，基极作为输入端，集电极作为输出端。

（2）共集电极接法。集电极作为公共端，基极作为输入端，发射极作为输出端。

（3）共基极接法。基极作为公共端，发射极作为输入端，集电极作为输出端。

下面以 NPN 型晶体管所接成的共发射极电路为例，介绍晶体管的电流放大原理。

2. 电流放大原理

晶体管工作在放大状态下的基本条件：①外部条件，发射结正向偏置（$U_{BE} > 0$），集电结反向偏置（$U_{BC} < 0$）；②内部条件，发射区杂质浓度要远大于基区杂质浓度，同时基区厚度要很小，集电结结面积较大。

在图 8.31 所示的晶体管电流放大实验电路中，发射结加正向偏置 U_{BE}（$U_{BE} < 1V$）；集电结加反向偏置（约几伏到几十伏）。改变电路中可变电阻 R_B 的阻值，使基极电流 I_B 为不同

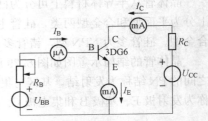

图 8.31 晶体管电流放大实验电路

的值，测得相应的集电极电流 I_C 和发射极电流 I_E，电流方向如图 8.31 所示。测得的实验结果列于表 8.1 中。

表 8.1　　　　　　　　　　　　　　　　**晶体管各极电流测量值**

电流（mA）	数据				
I_B	0.02	0.04	0.06	0.08	0.10
I_C	0.70	1.50	2.30	3.10	3.95
I_E	0.72	1.54	2.36	3.18	4.05

由表 8.1 中数据可得出如下结论：

（1）无论晶体管电流如何变化，三个电流间始终符合基尔霍夫电流定律，即

$$I_E = I_C + I_B \tag{8.11}$$

（2）I_C 和 I_E 均比 I_B 大得多，且 $I_C \approx I_E$。

（3）基极电流 I_B 尽管很小，但其对 I_C 有控制作用，I_C 随着 I_B 的改变而改变，两者之间的关系为

$$\beta = \frac{\Delta I_C}{\Delta I_B} \tag{8.12}$$

学习
札记

3. 晶体管内部载流子的运动情况

下面结合图 8.32 分析载流子在晶体管内部的运动规律来解释上述结论。

（1）发射区向基区扩散电子。当发射结加正向电压时，其内电场被削弱，多数载流子的扩散运动加强，发射区的多数载流子电子不断越过发射结扩散到基区，同时电源的负极不断地把电子送入发射区以补偿扩散的电子，形成发射极电流 I_E，其方向与电子运动的方向相反。与此同时，基区的多数载流子空穴也扩散到发射区而形成电流，但是由于基区的空穴浓度比发射区的自由电子浓度低得多，故这部分空穴电流很小，可忽略不计。

（2）电子在基区的扩散与复合。从发射区扩散到基区的自由电子起初都聚集在发射结附近，靠近集电结的自由电子很少，形成了浓度差，因此电子继续向集电结方向扩散。在扩散过程中又会与基区中的空穴复合。由于基区接电源 U_{BB} 的正极，基区中受激发的价电子不断被电源拉走，相当于不断补充基区中被复合掉的空穴，形成电流 I_{BE}，其值近似等于基极电流 I_B，如图 8.32 所示。

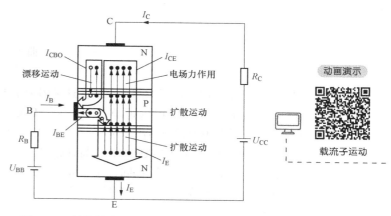

图 8.32　晶体管中载流子的运动和电流分配

（3）集电极收集从发射区扩散过来的电子。由于集电结加了较大的反向电压，其内电场增强。内电场对多数载流子的扩散运动起阻挡作用，而对基区内的少数载流子电子则是一个加速电场。所以，从发射区进入基区并扩散到集电结边缘的大量电子，作为基区的少数载流子，几乎全部进入集电区，然后被电源 U_{CC} 拉走，形成集电极电流 I_C。

综上所述，晶体管的电流放大作用，主要是依靠它的发射极电流能够通过基区传输，然后到达集电极，使在基区的扩散与复合保持一定比例关系而实现的。

4. 晶体管的特性曲线

晶体管的性能可以通过各极间的电流与电压的关系来反映。表示这种关系的曲线称为晶体管的特性曲线，可以由实验求得，也可用晶体管特性图示仪直观地显示出来。它是分析和设计各种晶体三极管电路的重要依据。

（1）输入特性。晶体管的输入特性是指当 U_{CE} 为常数时，I_B 与 U_{BE} 之间的关系曲线族，即

$$I_B = f(U_{BE})|_{U_{CE}=常数} \tag{8.13}$$

图 8.33（a）为某一硅管共发射接法的输入特性曲线。输入特性曲线类似于发射结的伏安特性曲线，因为有集电结电压的影响，它与一个单独的 PN 结的伏安特性有一些不同。

1）当 $U_{CE}=0$ 时，从三极管输入回路看，相当于两个 PN 结（发射结和集电结）并联。当 B、E 间加正电压时，三极管的输入特性就是两个并联二极管正向伏安特性。

2）当 $U_{CE} \geqslant 1V$，b、e 间加正电压，此时集电极的电位比基极高，集电结为反向偏置，阻挡层变宽，基区变窄，基区电子复合减少，故基极电流 I_B 下降。与 $U_{CE}=0$ 时相比，在相同条件下，I_B 要小得多。所以输入特性将向右移动。

学习札记

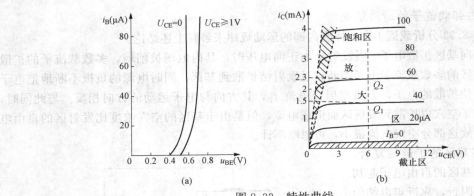

图 8.33　特性曲线

(a) 三极管共射输入特性；(b) 三极管共射输出特性

3) 当 U_{CE} 继续增大时，曲线右移不明显。这是因为集电结的反偏电压已足以将注入基区的电子基本上都收集到集电极，此时 U_{CE} 再增大，I_B 变化不大。故 $U_{CE} \geqslant 1V$ 以后的输入特性基本重合。所以，半导体器件手册中通常只给出一条 $U_{CE} \geqslant 1V$ 的三极管输入特性曲线。

4) 输入特性曲线的形状与二极管的伏安特性相似，也有一段死区，硅管的死区电压约为 0.5V，锗管的死区电压为 0.2V。在正常导通时，硅管的 U_{BE} 在 0.6～0.7V，而锗管的 U_{BE} 在 0.1～0.3V。

（2）输出特性。输出特性是指当三极管基极电流 I_B 为常数时，集电极电流与集、射极间电压 U_{CE} 之间的关系为

$$I_C = f(U_{CE}) \Big|_{I_B = 常数} \tag{8.14}$$

在不同的 I_B 下，可以得到不同的曲线，所以三极管的输出特性曲线是一族曲线，如图 8.33（b）所示。现以其中一条加以说明：当 $U_{CE} = 0$ 时，因集电极无收集作用，$I_C = 0$。当 U_{CE} 有较小增加时，发射结虽处于正向电压之下，但集电结反偏电压很小，集电极收集电子的能力很弱，I_C 主要由 U_{CE} 决定，随着 U_{CE} 的增加而增加。当 U_{CE} 增加到使集电结反偏电压较大时，运动到集电结的电子基本上都可以被集电区收集，此后 U_{CE} 再增加，集电极电流也没有明显地增加，特性曲线进入与 U_{CE} 轴基本平行的区域。

对应三极管工作在不同状态，输出特性通常可分三个区域：

1) 放大区。I_C 平行于 U_{CE} 轴的区域，曲线基本平行等距。U_{BE} 大约在 0.7V 左右（管），I_C 随 I_B 的增加而线性增加，$I_C = \beta I_B$，放大区域具有电流放大作用。$U_{CE} \geqslant 1V$，I_C 的值基本上不随 U_{CE} 变化，呈现恒流特性。由于 I_C 与 I_B 成正比关系，所以放大区也称为线性区。

特点：$I_C = \beta I_B$。

条件：发射结正偏，集电结反偏。

2) 截止区。$I_B = 0$ 的曲线以下的区域为截止区。$I_B = 0$ 时，集、射极间只有微小的反向穿透电流 I_{CEO}（8.3.3 介绍），晶体管 C、E 之间相当于断开，$I_C = 0$。为了使晶体三极管可靠截止，通常给发射结加上反向电压，即 $U_{BE} < 0$。这样，发射结、集电结都处于反向偏置，三极管处于截止状态。

特点：$I_C \approx 0$。

条件：发射结反偏，集电结反偏。

3) 饱和区。特性曲线迅速上升和弯曲部分之间的区域为饱和区。在此区中，I_C 不再受 I_B 的控

学习
札记

制，呈现饱和状态，失去了放大作用，不同 I_B 值的各条特性曲线几乎重叠在一起。该区域 U_{CE} 值较小（用 U_{CES} 表示，称为集、射极饱和电压，该值很小，约为 0.3V），晶体管 C、E 之间相当于短路，且发射结、集电结均处于正向偏置。

特点：$U_{CE} \approx 0.3V$，$I_C < \beta I_B$。

条件：发射结正偏，集电结正偏。

晶体管有三种工作状态：放大、截止和饱和。在分析电路时常根据晶体管结偏置电压的大小和管子的电流关系判定工作状态，而在实验中常通过测定晶体管的极间电压判定工作状态。

[例 8.4] 用指针式万用表测得某处于放大状态下的晶体管 3 个极对地电位分别为 $U_1 = 7V$，$U_2 = 2V$，$U_3 = 2.7V$，试判断此晶体管的类型和引脚名称。

解： 本题可依照以下思路分析。

（1）基极一定居于中间电位。

（2）按照 $U_{BE} = 0.2 \sim 0.3V$ 或 $U_{BE} = 0.6 \sim 0.7V$ 可找出基极 B 和发射极 E，并可确定出锗管或硅管。

（3）余下第三脚必为集电极。

（4）若 $U_{CE} > 0$，则为 NPN 型管；$U_{CE} < 0$，则为 PNP 型管。

由 $U_3 - U_2 = 0.7V$ 可知，3 脚为基极，2 脚为发射极，1 脚为集电极，晶体管为硅管；由 $U_1 - U_2 = 5V > 0$ 可知，管子类型为 NPN。

8.3.3 晶体管的主要参数

三极管的参数是用来表征管子性能优劣和适用范围的，是选用三极管的依据。了解这些参数的意义，对于合理和充分利用三极管达到设计电路的经济性和可靠性是十分必要的。

1. 电流放大系数 $\overline{\beta}$ 和 β

根据工作状态的不同，在直流（静态）和交流（动态）两种情况下分别用 $\overline{\beta}$ 和 β 表示晶体管的电流放大能力。直流电流放大系数的定义为

$$\overline{\beta} = \frac{I_C}{I_B} \tag{8.15}$$

交流电流放大系数的定义为

$$\beta = \frac{\Delta I_C}{\Delta I_B} \tag{8.16}$$

显然，$\overline{\beta}$ 和 β 的含义不同，但在输出特性比较好的情况下，两者差别很小。在一般工程估算中，可以认为 $\overline{\beta} \approx \beta$。在手册中 $\overline{\beta}$ 常用 h_{FE} 表示，β 常用 h_{fe} 表示。手册中给出的数值都是在一定的测试条件下得到的。由于制造工艺和原材料的分散性，即使同一型号的晶体管，其电流放大系数也有很大的区别。常用的小功率晶体管，β 值范围为 $20 \sim 150$，而且还与 I_C 的大小有关。I_C 很小或很大时，β 值将明显下降。β 值太小，电流放大作用差；β 值太大，对温度的稳定性又太差，通常以 100 左右为宜。

2. 极间反向电流

（1）集、基极间反向饱和电流 I_{CBO}。I_{CBO} 是在发射极开路（$I_E = 0$），集、基极间加一定反向电压时的反向电流。硅管的 I_{CBO} 比锗管小。在室温下，一般小功率锗管的 I_{CBO} 为数微安，而硅管的 I_{CBO} 小于 $1\mu A$。

（2）穿透电流 I_{CEO}。I_{CEO} 是基极开路（$I_B = 0$），在集、射极间加一定电压时的

动画演示

集射极穿透
电流I_{ceo}电路

集电极电流。这个电流从集电区穿过基区到发射区，故称为穿透电流。根据三极管的电流分配规律，即从发射区扩散到基区而到达集电区的电子数应为在基区与空穴复合的电子数的 $\bar{\beta}$ 倍，因此，为了与形成电流 I_{CBO} 的空穴相复合，发射区必须向基区注入可以形成 $(1+\bar{\beta})I_{CBO}$ 电流的自由电子，所以 I_{CBO} 和 I_{CEO} 的关系应为

$$I_{CEO} = \bar{\beta}I_{CBO} + I_{CBO} = (1+\bar{\beta})I_{CBO} \tag{8.17}$$

I_{CEO} 的大小是判别晶体三极管质量好坏的重要参数，一般希望 I_{CEO} 越小越好。

3. 极限参数

(1) 集电极最大允许电流 I_{CM}。晶体管的集电极电流超过一定数值时，其 β 值会下降，规定 β 值下降至正常值的 2/3 时的集电极电流为集电极最大允许电流 I_{CM}。

(2) 集电极最大允许耗散功率 P_{CM}。集电极电流流经集电结时要产生功率损耗，使集电结发热，当结温超过一定数值后，管子性能变坏，甚至烧坏。为了使管子结温不超过允许值，规定了集电极最大允许耗散功率 P_{CM}，P_{CM} 与 I_C、U_{CE} 的关系为

$$P_{CM} = I_C U_{CE} \tag{8.18}$$

根据晶体管的 P_{CM} 数值可在其输出特性曲线上作出一条 P_{CM} 曲线，如图 8.34 所示。由 P_{CM}、$U_{(BR)CEO}$ 和 I_{CM} 三条曲线所包围区域为晶体管的安全工作区。

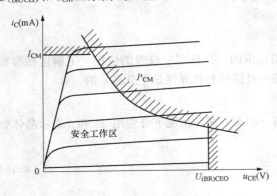

图 8.34 晶体管的安全工作区

(3) 反向击穿电压 $U_{(BR)CEO}$。基极开路时，集电极与发射极之间的最大允许电压，称为集、射极反向击穿电压，当实际值超过此值时会导致晶体管反向击穿造成管子损坏。温度升高 $U_{(BR)CEO}$ 值将要降低，使用时应特别注意。

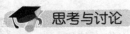 8.3.4 复合晶体管

复合晶体管（复合管）就是把两只或多只三极管的电极通过适当连接，作为一个管子来使用。各种不同连接方式的复合管如图 8.35 所示。通常组成复合管的三极管中，其基极作为复合管的基极的那只管子是小功率管，如 VT1 管；而另一只管子是大功率管，如 VT2 管。

复合管连接方法大致可以总结如下：

(1) 复合管的等效管型由第一只管的管型确定。

(2) 在组成复合管时，管子的各极电流必须畅通。

(3) 放大系数 β 近似为

$$\beta \approx \beta_1 \beta_2 \tag{8.19}$$

 思考与讨论

1. 为什么不能用两个反向连接的二极管来代替一只晶体三极管？

2. 是否可以将晶体三极管的 C、E 极对调使用？

3. 有两个晶体三极管，一个管子的 $\beta=60$，$I_{CBO}=0.5\mu A$；另一管子的 $\beta=150$，$I_{CBO}=2\mu A$，

学习
札记

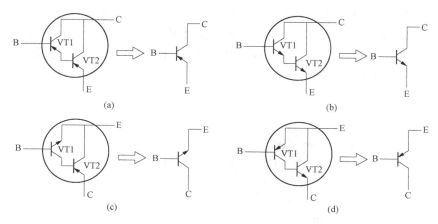

图 8.35　复合管的组成

(a)、(d) PNP 型复合管；(b)、(c) NPN 型复合管

其他参数基本相同，你认为哪一个管子的性能更好一些？

8.4　绝缘栅型场效应晶体管

场效应晶体管（Field Effect Transistor，FET）是利用外加电压的电场强度来控制其导电能力的一种半导体器件。只靠一种载流子（电子或空穴）导电，是单极型晶体管。在场效应晶体管中，导电途径称为沟道。

按结构的不同，场效应晶体管可分为结型和绝缘栅型两大类，由于后者的性能更优越，并且制造工艺简单，便于集成化，所以这里只介绍后者。

根据导电沟道的不同，绝缘栅型场效应晶体管可分为 N 型沟道和 P 型沟道两类；按导电沟道形成的不同又分为增强型和耗尽型两种，因此绝缘栅场效应晶体管（简称 MOS 管）共有四种类型：

$$\text{MOS 管}\begin{cases}\text{N 沟道（NMOS 管）}\begin{cases}\text{增强型}\\\text{耗尽型}\end{cases}\\\text{P 沟道（PMOS 管）}\begin{cases}\text{增强型}\\\text{耗尽型}\end{cases}\end{cases}$$

8.4.1　基本结构

1. 增强型绝缘栅型场效应管

图 8.36（a）所示为 N 沟道增强型绝缘栅型场效应管结构示意图，它是用一块杂质浓度较低的 P 型薄硅片作衬底，在上面扩散两个杂质浓度很高的 N^+ 区，分别用金属铝各引出一个电极，称为源极 S 和漏极 D，并用热氧化的方法在硅片表面生成一层薄薄的二氧化硅（SiO_2）绝缘层，在它上面再生长一层金属铝，也引出一个电极，称为栅极 G。通常将衬底与源极接在一起使用，这样栅极和衬底各相当于一个极板，中间是绝缘层，形成电容。因为栅极与其他电极及硅片之间是绝缘的，所以又称为绝缘栅型场效应管。又由于它是由金属、氧化物和半导体所构成的，所以

学习
札记

又称为金属—氧化物—半导体场效应管（Metal Oxide Semiconductor Field Effect Transistor，MOS管）。正因为栅极是绝缘的，所以 MOS 管的栅极电流几乎为零，输入电阻 R_{GS} 很高，可达 $10^{14}\,\Omega$。只有在栅、源极之间加正向电压，才能形成导电沟道。这种场效应管称为增强型场效应管。其图形符号如图 8.36（b）所示。

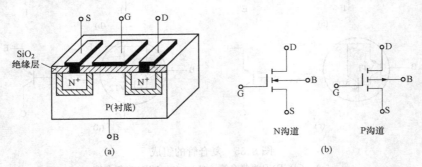

图 8.36　增强型绝缘栅型场效应管的结构示意图和图形符号

（a）结构示意图；（b）图形符号

2. 耗尽型绝缘栅型场效应管

如果在制造 MOS 管时，在 SiO$_2$ 绝缘层中掺入大量的正离子产生足够强的内电场，使得 P 型衬底的硅表层的多数载流子空穴被排斥开，从而感应出很多的电子使漏极与源极之间形成 N 型层，沟通漏极和源极，成为它们之间的导电沟道［见图 8.37（a）］。这样，即使栅、源极之间不加电压（$U_{GS}=0$），漏、源极之间已经存在原始导电沟道，这种场效应管称为耗尽型场效应管。其图形符号如图 8.37（b）所示。

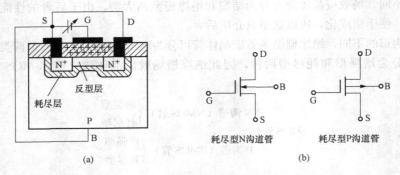

图 8.37　耗尽型绝缘栅型场效应管的结构和图形符号

（a）结构示意图；（b）图形符号

8.4.2　工作原理

下面以 N 沟道场效应管为例，讨论场效应管的工作原理。

1. 增强型绝缘栅型场效应管

如果仅在漏极和源极之间加上电压 U_{DS}，如图 8.38（a）所示。由于 N$^+$ 漏区和 N$^+$ 源区与 P 型衬底之间形成两个 PN 结，无论 u_{DS} 极性如何，两个 PN 结中总有一个因反向偏置而处于截止状态，漏极和源极没有导电通道，漏极电流 i_D 为零。

如果在栅极与源极之间加上正向电压 u_{GS}，如图 8.38（b）所示，由于栅极铝片与 P 型衬底之间为二氧化硅绝缘体，它们构成一个平板电容器，u_{GS} 在二氧化硅绝缘体中产生一个垂直于衬底表面的电场，电场方向向下，二氧化硅绝缘层很薄，产生的电场强度很大，在电场作用下，P 衬底中的电子被吸引到表面层。当 $0 < u_{GS} < U_{GSON}$ 时，吸引到表面层中的电子很少，而且立即被空穴复合，只形成不能导电的耗尽层。当 $u_{GS} > U_{GSON}$ 时，吸引到表面层中的电子，除填满空穴外，多余的电子在 P 型衬底表面形成一个自由电子占多数的 N 型层，称为反型层。反型层沟通了漏区和源区，成为它们之间的导电沟道。使增强型场效应管刚开始形成导电沟道的临界电压 U_{GSON} 称为开启电压。

如果加上栅源电压 $u_{GS} > U_{GSON}$，在漏区和源区形成了导电沟道后，同时再加上漏源电压 $u_{DS} > 0$，导电沟道形状会变成如图 8.38（c）所示的逐渐减小的楔形形状，这是因为 u_{DS} 使得栅极与沟道不同位置间的电位差变得不同，靠近源极一端的电位差最大为 u_{GS}；靠近漏极一端的电位差为 $u_{GD} = u_{GS} - u_{DS}$，因而反型层为楔形的不均匀分布。

改变栅极电压 u_{GS}，就能改变导电沟道的厚薄和形状，即改变导电沟道的电阻值，实现对漏极电流 i_D 的控制作用。随着 u_{DS} 继续增加，$u_{GD} = u_{GS} - u_{DS}$ 减小，沟道在接近漏极处消失，结果楔形导电沟道如图 8.38（d）所示，这时的状态称为预夹断。预夹断不是完全将导电沟道夹断，而是允许电子在导电沟道的窄缝中以高速流过，保证沟道电流的连续性。管子预夹断后，u_{DS} 在较大范围内变化时，i_D 基本不变，进入恒流区。

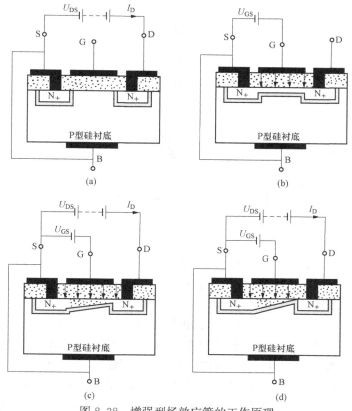

图 8.38 增强型场效应管的工作原理

2. 耗尽型绝缘栅型场效应管工作原理

耗尽型场效应管的结构和增强型场效应管基本相同，区别在于耗尽型场效应管二氧化硅的绝缘层在制造过程中就掺入大量电荷，当 $u_{GS}=0$，即使不加栅源电压 u_{GS}，掺入二氧化硅绝缘层的正电荷产生的内电场也能在衬底表面自动形成反型层导电沟道。若 $u_{GS}>0$，则外电场与内电场方向一致，使导电沟道变厚；当 $u_{GS}<0$ 时，外电场与内电场方向相反，使导电沟道变薄。当 u_{GS} 的负值达到某一数值 U_{GSOFF} 时，导电沟道消失。这一使导电沟道消失的临界电压称为夹断电压。只要 $u_{GS}>U_{GSOFF}$，$u_{DS}>0$，就会产生 i_D。改变 u_{GS}，便可改变导电沟道的厚薄和形状，实现对漏极电流 i_D 的控制。

P 沟道场效应管的构成方式（N 型衬底，两个高掺杂 P 型区，P 沟道）与 N 沟道场效应管的正好相反，但工作原理是一样的，只是两者电源极性、电流方向相反而已。

8.4.3　特性曲线

1. 转移特性

场效应管的转移特性曲线是在 u_{DS} 一定时，漏极电流 i_D 与栅源电压 u_{GS} 之间的关系曲线，即

$$i_D = f(u_{GS})|_{u_{DS}=常数} \tag{8.20}$$

增强型 NMOS 管的转移特性，如图 8.39（a）所示。当栅源电压小于开启电压（$0<u_{GS}<U_{GSON}$）时，漏极电流为零 $i_D=0$，当栅源电压大于开启电压时（$u_{GS}>U_{GSON}$），漏极与栅极之间有了导电沟道，产生漏极电流 i_D，随着 u_{GS} 增加，导电沟道加宽，沟道电阻减小，漏极电流 i_D 随着 u_{GS} 增加而迅速增加。

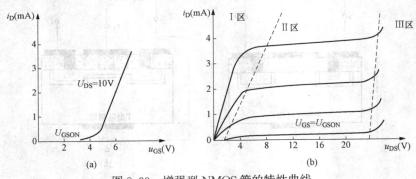

图 8.39　增强型 NMOS 管的特性曲线

（a）转移特性；（b）输出特性

2. 输出特性（漏极特性）

场效应管的漏极特性是指 u_{GS} 一定时，漏极电流 i_D 与漏极和源极之间的电压 u_{DS} 之间的关系，即

$$i_D = f(u_{DS})|_{u_{GS}=常数} \tag{8.21}$$

漏极特性分为三个区：

（1）可变电阻区（Ⅰ）。当 u_{DS} 较小时，漏极特性的曲线靠近纵轴的部分，如图 8.39（b）中Ⅰ区。该区的特点是 u_{GS} 控制着场效应管的沟道宽度，u_{GS} 一定时，沟道电阻基本不变。随着 u_{DS} 的增加，i_D 近似线性地增加。D、S 间可等效成一个由 u_{GS} 控制的可变电阻。

（2）恒流区（Ⅱ）。当 u_{DS} 较大时，漏极特性曲线的水平部分，如图 8.39（b）中Ⅱ区。该区的特点：场效应管已经进入预夹断状态，u_{DS} 增加，i_D 只略有增加，i_D 的大小主要受 u_{GS} 控制，可以

学习札记

把 i_D 近似等效成一个受 u_{GS} 控制的电流源，u_{GS} 越大，曲线越向上移，i_D 越大，且 i_D 随着 u_{GS} 线性增长，故又称为线性放大区。场效应管作线性放大时，工作在该区域。

（3）击穿区（Ⅲ）。随着 u_{DS} 进一步增加到一定的数值时，漏极与衬底的反向 PN 结被击穿，i_D 突然迅速上升，功耗急剧增大，如图 8.39（b）中Ⅲ区，击穿区内场效应管很容易被烧毁。

其他几种绝缘栅型场效应管的特性曲线，读者自己分析画出。

8.4.4 主要参数

（1）跨导 g_m。g_m 是表示栅源电压 u_{GS} 对漏极电流 i_D 控制作用大小的参数，是 u_{DS} 在一定数值的条件下，u_{GS} 的变化引起的 i_D 变化量与 u_{GS} 变化量的比值。

（2）开启电压 U_{GSON}。U_{GSON} 是增强型 MOS 管的 u_{DS} 为一定值时，产生某一微小电流 i_D 所需要 $|u_{GS}|$ 的最小值。

（3）夹断电压 U_{GSOFF}。U_{GSOFF} 是耗尽型 MOS 管的 u_{DS} 为一定值时，使 i_D 小于某一微小电流所需要 $|u_{GS}|$ 的最小值。

（4）栅源直流输入电阻 R_{GS}。由于绝缘栅型的栅极和源极之间是一层二氧化硅的绝缘层，R_{GS} 可高达 $10^9 \sim 10^{17} \Omega$。

（5）饱和漏极电流 I_{DSS}。I_{DSS} 指耗尽型 MOS 管的 $u_{GS}=0$，给定电压 u_{DS} 时，发生预夹断时的漏极电流。

场效应管的极限参数有最大漏极电流 I_{DM}、最大功耗 P_{DM}、漏源击穿电压 U_{DSBR}、栅源击穿电压 U_{GSBR} 等。使用时应注意不可超过这些极限数值。

思考与讨论

1. 场效应管与晶体三极管比较有何特点？
2. 为什么说晶体三极管是电流控制元件，而场效应管是电压控制元件？
3. 试说明 NMOS 管与 PMOS 管，增强型与耗尽型的主要区别。
4. 某场效应管，当 $u_{GS} > 3V$，$u_{DS} > 0$ 时才会产生 i_D，试问该管是四种绝缘栅型场效应管中的哪一种？

8.5 应 用 举 例

在计算机控制系统中，普遍采用光电耦合管作为接口，以实现输入、输出设备与主机之间的隔离、开关、匹配、抗干扰等。图 8.40 所示为计算机控制系统的示意图。由传感器电路检测的现场信号，经光电耦合管隔离后，送入计算机进行处理，计算机发出的控制信号又经光电耦合管隔离后，再送到现场去控制执行机构。显然，光电耦合管的主要作用：①利用其电隔离功能，使计算机与控制现场相互隔离，以致现场的各种干扰不能窜入计算机内，从而保证计算机可靠地工

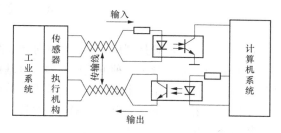

图 8.40　计算机控制系统示意图

作；②实现电平转换。传感电路输出信号的电平，执行机构所需要的电平，并不一定与计算机的信号电平相等，利用光电耦合管的输入、输出端可以有不同工作电压的特点，以实现所需要的电平转换。

8.6 用 Multisim 对二极管电路的仿真实验

半导体二极管内部是由一个 PN 结构成的一种非线性元件，具有单向导电性，这些特性二极管可以用于实现限幅、钳位、稳压、检波、整流、元件保护等功能。

下面以图 8.41 所示的二极管钳位电路为例来说明半导体电路的仿真实验，同时熟悉在 Multisim 中选取元件、连接电路、表头测量的基本操作过程。

（1）创建电路。从“电源库”中选择直流电压源、电阻，从“指示元件库”中选电压表，创建半导体二极管应用于钳位功能的电路，如图 8.41 所示。

（2）参数设置。双击各元件进行参数设置（所选二极管的型号为 1N3595，其导通压降为 $U_。=0.609\text{V}$）。

（3）启动仿真开关。可从电压表上读出 Vf 点的电压值。

图 8.42 为二极管限幅电路的仿真实验，操作过程同上。

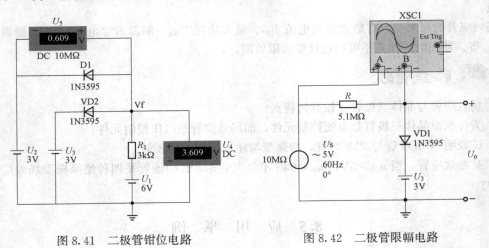

图 8.41 二极管钳位电路   图 8.42 二极管限幅电路

本 章 小 结

（1）半导体二极管是利用 PN 结的单向导电性制成的，是非线性电子元件。

（2）双极型晶体管是一种电流控制器件（基极电流控制集电极电流），具有电流放大作用。晶体管有发射结和集电结两个 PN 结，有放大、截止和饱和 3 种工作状态。晶体管工作在放大区的基本条件：发射结正偏，集电结反偏。当晶体管分别工作在截止和饱和状态时，称为晶体管的开关工作状态。晶体管也是非线性电子元件。

（3）场效应管是电压控制的单极型半导体器件，即栅源极间电压 u_{GS} 控制漏极电流 i_D，导电沟道中只有一种载流子参与导电。场效应晶体管的输入电阻很高，栅极电流 $i_G=0$。

习　　　题

8.1　在图 8.43 各电路中，$u_i=5\sin\omega t$ V，二极管的正向压降可忽略不计，试分别画出输出电压 u_o 的波形。

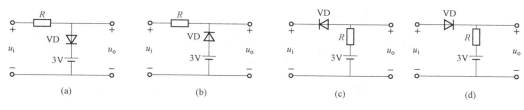

图 8.43　题 8.1 的图

8.2　判断图 8.44 中的二极管是否导通，并求出 A、O 两端的电压。设所有的二极管均为理想二极管。

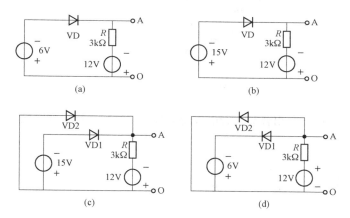

图 8.44　题 8.2 的图

8.3　在图 8.45 电路中，二极管的正向压降可忽略不计，在下列几种情况下，试求输出端电位 U_F 及各元件中通过的电流。

（1）$U_A=10V$，$U_B=0V$；（2）$U_A=6V$，$U_B=5.8V$；（3）$U_A=U_B=5V$。

8.4　桥式整流电路如图 8.46 所示，试画出下列情况下 u_{AB} 的波形（设 $u_2=\sqrt{2}U_2\sin\omega t$ V）。

（1）S1、S2、S3 打开，S4 闭合。

（2）S1、S2 闭合，S3、S4 打开。

（3）S1、S4 闭合，S2、S3 打开。

（4）S1、S2、S4 闭合，S3 打开。

（5）S1、S2、S3、S4 全部闭合，并用 Multisim 10 仿真 u_{AB} 的波形。

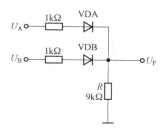

图 8.45　题 8.3 的图

8.5　直流稳压电源如图8.47所示。试完成：（1）标出输出电压的极性并计算其大小；（2）标出滤波电容 C_1 和 C_2 的极性；（3）若稳压管的 $I_{Smin}=5mA$，$I_{Smax}=20\Omega$，当 $R_L=200\Omega$ 时，稳压管能否正常工作？负载电阻的最小值约为多少？（4）若将稳压管反接，结果如何？（5）若 $R=0$，又将如何？

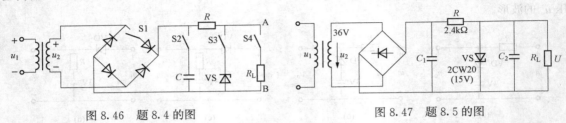

图8.46　题8.4的图　　　　　　图8.47　题8.5的图

8.6　设硅稳压管 VS1 和 VS2 的稳定电压分别为5V和10V，求图8.48中各电路的输出电压 U_o，已知稳压管的正向压降为0.7V。

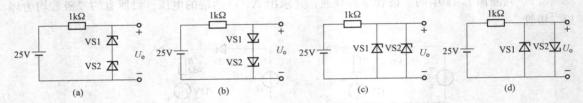

图8.48　题8.6的图

8.7　根据图8.49中已标出各晶体管电极的电位，判断处于饱和状态的晶体管是（　　）。

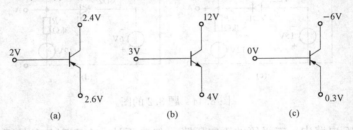

图8.49　题8.7的图

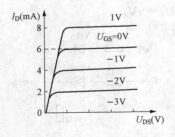

图8.50　题8.9的图

8.8　在某放大电路中，测得一个三极管三个电极的对地电位分别为 -6、-3、$-3.2V$，试判断该三极管是 NPN 型还是 PNP型？并确定三个电极。

8.9　图8.50所示为某场效应管漏极特性曲线，试完成：（1）判断该管属于哪种类型？画出其符号；（2）求夹断电压 U_{GSOFF}；（3）求漏极饱和电流 I_{DSS}。

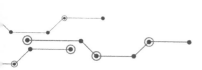

第 9 章

基 本 放 大 电 路

电子电路中的电信号分为两类：①模拟信号，它随时间连续变化。处理模拟信号的电路称为模拟电路，而放大是模拟电子电路最重要的一种功能；②数字信号，它是不随时间连续变化的跃变信号，处理数字信号的电路称为数字电路，将在后面介绍。本章所介绍的基本放大电路几乎是所有模拟集成电路的基本单元。工程上的各类放大电路都是由若干基本放大电路组合而成的。

本章重点介绍放大电路的基本概念、几种基本放大电路的构成和工作原理，以及放大电路的基本分析方法。

9.1 放大电路的基本概念和主要性能指标

放大就是将微弱的变化信号转换为强大信号的操作，即一个微弱的变化信号通过放大器后，输出电压或电流的幅值得到了放大，但它随时间变化的规律不能变。放大电路，就是指由放大器件（如晶体管、场效应管等）为核心器件构成的电路。放大电路的原理是直流电源向放大器供给能量，输入端的弱信号控制放大器的输出能量变化，从而使输出端得到与输入信号相似的强信号。

9.1.1 放大电路的结构

由于晶体管、场效应管是非线性的，故放大电路就是非线性电路。从电路的角度来看，可以将基本放大电路看成一个含有受控源的二端网络。放大电路的结构如图 9.1 所示。可见，放大器放大的对象是变化量，放大的实质是能量控制和转换，电子电路放大的基本特征是功率放大。

9.1.2 放大器的主要技术指标

放大器性能的好坏常用技术指标来衡量，主要技术指标有放大倍数（增益）、输入电阻、输出电阻和频率特性等。

1. 放大倍数（增益）

输出信号的电压和电流幅度得到了放大，所以输出功率也会放大。对放大电路而言，有电压放大倍数、电流放大倍数和功率放大倍数。它们通常都是按正弦量定义的。之所以按正弦量定义是因为正弦量便于测量。作为放大电路，输出信号应该与输入信号一样，不产生失真，一个任意形状的波形放大后判断其是否失真比较困难，而正弦波是否失真，判断起来比较容易。各种放大倍数定义式

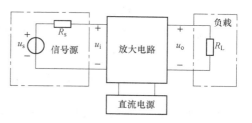

图 9.1 放大电路的结构示意图

中各有关量如图 9.2 所示。

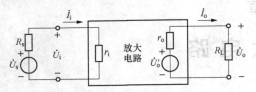

图 9.2 放大电路示意图

电压放大倍数定义为

$$\dot{A}_u = \frac{\dot{U}_o}{\dot{U}_i} \tag{9.1}$$

电流放大倍数定义为

$$\dot{A}_i = \frac{\dot{I}_o}{\dot{I}_i} \tag{9.2}$$

功率放大倍数定义为

$$\dot{A}_p = \frac{\dot{U}_o \dot{I}_o}{\dot{U}_i \dot{I}_i} \tag{9.3}$$

2. 输入电阻 r_i

输入电阻是表明放大电路从信号源吸取电流大小的参数，r_i 大，放大电路从信号源吸取的电流小，反之则大。r_i 是从放大电路输入端看进去的等效电阻，是衡量放大电路获取信号的能力。r_i 计算式为

$$r_i = \frac{\dot{U}_i}{\dot{I}_i} \tag{9.4}$$

一般来说，r_i 越大，I_i 就越小，U_i 越接近信号源电压 U_s。

3. 输出电阻 r_o

输出电阻是表明放大电路带负载的能力，r_o 较大时，表明放大电路带负载的能力较差，反之则较强。放大电路对负载而言相当于信号源，可以将它等效为戴维南等效电路，这个戴维南等效电路的内阻就是输出电阻，即

$$r_o = \frac{\dot{U}_o}{\dot{I}_o} \bigg|_{R_L = \infty, U_s = 0} \tag{9.5}$$

4. 通频带

通频带是衡量放大电路对信号频率的适应能力，放大倍数随频率变化的曲线称为幅频特性曲线，如图 9.3 所示。由于放大电路中的电抗性元件和晶体管内部 PN 结的影响，放大电路的增益 $A(f)$ 是频率的函数，在低频段和高频段都要下降。当 $A(f)$ 下降到中频电压放大倍数 A_m 的 $1/\sqrt{2}$ 时，即

$$A(f_L) = A(f_H) = \frac{A_m}{\sqrt{2}} \approx 0.7A_m \tag{9.6}$$

相应的频率 f_L 称为下限截止频率，f_H 称为上限截止频率，通频 BW 定义为

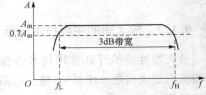

图 9.3 放大电路的幅频特性曲线

$$BW = f_H - f_L \tag{9.7}$$

🎓 **思考与讨论**

1. 放大的实质是什么？

学习
札记

2. 放大器的主要技术指标有哪些?

3. 什么是放大器的输入电阻和输出电阻? 它们的数值是大一些好, 还是小一些好, 为什么?

9.2 共射极放大电路

共射放大电路是以射极为公共端, 通过基极电流 i_B 对集电极电流 i_C 的控制作用实现功率放大的电路。

9.2.1 组成及工作原理

1. 组成

单管放大电路是构成其他类型放大器 (如差分放大器) 和多级放大器的基本单元电路, 图 9.4 所示的单管放大原理电路中晶体管采用共发射极连接组态, 即发射极是输入信号 u_i 和输出信号 u_o 的公共参考点, 所以称为共射极放大电路。下面介绍构成元件的作用。

(1) 晶体管 VT: 电流放大元件, 它是利用基极电流 i_B 对集电极电流 i_C 的控制作用, 按照输入信号的变化规律控制电源所提供的能量, 使集电极上获得受输入信号控制并被放大了的集电极电流。集电极电流经集电极电阻 R_C 和负载电阻转换成较大的输出电压信号 u_o。

(2) 电源 U_{CC}: 使晶体管的发射结正偏, 集电结反偏, 晶体管处在放大状态, 同时也是放大器的能量来源。

(3) 偏置电阻 R_B: 提供适当的基极电流 I_B。

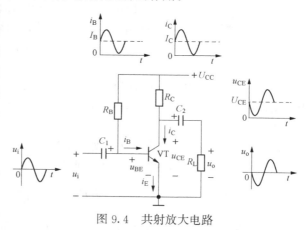

图 9.4 共射放大电路

(4) 集电极负载电阻 R_C: 将变化的电流 i_C 转换为变化的电压 $R_C i_C$, 以便获得输出电压 u_o, 以实现电压放大。

(5) 耦合电容 C_1、C_2: 它的作用是 "隔直通交", 即隔离输入输出与电路直流的联系, 同时能使信号顺利输入输出。

2. 工作原理

(1) 当 $u_i = 0$ 时, 称放大电路处于静态。U_{CC}、R_B、R_C 共同作用使晶体管工作在放大状态。此时的 I_B、I_C、U_{CE} 为直流值 (也称为静态值), 输出 $u_o = 0$。放大电路质量与静态值有着密切的联系。放大电路的静态值如图 9.4 各波形中的虚线所示。

(2) 当 $u_i \neq 0$ 时, 加入放大电路的交变信号 u_i 经耦合电容 C_1 加到晶体管 VT 的 b-e 之间, 在输入回路中, 必将在静态值的基础上产生一个动态的基极电流 i_b; 当然, 在输出回路就可得到动态电流 i_c。集电极电阻 R_C 将集电极电流的变化转换成电压的变化, 管压降的变化量就是输出的动态电压 u_o, 从而实现了电压放大。这时放大电路中的电流 (i_B、i_C、i_E) 和电压 (u_{BE}、u_{CE}) 都由两部分组成, 一个是固定不变的静态分量 (即 I_B、I_C、I_E、U_{BE} 和 U_{CE}), 另一个是交流分量 (即

学习
札记

i_b、i_c、i_e、u_{be} 和 u_{ce}）。其波形图如图 9.4 所示。

9.2.2 电路分析

1. 静态分析

静态分析，就是确定电路中的静态值 I_B、I_C 和 U_{CE}，常采用下列两种方法进行分析。

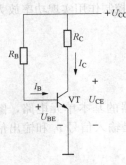

图 9.5 直流通路

（1）估算法。估算法是用放大电路的直流通路计算静态值。图 9.4 中，由于耦合电容 C_1、C_2 具有隔直作用，则由直流电源 U_{CC} 单独作用的直流通路如图 9.5 所示。图中

$$I_B = \frac{U_{CC} - U_{BE}}{R_B} \approx \frac{U_{CC}}{R_B} [U_{BE} = 0.7\text{V（硅管），忽略不计}] \quad (9.8)$$

$$I_C = \beta I_B \quad (9.9)$$

$$U_{CE} = U_{CC} - I_C R_C \quad (9.10)$$

（2）图解法。根据晶体管的输出特性曲线，用作图的方法求静态值称为图解法。设晶体管的输出特性曲线如图 9.6 所示。在直流通路的输出回路中，I_C 和 U_{CE} 应同时满足下列方程

$$\begin{cases} I_C = f(U_{CE}) \\ U_{CE} = U_{CC} - I_C R_C \end{cases}$$

其中，$I_C = f(U_{CE})$ 表示三极管的输出伏安特性，是由三极管内部结构确定的；$U_{CE} = U_{CC} - I_C R_C$ 由三极管以外的元器件决定。故图解法步骤如下：

1）用估算法求出基极电流 I_B（如 40μA）。

2）根据 I_B，在输出特性曲线中找到对应的曲线。

3）作直流负载线。$U_{CE} = U_{CC} - I_C R_C$ 为过 $\left(\frac{U_{CC}}{R_C}, 0\right)$ 和 （0，U_{CC}）两点的直线方程，其斜率为 $-\frac{1}{R_C}$，称为直流负载线。在输出特性曲线上画出该直流负载线。

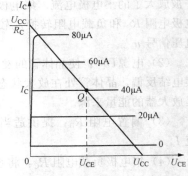

图 9.6 静态图解法

晶体管的 I_C 和 U_{CE} 既要满足 $I_B = 40\mu$A 的输出特性曲线，又要满足直流负载线，因而晶体管必然工作在它们的交点 Q，该点称为静态工作点。由 Q 便可在坐标上查得静态值 I_C 和 U_{CE}。

2. 动态分析

当输入信号 $u_i \neq 0$ 时，电路的工作状态称为动态，此时放大电路是在直流电源 U_{CC} 和交流输入信号 u_i 共同作用下工作，电路中的电压 u_{ce}、电流 i_b 和 i_c 均包含两个分量，即 $i_B = I_B + i_b$、$i_C = I_C + i_c$、$u_{ce} = U_{CE} + u_{ce}$。其中，I_B、I_C 和 U_{CE} 是在电源 U_{CC} 单独作用下产生的静态值，而 i_b、i_c 和 u_{ce} 是在输入信号 u_i 作用下产生的交流分量。交流分量的分析可采用小信号模型分析法和图解分析法。

（1）小信号模型分析法。交流分量可用交流通路（u_i 单独作用下的电路）进行计算。图 9.4 中由于耦合电容 C_1、C_2 足够大，容抗近似为零（相当于短路），直流电源 U_{CC} 除源（短接），因而它的交流通路如图 9.7 所示。图中晶体管 VT 为非线性元件，当输入信号 u_i 较小时，引起 i_b 和 u_{be}

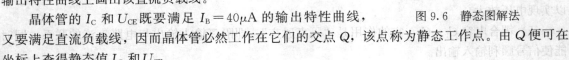

在静态工作点 Q 附近的变化也很微小。因而，如图 9.8 所示的输入特性曲线，从整体上看虽然是非线性的，但在 Q 点附近的微小范围可以认为是线性的，当 U_{CE} 为常数时，令 ΔU_{BE} 和 ΔI_B 的比值为 r_{be}，即

$$r_{be} = \frac{\Delta U_{BE}}{\Delta I_B} = \frac{u_{be}}{i_{be}} \tag{9.11}$$

r_{be} 实际上是静态工作点 Q 处的动态电阻，即 Q 点切线斜率的倒数，低频小功率晶体管可以用下式估算

$$r_{be} = 300 + (1+\beta)\frac{26\text{mV}}{I_E\text{mA}} \quad (\Omega) \tag{9.12}$$

式中：I_E 为发射极电流的静态值；r_{be} 通常为几百欧到几千欧，在手册中常用 h_{ie} 表示。

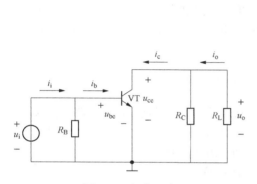

图 9.7　交流通路

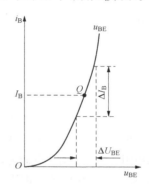

图 9.8　输入特性曲线

由式（9.11）可知，基极到发射极之间，对微小变量 u_{be} 和 i_b 而言，相当于一个电阻 r_{be}。晶体管的输入电路可以用 r_{be} 等效代替。

集电极和发射极之间的电流和电压关系由输出特性曲线决定，假如认为输出特性曲线在放大区域内呈水平线，则集电极电流的微小变化 ΔI_C 只是由基极电流的微小变化 ΔI_B 引起的，而与电压 u_{CE} 无关，即

$$\Delta I_C = \beta \Delta I_B \text{ 或 } i_c = \beta i_b \tag{9.13}$$

因而集电极和发射极之间可等效为一个受 i_b 控制的电流源 βi_b，图 9.9 所示为晶体管的小信号模型电路。

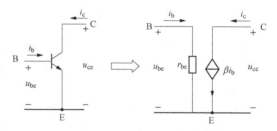

图 9.9　晶体管的小信号模型电路

图 9.7 交流通路中的晶体管 VT 用小信号模型电路代替，便可得到放大电路的小信号模型电路，如图 9.10 所示，设 u_i 为正弦量，则电路中所有的电流、电压均可用相量表示。用小信号模型将非线性的放大电路转换成线性电路，然后用线性电路的分析方法来分析，这种方法称为小信号模型分析法。

1）电压放大倍数。

$$A_u = \frac{\dot{U}_o}{\dot{U}_i} = \frac{-R_L'\beta\dot{I}_b}{r_{be}\dot{I}_b} = -\beta\frac{R_L'}{r_{be}} \tag{9.14}$$

学习
札记

式中：R'_L为交流负载电阻；$R'_L=R_C//R_L=R_CR_L/(R_C+R_L)$。

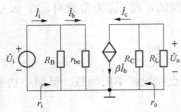

共射极基本放大电路
工作原理

图 9.10　放大电路的小信号模型电路

由式（9.14）可以看出放大倍数与 R'_L 成正比，并与 r_{be} 和 β 有关，式中的负号表明输出电压 u_o 与输入电压 u_i 反相。

若放大器输出端开路（不接负载电阻 R_L），则

$$A_u=-\frac{\beta R_C}{r_{be}} \qquad (9.15)$$

与式（9.14）相比，由于 $R'_L<R_C$，负载电阻 R_L 使放大倍数下降，放大器的负载电阻 R_L 越小，放大倍数就越小。

2）输入电阻。放大电路对信号源（或对前级放大电路）来说是一个负载，它可以用一个等效电阻来替代，这个等效电阻就是放大电路的输入电阻 r_i，它等于输入电压 u_i 与输入电流 i_i 之比，由图 9.10 得

$$r_i=\frac{\dot U_i}{\dot I_i}=R_B//r_{be}\approx r_{be} \qquad (9.16)$$

其中，当 $R_B\gg r_{be}$ 时，$r_i\approx r_{be}$。r_{be} 通常为几百欧到几千欧。所以这种放大电路的输入电阻不大。

注意：r_i 和 r_{be} 是不同的，r_{be} 是晶体管的输入电阻，r_i 是放大电路的输入电阻。

3）输出电阻。放大器对负载而言，相当于一个电压源，该电压源的内阻定义为放大器的输出电阻 r_o。计算方法：输入端短路（去掉输入电压 u_i），断开负载，在输出端加电压 u 与流入电流 i 的比值为输出电阻 r_o。对于图 9.10 电路的输出电阻 r_o，可用图 9.11 计算，由于输入端短路，$\dot U=0$，则 $\dot I_b=0$，$\beta I_b=0$，得

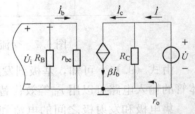

图 9.11　计算放大器的输出电阻

$$r_o=\frac{\dot U}{\dot I}=R_C \qquad (9.17)$$

R_C 在几千欧到几十千欧，r_o 较大，不理想。

[例 9.1]　图 9.12 电路中，已知 $U_{CC}=12V$，$R_B=300k\Omega$，$R_C=3k\Omega$，$r_{be}=0.96k\Omega$，$\beta=50$，$R_s=3k\Omega$，试求：

（1）静态值 I_B、I_C、U_{CE}；

（2）输出端开路（$R_L=\infty$）时的电压放大倍数；

（3）$R_L=3k\Omega$ 时的电压放大倍数；

（4）输入、输出电阻；

（5）输出端开路时的源电压放大倍数。

解：（1）用估算法计算静态值。设 $U_{BE}=0.7V$ 忽略不计，则

$$I_B\approx\frac{U_{CC}}{R_B}=\frac{12}{30}\approx40(\mu A)$$

$$I_C=\beta I_B=50\times40=2(mA)$$

$$U_{CE}=U_{CC}-I_CR_C=12-2\times3=6(V)$$

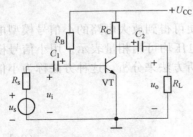

图 9.12　例 9.1 的图

学习
札记

（2）画出图 9.12 对应的小信号模型电路（也称为微变等效电路）如图 9.13 所示。由式（9.15）得

$$A_u = -\beta \frac{R_C}{r_{be}} = -50 \times \frac{3}{0.96} \approx -158$$

（3）由式（9.14）得

$$A_u = -\beta \frac{R_L'}{r_{be}} = -50 \times \frac{3//3}{0.96} \approx -79$$

可见加负载后，电压放大倍数有较大幅度地下降。

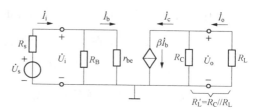

图 9.13　例 9.1 的小信号模型电路

（4）由式（9.16）和式（9.17）得

$$r_i \approx r_{be} = 0.96 \text{k}\Omega$$
$$r_o = R_C = 3\text{k}\Omega$$

（5）源电压放大倍数 A_{us} 是考虑信号源内阻影响时的电压放大倍数，有

$$A_{us} = \frac{\dot{U}_o}{\dot{U}_s} = A_u \frac{r_i}{r_i + R_s} = -158 \times \frac{0.96}{0.96 + 3} = -38.3$$

由此可见，源电压放大倍数 A_{us} 要比电压放大倍数 A_u 下降很多，这是由于放大器的输入电阻 r_i 太小造成的。

（2）图解分析法。动态图解分析是在静态图解分析的基础上，将交流分量叠加到静态分量上。

图解分析可以形象、直观地看出信号的传递过程，各个电压、电流在 u_i 作用下的变化情况和放大器的工作范围等。以图 9.4 的电路为例，分析步骤如下：

1）根据静态分析方法，求出静态工作点 $Q(I_B$、I_C 和 $U_{CE})$，如图 9.14 所示。

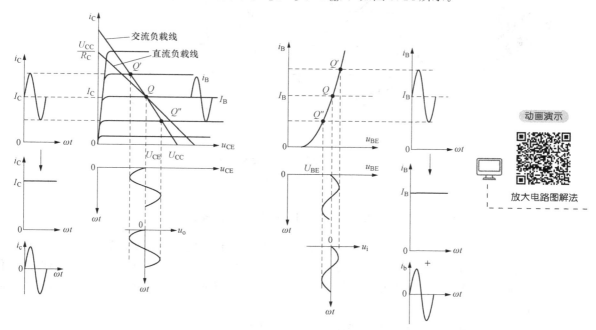

图 9.14　放大电路的动态工作波形

2）当有输入信号 u_i（正弦量）时，如图 9.14 所示，则

$$u_{BE} = U_{BE} + u_i = U_{BE} + u_{be}$$

工作点 Q 在输入特性曲线的线性段 Q' 和 Q'' 之间移动，基极电流 $i_B = I_B + i_b$，其中 i_b 也为正弦量。

3）作交流负载线。在图 9.4 放大电路的输出端接有负载电阻 R_L 时，直流负载线的斜率仍为 $-\dfrac{1}{R_C}$，如图 9.14 所示，但在 u_i 作用下的交流通路中，负载电阻 R_L 与 R_C 并联，其交流负载电阻 R_L' 决定的负载线称为交流负载线。由于在 $u_i = 0$ 时晶体管必定工作在静态工作点 Q，又 $R_L' < R_C$，因而交流负载线是一条通过静态工作点 Q，斜率为 $-\dfrac{1}{R_L'}$ 的直线。

4）工作点 Q 随 i_B 的变化在交流负载线 Q' 和 Q'' 之间移动，则 $i_C = I_C + i_c$，式中 i_c 也为正弦量，且 $i_c = \beta i_b$；$u_{CE} = U_{CE} + u_{ce}$，式中 u_{ce} 为正弦量，但相位与 u_i 反相。

5）静态工作点 Q 对放大性能的影响。如果静态工作点 Q 设置得不合适，如 Q 点偏高，如图 9.15（a）所示，当 i_b 按正弦规律变化时，Q' 进入饱和区，造成 i_c 和 u_{ce} 的波形与 i_b（或 u_i）的波形不一致，输出电压 u_o（即 u_{ce}）的负半周出现平顶畸变，称为饱和失真；若 Q 点偏低，如图 9.15（b）所示，Q' 则进入截止区，输出电压 u_o 的正半周出现平顶畸变，称为截止失真，这两种失真统称为非线性失真。将静态工作点 Q 设置到放大区的中部，不但可以避免非线性失真，而且可以增大输出的动态范围。

动画演示

放大电路非线性失真

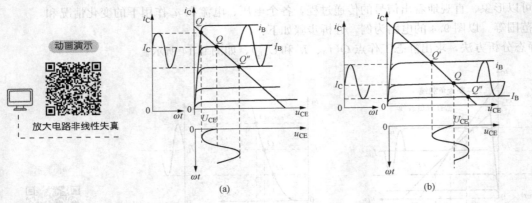

图 9.15 静态工作点 Q 对放大性能的影响

（a）Q 点设置偏高；（b）Q 点设置偏低

9.2.3 工作点稳定的放大电路（分压偏置放大电路）

由于环境温度的变化、电源电压的波动、元器件老化形成的参数变化等影响因素，将使静态工作点偏移原本合适的位置，致使放大电路性能不稳定，甚至无法正常工作。环境温度的变化较为普遍，也不易克服，而且由于晶体管是对温度十分敏感的器件，因此在诸多影响因素中，以温度的影响最大。

温度对晶体管参数的影响主要体现在以下三方面：

学习
札记

（1）从输入特性看，温度升高时 U_{BE} 将减小。在基本共射极放大电路中，由于 $I_B = \dfrac{U_{CC} - U_{BE}}{R_B}$，因此 I_B 将增大。但如果 $U_{CC} - U_{BE}$ 不变，I_B 增加得不明显。

（2）温度升高会使得晶体管的电流放大倍数 β 增加。在取值不变的条件下，输出特性曲线之间的间距加大。

（3）当温度升高时晶体管的反向饱和电流 I_{CBO} 将急剧增加。$I_{CEO} = (1+\beta)I_{CBO}$ 将急剧增加，而 I_{CEO} 是 I_C 的一部分。

综上所述，在基本共射极放大电路中，温度升高对晶体管各种参数的影响，集中表现为集电极电流 I_C 增大，导致静态工作点 Q 上移而接近饱和区，容易产生饱和失真。因此稳定静态工作点的关键就在于稳定集电极电流 I_C。

当温度变化时，要使 I_C 维持近似不变，通常采用图 9.16 所示的分压式偏置共射极放大电路。

动画演示

温度对 I_{CBO} 的影响

分压式偏置共射极放大电路的直流通路如图 9.17 所示，图中 R_{B1}、R_{B2} 构成了一个分压电路，设置它们的参数 $I_R \gg I_B$。这样做的目的在于，可以忽略微安级的 I_B，使基极电位 V_B 不受温度的影响而基本稳定，即

$$V_B = \frac{R_{B1}}{R_{B1} + R_{B2}} U_{CC} \tag{9.18}$$

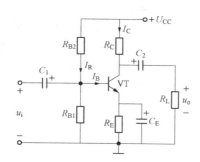

图 9.16　分压偏置共射极放大电路

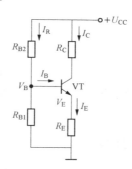

图 9.17　分压偏置共射极放大电路的直流通路

增加了发射极电阻 R_E，它可将输出电流的变化反馈至输入端，起到抑制静态工作点变化的作用。其稳定工作点的过程：当温度上升时，由于三极管参数的变化使得放大电路的静态电流 I_B（I_E）增加，I_E 在 R_E 上产生的压降 $I_E R_E$ 也要增加，而 $U_{BE} = V_B - I_E R_E$（只要 R_{B1}、R_{B2} 选择合适，满足 $I_R \gg I_B$，则 V_B 基本不变），所以 U_{BE} 将随之减小，进而引起 I_B 减小，$I_C = \beta I_B$ 也减小。显然，通过这一过程，使得 I_C 的变化得到了抑制，稳定了静态工作点。

由上述可知，R_E 越大，调节效果越显著。但 R_E 的存在同样会对变化的交流信号产生影响，使放大倍数大大下降。若用电容 C_E 与 R_E 并联，对直流（静态值）无影响，但对交流信号而言，R_E 被短路，发射极相当于接地，便可消除 R_E 对交流信号的影响。C_E 称为旁路电容。

分压式偏置共射极放大电路的静态和动态分析将通过以下例题加以说明。

［例 9.2］　已知图 9.16 所示电路中，$R_{B1} = 5\text{k}\Omega$，$R_{B2} = 15\text{k}\Omega$，$R_C = 2\text{k}\Omega$，$R_E = 1\text{k}\Omega$，$\beta = 40$，$U_{CC} = 12\text{V}$。试估算静态工作点，并求电压放大倍数 A_u、输入电阻 r_i 和输出电阻 r_o。

解：（1）用估算法计算静态工作点

$$V_B = \frac{R_{B1}}{R_{B1} + R_{B2}} U_{CC} = \frac{5}{15+5} \times 12V = 3V$$

$$V_E = V_B - 0.7V = 2.3V$$

$$I_E = \frac{V_E}{R_E} = \frac{2.3}{1}mA = 2.3mA \approx I_C$$

$$I_B = \frac{I_C}{\beta} = \frac{2.3 \times 10^{-3}}{40}A = 58\mu A$$

$$U_{CE} = U_{CC} - (R_C + R_E)I_C = [12 - (2+1) \times 2.3]V = 5.1V$$

（2）求放大倍数。由图 9.18 所示分压式偏置共射极放大电路的小信号模型电路可得

$$r_{be} = 300 + (1+\beta)\frac{26}{I_E} = \left(300 + 41 \times \frac{26}{2.3}\right)\Omega = 0.76k\Omega$$

不接 R_L 时

$$A_u = -\beta \frac{R_C}{r_{be}} = -40 \times \frac{2}{0.76} = -105$$

接 $R_L = 2k\Omega$ 时

$$A_u = -\beta \frac{R_L'}{r_{be}} = -40 \frac{1}{0.76} = -52.5$$

可见接负载 R_L 后，放大倍数下降很大。

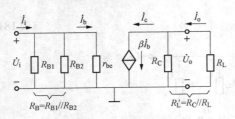

图 9.18   小信号模型电路

（3）输入电阻和输出电阻

$$r_i = R_{B1}//R_{B2}//r_{be} = 0.63k\Omega$$

$$r_o = R_C = 2k\Omega$$

比较图 9.18 所示的分压式偏置放大电路的小信号模型电路与图 9.10 所示固定偏置放大电路的微变等效电路可以看出，如将分压式偏置放大电路中的 R_{B1}、R_{B2} 并联，等效成 R_B，则微变等效电路完全相同。结论也是完全相同的。

思考与讨论

1. 放大电路常用的分析方法有哪几种？主要用在什么场合？
2. 静态工作点的位置与最大输出电压范围有无关系？
3. 什么是放大电路的非线性失真？有哪几种？如何消除？
4. 单管放大电路输入电压 u_i 为正弦波形，而输出电压 u_o 波形的负半周出现平顶，是哪一种失真？
5. 温度对放大电路的静态工作点有何影响？

9.3 共集电极放大电路

如果输入信号加到基极，被放大的信号从发射极输出，集电极接电源 U_{CC}，对交流信号而言，输入与输出的公共端是集电极，则称为共集电极电路，也称射极输出器，其电路如图 9.19 所示。

1. 静态分析
根据射极输出器的直流通路，得

学习
札记

$$U_{CC} = I_B R_B + U_{BE} + V_E$$

其中
$$V_E = I_E R_E = (1+\beta) I_B R_E$$

$$I_B = \frac{U_{CC} - U_{BE}}{R_B + (1+\beta) R_E} \qquad (9.19)$$

$$I_E = (1+\beta) I_B \approx I_C \qquad (9.20)$$

$$U_{CE} = U_{CC} - I_E R_E \qquad (9.21)$$

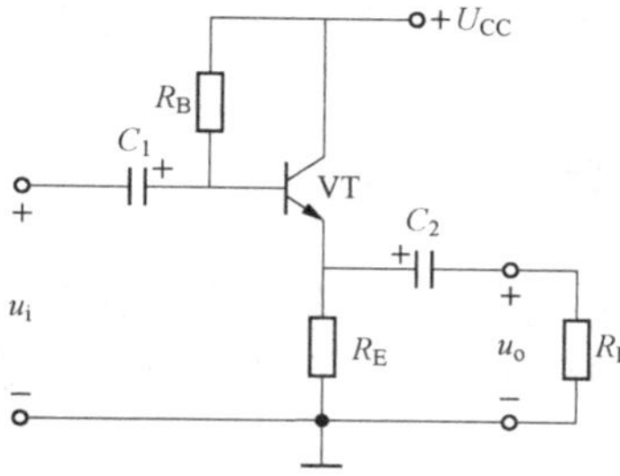

2. 动态分析

(1) 电压放大倍数的计算。由其小信号模型电路
图 9.20 可得

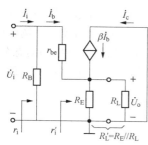

图 9.20 共集电极放大电路的
小信号模型电路

图 9.19 共集电极放大电路（射极输出器）

$$\dot{U}_i = \dot{I}_b r_{be} + (1+\beta) \dot{I}_b R_L'$$

$$\dot{U}_o = \dot{I}_e R_L' = (1+\beta) \dot{I}_b R_L'$$

故
$$A_u = \frac{\dot{U}_o}{\dot{U}_i} = \frac{(1+\beta) R_L'}{r_{be} + (1+\beta) R_L'} \approx 1 \qquad (9.22)$$

(2) 输入电阻的计算。根据小信号模型电路和输入电阻的
定义可得

$$r_i = R_B // r_i'$$

$$r_i' = \frac{\dot{U}_i}{\dot{I}_b} = \frac{[r_{be} + R_L'(1+\beta)] \dot{I}_b}{\dot{I}_B} = r_{be} + R_L'(1+\beta)$$

所以
$$r_i = R_B // [r_{be} + R_L'(1+\beta)] \qquad (9.23)$$

通常 R_B 的阻值很大（几十千欧到几百千欧），同时 $[r_{be} + (1+\beta) R_L']$ 也比共发射极放大电路的输入电阻（$r_i \approx r_{be}$）大得多。因此，射极输出器的输入电阻很高，可达几十千欧到几百千欧。

(3) 输出电阻的计算。在输入端将信号源电压 $\dot{U}_s$ 短路，但保留其内阻 R_s，在输出端将 R_L 去除，加一个交流电压 $\dot{U}_o$，产生 $\dot{I}_o$，如图 9.21 所示，输出电阻为

$$r_o = \frac{\dot{U}_o}{\dot{I}_o} = \frac{1}{\frac{1+\beta}{r_{be} + R_s'} + \frac{1}{R_E}} = \frac{R_E(r_{be} + R_s')}{(1+\beta) R_E + (r_{be} + R_s')}$$

$$(9.24)$$

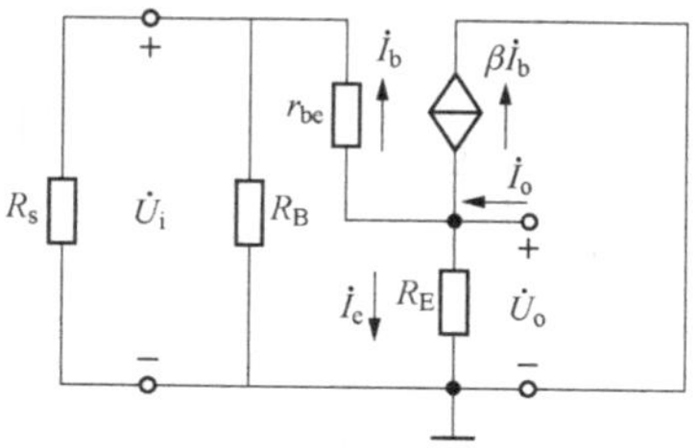

图 9.21 计算射极输出器
输出电阻等效电路

式中
$$R_s' = R_s // R_B$$

$$\dot{I}_o = \dot{I}_b + \beta \dot{I}_b + \dot{I}_e = \frac{\dot{U}_o}{r_{be} + R_s'} + \beta \frac{\dot{U}_o}{r_{be} + R_s'} + \frac{\dot{U}_o}{R_E}$$

通常 $(1+\beta) R_E \gg (r_{be} + R_s')$，且 $\beta \gg 1$ 故

$$r_o \approx \frac{r_{be} + R_s'}{\beta} \qquad (9.25)$$

可见射极输出器的输出电阻很小，一般约为几十至几百欧，因此射极输出器的输出具有一定的恒压特性。

综上所述，射极输出器的主要特点是，电压放大倍数略小于 1，输出电压 $\dot{U}_o$ 与输入电压 $\dot{U}$

学习
札记

同相位；输入电阻高，输出电阻低。因此，在多级放大电路中，射极输出器常用作输入级和输出级。

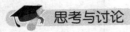 **思考与讨论**

1. 如何组成射极输出器？其主要技术指标有何特点？
2. 射极输出器有什么特点？主要应用在什么场合？为什么？

9.4　场效应管放大电路

场效应晶体管放大电路也有共源极、共漏极、共栅极放大电路三种基本组态，分别与双极型晶体管的共发射极、共集电极、共基极组态相对应。其中，共源极放大电路应用较多。场效应晶体管放大电路的分析方法与双极型晶体管放大电路的分析方法一样，也包括静态分析和动态分析，只是放大器件的特性和电路模型不同而已。本节仅以绝缘栅型场效应晶体管构成的共源极放大电路为例，来讨论场效应晶体管放大电路的工作原理。

9.4.1　共源极放大电路

场效应管与双极型晶体管在功能及应用上都是一一对应的，栅极 G 对应基极 B，漏极 D 对应集电极 C，源极 S 对应发射极 E；共射极放大器对应共源极放大器。因此，在分析场效应管放大器时，可以与晶体管放大器的分析方法类比。

分压式偏置共源极放大器如图 9.22 所示，电阻 R_{G1}、R_{G2} 为分压电阻，给电路提供合适的静态工作点，其他元件与共射极放大器中各元件的作用相同。

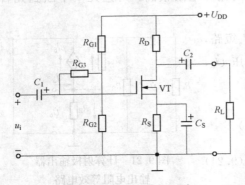

图 9.22　分压式偏置电路

1. 静态分析

由于 R_{G3} 很大，$I_G \approx 0$，故 R_{G3} 无电流通过，所以栅极电位为

$$V_G = \frac{R_{G2}}{R_{G1} + R_{G2}} U_{DD} \tag{9.26}$$

栅、源极间的偏置电压为

$$U_{GS} = V_G - V_S = \frac{R_{G2}}{R_{G1} + R_{G2}} U_{DD} - R_S I_D \tag{9.27}$$

式中：V_S 为源极电位，$V_S = R_S I_S = R_S I_D$，对于 N 沟道耗尽型 MOS 管，$U_{GS} < 0$，故要求 $R_S I_D > V_G$；对于 N 沟道增强型 MOS 管，$U_{GS} > 0$，故要求 $R_S I_D < V_G$。

场效应管放大电路的静态值可以采用图解法或估算法来确定。其图解法的原理及步骤与双极型晶体管放大电路的图解法相近，在此不再赘述。下面仅讨论估算法。

N 沟道耗尽型场效应管在 U_{DS} 为常数的条件下，漏极电流 I_D 与栅、源电压 U_{GS} 之间的关系表示式为

$$I_D = I_{DSS}\left(1 - \frac{U_{GS}}{U_{GSOFF}}\right)^2 \tag{9.28}$$

联立式（9.27）和式（9.28）求解，即可得到电路的静态工作点电压 U_{GS} 及电流 I_D。

U_{DS} 的计算公式为

$$U_{DS} = U_{DD} - I_D(R_D + R_S) \tag{9.29}$$

2. 动态分析

与双极型晶体管一样，场效应管也是一种非线性器件，在小信号情况下，也可以用它的线性等效小信号模型来代替，并且这一模型的引出方法与晶体管的类似。由于场效应管的栅极是绝缘的，因此输入端口相当于开路。在线性放大区，满足 $i_d = g_m u_{gs}$，因此，输出端口等效为一个电压控制的电流源。在进行动态分析时，首先画出共源极放大器的交流通路，然后用交流小信号模型代替场效应管便可得到共源极放大器的交流小信号等效电路，如图 9.23 所示。图中虚线框部分为场效应管 VT 的小信号模型电路。由此可计算放大器的动态指标。

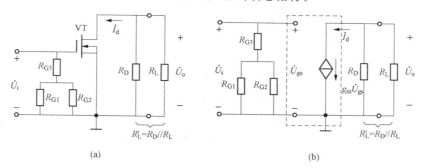

图 9.23　分压式偏置共源极放大电路的交流通路和小信号模型电路

(a) 交流通路；(b) 小信号模型电路

（1）电压放大倍数 A_u。因为

$$\dot{U}_o = -g_m \dot{U}_{gs} R'_L$$
$$R'_L = R_D // R_L$$

又由图 9.23（b）可知

$$\dot{U}_i = \dot{U}_{gs}$$

因此

$$A_u = \frac{\dot{U}_o}{\dot{U}_i} = \frac{-g_m \dot{U}_{gs} R'_L}{\dot{U}_{gs}} = -g_m R'_L \tag{9.30}$$

式（9.30）中的负号表示共源放大电路的输出电压与输入电压反相，并且放大倍数较大。这些特点与共射放大电路是一致的。

（2）输入电阻 r_i。由图 9.23（b）有

$$r_i = \frac{\dot{U}_i}{\dot{I}_i} = R_{G3} + R_{G1} // R_{G2}$$

通常有

$$R_{G3} \gg R_{G1} // R_{G2}$$

所以

$$r_i \approx R_{G3} \tag{9.31}$$

由以上分析可见，R_{G3} 的存在可以保证场效应管放大电路的输入电阻很大，以减小偏置电阻对输入电阻的影响。

（3）输出电阻 r_o。利用与共射极放大电路求输出电阻 r_o 相同的方法可得

$$r_o = R_D \tag{9.32}$$

学习
札记

[例 9.3] 在图 9.22 所示的放大电路中，已知 $U_{DD}=20V$，$R_D=10k\Omega$，$R_S=10k\Omega$，$R_{G1}=200k\Omega$，$R_{G2}=51k\Omega$，$R_{G3}=1M\Omega$，并将其输出端接一负载电阻 $R_L=10k\Omega$。所用的场效应管为 N 沟道耗尽型，其参数 $I_{DSS}=0.9mA$，$U_{GSOFF}=-4V$，$g_m=1.5mA/V$。试求：（1）静态值；（2）电压放大倍数。

解：（1）由电路图可知

$$V_G = \frac{R_{G2}}{R_{G1}+R_{G2}}U_{DD} = \frac{51\times10^3}{(200+51)\times10^3}\times20 \approx 4(V)$$

$$U_{GS} = V_G - R_S I_D = 4 - 10\times10^3 I_D$$

在 $U_{GSOFF}\leqslant U_{GS}\leqslant0$ 范围内，耗尽型场效应管的转移特性可近似用下式表示

$$I_D = I_{DSS}\left(1-\frac{U_{GS}}{U_{GSOFF}}\right)^2$$

联立上列两式

$$\begin{cases} U_{GS} = 4 - 10\times10^3 I_D \\ I_D = \left(1-\dfrac{U_{GS}}{4}\right)^2\times0.9\times10^{-3} \end{cases}$$

解之，得 $\qquad\qquad I_D = 0.5mA,\ U_{GS}=-1V$

并由此得 $\quad U_{DS} = U_{DD} - I_D(R_D+R_S) = 20 - (10+10)\times10^3\times0.5\times10^{-3} = 10(V)$

（2）电压放大倍数

$$A_u = -g_m R'_L = -1.5\times\frac{10\times10}{10+10} = -7.5$$

其中，$R'_L = R_D//R_L$。

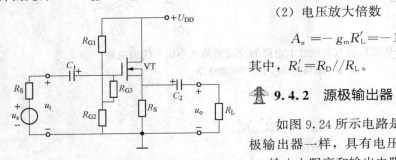

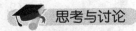

图 9.24 源极输出器

9.4.2 源极输出器

如图 9.24 所示电路是源极输出器，它与晶体管射极输出器一样，具有电压放大倍数小于 1 但近似等于 1，输入电阻高和输出电阻小的特点。其静态和动态分析可参照共源极放大器和射极输出器的分析方法。

思考与讨论

1. 场效应管与晶体三极管比较有什么特点？
2. 为什么说晶体三极管是电流控制器件，而场效应管是电压控制器件？

9.5 多级放大电路

在实际应用中，单级放大电路的输出往往不能满足负载要求。为了推动负载工作，经常是将若干个放大单元电路串接起来组成多级放大电路。

9.5.1 级间耦合

在多级放大电路中，每两个放大单元电路之间的连接方式称为级间耦合方式。实现耦合的电路称为级间耦合电路，其任务是将前级信号传送到后级。

对级间耦合的基本要求如下：

（1）级间耦合电路对前、后级放大电路静态工作点不产生影响。

（2）级间耦合电路不会引起信号失真。

（3）尽量减少信号电压在耦合电路上的压降。

常用的耦合方式有阻容耦合和直接耦合。若在前、后级之间串接一个电容器，这种耦合方式称为阻容耦合，如图 9.25 所示。其优点是静态工作点彼此独立，互不影响。这给电路的分析、设计和调试带来了很大的方便。其缺点是随着信号频率的降低，耦合电容上的容抗增大，在其上信号衰减增大，导致放大倍数下降，甚至直流信号根本无法通过。

把放大电路的前、后级电路直接连接起来的耦合方式称为直接耦合，如图 9.26 所示。其优点是既可传递交流信号，又可传递直流信号。其缺点是各级静态工作点彼此不独立，易引起零点漂移。必须对电路的结构进行必要的改进。

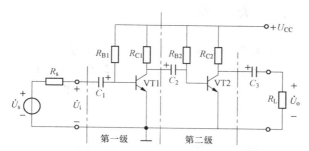

图 9.25　两级阻容耦合放大电路

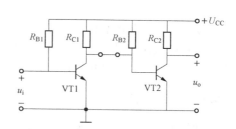

图 9.26　两级直接耦合放大电路

零点漂移是指放大电路的输入信号为零，输出电压会随时间变化而偏离初始值作缓慢的随机波动，简称零漂。造成零漂的原因有很多，其中，最主要的原因是放大电路的静态工作点受温度影响而产生的波动。在直接耦合的多级放大电路中，即使第一级电路产生微小的波动，也会被后级电路当作信号逐级放大，导致输出端出现较大幅度的零漂。放大电路的级数越多，放大倍数越大，零漂的幅度就越大。严重时，会把真正的输出信号"淹没"，甚至使后级电路进入饱和或截止状态而无法正常工作。

抑制零漂简单而且有效的措施是采用差动式放大电路，这种电路将在 9.6 节介绍。

9.5.2　多级放大电路的分析方法

1. 静态分析

在阻容耦合多级放大电路中，由于各级的静态工作点相互独立，各级单独进行计算。

对于直接耦合的多级放大电路，由于各级的直流通路是相互联系的，所以计算时要综合考虑前后级电压、电流之间的关系，一般要列几个回路方程才可解决问题。

2. 动态分析

（1）多级放大电路的放大倍数

$$A_u = \frac{\dot{U}_o}{\dot{U}_i} = \frac{\dot{U}_{o1}}{\dot{U}_i} \frac{\dot{U}_{o2}}{\dot{U}_{o1}} \cdots \frac{\dot{U}_o}{\dot{U}_{o(n-1)}} = A_{u1} A_{u2} \cdots A_{un} \tag{9.33}$$

要注意下面一些特点：多级放大电路前级的开路电压相当于后级的输入信号源电压，前级的

学习
札记

输出电阻相当于后级的输入信号源内阻；而后级的输入电阻又相当于前级的负载电阻。

（2）多级放大电路的输入电阻为第一级放大电路的输入电阻，即

$$r_i = r_{i1} \tag{9.34}$$

（3）多级放大电路的输出电阻为末级放大电路的输出电阻，即

$$r_o = r_{last} \tag{9.35}$$

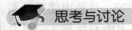 思考与讨论

1. 多级放大器有哪几种耦合方式？
2. 如何计算多级放大器的电压放大倍数、输入电阻和输出电阻？
3. 阻容耦合和直接耦合多级放大器的频率特性有什么不同？为什么？

9.6 差分放大电路

差动放大电路是由晶体管和电阻元件组成的直接耦合电压放大电路，它不仅可放大交流信号和缓慢变化的直流信号，而且可以有效地抑制零点漂移。因此，无论在要求较高的多级直接耦合放大电路的前置级，还是集成运算放大器内部电路的输入级，几乎都采用差动放大电路。

9.6.1　电路的结构

差动放大电路是由两个型号、特性、参数完全相同的晶体管 VT1 和 VT2 组成的，如图 9.27 所示。其结构特点：

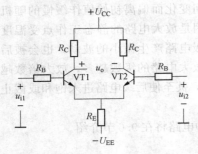

图 9.27　差动放大电路

（1）电路对称，要求电路中左、右两边的元件特性即参数尽量一致。

（2）双端输入，可以分别在两个输入端和地之间接输入信号。

（3）双电源，即除了集电极电源 U_{CC} 外，还有一个发射极电源。

差动放大电路的两个输入信号 u_{i1}、u_{i2} 之间存在以下三种可能：

（1）u_{i1}、u_{i2} 大小相等，方向相同，称为共模输入。

（2）u_{i1}、u_{i2} 大小相等，方向相反，称为差模输入。

（3）u_{i1}、u_{i2} 既非共模输入，又非差模输入时，称为比较输入。比较输入时，可将输入信号分解为一对共模信号和一对差模信号。

9.6.2　主要特点

（1）差动放大电路对共模信号有很强的抑制作用，理想情况下的共模放大倍数 A_{uc} 如下：

双端输出

$$A_{uc} = \frac{U_{o1} - U_{o2}}{U_i} = 0 \tag{9.36}$$

单端输出（一端对地输出）

$$A_{uc} = \frac{U_{o1}}{U_i} = \frac{-\beta(R_C // R_L)}{R_B + r_{be} + (1+\beta) \times 2R_E} \approx -\frac{R_C // R_L}{2R_E} \tag{9.37}$$

学习
札记

差动放大电路对共模信号的放大能力弱。双端输出对共模信号有较强的抑制能力，而单端输出对共模信号抑制能力较弱。

（2）差动放大电路对差模信号有很大的放大作用。

1）差模放大倍数 A_{ud} 如下：

双端输出
$$A_{ud} = -\frac{\beta\left(R_C // \dfrac{R_L}{2}\right)}{R_B + r_{be}} \tag{9.38}$$

单端输出
$$A_{ud} = -\frac{\beta(R_C // R_L)}{2(R_B + r_{be})} \tag{9.39}$$

2）差模输入电阻 R_{id} 是基本放大电路的两倍，即
$$R_{id} = 2(R_B + r_{be}) \tag{9.40}$$

3）差模输出电阻如下：

单端输出
$$R_o = R_C \tag{9.41}$$
双端输出
$$R_o = 2R_C \tag{9.42}$$

（3）共模抑制比是差分放大器的一个重要指标，计算式为
$$K_{CMR} = \left|\frac{A_{ud}}{A_{uc}}\right| \quad \text{或} \quad K_{CMR} = 20\lg\left|\frac{A_{ud}}{A_{uc}}\right| \tag{9.43}$$

（4）温度对晶体管的影响相当于给差分放大电路加了共模信号，所以差分放大电路能抑制零漂。

（5）差分放大电路根据使用情况的不同，也可以采用单端输入（一端对地输入），如图 9.28 所示。

相当于把 u_i 的一半加在 VT1 的输入端，另一半加在 VT2 的输入端，两者极性相反。在图 9.28（a）所示电路中，VT1 基极接输入信号 u_i，VT2 基极接地，输出从 VT1 集电极取出，设 $u_i > 0$，则
$$u_i > 0 \rightarrow u_{i1} > 0 \rightarrow i_{c1} > 0 \rightarrow u_o < 0$$

由于输入电压和输出电压的相位相反，故称反相输入。

同理，同相输入时电路如图 9.28（b）所示，VT2 基极接输入信号 u_i，VT1 基极接地，输出信号仍从 VT1 集电极取出，设 $u_i > 0$，则

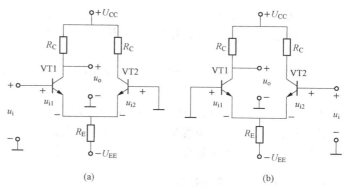

图 9.28　差分放大电路单端输入和单端输出方式
（a）反相输入；（b）同相输入

$$u_i > 0 \rightarrow u_{i1} < 0 \rightarrow i_{c1} < 0 \rightarrow u_o > 0$$
由于输入电压和输出电压的相位相同，故称同相输入。

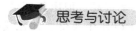 思考与讨论

1. 差分放大器有何特点？为什么能抑制零点漂移？

 学习
札记
_____

2. 什么是共模输入信号？什么是差模输入信号？为什么零点漂移可以等效为共模输入信号？

3. 什么是共模抑制比？应如何计算？

4. 差分放大器有几种输入、输出方式？它们的放大倍数有何差异？

9.7 功率放大器

功率放大器的主要任务是向负载提供较大的信号功率，故功率放大器应具有以下三个主要特点。

1. 输出功率要足够大

如输入信号是某一频率的正弦信号，则输出功率表达式为

$$P_o = I_o U_o \tag{9.44}$$

式中：I_o、U_o 均为有效值。

如用振幅值表示，则

$$P_o = \frac{1}{2} I_{om} U_{om} \tag{9.45}$$

式中：I_{om}、U_{om} 分别为负载 R_L 上的正弦信号的电流、电压的幅值。

2. 效率要高

放大器实质上是一个能量转换器，它是将电源供给的直流能量转换成交流信号的能量输送给负载，因此要求转换效率高。为定量反映放大电路效率的高低，引入参数 η，它的定义为

$$\eta = \frac{P_o}{P_E} \times 100\% \tag{9.46}$$

式中：P_o 为信号输出功率；P_E 为直流电源向电路提供的功率，以三种基本组态的放大电路为例，它等于电源电压 U_{CC} 与电源输出的平均电流 I_{av} 的乘积

$$P_E = U_{CC} I_{av}$$

在直流电源提供相同直流功率的条件下，输出信号功率越大，电路的效率越高。

3. 非线性失真要小

为提高输出功率，由式（9.44）可知 I_{om}、U_{om} 也应大，故功率放大器采用的三极管均应工作在大信号状态下。由于三极管是非线性器件，在大信号工作状态下，器件本身的非线性问题十分突出，因此输出信号不可避免地会产生一定的非线性失真。

9.7.1 功率放大器的分类

放大电路有三种工作状态，如图 9.29 所示。在图 9.29（a）中，静态工作点 Q 大致在负载线的中间，在输入信号的整个周期内，三极管均导通，这种电路称为甲类放大电路。前面所介绍的放大电路就是工作在这种状态，不论有无输入信号，电源供给的功率 $P_E = U_{CC} I_C$ 总是不变的。可以证明，在理想情况下，甲类放大电路的效率最高只能达到 50%；在图 9.29（c）中，静态工作点 Q 设置在截止区，三极管只能在电压信号的半周内导通，另外半周不工作，这种电路称为乙类放大电路。由于无输入信号时电源不输出静态电流，所以该类放大器效率很高。但由于三极管只导通半个周期，波形产生了失真。图 9.29（b）所示电路的静态工作点 Q 比甲类低、比乙类高，三极管导通大于信号的半个周期而小于一个周期，这种电路称为甲乙类放大电路。它的效率介于

甲类和乙类之间，但仍然有较严重的波形失真。因此，对于甲乙类和乙类放大电路必须妥善解决效率和失真之间的矛盾，这就需要在电路结构上采取措施。

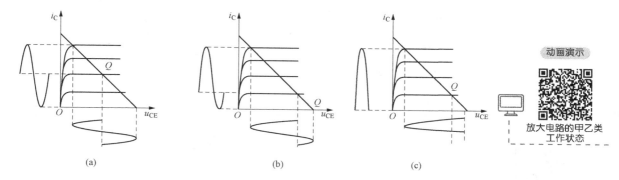

图 9.29 功率放大电路的工作状态
(a) 甲类；(b) 甲乙类；(c) 乙类

9.7.2 互补对称功率放大电路

在集成功率放大电路中，广泛采用互补对称的功率放大电路。如图 9.30（a）所示的电路是互补对称的乙类功率放大电路。它由两只特性相近的 NPN 和 PNP 三极管 VT1、VT2 构成（称为互补管）。静态时，三极管射极的连接点 A 的静态电位 $U_A = U_{CC}/2$，则电容 C 两端的电压 $U_C = U_{CC}/2$。图 9.30（b）所示的输入信号 u_i 可使三极管轮流导通，调整 u_i 中的直流分量使其等于 A 点的静态电位 U_A。u_i 的正半周，$u_i > U_A$，VT1 的发射结正偏而导通，VT2 的发射结反偏而截止，VT1 的发射极电流 i_{e1} 经 R_L 给电容 C 充电，如图 9.30（c）所示。u_i 的负半周，$u_i < U_A$，VT2 的发射结正偏而导通，VT1 的发射结反偏而截止，电容 C 经 VT2、R_L 放电，放电电流 i_{e2} 反向流过 R_L，如图 9.30（d）所示。i_{e1}、i_{e2} 都只是半个正弦波，但流过 R_L 的电流 i_o 和 R_L 上的电压 u_o 都是完整的正弦波，即实现了波形的合成，如图 9.30（e）所示。在整个工作过程中，虽然电容 C 有时充电，有时放电，但因电容值足够大，所以可近似认为 U_C 基本不变，保持静态值 $U_C = U_{CC}/2$。

由图 9.30（c）、（d）可见，该电路实质上是两个射极输出器，一个工作在输入信号的正半周，另一个工作在输入信号的负半周，因此，$u_o \approx u_i$。另外，其输出电阻很小，可与负载电阻 R_L 直接匹配。

由于 VT1、VT2 发射结静态偏压为 0，即工作在乙类，当输入电压 u_i 很小而不足以克服三极管的死区电压时，两个三极管均截止，即在输入信号 u_i 正、负交替变化处的小区域内，实际的输出电压 $u_o = 0$，产生了失真，这种失真称为交越失真。波形如图 9.31 所示。

能消除交越失真的无输出变压器功率放大电路简称 OTL（Output Transformer Lees）电路，如图 9.32 所示，增加了电阻 R_1、R_2 和二极管 VD1、VD2，调节 R_1 使两个二极管两端 B_1、B_2 之间的电压稍大于 1V，由于两个晶体管性能是对称的，所以静态工作点 U_{BE1}、U_{BE2} 都稍大于死区电压 0.5V，致使两管处于微弱导通状态。动态时，设加入正弦输入电压 u_i，正半周时，VT2 截止，VT1 基极电位进一步提高，基极电流进一步增大，在整个正半周期间 VT1 都处于良好的导通状态；负半周时，VT1 截止，VT2 基极电位进一步降低，基极电流也进一步增大，同样在整个负半

学习
札记

周期间 VT2 都处于良好的导通状态。这样就克服了交越失真。

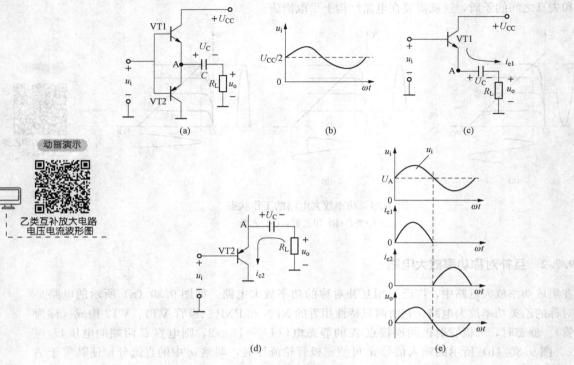

图 9.30　互补对称乙类功率放大电路及其波形
（a）电路；（b）输入波形；（c）充电等效电路；（d）放电等效电路；（e）输出波形

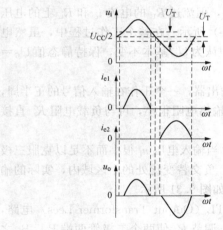

图 9.31　交越失真波形

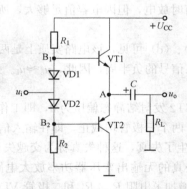

图 9.32　甲乙类互补对称功率放大器

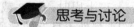

思考与讨论

1. 功率放大电路和小信号电压放大电路有哪些区别？

学习
札记

2. 与甲类相比，乙类功率放大电路有什么优点？

3. 什么是交越失真？它是怎样产生的？如何改善？

4. 甲乙类功率放大电路有什么特点？静态时电路中的三极管处于什么状态？

9.8 应 用 举 例

9.8.1 补偿门铃

用途：门铃电路。

原理：电路如图 9.33 所示。该电路仅从门铃变压器获取很少的能量，只有在弹起按钮时门铃才能响，这样可以避免长时间按动门铃的恶意行为，按下按钮后，电源经整流桥给 C_1 和 C_2 充电，这时 VT1 导通、VT2 截止，蜂鸣器不发声。按钮弹起后，C_1 通过 R_1、R_2 和 VT1 放电，当 R_2 上的电压低于 VT1 的导通电压时，VT1 截止，VT2 导通，BZ 发声。发声时间取决于 C_2 的容量。

BZ 不能用普通的门铃或音乐芯片代替，因为 C_2 储存的能量有限。

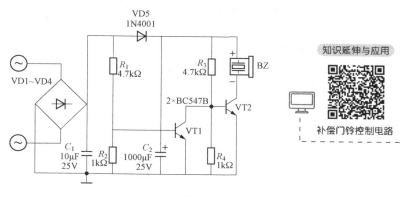

图 9.33　补偿门铃电路

知识延伸与应用
补偿门铃控制电路

9.8.2 浴缸水满指示器

用途：家用电路。

原理：电路如图 9.34 所示这个小电路能够在浴缸水位达到一定高度时发出提示警报声，提醒用户水已放满，可以关闭水龙头，开始洗澡了。

安装时，如果浴缸是合成材料，可将传感器直接贴到浴缸壁上。如果浴缸是钢制的或者镀铁的，必须使用绝缘材料隔离传感器和浴缸壁。通过导线将传感器连接到报警电路，当水位达到传感器的位置时，VT1、VT2 导通，蜂鸣器 BZ 发声，这时电路中产生的电流约为 25mA。

为了避免水蒸汽触发电路，可以通过调节 R_2 使传感器的灵敏度降低。使用时，电路板必须密封防止短路。读者可扫描二维码，自

知识延伸与应用
浴缸水位控制电路

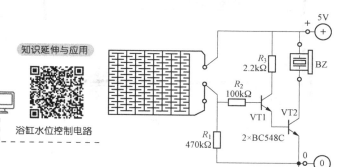

图 9.34　浴缸水满指示电路

知识延伸与应用
全简易水位控制电路

学习
札记

行分析简易全水位控制电路工作原理。

9.9　用 Multisim 对基本放大电路的仿真实验

放大电路的分析分为静态（直流）分析和动态（交流）分析。在 Multisim 10 环境中创建基本放大电路如图 9.35 所示，进行直流分析和交流分析。

9.9.1　直流分析

实验电路搭建好后，单击菜单 Simulate→Analysis→DC Operating Point，会弹出 DC Operating Point Analysis 对话框，如图 9.36 所示，分别单击 V（2）、V（3）并选择 Add，然后单击 Simulate，进行直流工作点分析，此时会弹出 Grapher View 对话框，如图 9.37 所示。此时，很容易求解出静态工作点

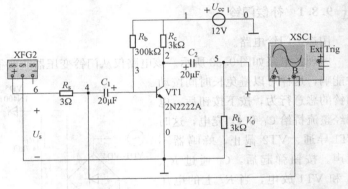

图 9.35　基本放大电路

$$I_{\mathrm{B}} = \frac{U_{\mathrm{CC}} - V(3)}{R_{\mathrm{b}}} = 38\mu A$$

$$I_{\mathrm{C}} = \beta I_{\mathrm{B}} = 1.9 \mathrm{mA}$$

$$U_{\mathrm{CE}} = U_{\mathrm{CC}} - R_{\mathrm{c}} I_{\mathrm{C}} = 6.3 \mathrm{V}$$

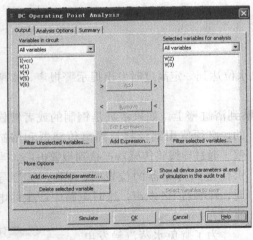

图 9.36　DC Operating Point Analysis 对话框

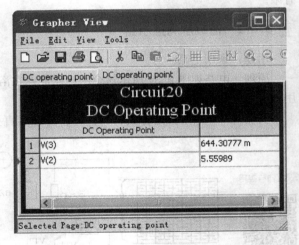

图 9.37　直流工作点电位值

9.9.2　交流分析

在图 9.38 所示对话框中选择正弦波作为信号源，仿真结果如图 9.39 所示。由图可得 $A_u = \dfrac{U_{\mathrm{op}}}{U_{\mathrm{ip}}}$

学习札记

$$=\frac{1.108\text{V}}{-13.992\text{mV}}=-79$$，输出电压相对于输入电压是反相输出，与理论吻合。

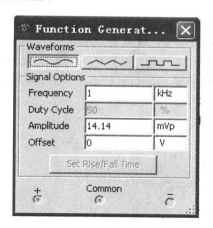

图 9.38　虚拟函数信号发生器 XFG2 设置信号源

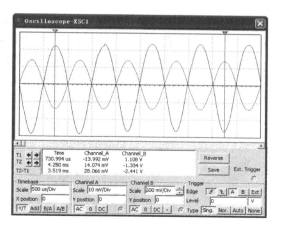

图 9.39　输入、输出电压峰值

本 章 小 结

（1）基本放大电路的组成。放大元件（晶体三极管、场效应管）加上合适的偏置电路（保证放大元件工作在放大区）。

（2）交流与直流。正常工作时，放大电路处于交、直流共存的状态。为了分析方便，常将两者分开讨论。

直流通路：交流电压源短路，电容开路。

交流通路：直流电压源短路，电容短路。

（3）分析方法。

1）静态分析：

估算法（直流模型等效电路法）——估算 Q。

图解法——分析 Q 的位置是否合适，分析最大不失真输出电压。

2）动态分析：小信号模型电路法。在放大电路的交流通路中，将晶体管用其小信号模型电路代替，计算电压放大倍数、输入电阻和输出电阻等。

（4）六种类型放大电路。

1）共射放大电路：A_u 较大，R_i、R_o 适中，常用作电压放大。

2）射极输出器：$A_u \approx 1$，R_i 大，R_o 小，适用于信号跟随、信号隔离等。

3）共源放大电路：A_u 较大，R_i 很大，R_o 适中，常用作电压放大。

4）差动放大：共模信号放大倍数为 0，对共模信号有很强的抑制作用，差模放大倍数较大。

5）互补对称的功率放大电路：$u_i = 0$ 时，$u_o = 0$；$i_L = i_{e1}$；$u_i < 0\text{V}$ 时，$i_L = i_{e2}$。晶体管损耗小，电路的效率高。

6）多级放大电路：A_u 很大，为各级放大倍数相乘，输入电阻为第一级放大电路的输入电阻，输出电阻为最后一级放大电路的输出电阻。

学习
札记

习　题

9.1　在图 9.40 所示的电路中，硅三极管的 $\beta=100$，$I_C=2\text{mA}$，$U_{CE}=6\text{V}$。试完成：（1）当 $U_{CC}=12\text{V}$ 时，求 R_C 和 R_B；（2）如果 $\beta=40$ 时，R_B 值保持不变，计算 I_C 的数值。

9.2　图 9.41 所示放大电路是分压式偏置的共发射极放大电路。已知 $U_{CC}=12\text{V}$，$R_{B1}=22\text{k}\Omega$，$R_{B2}=4.7\text{k}\Omega$，$R_E=1\text{k}\Omega$，$R_C=2.5\text{k}\Omega$，$\beta=50$，$r_{be}=1.3\text{k}\Omega$。试求：（1）静态工作点；（2）空载时的电压放大倍数；（3）$R_L=4\text{k}\Omega$ 时的电压放大倍数。

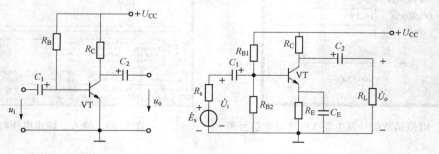

图 9.40　题 9.1 的图　　　　　图 9.41　题 9.2（9.3）的图

9.3　在图 9.41 所示电路中，设 $U_{CC}=12\text{V}$，$R_{B1}=47\text{k}\Omega$，$R_{B2}=15\text{k}\Omega$，$R_E=1.5\text{k}\Omega$，$R_C=3\text{k}\Omega$，$\beta=50$，$R_L=2\text{k}\Omega$，$r_{be}=1.2\text{k}\Omega$。试完成：（1）画出放大电路的小信号模型电路；（2）计算输入电阻 r_i 和输出电阻 r_o；（3）计算电压放大倍数 A_u。

9.4　在图 9.42 所示电路中，已知 $\beta=60$，$r_{be}=1.8\text{k}\Omega$，信号源的输入信号电压 $E_s=15\text{mV}$，内阻 $R_s=0.6\text{k}\Omega$，各个电阻和电容的数值也已标在电路图中。试完成：（1）放大电路的输入电阻 r_i 和输出电阻 r_o；（2）输出电压 U_o；（3）如果 $R_E''=0$ 时，U_o 等于多少？并用 Multisim 10 仿真出 u_o 的波形。

9.5　在图 9.43 所示的射极输出器电路中，已知 $r_{be}=0.45\text{k}\Omega$，$\beta=50$。试求：（1）静态工作点；（2）输入电阻 r_i；（3）电压放大倍数 A_u。

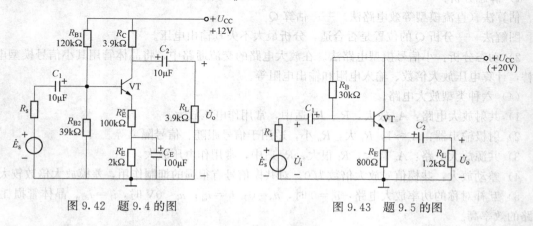

图 9.42　题 9.4 的图　　　　　图 9.43　题 9.5 的图

9.6　在图 9.44 所示电路中，已知 $U_{CC}=12\text{V}$，$R_B=280\text{k}\Omega$，$R_C=R_E=2\text{k}\Omega$，$r_{be}=1.4\text{k}\Omega$，$\beta=50$。

学习
札记

试完成：（1）画出放大电路的小信号模型电路；

（2）求电压放大倍数。$A_{u1} = \dfrac{\dot{U}_{o1}}{\dot{U}_i}$，$A_{u2} = \dfrac{\dot{U}_{o2}}{\dot{U}_i}$；（3）输出

电压 $\dot{U}_{o1}$ 和 $\dot{U}_{o2}$ 的相位关系如何？

9.7 画出图 9.45 所示放大电路的小信号模型电

路，求电压放大倍数 $A_{us} = \dot{U}_o / \dot{U}_s$、输入电阻 r_i 和

输出电阻 r_o。

9.8 图 9.46 为一个两级放大电路，推导该放大

电路的总电压放大倍数、输入电阻和输出电阻的表达式。

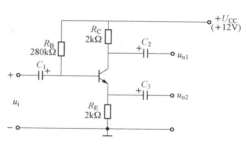

图 9.44 题 9.6 的图

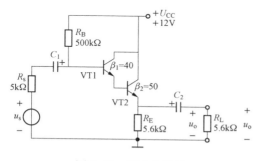

图 9.45 题 9.7 的图

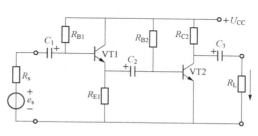

图 9.46 题 9.8 的图

9.9 图 9.47 所示放大电路中，场效应管在工作点上的跨导 $g_m = 1\text{mA/V}$。试完成：（1）画出

放大电路的小信号模型电路；（2）求电压放大倍数 A_u；（3）求输入电阻 r_i 和输出电阻 r_o。

9.10 图 9.48 为双电源互补对称电路。$U_{CC} = \pm 12\text{V}$，$R_L = 8\Omega$，三极管 VT1 和 VT2 的饱和

压降 $U_{CES} = 1\text{V}$，输入信号 u_i 为正弦电压。试完成：（1）分析 VD1、VD2 的作用；（2）求输出功

率 P_{om}。

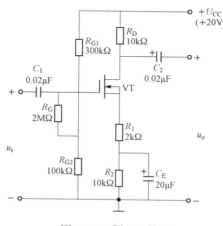

图 9.47 题 9.9 的图

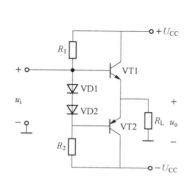

图 9.48 题 9.10 的图

9.11 电路如图 9.49 所示，求 VT2 的静态工作点和放大电路的差模电压放大倍数。设晶体

学习
札记

管为硅管。

9.12 源极输出器电路如图 9.50 所示，设场效应管的参数 $U_{\text{GSOFF}} = -2\text{V}$，$I_{\text{DSS}} = 1\text{mA}$。试完成：（1）用估算法确定静态工作点 I_{D}、U_{GS}、U_{DS} 及工作点上的跨导 g_{m}；（2）计算 A_u、r_{i}、r_{o}；（3）用Multisim 10 仿真出 u_{o} 的波形。

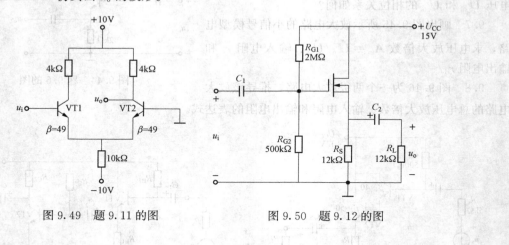

图 9.49 题 9.11 的图   图 9.50 题 9.12 的图

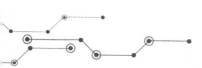
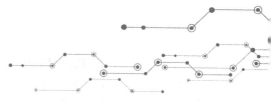

第 10 章
集 成 运 算 放 大 器

模拟集成电路自 20 世纪 60 年代初问世以来，在电子技术领域中得到了广泛的应用，其中最主要的代表器件就是运算放大器。运算放大器在早期应用于模拟信号的运算，故名运算放大器。目前，运算放大器的应用已远超出了模拟运算的范围，广泛地应用于信号的处理和测量、信号的产生和转换，以及自动控制等诸多方面。同时，许多具有特定功能的模拟集成电路也在电子技术领域中得到了广泛的应用。

本章主要介绍集成运算放大器的基本组成、特性和应用。

10.1 集成运算放大器概述

集成运算放大器是模拟集成电路的最主要的代表器件，一直在模拟集成电路中居主导地位。本节主要介绍集成运算放大器的组成及工作原理、传输特性、主要参数，以及理想集成运算放大器及其分析依据。

10.1.1 组成及工作原理

集成运算放大器简称集成运放，是一种电压放大倍数很高的直接耦合多级放大器。其内部电路虽然各不相同，但其基本结构一般由输入级、中间级、输出级三个部分组成，如图 10.1 所示。

1. 输入级

输入级与信号源相连，是集成运放的关键级。通常要求有很高的输入电阻，能有效地抑制共模信号，且有很强的抗干扰能力。因此，集成运放的输入级通常采用差动放大电路，有同相和反相两个输入端，其输入电阻大，共模抑制比高。

图 10.1 集成运放的组成

2. 中间级

中间级用来完成电压放大功能，使集成运放获得很高的电压放大倍数，常由一级或多级共射电路构成。

3. 输出级

输出级直接与负载相连，为使集成运放有较强的带负载能力，一般采用互补对称放大电路（射极输出器）。其输出电阻低，能提供较大的输出电压和电流。另外，输出级还附有保护电路，以免意外短路或过载时造成损坏。

综上所述，集成运放是一种电压放大倍数高、输入电阻大、输出电阻小、共模抑制比高、抗干扰能力强、可靠性高、体积小、耗电少的通用型电子器件。集成运放通常有圆形封装式和双列直插式两种形式。双列直插式集成运放外形如图 10.2（a）所示。在使用集成运放时，应知道各引脚的功能以及运放的主要参数，这些可以通过查手册得到。运算放大器 $\mu A741$ 的引脚如图 10.2（b）所示。

运算放大器的图形符号如图 10.3 所示。它有两个输入端和一个输出端。其中长方形框右侧"＋"端为输出端，信号由此端对地输出。长方形框左侧"－"端为反相输入端，当信号由此端对地输入时，输出信号与输入信号反相位，所以此端称为反相输入端，反相输入端的电压用 u_- 表示，这种输入方式称为反相输入。长方形框左侧"＋"端为同相输入端，当信号由此端对地输入时，输出信号与输入信号同相位，所以此端称为同相输入端，同相输入端的电压用 u_+ 表示，这种输入方式称为同相输入。当两输入端都有信号输入时，称为差动输入方式。运算放大器在正常应用时，存在这三种基本输入方式。不论采用何种输入方式，运算放大器放大的是两输入信号的差。A_{uo} 是运算放大器的开环电压放大倍数，输出电压

$$u_o = A_{uo}(u_+ - u_-) \tag{10.1}$$

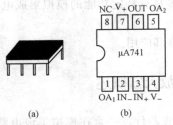
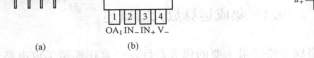

图 10.2　双列直插式集成运放的外形和引脚　　图 10.3　集成运放的图形符号
（a）外形；（b）引脚

10.1.2　传输特性

集成运放的电压传输特性是指开环时，输出电压与差模输入电压之间的关系曲线，如图 10.4 所示，包括一个线性区和两个饱和区。

当运放工作在线性区时，输出电压 u_o 与输入电压（$u_+ - u_-$）是线性关系，线性区的斜率取决于 A_{uo} 的大小。由于受电源电压的限制，输出电压不可能随输入电压的增加而无限增加，因此当 u_o 增加到一定值后，就进入了饱和区。正、负饱和区的输出电压 $\pm U_{om}$ 一般略低于正、负电源电压。

由于集成运放的开环电压放大倍数很大，而输出电压为有限值，所以线性区很窄。因此，要使运算放大器稳定地工作在线性区，必须引入深度负反馈（详见 10.2 节）。

图 10.4　集成运放的电压传输特性

10.1.3　主要参数

运算放大器的性能可用一些参数来表述。集成运放的参数很多，它们描述了一个集成运放接近一个理想器件的程度。为了合理地选用和正确地使用运算放大器，必须了解其主要参数的意义。

1. 最大输出电压 U_{OPP}

能使输出电压和输入电压保持线性关系的最大输出电压，一般略低于电源电压。当电源电压为 $\pm 15V$ 时，U_{OPP} 一般为 $\pm 13V$ 左右。

2. 开环电压放大倍数 A_{uo}

开环电压放大倍数 A_{uo} 是指在没有外接反馈电路、输出端开路的情况下，当输入端加入低频小信号电压时所测得的电压放大倍数。若用分贝表示，则为 $A(dB) = 20\lg(U_o/U_i)$。其值越大越稳定，由它组成的运算电路的运算精度也越高、越理想。所以，它是决定运算精度的主要因素。通常，开环电压放大倍数为 $10^4 \sim 10^9$，即 $80 \sim 180dB$。

3. 差模输入电阻 r_{id} 与输出电阻 r_o

运算放大器的差模输入电阻很高，一般为 $10^5 \sim 10^9 \Omega$。输出电阻很低，通常为几十欧至几百欧。

4. 共模抑制比 K_{CMR}

因为运算放大器的输入级采用差动放大电路，所以有很高的共模抑制比，一般为 $70 \sim 130dB$。

5. 最大共模输入电压 U_{ICM}

最大共模输入电压 U_{ICM}，是指运算放大器所能承受的共模输入电压的最大值。超出此值，将会造成共模抑制比下降，甚至造成器件损坏。

6. 最大差模输入电压 U_{IDM}

最大差模输入电压 U_{IDM}，是指运算放大器两个输入端所允许加的最大电压值。超出此值，将会使输入级的三极管损坏，从而造成运算放大器性能下降甚至损坏。

以上介绍的是集成运放的几个主要参数，另外还有输入失调电流、电压、温度漂移、静态功耗等，这里不一一介绍了。部分集成运算放大器的型号和主要参数见附录 F 的表 F.2。

10.1.4 理想集成运算放大器及其分析依据

1. 理想运算放大器

在分析运算放大器时，一般可将它看成一个理想运算放大器。理想化的主要条件如下：

开环电压放大倍数 $A_{uo} \to \infty$；差模输入电阻 $r_{id} \to \infty$；开环输出电阻 $r_o \to 0$；共模抑制比 $K_{CMR} \to \infty$。

由于实际运算放大器的上述技术指标接近理想化条件，因此在分析运算放大器的应用电路时，用理想运算放大器代替实际运算放大器所产生的误差并不大，在工程上是允许的，这样可以使分析过程大大简化。若无特别说明，后面对运算放大器的分析均认为集成运放是理想的。

2. 理想运算放大器的传输特性

因为理想运算放大器的开环电压放大倍数 $A_{uo} \to \infty$，所以理想运算放大器在开环应用时不存在线性区，其输出特性如图 10.5 所示。当 $u_+ > u_-$ 时，输出特性为 $+U_{om}$；当 $u_+ < u_-$ 时，输出特性为 $-U_{om}$。

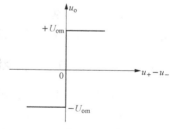

3. 运算放大器的分析依据

开环电压放大倍数 A_{uo} 大、输入电阻 r_{id} 高是集成运放的固有特性。这些固有特性决定了集成运放在具体运用中的许多优点。

图 10.5 理想运算放大器的传输特性

由于开环电压放大倍数极大，即使集成运放输入端只有很小的信号输入，其输出电压也可达到极限电压，集成运放便已不再工作在线性放大状态。若要运放工作于线性放大状态，器件外部必须有某种形式的负反馈网络；若无负反馈环节则为工作于非线性状态。

工作于线性放大状态下的集成运放可以视为一个"理想运放"，如图 10.6 所示。根据理想运放的参数，工作在线性区时，可以得到下面两个重要特性。

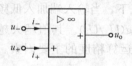

图 10.6   理想运算放大器

（1）输入电流为零。由于理想运算放大器的输入电阻为无穷大，它就不会从外部电路吸取任何电流了。所以，对于一个理想运算放大器来说，不管是同相输入端还是反相输入端，都可以看作不会有电流输入，即

$$i_+ = i_- \approx 0 \tag{10.2}$$

从式（10.2）看，运放输入端像断路，但并不是真正的断路，因而称为"虚断"。

（2）两个输入端子间的电压为零。由于运算放大器的开环电压放大倍数接近无穷大，而输出电压是一个有限值（不可能超过所供给的直流电源电压值），所以根据式（10.1）可知

$$u_+ - u_- = \frac{u_o}{A_{uo}} \approx 0$$

即

$$u_+ \approx u_- \tag{10.3}$$

由于同相端的电位等于反相端的电位，从某种意义上说，就好像同相端和反相端是用导线短接在一起的，因此，通常称为"虚短"。如果信号自反相输入端输入，且同相输入端接地时，即 $u_+ = 0$，根据上条结论可得 $u_- \approx 0$。这就是说，反相输入的电位接近于"地"电位，即反相输入端是一个不接"地"的接地端，通常称为"虚地"。

式（10.2）和式（10.3）是分析运算放大器线性应用时的两个重要依据。运用这两个特性，可大大简化集成运放应用电路的分析。

思考与讨论

1. 集成的运算放大器由哪几部分组成？各部分有何特点？
2. 什么是"虚短"？什么是"虚断"？
3. 理想运算放大器具有哪些特征？其分析依据是什么？

10.2   放大电路中的负反馈

如前所述，运算放大器必须引入深度负反馈才能工作在线性区。因此，在介绍运算放大器的应用之前，先介绍一下有关反馈的概念及应用。

10.2.1   反馈的概念及反馈放大电路的基本方程

电路中的反馈就是将电路的输出信号（电压或电流）的一部分或全部通过一定的电路（反馈电路）送回到输入端，与输入信号一同控制电路的输出。反馈放大电路框图如图 10.7 所示。从图中可以得到，反馈放大器是由基本放大电路和反馈电路两部分构成的一个闭环电路。图 10.7 中，x 表示信号，它既可以表示电压，也可以表示电流。x_i、x_o 和 x_f 分别表示输入信号、输出信号和反馈信号，A 是无反馈基本放大电路的放大倍数；F 是反馈电路的反馈系数，它将输出信号变为反馈信号后反送到输入端；符号 $\otimes$ 是比较环节。输入信号 x_i 和反馈信号 x_f 在输入

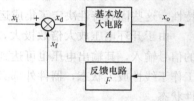

图 10.7   反馈放大电路框图

端比较（叠加）后得净输入信号 x_d。若引回的反馈信号 x_f 使得净输入信号 x_d 减小，为负反馈，此时

$$x_d = x_i - x_f \tag{10.4}$$

若引回的反馈信号 x_f 使得净输入信号 x_d 增大，为正反馈，此时

$$x_d = x_i + x_f \tag{10.5}$$

正反馈的结果，导致输入信号增强，输出信号相应增大，即使放大器的放大倍数增大，致使电路工作不稳定，常用于振荡电路中。而负反馈的结果则使放大器的放大倍数减小，但可以改善放大电路的性能，常用于放大电路中。

基本放大电路的输出信号与净输入信号之比称为开环放大倍数，用 A 表示，即

$$A = \frac{x_o}{x_d} \tag{10.6}$$

反馈信号与输出信号之比称为反馈系数，用 F 表示，即

$$F = \frac{x_f}{x_o} \tag{10.7}$$

引入反馈后的输出信号与输入信号之比称为闭环放大倍数，用 A_f 表示，即

$$A_f = \frac{x_o}{x_i} = \frac{x_o}{x_d + x_f} = \frac{\frac{x_o}{x_d}}{\frac{x_d}{x_d} + \frac{x_f}{x_d}} = \frac{A}{1 + AF} \tag{10.8}$$

通常，将 $1+AF$ 称为反馈深度，其值越大，反馈作用越强。因为在负反馈放大电路中，$|1+AF| > 1$，所以引入负反馈后放大倍数降低。反馈越深，放大倍数下降越多。当 $|1+AF| \gg 1$ 时，闭环放大倍数

$$A_f = \frac{1}{F} \tag{10.9}$$

此式说明，在深度负反馈的情况下，闭环放大倍数仅与反馈电路的参数有关，基本上不受开环放大倍数的影响，此时放大电路的工作非常稳定。

10.2.2　反馈的类型及判断方法

在实际的放大电路中，可以根据不同的要求引入不同类型的反馈，按照考虑问题的不同角度，反馈有各种不同的分类方法。

1. 正反馈和负反馈

如果反馈信号对输入信号起增强作用，则为正反馈；如果反馈信号对输入信号起削弱作用，则为负反馈。

正反馈：反馈信号和输入信号加于输入回路一点时，瞬时极性相同；反馈信号和输入信号加于输入回路两点时，瞬时极性相反。

负反馈：反馈信号和输入信号加于输入回路一点时，瞬时极性相反；反馈信号和输入信号加于输入回路两点时，瞬时极性相同。

判断方法：瞬时极性法。

2. 电压反馈和电流反馈

按从输出端取反馈信号的方式，可分为电压反馈和电流反馈。

学习
札记

电压反馈：反馈采样信号（电压或电流）与输出电压 u_o 成正比。

电流反馈：反馈采样信号（电压或电流）与输出电流 i_o 成正比。

判断方法：u_o 短路法。将输出电压"短路"，若反馈信号为 0，则为电压反馈；若反馈信号仍然存在，则为电流反馈。

3. 串联反馈和并联反馈

根据反馈电路与放大电路输入端的连接方式（见图 10.8），可分为串联反馈和并联反馈。

在图 10.8（a）中，输入信号加在反相输入端，如果反馈信号加在反相输入端，则为并联反馈，加在同相输入端，则为串联反馈；在图 10.8（b）中，输入信号加在同相输入端，如果反馈信号加在反相输入端，则为串联反馈，加在同相输入端，则为并联反馈；在图 10.8（c）中，输入信号加在基极，如果反馈信号加在基极，则为并联反馈，加在发射极，则为串联反馈。

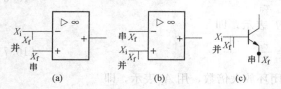

图 10.8　串联反馈和并联反馈

（a）由反相输入端输入；（b）由同相输入端输入；
（c）由基极输入

串联反馈：反馈电路与放大电路输入端串联，反馈信号以电压的形式出现，此时净输入电压 $\dot{U}_d = \dot{U}_i - \dot{U}_f$。

并联反馈：反馈电路与放大电路输入端并联，反馈信号以电流的形式出现，此时净输入电流 $\dot{I}_d = \dot{I}_i - \dot{I}_f$。

判别方法：输入节点法。反馈信号与输入信号加在放大电路输入回路的同一个电极，则为并联反馈；反之，加在放大电路输入回路的两个电极，则为串联反馈。

4. 交流反馈和直流反馈

反馈信号只有交流成分时为交流反馈；反馈信号只有直流成分时为直流反馈；反馈信号既有交流成分，又有直流成分时为交直流反馈。

[**例 10.1**]　反馈放大电路如图 10.9 所示，试判断级间反馈的类型。

解：该电路为两级放大电路，第一级为 VT1、VT2 组成的差分放大电路，第二级为 VT3 组成的共发射极电路，R_f 构成了级间反馈。由图 10.9 可以看出，输出信号由 VT3 管的集电极引出，而反馈信号由 VT3 的发射极引回，二者不在同一点，所以该反馈为电流反馈；输入信号送至 VT1 的基极，反馈也引回至 VT1 的基极，二者在同一点上，所以该反馈为并联反馈；假设输入信号的瞬时极性为正，由于差分放大电路从 VT1 的集电极单

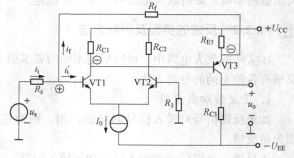

图 10.9　例 10.1 的图

端输出，所以 VT1 集电极的瞬时极性为负，即 VT3 基极的瞬时极性为负，反馈由 VT3 的发射极引回，其瞬时极性也为负，R_f 上电流的流向如图 10.9 中所示。可见，该电流削弱了外加输入电流，使净输入电流 i_i' 减小，因此 R_f 构成了负反馈。

综上所述，R_f 构成了级间电流并联负反馈。

[**例 10.2**]　试判断图 10.10 所示反馈放大电路中级间反馈的类型。

解：该电路是由运算放大器组成的两级放大电路，R_5 构成了级间反馈。在输出回路，将 R_L 短路，R_5 的一端接地，反馈消失，所以该反馈为电压反馈（用结构判断法也可得到同样的结论）；在输入回路，将反馈节点对地短路，输入信号不能送入 A1 的同相端，所以该反馈为并联反馈（用结构判断法也可得到同样的结论）；假设输入信号的瞬时极性为正，由于输入信号送至运算放大器

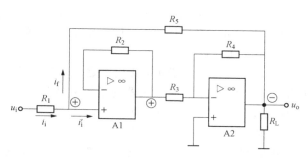

图 10.10　例 10.2 的图

A1 的同相输入端，所以 A1 输出端的瞬时极性为正，即 A2 反相输入端的瞬时极性为正，输出信号取自 A2 的输出端，其瞬时极性为负，电路中各点的瞬时极性如图 10.10 所示，R_5 上电流的流向如图 10.10 所示。可见，该电流削弱了外加输入电流，使净输入电流 i_i 减小，因此 R_5 构成了负反馈。

综上所述，R_5 构成了级间电压并联负反馈。

10.2.3　负反馈对放大电路性能的影响

在放大电路中引入负反馈可以改善放大电路的工作性能。负反馈对放大器性能的改善是以降低电压放大倍数为代价换来的，但放大倍数的下降容易弥补。

1. 提高放大倍数的稳定性

晶体管和电路其他元件参数的变化以及环境温度的影响等因素，都会引起放大倍数的变化，而放大电路的不稳定会影响放大电路的准确性和可靠性。放大倍数的稳定性通常用它的相对变化率来表示。对式（10.8）求导可得

$$\frac{\mathrm{d}A_f}{A_f} = \frac{1}{1+AF}\frac{\mathrm{d}A}{A} \tag{10.10}$$

式（10.10）表明，引入负反馈后，放大倍数的相对变化率是未引入负反馈时的开环放大倍数的相对变化率的 $1/(1+AF)$。虽然放大倍数从 A 减小到 A_f，降低了 $1+AF$ 倍，但当外界因素有相同的变化时，放大倍数的相对变化 $\mathrm{d}A_f/A_f$ 却只有无反馈时的 $1/(1+AF)$，可见负反馈放大电路的稳定性提高了。反馈越深，放大倍数越稳定。

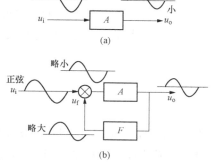

图 10.11　非线性失真的改善
（a）无反馈时；（b）有反馈时

2. 减小非线性失真

一个理想的线性放大电路，其输出波形与输入波形完全呈线性关系。可是由于半导体器件的非线性，当信号的幅度比较大时，就很难使输出信号波形与输入信号波形保持线性关系，而使得输出信号会产生非线性失真，输入信号幅度越大，非线性失真越严重。当引入负反馈后，非线性失真将会得到明显改善。图 10.11 定性说明了负反馈改善波形失真的情况。设输入信号 u_i 为正弦波，无反馈时，输出波形产生失真，正半周大而负半周小，如图 10.11（a）所示。引入负反馈后，由于反馈电路由电阻组成，反馈系数 F 为常数，故反馈信号 u_f 是和输出信号 u_o 一样的

失真波形，u_f 与输入信号相减后使净输入信号 u_i 波形变成正半周小而负半轴大的失真波形，从而使输出信号的正、负半周趋于对称，改善了波形的失真，如图 10.11（b）所示。

3. 扩展通频带

频率响应是放大电路的重要特征之一，而频带宽度是放大电路的技术指标，某些放大电路要求有较宽的通频带。开环放大器的通频带是有限的，引入负反馈是展宽通频带的有效措施之一。可以证明，负反馈使通频带扩展了 $1+AF$ 倍。

4. 对输入输出电阻的影响

引入负反馈后，由于反馈元件跨接在放大电路的输入回路和输出回路之间，故放大电路的输入电阻、输出电阻也将受到一定的影响。反馈类型不同，对输入电阻、输出电阻的影响也不同。

对输入电阻的影响取决于反馈电路与输入端的连接方式：串联负反馈使输入电阻增加，并联负反馈使输入电阻减小。对输出电阻的影响取决于反馈电路与输出端的连接方式：电压负反馈具有稳定输出电压的功能，当输入一定时，电压负反馈使输出电压趋于恒定，故使输出电阻减小；电流负反馈具有稳定输出电流的功能，当输入一定时，电流负反馈使输出电流趋于恒定，故使输出电阻增大。

🎓 **思考与讨论**

1. 负反馈有几种类型？是如何分类的？怎样判断？

2. 加有负反馈的放大器，已知开环放大倍数 $A=10^4$，反馈系数 $F=0.01$，如果输出电压 $u_o=3V$，试求它的输入电压 u_i、反馈电压 u_f 和净输入电压 u_d。

3. 加有负反馈的放大电路，已知开环放大倍数 $A=100$，反馈系数 $F=0.1$，如果开环放大倍数发生 20% 的变化，则闭环放大倍数的相对变化为多少？

10.3 运算放大器的线性应用

集成运放作为一种通用性很强的放大器件，在模拟电子技术的各个领域获得了广泛的应用。就集成运放的工作状态来说，可分为线性应用和非线性应用两大类。本节主要讨论集成运放的线性应用。

由于集成运放开环电压放大倍数很大，要使输出信号工作在线性范围内必须在输出端与反相输入端之间接入电路元件构成深度负反馈电路，使得输出、输入之间的函数关系仅仅由反馈网络决定。此时闭环工作在线性区，可利用"虚短""虚断"概念分析运算放大器，这是分析运算放大器线性应用的关键。

⛄ 10.3.1 基本运算电路

1. 比例运算电路

（1）反相比例运算电路。图 10.12 是反相比例运算电路。输入信号 u_i 经电阻 R_1 引到运算放大器的反相输入端，而同相输入端经电阻 R_2 接地。反馈电阻 R_f 跨接于输出端和反相输入端之间，形成深度电压并联负反馈。根据运算放大器工作在线性区时的两条分析依据式（10.2）和式（10.3）可知

学习
札记

$$i_+ = i_- \approx 0, \quad u_+ = u_- \approx 0$$

反相输入端为"虚地"端。从图 10.12 可得

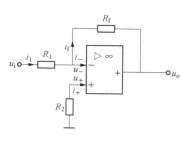

图 10.12 反相比例运算电路

$$i_1 = \frac{u_i}{R_1} = i_f$$

$$u_o = -R_f i_f = -R_f \frac{u_i}{R_1}$$

所以

$$u_o = -\frac{R_f}{R_1} u_i \tag{10.11}$$

式（10.11）表明，输出电压与输入电压是比例运算关系，或者说是反相比例放大关系。其比例系数也称为闭环放大倍数，即

$$A_f = \frac{u_o}{u_i} = -\frac{R_f}{R_1} \tag{10.12}$$

式（10.12）表明输出电压 u_o 与输入电压 u_i 极性相反，其比值由 R_f 和 R_1 决定，与集成运放本身参数无关。适当选配电阻，可使 A_f 精度提高，且其大小可以方便地调节。

当 $R_f = R_1$ 时，$u_o = -u_i$，该电路称为反相器。

图 10.12 中的电阻 R_2 称为平衡电阻，其作用是保持运算放大器输入级电路的对称性，其阻值等于反相输入端对地的等效电阻，即

$$R_2 = R_1 // R_f \tag{10.13}$$

【例 10.3】 在图 10.12 中，设 $R_1 = 10\text{k}\Omega$，$R_f = 50\text{k}\Omega$，求 A_f；如果 $u_i = -1\text{V}$，则 u_o 为多大？

解：
$$A_f = -\frac{R_f}{R_1} = \frac{-50}{10} = -5$$

$$u_o = A_f u_i = (-5) \times (-1) = 5(\text{V})$$

（2）同相比例运算电路。图 10.13 是同相比例运算电路。输入信号 u_i 经电阻 R_2 引到运算放大器的同相输入端，反相输入端经电阻 R_1 接地。反馈电阻 R_f 跨接于输出端和反相输入端之间，形成电压串联负反馈。

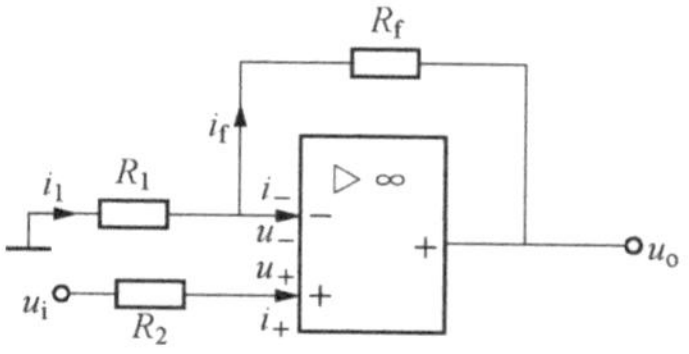

图 10.13 同相比例运算电路

根据式（10.2）和式（10.3）可得

$$i_+ = i_- \approx 0, \quad u_+ = u_- \approx u_i$$

从图 10.13 可得

$$i_1 = \frac{0 - u_i}{R_1} = i_f$$

$$i_f = \frac{u_i - u_o}{R_f}$$

所以

$$u_o = \left(1 + \frac{R_f}{R_1}\right) u_i \tag{10.14}$$

可见，u_o 与 u_i 也是成正比的。其同相比例系数也即电压放大倍数

$$A_f = \frac{u_o}{u_i} = 1 + \frac{R_f}{R_1} \tag{10.15}$$

式（10.15）表明输出电压 u_o 与输入电压 u_i 同相位，其比值取决于电阻 R_f 和 R_1。平衡电阻

学习札记

R_2 仍符合式（10.13）。

当 $R_f=0$ 或 $R_1=\infty$ 时，电路如图 10.14 所示，$u_o=u_i$，$A_f=1$，这就是电压跟随器。

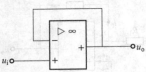

图 10.14 电压跟随器

当同相比例运算电路以图 10.15 所示的形式输入时，由于 $i_+=0$，所以 R_2 与 R_3 串联，u_i 被 R_2 和 R_3 分压后，同相端的实际输入电压为

$$u_+ = u_- = u_i \frac{R_3}{R_2+R_3}$$

则

$$u_o = \left(1+\frac{R_f}{R_1}\right)\frac{R_3}{R_2+R_3}u_i \tag{10.16}$$

2．加法运算电路

（1）反相加法运算电路。图 10.16 所示为一个具有三个输入信号的加法运算电路。

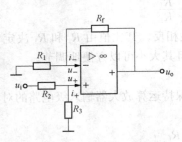

图 10.15 同相比例运算电路

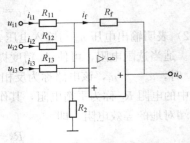

图 10.16 反相加法运算电路

由于电路中 $u_+=u_-=0$，反相输入端为虚地端。

u_{i1} 单独作用时

$$u_{o1} = -\frac{R_f}{R_{11}}u_{i1}$$

u_{i2} 单独作用时

$$u_{o2} = -\frac{R_f}{R_{12}}u_{i2}$$

u_{i3} 单独作用时

$$u_{o3} = -\frac{R_f}{R_{13}}u_{i3}$$

当 u_{i1}、u_{i2}、u_{i3} 共同作用时，利用叠加原理，可得

$$u_o = -\left(\frac{R_f}{R_{11}}u_{i1} + \frac{R_f}{R_{12}}u_{i2} + \frac{R_f}{R_{13}}u_{i3}\right) \tag{10.17}$$

式（10.17）表示输出电压等于各输入电压按不同比例相加。

当 $R_{11}=R_{12}=R_{13}=R$ 时

$$u_o = -\frac{R_f}{R}(u_{i1} + u_{i2} + u_{i3}) \tag{10.18}$$

即输出电压与各输入电压之和成比例，实现"和放大"。

当 $R_{11}=R_{12}=R_{13}=R_f$ 时

$$u_o = -(u_{i1} + u_{i2} + u_{i3})$$

即输出电压等于各输入电压之和，实现反相加法运算。

在图 10.16 中平衡电阻 $R_2=R_{11}//R_{12}//R_{13}//R_f$。

[例 10.4] 已知反相加法运算放大器的运算关系为

$$u_o = -(4u_{i1} + 2u_{i2} + 0.5u_{i3})$$

且 $R_f = 100k\Omega$，试选择各输入电路的电阻和平衡电阻 R_2 的阻值。

解： 由式（10.17）可得

$$R_{11} = \frac{R_f}{4} = \frac{100}{4} = 25(k\Omega)$$

$$R_{12} = \frac{R_f}{2} = \frac{100}{2} = 50(k\Omega)$$

$$R_{13} = \frac{R_f}{0.5} = \frac{100}{0.5} = 200(k\Omega)$$

$$R_2 = R_{11}//R_{12}//R_{13}//R_f \approx 13.3(k\Omega)$$

［例 10.5］ 在图 10.17 所示电路中，已知 $u_{i1} = 1V$，$u_{i2} = 0.5V$，求输出电压 u_o。

解： 第一级为反相输入的加法运算电路，其输出电压为

$$u_{o1} = -\frac{100}{50}(u_{i1} + u_{i2}) = -2(u_{i1} + u_{i2})$$

第二级为反相器，其输入为第一级的输出，故输出电压

$$u_o = -u_{o1} = 2(u_{i1} + u_{i2}) = 3V$$

（2）同相加法运算电路。图 10.18 是同相加法运算电路。它是在图 10.13 的基础上增加若干个输入端，可以对多个输入信号实现代数相加运算。

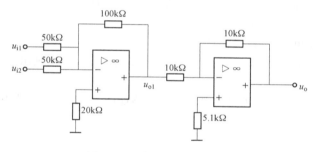

图 10.17　例 10.5 的电路图

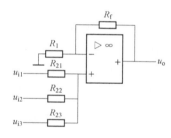

图 10.18　同相加法运算电路

图 10.18 中为了平衡要求

$$R_{21}//R_{22}//R_{23} = R_1//R_f \tag{10.19}$$

应用叠加原理可以得到

$$u_o = \left(1 + \frac{R_f}{R_1}\right)(K_1 u_{i1} + K_2 u_{i2} + K_3 u_{i3}) \tag{10.20}$$

式中

$$K_1 = \frac{R_{22}//R_{23}}{R_{21} + (R_{22}//R_{23})}$$

$$K_2 = \frac{R_{21}//R_{23}}{R_{22} + (R_{21}//R_{23})}$$

$$K_3 = \frac{R_{21}//R_{22}}{R_{23} + (R_{21}//R_{22})}$$

在实际应用电路中，有时需要采用同相加法运算电路，但由于运算关系和平衡电阻的选取比较复

杂，并且同相输入时集成运放的两输入端承受共模电压，它不允许超过集成运放的最大共模输入电压，因此，一般较少使用同相输入的加法电路。若需要进行同相加法运算，只需在反相加法电路后再加一级反相器即可。

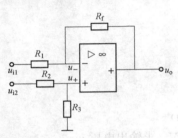

图 10.19　差动运算电路

3. 差动运算电路

在基本运算电路中，如果两个输入端都有信号输入，则为差动输入，电路实现差动运算。差动运算被广泛地应用在测量和控制系统中，其运算电路如图 10.19 所示。根据叠加原理，

u_{i1} 单独作用时，有

$$u'_o = -\frac{R_f}{R_1}u_{i1}$$

u_{i2} 单独作用时，有

$$u''_o = \left(1 + \frac{R_f}{R_1}\right)\frac{R_3}{R_2 + R_3}u_{i2}$$

u_{i1}、u_{i2} 共同作用时，有

$$u_o = u'_o + u''_o = \left(1 + \frac{R_f}{R_1}\right)\frac{R_3}{R_2 + R_3}u_{i2} - \frac{R_f}{R_1}u_{i1} \tag{10.21}$$

若取 $R_1 = R_2$，$R_3 = R_f$，则

$$u_o = \frac{R_f}{R_1}(u_{i2} - u_{i1}) \tag{10.22}$$

输出电压与输入电压之差成正比，称为差动放大电路。若取 $R_1 = R_2 = R_3 = R_f$，则

$$u_o = (u_{i2} - u_{i1}) \tag{10.23}$$

此时电路就是减法运算电路，故该电路可作为减法器使用。

[例 10.6]　一个测量系统的输出电压和输入电压的关系为 $u_o = 5(u_{i2} - u_{i1})$，试画出能实现此运算的电路（设 $R_f = 100\text{k}\Omega$）。

解： 由输入输出的关系式可知，该电路应为差动运算电路。电路如图 10.19 所示，其中 $R_3 = R_f = 100\text{k}\Omega$，$R_1 = R_2 = \dfrac{R_f}{5} = 20\text{k}\Omega$。

4. 积分运算电路

（1）积分运算电路。若将反相比例运算电路中的反馈元件 R_f 用电容 C_f 替代，就可以实现积分运算。积分运算电路如图 10.20（a）所示。其中，平衡电阻 $R_2 = R_1$。

由于 $u_+ = u_- = 0$，反相输入端为虚地端，所以

$$i_1 = i_f = \frac{u_i}{R_1} = i_c$$

则

$$u_o = -u_c = -\frac{1}{C_f}\int i_f \mathrm{d}t = -\frac{1}{R_1 C_f}\int u_i \mathrm{d}t \tag{10.24}$$

式（10.24）说明，u_o 与 u_i 的积分成比例，式中的负号表示两者反相。$R_1 C_f$ 称为积分时间常数。

若输入电压为直流，即 $u_i = U$，且在 $t = 0$ 时加入，则

$$u_o = -\frac{1}{R_1 C_f}\int U \mathrm{d}t = -\frac{U}{R_1 C_f}t \tag{10.25}$$

由于此时电容器恒流充电$\left(\text{充电电流为 } i_1 = i_f = \dfrac{u_i}{R_1}\right)$，所以输出电压随时间呈线性变化，经过

学习札记

一定时间，当输出电压达到运算放大器的最大输出电压时，运算放大器进入饱和状态，输出保持在饱和值上。波形如图 10.20（b）所示。

（2）比例积分运算电路。积分运算电路除用于信号运算外，在控制和测量系统中也得到了广泛地应用。将比例运算和积分运算结合在一起，就构成了比例积分运算电路，如图 10.21（a）所示。

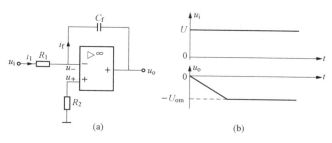

图 10.20 积分运算电路

（a）运算电路；（b）波形图

电路的输出电压

$$u_o = -(i_f R_f + u_c) = -\left(i_f R_f + \frac{1}{C_f}\int i_f dt\right)$$

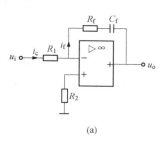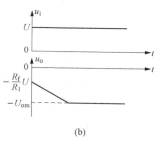

图 10.21 比例积分运算电路

（a）运算电路；（b）波形图

因为 $\quad i_1 = i_f = i_c = \dfrac{u_i}{R_1}$

所以 $\quad u_o = -\left(\dfrac{1}{R_1 C_f}\int u_i dt + \dfrac{R_f}{R_1}u_i\right)$

$$\tag{10.26}$$

当输入电压为直流，即 $u_i = U$，且在 $t=0$ 时加入，则输出电压

$$u_o = -\left(\frac{R_f}{R_1}U + \frac{U}{R_1 C_f}t\right) \tag{10.27}$$

输入、输出波形如图 10.21（b）所示。

比例积分电路又称为比例—积分调节器（PI 调节器），广泛地应用于自动控制系统中。

（3）求和积分运算电路。若将加法运算和积分运算相结合，就构成了求和积分运算电路，如图 10.22 所示。电路的输出电压

$$u_o = -\left(\frac{1}{R_{11}C_f}\int u_{i1}dt + \frac{1}{R_{12}C_f}\int u_{i2}dt\right)$$

当 $R_{11} = R_{12} = R$ 时，为

$$u_o = -\frac{1}{RC_f}\int(u_{i1} + u_{i2})dt \tag{10.28}$$

[**例 10.7**] 根据 $u_o = -5\int u_i dt$ 确定积分运算电路中的 C_f、R_1 和 R_2。

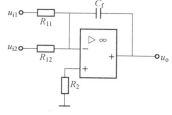

图 10.22 求和积分运算电路

解：设 $C_f = 1\mu F$，由 $\dfrac{1}{R_1 C_f} = 5$，得出

$$R_1 = \frac{1}{5C_f} = \frac{1}{5\times 10^{-6}} = 200(k\Omega)$$

$$R_2 = R_1 = 200k\Omega$$

学习札记

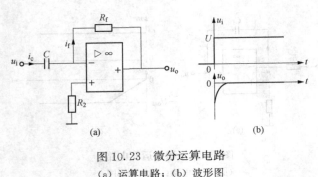

图 10.23　微分运算电路

(a) 运算电路；(b) 波形图

5. 微分运算电路

微分是积分的逆运算，只需将反相输入端的电阻和反馈电容调换位置，就可得到微分电路，如图 10.23 (a) 所示。

由图可得　　$u_o = -i_f R_f$

因为　　$i_c = i_f = C\dfrac{du_c}{dt} = C\dfrac{du_i}{dt}$

故　　$u_o = -R_f C\dfrac{du_i}{dt}$　　(10.29)

即输出电压是输入电压的微分。当输入电压为阶跃电压时，输出电压为尖脉冲，如图 10.23 (b) 所示。

10.3.2　运算放大器在信号处理方面的应用

在自动控制系统中，经常用运算放大器组成信号处理电路，进行滤波、采样保持等，下面作简单介绍。

1. 有源滤波器

滤波器，就是一种选频电路。它能使一定频率范围内的信号顺利通过，而在此频率范围以外的信号衰减很大。根据所选择频率的范围，滤波器可分为低通、高通、带通、带阻等类型。低通滤波器只允许低频率的信号通过，高通滤波器只允许高频率的信号通过；带通滤波器允许某一频率范围内的信号通过；带阻滤波器只允许某一频率范围之外的信号通过，而该频率范围内的信号衰减很大。

由电阻和电容组成的滤波电路称为无源滤波器。无源滤波器无放大作用，带负载能力差，特性不理想。由有源器件运算放大器与 RC 组成的滤波器称为有源滤波器。与无源滤波器比较，有源滤波器具有体积小、效率高、特性好等一系列优点，因而得到了广泛应用。

若滤波器输入为 $\dot{U}_i(j\omega)$，输出为 $\dot{U}_o(j\omega)$，则输出电压与输入电压之比是频率的函数，即

$$|f(j\omega)| = \left|\frac{\dot{U}_o(j\omega)}{\dot{U}_i(j\omega)}\right| \tag{10.30}$$

根据幅频特性就可以判断滤波器的通频带。图 10.24 (a) 所示是一个有源低通滤波器电路。

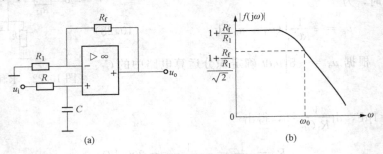

图 10.24　有源低通滤波器

(a) 滤波器电路；(b) 幅频特性

学习札记

（1）工作原理。因为

$$\dot{U}_+ = \dot{U}_- = \dot{U}_i \cdot \frac{\dfrac{1}{j\omega C}}{R + \dfrac{1}{j\omega C}} = \dot{U}_i \cdot \frac{1}{1 + j\omega RC}$$

又根据同相比例运算电路的输入输出关系式，得

$$\dot{U}_o = \left(1 + \frac{R_f}{R_1}\right)\dot{U}_+ = \left(1 + \frac{R_f}{R_1}\right) \cdot \frac{1}{1 + j\omega RC}\dot{U}_i$$

故

$$\frac{\dot{U}_o}{\dot{U}_i} = \left(1 + \frac{R_f}{R_1}\right) \cdot \frac{1}{1 + j\omega RC}$$

$$\frac{U_o}{U_i} = \left(1 + \frac{R_f}{R_1}\right) \cdot \frac{1}{\sqrt{1 + \left(\dfrac{\omega}{\omega_0}\right)^2}} \tag{10.31}$$

式中：ω_0 为截止角频率，$\omega_0 = \dfrac{1}{RC}$。

（2）电路特点。当 $\omega < \omega_0$ 时，$\dfrac{U_o}{U_i} \approx 1 + \dfrac{R_f}{R_1}$；当 $\omega = \omega_0$ 时，$\dfrac{U_o}{U_i} \approx \dfrac{1 + \dfrac{R_f}{R_1}}{\sqrt{2}}$；当 $\omega > \omega_0$ 时，$\dfrac{U_o}{U_i}$ 随 ω 的

增加而下降；当 $\omega \to \infty$ 时，$\dfrac{U_o}{U_i} = 0$。

有源低通滤波器的幅频特性如图 10.24（b）所示。由此可以看出，有源低通滤波器允许低频段的信号通过，阻止高频段的信号通过。

根据滤波器的概念，如何构成有源高通滤波器呢？请读者自行分析。

2. 采样保持电路

在数字电路、计算机及程序控制的数据采集系统中常常用到采样保持电路。采样保持电路的功能是将快速变化的输入信号按控制信号的周期进行"采样"，使输出准确地跟随输入信号的变化，并能在两次采样的间隔时间内保持上一次采样结束的状态。图 10.25（a）所示是一种基本的采样保持电路，包括模拟开关 S、存储电容 C 和由运算放大器构成的跟随器。

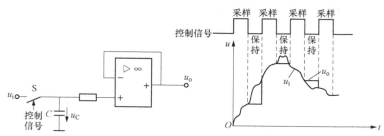

(a)　　　　　　　　　　　　　　　(b)

图 10.25　采样保持电路

（a）电路图；（b）波形图

采样保持电路的模拟开关 S 的开与合由某控制信号控制。当控制信号为高电平时，开关 S 闭合，

学习
札记

电路处于采样状态，这时 u_i 对储存电容 C 充电，$u_o = u_C = u_i$，即输出电压跟随输入电压的变化（运算放大器接成跟随器）；当控制信号为低电平时，开关 S 断开，电路处于保持状态，由于存储电容无放电回路，故在下一次采样之前，$u_o = u_C$，并保持一段时间。输入、输出波形如图 10.25（b）所示。

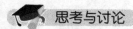

思考与讨论

1. 集成运算放大器怎样才能实现线性应用？

2. 说明反相比例运算电路和同相比例运算电路各有什么特点（包括比例系数、输入电阻、反馈类型和极性、有无"虚地"等）？

3. 各种基本运算电路的输出与输入关系中，为什么均与运算放大器的开环电压放大倍数 A_{uo} 无关？

4. 总结本节所有电路的分析方法，其基本依据是什么？

10.4　运算放大器的非线性应用

当运算放大器工作在开环状态或引入正反馈时，由于其放大倍数非常大，所以输出只能存在正、负饱和两个状态，即 $u_- > u_+$ 时，$u_o = -U_{om}$；$u_+ > u_-$ 时，$u_o = +U_{om}$。当运算放大器工作在此种状态时，称为运算放大器的非线性应用。

10.4.1　电压比较器

电压比较器的基本功能是对两个输入端的信号进行比较与鉴别，根据输入信号是大于还是小于基准电压来确定其输出状态，以输出端的正、负表示比较的结果。它在测量、通信和波形变换等方面应用广泛。

1. 基本电压比较器

如果在运算放大器的一个输入端加入输入信号 u_i，另一输入端加上固定的基准电压 U_R，就构成了基本电压比较器，如图 10.26（a）所示。此时，$u_- = U_R$，$u_+ = u_-$。

当 $u_i > U_R$ 时，$u_o = +U_{om}$；当 $u_i < U_R$ 时，$u_o = -U_{om}$。

电压比较器的传输特性如图 10.26（b）所示。

若取 $u_- = u_i$，$u_+ = U_R$，则当 $u_i > U_R$ 时，$u_o = -U_{om}$；当 $u_i < U_R$ 时，$u_o = +U_{om}$。电路图与传输特性如图 10.27 所示。

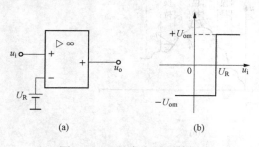
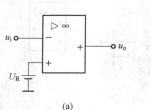
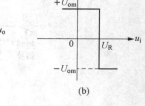

图 10.26　基本电压比较器
（基准电压加在反相输入端）
（a）电路；（b）电压传输特性

图 10.27　基本电压比较器
（基准电压加在同相输入端）
（a）电路；（b）电压传输特性

[例 10.8]　图 10.28 所示为过零比较器（基准电压为零）。试画出其传输特性。当输入为正弦电压时，画出输出电压的波形。

解： 过零比较器的传输特性如图 10.29（a）所示，波形图如图 10.29（b）所示。由图可见，通过过零比较器可以将输入的正弦波转换成矩形波。

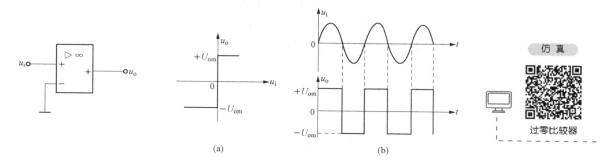

图 10.28　过零比较器　　　图 10.29　过零比较器的传输特性和波形图
　　　　　　　　　　　　　　　　　　（a）传输特性；（b）波形图

2. 有限幅电路的电压比较器

有时为了与输出端的数字电路的电平配合，常常需要将比较器的输出电压限制在某一特定的数值上，这就需要在比较器的输出端接上限幅电路。限幅电路是利用稳压管的稳压功能，将稳压管稳压电路接在比较器的输出端，如图 10.30（a）所示。图中的稳压管是双向稳压管，其稳定电压为 $\pm U_S$。电路的传输特性如图 10.30（b）所示。电压比较器的输出被限制在 $+U_S$ 和 $-U_S$ 之间。这种输出由双向稳压管限幅的电路称为双向限幅电路。

如果只需要将输出稳定在 $+U_S$ 上，可采用正向限幅电路。设稳压管的正向导通压降为 0.6V。电路和传输特性如图 10.31 所示。负向限幅电路请读者自行分析。

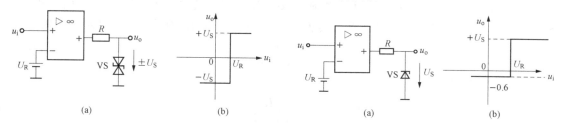

　图 10.30　双向限幅电路及其传输特性　　　　图 10.31　正向限幅电路及其传输特性
　　　（a）电路图；（b）传输特性　　　　　　　　（a）电路；（b）传输特性

3. 迟滞电压比较器

输入电压 u_i 加到运算放大器的反相输入端，通过 R_2 引入串联电压正反馈，就构成了迟滞电压比较器。电路如图 10.32（a）所示。其中，U_R 是比较器的基准电压，该基准电压与输出有关。当输出电压为正饱和值时，$u_o = +U_{om}$，则

$$U'_R = U_{om} \cdot \frac{R_1}{R_1 + R_2} = U_{+H} \tag{10.32}$$

当输出电压为负饱和值时，$u_o = -U_{om}$，则

学习
札记

$$U''_R = -U_{om} \cdot \frac{R_1}{R_1 + R_2} = U_{+L} \tag{10.33}$$

设某一瞬间，$u_o = +U_{om}$，基准电压为 U_{+H}，输入电压只有增大到 $u_i \geqslant U_{+H}$ 时，输出电压才能由 $+U_{om}$ 跃变到 $-U_{om}$，此时基准电压为 U_{+L}；若 u_i 持续减小，只有减小到 $u_i \leqslant U_{+L}$ 时，输出电压才会又跃变至 $+U_{om}$。由此得出迟滞比较器的传输特性如图 10.32（b）所示。$U_{+H} - U_{+L}$ 称为回差电压。改变 R_1 和 R_2 的数值，就可以方便地改变 U_{+H}、U_{+L} 和回差电压。

迟滞电压比较器由于引入了正反馈，可以加速输出电压的转换过程，改善输出波形；由于回差电压的存在，提高了电路的抗干扰能力。

当输入电压是正弦波时，输出矩形波如图 10.33 所示。

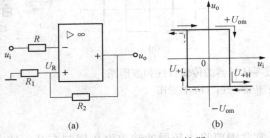

（a）

图 10.32　迟滞电压比较器
（a）电路；（b）传输特性

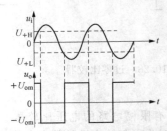

图 10.33　迟滞电压比较器的输出电压波形

10.4.2　矩形波发生器

矩形波信号又称为方波信号，常用来作为数字电路的信号源。能产生矩形波信号的电路称为矩形波发生器。因为矩形波中含有丰富的谐波成分，所以矩形波发生器也称为多谐振荡器。

图 10.34（a）所示是由运算放大器组成的多谐振荡器。其中，运算放大器与 R_1、R_2、R_3、VS 组成了双向限幅的迟滞电压比较器，其基准电压是 U_+，与输出有关。当输出为 $+U_S$ 时，有

$$U_+ = U_S \cdot \frac{R_2}{R_1 + R_2} = U_{+H} \tag{10.34}$$

当输出为 $-U_S$ 时，有

$$U_+ = -U_S \cdot \frac{R_2}{R_1 + R_2} = U_{+L} \tag{10.35}$$

（a）

（b）

图 10.34　矩形波发生器
（a）电路图；（b）波形图

学习札记

R、C 组成电容充、放电电路，u_C 作为比较器的输入信号 u_-。

当电路接通电源瞬间，电容电压 $u_C = 0$，运算放大器的输出处于正饱和值还是负饱和值是随机的。设此时输出处于正饱和值，则 $u_o = +U_S$。比较器的基准电压为 U_{+H}。u_o 通过 R 给 C 充电，u_C 按指数规律逐渐上升，u_C 上升的速度取决于时间常数 RC。当 $u_C < U_{+H}$ 时，$u_o = +U_S$ 不变；当 u_C 上升到略大于 U_{+H} 时，运算放大器由正饱和迅速转换为负饱和，输出电压跃变为 $-U_S$。

当 $u_o = -U_S$ 时，比较器的基准电压为 U_{+L}。此时 C 经 R 放电，u_C 逐渐下降至 0，进而反向充电，u_C 按指数规律下降，u_C 变化的速度仍取决于时间常数 RC。当 u_C 下降到略小于 U_{+L} 时，运算放大器由负饱和迅速转换为正饱和，输出电压跃变为 $+U_S$。

如此不断重复，形成振荡，使输出端产生矩形波。u_C 与 u_o 的波形如图 10.34（b）所示。容易推出，输出矩形波的周期是

$$T = 2RC\ln\left(1 + \frac{2R_2}{R_1}\right) \tag{10.36}$$

则振荡频率为

$$f = \frac{1}{T} = \frac{1}{2RC\ln\left(1 + \frac{2R_2}{R_1}\right)} \tag{10.37}$$

仿真

三角波发生器

式（10.37）表明，矩形波的频率与 RC 和 R_2/R_1 有关，而与输出电压幅度 U_S 无关。显然，改变 R 或 C 的数值，可调节振荡频率。读者扫描二维码自行观看三角波发生器的仿真电路及波形。

10.4.3 运算放大器的使用注意事项

随着集成技术的发展，集成运放的品种越来越多，集成运放的各项技术指标不断改善，应用日益广泛，为了确保运算放大器正常可靠地工作，使用时应注意以下事项。

1. 元件选择

集成运算放大器按其技术指标可分为通用型、高速型、高阻型、低功耗型、大功率型和高精度型等，按其内部结构可分为双极型（由晶体管组成）和单极型（由场效应管组成）；按每一片中集成运放的个数可分为单运放、双运放和四运放。在使用运算放大器之前，首先要根据具体要求选择合适的型号。如测量放大器的信号微弱，它的第一级应选用高输入电阻、高共模抑制比、高开环电压放大倍数、低失调电压及低温度漂移的运算放大器。选好后，根据手册中查到的引脚图和设计的外部电路连线。

2. 消振

由于集成运放的放大倍数很高，内部三极管存在着极间电容和其他寄生参数，所以容易产生自激振荡，影响运放的正常工作。为此，在使用时要注意消振。通常通过外接 RC 消振电路破坏产生自激振荡的条件。是否已消振，可将输入端接"地"，用示波器观察输出端有无自激振荡。目前，由于集成工艺水平的提高，大部分集成运放内部已设置消振电路，无需外接消振元件。

3. 调零

由于集成运放的内部电路不可能做到完全对称，以致当输入信号为零时，仍有输出信号。为此，有的运算放大器在使用时需要外接调零电路。需要调零的运算放大器通常有专用的引脚接调零电位器 R_{PR}。在应用时，应先按规定的接法接入调零电路，再将两输入端接地，调整 R_{PR}，

学习
札记

使 $u_o=0$。

4. 保护

（1）电源保护。为了防止正、负电源接反造成运算放大器损坏，通常接入二极管进行电源保护，如图 10.35 所示。当电源极性正确时，两二极管导通，对电源无影响；当电源接反时，二极管截止，电源与运算放大器不能接通。

（2）输入端保护。当输入端所加的差模或共模电压过高时会损坏输入级的晶体管。为此，应用时应在输入端接入两个反向并联的二极管，如图 10.36 所示，将输入电压限制在二极管的正向压降以下。

（3）输出端保护。为了防止运算放大器的输出电压过大，造成器件损坏，可应用限幅电路将输出电压限制在一定的幅度上。电路如图 10.37 所示。

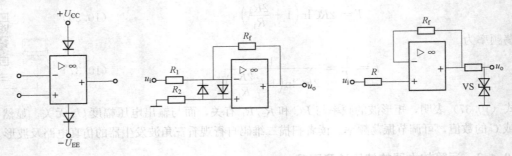

图 10.35　电源保护　　　　　图 10.36　输入保护　　　　　图 10.37　输出保护

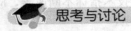　思考与讨论

1. 电压比较器工作在运算放大器的什么区域？

2. 电压比较器的基准电压接在同相输入端和反相输入端，其电压传输特性有何不同？

3. 迟滞比较器有何特点？

10.5　集成运算放大器的应用举例

10.5.1　交流电压表电路

交流电压表电路如图 10.38 所示。在理想情况下，集成运放的 $u_+=u_-=u_x$，流经表头的电流平均为

$$I_{av}=\frac{0.9U_x}{R_F} \tag{10.38}$$

式中：U_x 为被测正弦电压的有效值。

10.5.2　测量放大器

当测量微弱信号时，需将信号先放大再测量。常用的测量放大器（或称数据放大器）的原理电路如图 10.39 所示。

　学习
札记

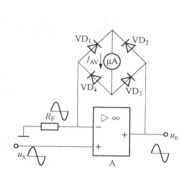

图 10.38　交流电压表电路

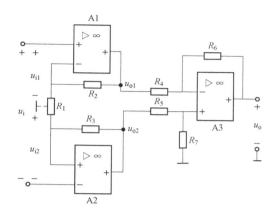

图 10.39　测量放大器

电路为两级放大电路。第一级由 A1、A2 组成，它们都是同相输入，输入电阻很高，且电路结构对称，可抑制零点漂移。第二级是由 A3 组成的差动放大电路。

输入信号电压为 u_i。如果 $R_2 = R_3$，则 R_1 的中点是"地"电位，于是得出 A1 和 A2 的输出电压，它们分别为

$$u_{o1} = \left(1 + \frac{R_2}{R_1/2}\right)u_{i1} = \left(1 + \frac{2R_2}{R_1}\right)u_{i1}$$

$$u_{o2} = \left(1 + \frac{2R_2}{R_1}\right)u_{i2}$$

由此得出

$$u_{o1} - u_{o2} = \left(1 + \frac{2R_2}{R_1}\right)(u_{i1} - u_{i2})$$

第一级放大电路的闭环电压放大倍数为

$$A_{uF1} = \frac{u_{o1} - u_{o2}}{u_{i1} - u_{i2}} = \frac{u_{o1} - u_{o2}}{u_i} = 1 + \frac{2R_2}{R_1}$$

对第二级放大电路而言，如果 $R_4 = R_5$，$R_6 = R_7$，则

$$A_{F2} = \frac{u_o}{u_{o2} - u_{o1}} = -\frac{R_6}{R_4}$$

因此，两级总放大倍数

$$A_{uF} = \frac{u_o}{u_i} = A_{uF1}A_{uF2} = -\frac{R_6}{R_4}\left(1 + \frac{2R_2}{R_1}\right) \tag{10.39}$$

10.6　用 Multisim 对波形发生器的仿真实验

利用集成运算放大器可非常方便地完成信号的放大、运算，以及波形的产生和变换。

在这里，用 Multisim 10 对迟滞电压比较器产生矩形波进行仿真实验。首先，创建实验电路图 10.40 所示，按图 10.41 的方式对"虚拟函数信号发生器"进行设置输入信号，然后启动仿真按钮，双击"虚拟示波器"图标，出现图 10.42 所示的仿真波形。

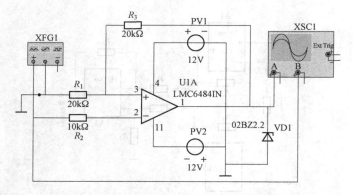

图 10.40　产生矩形波信号的电路图

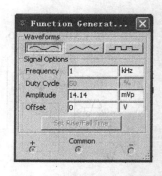

图 10.41　虚拟函数信号发生器 XFG1
　　　　　设置输入信号源 U_i

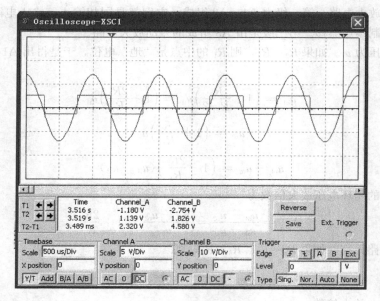

图 10.42　仿真波形

本 章 小 结

1. 集成运算放大器是一种通用型的高增益直接耦合放大器，它把元件、器件和连接线制作在同一基片上，内部电路通常包括输入级、中间增益级和输出级。

2. 由理想运算放大器得出的"虚短"和"虚断"的概念是分析运算放大器应用的基本出发点。

3. 为了使运算放大器工作在线性区，必须引入深度负反馈，引入负反馈可以改善放大电路的很多性能。

学习
札记

4. 信号处理电路包括有源滤波器、电压比较器和采样保持电路等。有源滤波器由无源滤波网络和带有深度负反馈的放大器组成，具有高输入阻抗、低输出阻抗和良好的滤波特性等特点。电压比较器是一种差动输入的开环运算放大器，对两个输入电压进行比较，输出规定为高、低电平。

习　　题

10.1　指出图 10.43 中所示各电路的反馈环节，判断其反馈类型。

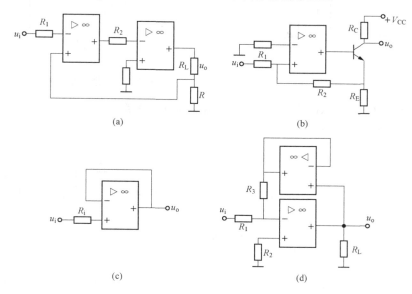

(a)　　　　　　　　　　　(b)

(c)　　　　　　　　　　　(d)

图 10.43　题 10.1 的图

10.2　求图 10.44 电路输出电压与输入电压的关系式。

10.3　为了用低值电阻得到高的电压放大倍数，可以用图 10.45 中的 T 形电阻网络代替反馈电阻 R_f，试证明：电压放大倍数

$$A_u = \frac{u_o}{u_i} = -\frac{R_2 + R_3 + R_2 R_3 / R_4}{R_1}$$

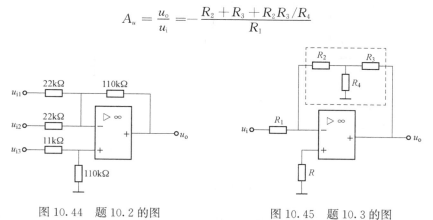

图 10.44　题 10.2 的图　　　　　　图 10.45　题 10.3 的图

学习
札记

10.4　图 10.46 所示电路是一比例系数可调的反相比例运算电路，设 $R_f \gg R_4$，试证明：

$$u_o = -\frac{R_f}{R_1}\left(1 + \frac{R_3}{R_4}\right)u_i$$

10.5　图 10.47 所示电路中，已知 $R_f = 2R_1$，$u_i = -2\mathrm{V}$，求输出电压。

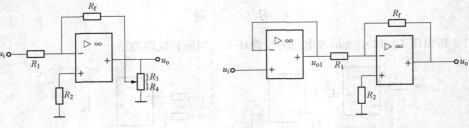

图 10.46　题 10.4 的图　　　　　　图 10.47　题 10.5 的图

10.6　写出图 10.48 所示电路中输出电压与输入电压的关系式。

10.7　电路如图 10.49 所示，求 u_o。

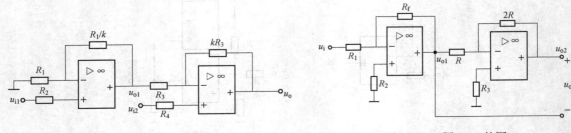

图 10.48　题 10.6 的图　　　　　　图 10.49　题 10.7 的图

10.8　写出图 10.50 所示电路中输出电压与输入电压的关系式。

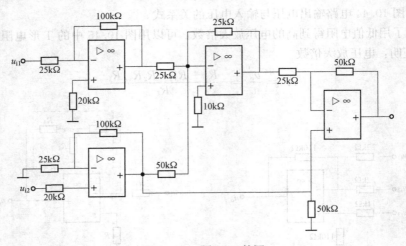

图 10.50　题 10.8 的图

10.9　图 10.51 所示电路中，已知 $R_1 = 200\mathrm{k}\Omega$，$C = 0.1\mu\mathrm{F}$，运算放大器的最大输出电压为

学习
札记

±10V。当 $u_i = -1V$，$u_C(0) = 0$ 时，求输出电压达到最大值所需要的时间，画出输出电压随时间变化的规律，并用 Multisim 10 仿真输出电压的波形。

10.10   图 10.52 所示电路中，已知 $R_1 = 200k\Omega$，$R_f = 200k\Omega$，$C = 0.1\mu F$，运算放大器的最大输出电压为 ±10V。当 $u_i = -1V$，$u_C(0) = 0$ 时，求输出电压达到最大值所需要的时间，画出输出电压随时间变化的规律，并用 Multisim 10 仿真输出电压的波形。

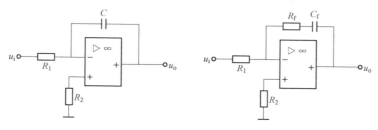

图 10.51   题 10.9 的图   图 10.52   题 10.10 的图

10.11   电压比较器的电路如图 10.53（a）、（b）、（c）所示，输入电压波形如图 10.53（d）所示。运算放大器的最大输出电压为 ±10V。试画出 $U_R = 3V$ 和 $U_R = -3V$ 两种情况下的电压传输特性和输出电压的波形，并用 Multisim 10 仿真出 u_o 的波形。

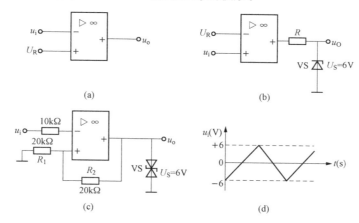

图 10.53   题 10.11 图

10.12   如图 10.54 所示电路中，运算放大器的最大输出电压为 ±12V，$u_1 = 0.04V$，$u_2 = -1V$，电路参数如图所示。问经过多长时间 u_o 将产生跳变?

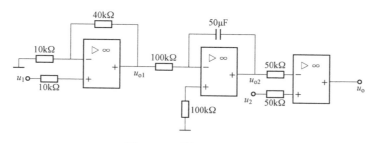

图 10.54   题 10.12 的图

学习
札记

10.13　已知运算电路的输入输出关系如下：

(1) $u_{\mathrm{o}} = u_{\mathrm{i1}} + u_{\mathrm{i2}}$。

(2) $u_{\mathrm{o}} = u_{\mathrm{i1}} - u_{\mathrm{i2}}$。

(3) $u_{\mathrm{o}} = -10 \displaystyle\int (u_{\mathrm{i1}} - u_{\mathrm{i2}}) \mathrm{d}t$。

试画出运算电路，并计算电路中所用元件的参数。设 $R_{\mathrm{f}} = 100\mathrm{k}\Omega$，$C_{\mathrm{f}} = 0.1\mu\mathrm{F}$。

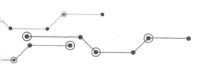

第 11 章

数字电路基础与组合逻辑电路

数字电子技术是分析和处理数字信号的技术。数字信号是指在时间和数值上均是离散的信号。对数字信号进行传输、处理的电子线路称为数字电路。数字电路在现代电子技术中占有十分重要的地位，由于数字电路比模拟电路具有更多更独特的优点，因此它在通信、电视、雷达、自动控制、电子测量、电子计算机等各个科学领域都得到了非常广泛的应用。本章将介绍数字电路的基础知识，组合逻辑电路的分析、设计方法及应用电路。

11.1 数字电路基础知识

本节主要介绍数字电路中的数字信号，与、或、非等基本逻辑关系，逻辑代数以及逻辑函数的表示及简化的方法。这些内容都是学习数字电路的重要基础。

11.1.1 脉冲信号和数字信号

脉冲信号，是指在短时间内作用于电路的电流和电压信号。图 11.1 是两种常见的脉冲信号。

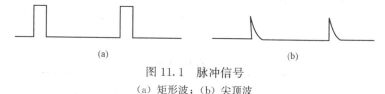

图 11.1 脉冲信号

（a）矩形波；（b）尖顶波

1. 脉冲信号的参数

图 11.1（a）是理想矩形波，它从一种状态变化到另一种状态不需要时间。而实际和理想的矩形波是不同的。下面以图 11.2 所示的实际矩形脉冲波形为例来说明描述脉冲信号的各种参数。

（1）脉冲幅度 U_m：脉冲信号从一种状态变化到另一种状态的最大变化幅度。

（2）脉冲前沿 t_r：信号的幅值由 10% 上升到幅值的 90% 所需时间。

（3）脉冲后沿 t_f：信号的幅值由 90% 下降到幅值的 10% 所需时间。

（4）脉冲宽度 t_p：由信号前沿幅值的 50% 变化到后沿幅值的 50% 所需时间。

（5）脉冲周期 T：两个相邻脉冲之间的间隔。

（6）脉冲频率 f：单位时间内脉冲重复的次数。

2. 正、负脉冲

脉冲信号有正、负之分。若脉冲跃变后的值比初始值高，则为正脉冲；反之，则为负脉冲。图 11.3 为两种脉冲在两种规定下的变化情况。

3. 数字信号

数字信号，是指可以用两种逻辑电平 0 和 1 来描述的信号。逻辑电平 0 和 1 不表示具体的数

学习
札记

_____

量而是一种逻辑值。如果规定高电平为 1，低电平为 0，则称为正逻辑；如果规定高电平为 0，低电平为 1，则称为负逻辑。本书中一律采用正逻辑。

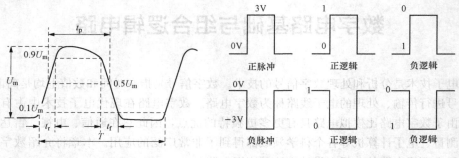

图 11.2　实际矩形波波形　　　　　图 11.3 正脉冲和负脉冲

11.1.2　常用码制及其特点

任何语言都有自己的编码系统，日常所使用的语言也不例外。编码就是用一组特定的符号表示数字、字母或文字。在数字系统中，只使用 0、1 两个基本量，其对所处理的常规元素（如数字、字母、标点符号、常用运算符等）的编码是通过一定编码规则，由多位 0、1 组合实现的。

1. 二—十进制码（BCD 码）

用 4 位二进制码表示 0～9 中的 1 位十进制数的方法称为十—二进制编码（binary coded decimals，BCD 码）。由于 4 位二进制数有 16 种组合，可从这 16 种组合中选择 10 种组合分别来表示十进制的 0～9 十个数。根据选用方案的不同，形成了不同的 BCD 码。表 11.1 所示的是几种常用的 BCD 码。

表 11.1　　　　　　　　　　常用的 BCD 码

十进制数	编码种类			
	8421 码	5421 码	2421 码	余 3 码
0	0000	0000	0000	0011
1	0001	0001	0001	0100
2	0010	0010	0010	0101
3	0011	0011	0011	0110
4	0100	0100	0100	0111
5	0101	1000	1011	1000
6	0110	1001	1100	1001
7	0111	1010	1101	1010
8	1000	1011	1110	1011
9	1001	1100	1111	1100
权	8421	5421	2421	无

（1）8421BCD 码。8421BCD 码是最常用的一种十—二进制编码，它用 4 位二进制数 0000～

学习札记

1001 来表示十进制数的 0～9。该码的每一位都有固定的权，从左到右依次为 2^3、2^2、2^1、2^0，即 8、4、2、1，8421BCD 码是一种有权码。BCD 码是用二进制编码十进制数得到的码，不是二进制数。例如，$(18)_{10}$ 对应的二进制数是（$10010)_2$，而对应的 BCD 码是（00011000$)_{8421BCD}$。

（2）5421BCD 码、2421BCD 码。5421 码、2421 码也是有权 BCD 码，与 8421BCD 码类似，但加权方法不同。

（3）余 3 码。余 3 码也是用 4 位二进制数表示 1 位十进制数的编码，但对于同样的十进制数，比相应的 8421BCD 码多 0011，所以称为余 3 码。余 3 码用 0011～1100 这十个编码表示十进制数的 0～9，该码的每 1 位二进制的权值不固定，是一种无权码。

2. 格雷码

格雷码是一种循环码，属于无权码，采用的是绝对编码方式，相邻的两个码之间只有 1 位不同，其余各位都相同。也就是说，当任意两个相邻的数之间进行转换时，只有一个数位发生变化；另外，最大数与最小数之间也仅有一个数不同，这使得在形成和传输过程中产生的误差较小。总之，格雷码是一种可靠性编码，是错误最小化的编码方式之一。表 11.2 给出了 4 位格雷码与二进制代码之间的对应关系。

表 11.2　　　　　　　　　　　　格雷码与二进制代码之间的对应关系

编码顺序	二进制码	格雷码	编码顺序	二进制码	格雷码
0	0000	0000	5	0101	0111
1	0001	0001	6	0110	0101
2	0010	0011	7	0111	0100
3	0011	0010	8	1000	1100
4	0100	0110	9	1001	1101

11.1.3　逻辑代数基础

1. 逻辑变量与逻辑函数

1849 年，英国数学家乔治·布尔（Geofge Bode）首先提出了描述客观事物逻辑关系的数学方法——布尔代数。因为布尔代数广泛地用于解决开关电路及数字逻辑电路的分析设计上，故又把布尔代数称为开关代数或逻辑代数。

逻辑代数中，也用字母来表示变量，这种变量称为逻辑变量。逻辑变量的取值只有 0 和 1 两个，这里的 0 和 1 不再表示数量的大小，只表示两种不同的逻辑状态，如是和非、开和关、高和低等。

在研究事件的因果关系时，决定事件变化的因素称为逻辑自变量，对应事件的结果称为逻辑因变量，也称为逻辑结果，以某种形式表示逻辑自变量与逻辑结果之间的函数关系称为逻辑函数。例如，当逻辑自变量 A，B，C，D…的取值确定后，逻辑因变量 F（F，G，L，M…）的取值也就唯一确定了，则称 F 是 A，B，C，D…的逻辑函数。记为

$$F = f(A,B,C,D,\cdots)$$

在数字系统中，逻辑自变量通常就是输入信号变量，逻辑因变量（即逻辑结果）就是输出信号变量。数字电路讨论的重点就是输出变量与输入变量之间的逻辑关系。

学习
札记

2. 基本逻辑运算

最基本的逻辑关系或称逻辑运算有与逻辑、或逻辑、非逻辑三种。实际应用中遇到的逻辑问题尽管是千变万化的，但它们都可以用这三种最基本的逻辑运算复合而成。实现基本逻辑运算的数字电路称为基本逻辑门电路。

（1）与逻辑。

1）逻辑与的运算规则为

$$1 \cdot 1 = 1, 1 \cdot 0 = 0, 0 \cdot 1 = 0, 0 \cdot 0 = 0$$

2）两变量逻辑与函数的表达式为

$$F = A \cdot B \tag{11.1}$$

读作 F 等于 A 与 B。式中 A、B 是逻辑变量，取值只能是 0 或 1，F 称为 A、B 的逻辑函数。与逻辑也称为逻辑乘，逻辑乘号"$\cdot$"也可省略。

3）逻辑符号如图 11.4 所示。

门电路可以有多个输入端。三个输入端的与门逻辑符号如图 11.5 所示，其逻辑函数表达式为

$$F = A \cdot B \cdot C \tag{11.2}$$

为了便于记忆，与门的逻辑功能可概括为，"见 0 出 0，全 1 出 1"。

图 11.4　两输入与门逻辑符号　　　图 11.5　三输入与门逻辑符号

（2）或逻辑。

1）逻辑或的运算规则为

$$1 + 1 = 1, 1 + 0 = 1, 0 + 1 = 1, 0 + 0 = 0$$

2）两变量或逻辑函数表达式为

$$F = A + B \tag{11.3}$$

读作 F 等于 A 或 B。或运算也称逻辑加法运算。

或门的逻辑功能可概括为"见 1 出 1，全 0 出 0"。

3）或逻辑的逻辑符号如图 11.6 所示。

（3）非逻辑。

1）运算规则为

$$\overline{0} = 1, \overline{1} = 0$$

2）非逻辑函数表达式为

$$F = \overline{A} \tag{11.4}$$

3）非门逻辑符号如图 11.7 所示。

图 11.6　或门逻辑符号　　　　图 11.7　非门逻辑符号

由以上三种基本门电路,可以组合成各种复合门电路。下面介绍几种常见的复合门。

3. 基本复合逻辑运算

(1) 与非逻辑。与非逻辑运算是与和非组合而成的复合逻辑运算,其逻辑函数表达式为

$$F = \overline{AB} \tag{11.5}$$

实现与非逻辑运算的电路称为与非门,其逻辑符号如图 11.8 所示。其逻辑功能可概括为"见 0 出 1,全 1 出 0"。

根据与非逻辑功能,不难用与非门实现非门逻辑功能,如图 11.9 所示。

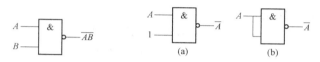

图 11.8   与非门逻辑符号   图 11.9   用与非门实现非逻辑运算

(2) 或非逻辑。或非逻辑运算是或和非的复合逻辑运算,其逻辑函数表达式为

$$F = \overline{A+B} \tag{11.6}$$

实现或非逻辑运算的电路称为或非门。其逻辑符号如图 11.10 所示。

其逻辑功能可概括为"见 1 出 0,全 0 出 1"。

(3) 与或非逻辑。与或非逻辑运算是与、或和非的复合逻辑运算,其逻辑函数表达式为

$$F = \overline{AB+CD} \tag{11.7}$$

实现与或非逻辑运算的电路称为与或非门。其逻辑符号如图 11.11 所示。

图 11.10   或非门逻辑符号   图 11.11   与或非门逻辑符号

(4) 异或逻辑。异或逻辑运算,其逻辑函数表达式为

$$F = A \oplus B = A\overline{B} + \overline{A}B \tag{11.8}$$

实现异或逻辑运算的电路称为异或门,其逻辑符号如图 11.12 所示。异或逻辑可以表示:"相异出 1,相同出 0"。

(5) 同或逻辑。同或逻辑运算,其逻辑函数表达式为

$$F = A \odot B = AB + \overline{A}\,\overline{B} \tag{11.9}$$

实现同或逻辑运算的电路称为同或门,其逻辑符号如图 11.13 所示。

图 11.12   异或门逻辑符号   图 11.13   同或门逻辑符号

同或逻辑可以表示"相异出 0,相同出 1"。

🗼 11.1.4　逻辑代数的基本公式、定律和规则

1. 变量和常量的运算公式

$$A+0=A, A \cdot 1=A \tag{11.10}$$

$$A+1=1, A \cdot 0=0 \tag{11.11}$$

$$A+\overline{A}=1, A \cdot \overline{A}=0 \tag{11.12}$$

2. 基本定律

(1) 与普通代数相似的定律。

1) 交换律

$$A+B=B+A, AB=BA \tag{11.13}$$

2) 结合律

$$A+(B+C)=(A+B)+C, A(BC)=(AB)C \tag{11.14}$$

3) 分配律

$$A+BC=(A+B)(A+C), A(B+C)=AB+AC \tag{11.15}$$

(2) 逻辑代数的一些特殊定律。

1) 同一律

$$A+A=A, A \cdot A=A \tag{11.16}$$

2) 反演律（又称摩根定律）：

$$\overline{A+B}=\overline{A}\,\overline{B}, \overline{AB}=\overline{A}+\overline{B} \tag{11.17}$$

3) 还原律

$$\overline{\overline{A}}=A \tag{11.18}$$

(3) 常用公式。

1)

$$AB+A\overline{B}=A, (A+B)(A+\overline{B})=A \tag{11.19}$$

2)

$$A+AB=A, A(A+B)=A \tag{11.20}$$

3)

$$A+\overline{A}B=A+B, A(\overline{A}+B)=AB \tag{11.21}$$

4)

$$AB+\overline{A}C+BC=AB+\overline{A}C \tag{11.22}$$

(4) 有关异或运算的一些公式。

1) 交换律

$$A \oplus B=B \oplus A \tag{11.23}$$

2) 结合律

$$A \oplus (B \oplus C)=(A \oplus B) \oplus C \tag{11.24}$$

3) 分配律

$$A(B \oplus C)=AB \oplus AC \tag{11.25}$$

4) 常量和变量的异或运算：

$$A \oplus 1=\overline{A}, A \oplus 0=A \tag{11.26}$$

$$A \oplus A=0, A \oplus \overline{A}=1 \tag{11.27}$$

3. 基本规则

(1) 代入规则。任何一个逻辑等式，若以同一逻辑函数代替等式中的某一变量，则该等式仍成立，称此为代入规则。例如，已知 $\overline{AB}=\overline{A}+\overline{B}$，若用 $Y=BC$ 代替式中的 B，则 $\overline{ABC}=\overline{A}+\overline{BC}=\overline{A}+\overline{B}+\overline{C}$。

依此类推，$\overline{ABC\cdots}=\overline{A}+\overline{B}+\overline{C}+\cdots$，此即多个变量的反演律。可见，代入规则可以扩大公式的使用范围。

(2) 反演规则。利用反演规则可以求一个函数 F 的反函数 $\overline{F}$。将任意一个逻辑函数 F 中的

"·"变成"+"，"+"变成"·"，"0"变成"1"，"1"变成"0"，原变量变成反变量，反变量变成原变量，则得到 F 的反函数 $\overline{F}$。

例如，$Y=(AB+\overline{C})\overline{CD}$ 的反函数为 $\overline{Y}=(\overline{A}+\overline{B})\cdot C+\overline{\overline{C}+\overline{D}}$。

（3）对偶规则。对于任意一个逻辑函数 F，将 F 中的 "·" 变成 "+"，"+" 变成 "·"，"0" 变成 "1"，"1" 变成 "0"，新得到的函数 F' 称为 F 的对偶式。例如，$Y=A+B+\overline{\overline{C}+D+\overline{E}}$ 的对偶式 $Y'=\overline{ABC\overline{DE}}$。

对偶规则的意义在于：如果两个函数式相等，则它们的对偶式也相等。利用对偶规则，可以使要证明的公式数目减少一半。

运用反演规则和对偶规则时需注意：运用反演规则求反函数时，不是单个变量上的反号（长非号）应保持不变，而且要特别注意运算符号的优先顺序——先算括号，再算乘积，最后算加。

11.1.5　逻辑代数的表示与化简

1. 逻辑函数的表示

根据逻辑函数的特点可以采用逻辑函数表达式、真值表、波形图、卡诺图和逻辑图五种方式表示。虽然各种表示方式的特点不同，但它们都能表示输出变量与输入变量之间的逻辑关系，并可以相互转化，下面分别进行介绍。

（1）真值表（逻辑状态表）。将 n 个输入变量的 2^n 个状态及其对应的输出函数值列成一个表格称为真值表（或逻辑状态表）。例如，设计一个三人（A、B、C）表决使用的逻辑电路，当多数人赞成（输入为1）、表决结果 F 有效，输出为1，否则 F 为0。根据上述要求，输入有 $2^3=8$ 个不同状态，把8种输入状态下对应的输出状态值列成表格，就得到真值表，见表11.3。

表 11.3　　　　　　　　　　　　三人表决电路真值表

A	B	C	F	A	B	C	F
0	0	0	0	1	0	0	0
0	0	1	0	1	0	1	1
0	1	0	0	1	1	0	1
0	1	1	1				

真值表的优点：能够直观明了地反映出输入变量与输出变量之间的取值对应关系，而且当把一个实际问题抽象为逻辑问题时，使用真值表最为方便。

真值表的主要缺点：不能进行运算，而且当变量比较多时，真值表就会变得比较复杂。

（2）逻辑表达式。逻辑表达式的形式有多种，与或表达式是最基本的表达形式，由与或表达式可以转换成其他各种形式。

1）标准与或式。由真值表可以方便地写出标准与或式，其方法如下：在真值表中，找出那些使函数值为1的变量取值组合，在变量取值组合中，变量值为1的写成原变量（字母上无非号的变量），为0写成反变量（字母上带非号的变量），这样对应于使函数值为1的每一种变量取值组合，都可写出唯一的乘积项（也称为与项）。只要将这些乘积项加（或）起来，即可得到函数的与

学习
札记

或逻辑表达式。显然从表 11.3 不难得到

$$F = \overline{A}BC + A\overline{B}C + AB\overline{C} + ABC$$

之所以称为标准与或式，是因为表达式中的与项都是标准与项，也称为最小项。最小项中，每一个变量都以原变量或反变量的形式作为一个因子出现且仅出现一次。很显然，一个 n 变量的逻辑函数，共有 2^n 种取值组合，也就有 2^n 个最小项。

2）最小项的性质。

a. 当输入变量取某一种组合时，仅有 1 个最小项的值为 1。

b. 全体最小项之和恒为 1。

c. 任意两个最小项的乘积为 0。

3）逻辑相邻项。对于两个最小项，若它们只有 1 个因子不同，则称其为逻辑相邻的最小项，简称逻辑相邻项。如 $AB\overline{C}$ 和 ABC 是逻辑相邻项，$\overline{A}B\overline{C}$ 和 $\overline{A}BC$ 也是逻辑相邻项。两个逻辑相邻项可以合并成 1 项，并且消去 1 个因子。例如，$\overline{A}B\overline{C} + \overline{A}BC = \overline{A}B$。这一特性正是卡诺图化简逻辑函数的依据。

为了方便起见，给每个最小项编上号，用 m_i 表示。如 $\overline{A}\,\overline{B}\,\overline{C}$、$\overline{A}\,\overline{B}C$、$\overline{A}B\overline{C}$、$\overline{A}BC$、$A\overline{B}\,\overline{C}$、$A\overline{B}C$、$AB\overline{C}$、$ABC$ 分别用 m_0、m_1、m_2、$\cdots$、m_7 表示。最小项的序号就是将最小项取值为 1 时其对应变量取值组合当成二进制数时所对应的十进制数。

上述的三人表决电路的逻辑表达式也可表示为

$$F = \overline{A}BC + A\overline{B}C + AB\overline{C} + ABC = \sum m(3,5,6,7)$$

4）同一逻辑函数可以有几种不同形式的逻辑函数式，除与或式外，还有与非—与非式、或与式、或非—或非式、与或非式。不同的表达式将用不同的门电路来实现，而且各种表达形式之间可以相互转换。如某一逻辑函数 Y，其最简表达式可表示如下：

与或表达式　　　　　　　　$Y = A\overline{B} + BC$

与非—与非表达式　　　　　$Y = \overline{\overline{A\overline{B}} \cdot \overline{BC}}$

或与表达式　　　　　　　$Y = (A + B)(\overline{B} + C)$

或非—或非表达式　　　　$Y = \overline{\overline{(A + B)} + \overline{(\overline{B} + C)}}$

与或非表达式　　　　　　$Y = \overline{\overline{A}\,\overline{B} + B\overline{C}}$

逻辑表达式的优点是书写方便，形式简洁，不会因为变量数目的增多而变得复杂，便于运算和演变，也便于用相应的逻辑符号来实现；缺点是在反映输入变量与输出变量的取值对应关系时不够直观。

(3) 逻辑图。逻辑图是用逻辑符号表示逻辑关系的图形表示法。与或表达式 $Y = AB + \overline{A}\,\overline{B}$ 对应的逻辑图如图 11.14 所示。由三人表决电路的逻辑表达式 $F = \overline{A}BC + A\overline{B}C + AB\overline{C} + ABC$ 画出的逻辑图如图 11.15 所示。

逻辑图表示法的优点很明显，一般的逻辑图形符号都有对应的集成电路器件，所以逻辑图比较接近于工程实际。因为它可以层次分明地表示繁杂的实际电路的逻辑功能。因此要了解某个数字装置或系统的逻辑功能或在制作数字设备时，画出逻辑图都是非常必要的。

学习札记

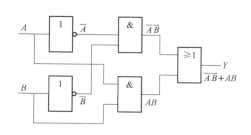

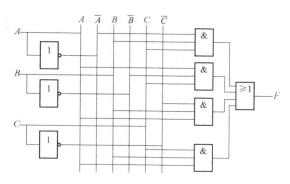

图 11.14 对应表达式 $Y=AB+\overline{A}\ \overline{B}$ 的逻辑图   图 11.15 三人表决电路逻辑图

（4）波形图。波形图也称为时序图，它是用变量随时间变化的波形来反映输入、输出间对应关系的一种图形表示法。

画波形图时要特别注意，横坐标是时间轴，纵坐标是变量取值（高、低电平或二进制代码 1 和 0），由于时间轴相同，变量取值又十分简单，所以在波形图中常略去坐标轴。但在画波形时，务必注意将输出与输入变量的波形在时间上对应起来，以体现输出取决于输入。

根据给定的 A、B 波形对应画出 $Y=AB+\overline{A}\ \overline{B}$ 的波形如图 11.16 所示。

（5）卡诺图。

1）逻辑函数的卡诺图。逻辑函数也可以用卡诺图表示。卡诺图是由许多方格组成的阵列图。它是由美国工程师卡诺（Kanlaugh）设计的，每一个小方格对应一个最小项，n 变量逻辑函数有 2^n 个最小项，因此 n 变量卡诺图中共有 2^n 个小方格。各小方格在排列时，应保证

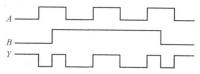

图 11.16 对应表达式 $Y=AB+\overline{A}\ \overline{B}$ 的波形图

几何位置相邻的小方格在逻辑上也相邻。几何相邻，是指空间位置上的相邻，包括紧挨着的，以及相对的（如同世界地图一样，将卡诺图看成是一个封闭球体切割展开而得）。所以，图中不仅任意上、下两行是相邻的，而且最上行和最下行也是相邻的。同理，不仅任意左右两列是相邻的，而且最左列和最右列也是相邻的。由此，四个角的单元也是相邻的。

为保证上述相邻关系，方格左方和上方输入变量（列变量和行变量）状态的取值要遵循下述原则：两个位置相邻的单元其输入变量的取值只允许有一位不同，据此用十进制数对各小方格编号，方格的编号和最小项的编号相同。图 11.17 的（a）、（b）和（c）分别是三变量、四变量和五变量的卡诺图。

2）用卡诺图表示逻辑函数。根据逻辑函数的最小项表达式很容易画出卡诺图，只需将式中含有的那些最小项，在卡诺图中相应的方格中填 1，而其余的方格填 0（0 也可以省略不填）。若已知的不是最小项之和表达式，可先化成最小项之和的形式。

[例 11.1] 画出逻辑函数 $Y=A\overline{B}C+\overline{A}BC+AB$ 的卡诺图。

解：式中 $A\overline{B}C$、$\overline{A}BC$ 已是最小项。与项 AB 可用逻辑代数基本定律和公式展开为两个最小项 ABC 与 $AB\overline{C}$ 之和（也可以理解为与项 AB 覆盖了最小项 ABC 和 $AB\overline{C}$）。故在 m_3、m_5、m_6、m_7（读者可以发现这正是三人表决电路的逻辑函数）相应的小方格填 1，如图 11.18 所示。若逻

学习札记

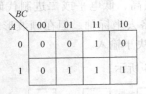

图 11.17　变量卡诺图

(a) 三变量；(b) 四变量；(c) 五变量

辑函数不是与或式，应先变换成与或式（不必变换成最小项表达式），然后在各个与项所覆盖的最小项所对应小方格内填 1，即得函数的卡诺图。

根据真值表画逻辑函数的卡诺图就更简单了。其实，它们都是将对应于变量的每种取值组合下的函数值逐一罗列出来，只不过一个是图，一个是表而已。

卡诺图表示逻辑函数最突出的优点：用几何位置相邻表达了构成函数的各个最小项在逻辑上的相邻性，这也是用卡诺图化简逻辑函数的依据。

A\BC	00	01	11	10
0	0	0	1	0
1	0	1	1	1

图 11.18　例 11.1 的卡诺图

2. 逻辑函数的化简

逻辑函数表达式越简单，实现的电路所需的门电路数目越少。这样不仅降低了成本，而且还可提高电路的可靠性和工作效率，因此在分析和设计电路时，对逻辑函数进行化简是很有必要的。

（1）"最简"的概念。以与或表达式为例，逻辑函数的最简与或表达式，必须同时满足以下两个条件：

1）与项（乘积项）的个数最少，这样可以保证所需门电路数最少。

2）在与项个数最少的前提下，每个与项中包含的因子数最少，这样可以保证每个门电路输入端的个数最少。

（2）代数法化简。代数法化简就是应用逻辑代数的基本定律、公式对逻辑函数进行化简。由于实际的逻辑函数多种多样，因此代数法化简没有固定的规律可循，在很大程度上依赖于经验和对公式应用的熟练程度。下面介绍几种常用的方法。

1）并项法。根据 $AB+A\overline{B}=A$ 可以把两项合并为一项，保留相同因子，消去互为相反的因子。例如

$$Y = AB + ACD + \overline{A}B + \overline{A}CD = (A+\overline{A})B + (A+\overline{A})CD = B + CD$$

2）吸收法。根据 $A+AB=A$ 可将 AB 项消去。A 和 B 可代表任何复杂的逻辑式。例如

$$Y = AB + AB\overline{C} + ABD = AB$$

3）消项法。根据 $AB+\overline{A}C+BC = AB+\overline{A}C$ 可将 BC 项消去。A、B 和 C 可代表任何复杂的逻辑式。例如

$$Y = AC + \overline{A}B + \overline{A}BCD = AC + \overline{A}B$$

学习札记

4）消因子法。根据 $A+\overline{A}B=A+B$ 可将 $\overline{A}B$ 中的因子 $\overline{A}$ 消去。A 和 B 可代表任何复杂的逻辑式。例如

$$Y = AC + \overline{A}B + B\overline{C} = AC + B\overline{AC} = AC + B$$

5）配项法。根据 $A+A+\cdots=A$ 可以在逻辑函数式中重复写入某一项，以获得更加简单的化简结果。例如

$$Y = \overline{A}B\overline{C} + \overline{A}BC + ABC = \overline{A}B\overline{C} + \overline{A}BC + (ABC + \overline{A}BC)$$
$$= \overline{A}B(\overline{C} + C) + BC(\overline{A} + A) = \overline{A}B + BC$$

（3）卡诺图化简法。

1）卡诺图化简逻辑函数的理论依据。把卡诺图中两个逻辑相邻的最小项用一个矩形圈在一起，合并为一项，并消去一个变量；同理，4 个逻辑相邻的最小项也可以用一个矩形圈在一起，合并为一项，并消去两个变量；8 个逻辑相邻的最小项可用一个矩形圈在一起，合并为一项，并消去 3 个变量；依次类推，2^n 个逻辑相邻的最小项可用一个矩形圈在一起，合并为一项，并消去 n 个变量。一个矩形圈内各最小项的公共部分就是这个矩形圈合并后得到的乘积项，可以简单描述为去异留同。

2）卡诺图化简逻辑函数的一般步骤。

a. 把逻辑函数式变换为标准与或式（最小项之和的形式）。

b. 画出该逻辑函数的卡诺图。

c. 在卡诺图上画矩形圈，合并最小项。

画矩形圈时应遵循以下规则：

a）每个圈中只能包含 2^n 个"1格"（被合并的"1格"应该形成正方形或矩形），并且可消掉 n 个变量。

b）圈应尽量大，圈越大，消去的变量越多。

c）圈的个数应尽量少，圈越少，与项越少。

d）必要时某些"1格"可以重复被圈，但每个圈中至少要包含一个未被圈过的"1格"。

e）要保证所有"1格"全部被圈到，无几何相邻项的"1格"，独立构成一个圈。

f）每个圈合并为一个与项，最终的最简与或式为这些与项之和。

注意：卡诺图中边沿相邻，四角相邻。圈的方法不止一种，因此化简的结果也就不同，但它们之间是可以相互转换的。

[**例 11.2**]　用最少与非门实现三人表决电路。

解：由例 11.1 知该例题的卡诺图如图 11.18 所示，共有四个为 1 的小格，它们代表的最小项分别为 m_3、m_5、m_6、m_7，化简过程如图 11.19 所示。

$$F = AB + BC + AC$$

将上式变换为与非—与非表达式　$F = \overline{\overline{AB} \cdot \overline{BC} \cdot \overline{AC}}$

画出电路如图 11.20 所示。

[**例 11.3**]　试用卡诺图将函数 $F = \overline{A}\,\overline{B}\,\overline{C}\,D + A\,\overline{C}\,\overline{D} + ABD + C$ 化为最简与或式。

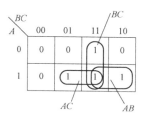

图 11.19　例 11.2 的
卡诺图化简

学习
札记

解：（1）画出该函数式的卡诺图，如图 11.21 所示。

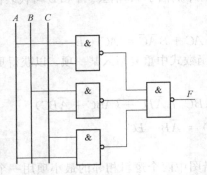 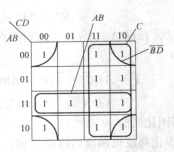

图 11.20　与非门实现的三人表决电路　　　图 11.21　例 11.3 的卡诺图

1）在 $\overline{A}\,\overline{B}\,\overline{C}\,\overline{D}$ 对应的 0000（m_0）格中填 1。

2）$A\,\overline{C}\,\overline{D}$ 不含变量 B，即 B 取值可以为 0，也可以为 1，但必须 $A=1$，$C=0$，$D=0$，由此可在 1100（m_{12}）和 1000（m_8）格中填 1。即 $A\,\overline{C}\,\overline{D}$ 覆盖的最小项为 m_8、m_{12}。其余同。

（2）按照卡诺图化简原则和步骤进行化简，并写出最简与或表达式

$$F = \overline{B}\,\overline{D} + AB + C$$

此函数与原函数相比要简化得多。

[例 11.4]　化简 $F = \sum m(2,3,5,7,8,10,12,13)$。

解：F 的卡诺图及化简过程如图 11.22 所示。该函数有两种圈法，按图 11.22（a）的圈法得出

$$F = A\,\overline{C}\,\overline{D} + B\,\overline{C}D + \overline{A}CD + \overline{B}C\overline{D}$$

按图 11.22（b）的圈法，得出

$$F = A\,\overline{B}\,\overline{D} + AB\,\overline{C} + \overline{A}BD + \overline{A}\,\overline{B}C$$

比较两个合并法得出的结果可知，它们均为 4 个 3 变量的与项组成。均为最简的结果，从本例可知，同一逻辑函数，可能有两种以上的最简结果。

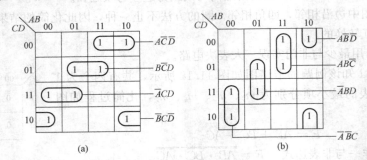

图 11.22　例 11.4 的卡诺图
（a）圈法一；（b）圈法二

[例 11.5]　化简 $F = \sum m(3,4,5,7,9,13,14,15)$。

解：化简过程如图 11.23（a）所示。从图中可看出较大圈中所有的"1"格均被其余的圈圈过，所以是多余圈，应去掉。最简的圈法如图 11.23（b）所示，最简结果为

$$F = \overline{A}B\overline{C} + A\overline{C}D + \overline{A}CD + ABC$$

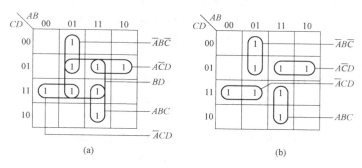

图 11.23　例 11.5 的卡诺图
（a）画图；（b）去掉多余圈后

11.2　集成门电路

分立元件的门电路体积大，可靠性差。而集成门电路不仅微型化、可靠性高、耗电小，而且速度快，便于多级连接。集成门电路可分为 TTL（Transistor-Transistor Logic）和 MOS 两大类。为了正确地使用集成门电路，不仅要掌握其逻辑功能，还要了解它们的特性和主要参数。

1. TTL 门电路

在 TTL 门电路中，集成与非门是常用的门电路。一块集成电路可以封装多个与非门电路。各个门的输入端和输出端分别通过引脚与外部电路连接。图 11.24 所示是 74LS00 与非门集成电路的引脚图。不同型号的集成与非门电路，其输入个数可能不同。

（1）电压传输特性。门的输出电压随输入电压变化的特性称为电压传输特性。图 11.25 是 TTL 与非门的传输特性曲线，当输入从 0V 开始增加时，在一定范围内输出高电平基本不变。当输入上升到一定数值后，输出很快下降为低电平，如果继续增加输入，输出低电平基本不变。

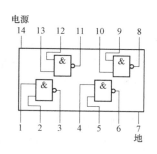

图 11.24　74LS00 与非门集成电路引脚图

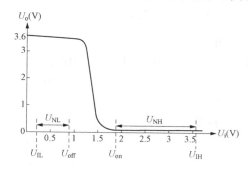

图 11.25　与非门电压传输特性曲线

(2) 主要参数。

1) 输出高电平 U_{OH} 和输出低电平 U_{OL}。U_{OH} 的典型值是 3.6V，产品规定的最小值 $U_{OH(min)}$＝2.4V；U_{OL} 是与输出逻辑 0 对应的输出电压值，U_{OL} 的典型值是 0.3V，产品规定的最大值 $U_{OL(min)}$＝0.4V。

2) 输入高电平 U_{IH} 和输入低电平 U_{IL}。U_{IH} 是与输入逻辑 1 对应的输入电压值，U_{IH} 的典型值是 3.6V，产品规定的最小值 $U_{IH(min)}$＝1.8V。通常把 $U_{IH(min)}$ 称为开门电平，记作 U_{on}，意为保证输出为低电平所允许的最低输入高电平。U_{IL} 是与输入逻辑 0 对应的输入电压值，U_{IL} 的典型值是 0.3 V，产品规定的最大值 $U_{IL(max)}$＝0.8V；通常把 $U_{IL(max)}$ 称为关门电平，记为 U_{off}，意为保证输出为高电平所允许的最高输入低电平。

3) 抗干扰容限。从图 11.25 所示的电压传输特性曲线上可以看到，当输入信号偏离标准低电平 0.3V，只要不高于 U_{off} 时，输出仍保持高电平；同样，当输入信号偏离标准高电平 3.6V，只要不低于 U_{on} 时，输出仍保持低电平。因此，在数字系统中，即使有噪声电压叠加到输入信号的高、低电平上，只要噪声电压的幅度不超过允许的界限，就不会影响输出的逻辑状态。通常把这个界限称为噪声容限。电路的噪声容限越大，其抗干扰能力就越强。

低电平噪声容限

$$U_{NL} = (U_{off} - U_{IL}) = 0.8 - 0.3 = 0.5 \text{(V)}$$

U_{NL} 越大，表明与非门输入低电平时抗正向干扰的能力越强。

高电平噪声容限

$$U_{NH} = U_{IH} - U_{on} = 3.6 - 1.8 = 1.8 \text{(V)}$$

U_{NH} 越大，表明与非门输入高电平时抗负向干扰的能力越强。

4) 扇出系数 N。一个门电路能够驱动同类型门的个数称为扇出系数 N。一般 74 系列 TTL 与非门的扇出系数为 10，74LS 系列的扇出系数为 20。

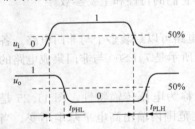

图 11.26　表明传输延迟时间的
输入输出电压波形

5) 平均传输延迟时间 t_{pd}。平均传输延迟时间是表征门电路开关速度的参数。图 11.26 画出了与非门输入、输出的对应波形。从输入矩形波上升沿的 50% 处起到输出矩形波下降沿的 50% 处的时间，称为导通延迟时间 t_{pHL}；从输入矩形波下降沿的 50% 处起到输出矩形波上升沿的 50% 处的时间，称为截止延迟时间 t_{pLH}。一般 $t_{pLH} > t_{pHL}$，取二者的平均值，即平均传输延迟时间，用 t_{pd} 表示，即

$$t_{pd} = \frac{1}{2}(t_{PHL} + t_{PLH}) \tag{11.28}$$

2. MOS 门电路

由于 MOS 集成电路具有输入电阻高、功耗小、带负载能力强、抗干扰能力强、电源电压范围宽、集成度高等优点，所以目前大规模数字集成系统中，广泛使用的集成门电路是 MOS 型集成电路。MOS 型集成电路可分为 PMOS（P 沟道）、NMOS（N 沟道）和 CMOS（由 PMOS 和 NMOS 管构成的一种互补型电路）等几类。

图 11.27 是二输入 CMOS 与非门电路，TN1 和 TN2 为增强型 N 沟道 MOS 管，TP1 和 TP2 为 P 沟道 MOS 管。当 A、B 两个输入信号中有一个为低电平时，与该端相连的 NMOS 管截止，相应的 PMOS 管导通，输出端 F 为高电平；只有当 A、B 均为高电平时，TN1 和 TN2 均导通，

TP1 和 TP2 均截止，输出 F 为低电平。因此，该电路具有与非逻辑功能，即

$$F = \overline{AB}$$

3. 三态门

三态门，是指输出有三种状态，即高电平、低电平和高阻态（开路状态）。高阻态时，三态门与外接线路无电的联系。三态门有 TTL 型的，也有 CMOS 型的。不论哪种类型，其逻辑图是相同的。

三态与非门的逻辑符号如图 11.28 所示。它除了输入端和输出端外，还有一控制端 EN（有时也称为使能状态）。在图

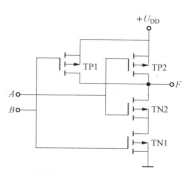

图 11.27 CMOS 与非门

11.28（a）中，当控制端 $EN=1$ 时，电路和一般与非门相同，实现与非逻辑关系，即 $F=\overline{AB}$；当 $EN=0$ 时，不管 A、B 的状态如何，输出端开路，处于高阻状态。因为该电路在 $EN=1$ 时，为与非门功能，故称控制端高电平有效（使能）。在图 11.28（b）中，当 $EN=0$ 时，$F=\overline{AB}$；当 $EN=1$ 时，输出端呈高阻状态，故称控制端低电平有效（使能）。其逻辑符号 $\overline{EN}$ 端的"。"即表示低电平有效。

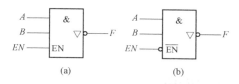

图 11.28 三态与非门的逻辑符号

（a）控制端高电平有效；（b）控制端低电平有效

三态门广泛用于信号传输中，可以实现用一根导线分时轮流传送多路信号而不至于互相干扰。如图 11.29 所示，控制信号 $E_1 \sim E_n$，在任意时刻只能有一个为 1，使一个门处于与非工作状态，其余的门处于高阻状态，这样这一根导线就会轮流接受各三态门输出的信号并传送出去。这种传送信号的方法，在计算机和各种数字系统中应用极为广泛。利用三态门还可以实现数据的双向传输。如图 11.30 所示，P 门和 Q 门是三态非门。当 $E=1$ 时，P 门工作，Q 门呈高阻态，数据 A_0 经 P 门反相后送到总线上去；当 $E=0$ 时，Q 门工作，P 门呈高阻态，总线上的数据经 Q 门反相后从 F 端输出。

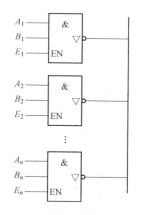

图 11.29 利用总线传送信号

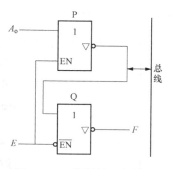

图 11.30 数据的双向传输

学习札记

4．集成门使用注意事项

（1）多余输入端的处理。与非门的多余输入端应接高电平，或非门的多余输入端应接低电平，以保证正常的逻辑功能。具体地说，多余输入端接高电平时，TTL 门可有多种处理方式，如：悬空（虽然悬空相当于高电平，但容易接受干扰，有时会造成电路的误动作），直接接电源 U_{CC} 或通过 $1 \sim 3 k\Omega$ 电阻接 $+U_{CC}$ 等；CMOS 门不许输入端悬空，应接电源 U_{DD}。欲接低电平时，两种门均可直接接地。

（2）电源的选用。TTL 门电路对直流电源的要求较高，74LS 系列要求电源电压范围为 $5(1\pm5\%)V$，电压稳定度高，纹波小；CMOS 门电路的电源电压范围较宽，如 4000B 系列电源电压范围为 $3 \sim 18V$。电源电压选得越大，CMOS 门电路的抗干扰能力越强。

（3）输入电压范围。输入电压的容许范围为 $-0.5V \leqslant u_1 \leqslant U_{CC}(U_{DD})$。

（4）输出端的连接。除三态门、OC 门（一种 TTL 集电极开路门）允许将输出端连接在一起，在电源和输出端之间需接一个电阻，以实现线与以外，门电路的输出端不得并联。输出端不许直接接电源或地端，否则可能造成器件损坏。每个门输出所带负载不得超过它本身的负载能力。

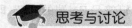

思考与讨论

1．CMOS 门电路的主要特点是什么？

2．普通门电路的输出能否并联？

3．门电路在使用时应注意哪些问题？

11.3　组合逻辑电路的分析与设计

逻辑电路按其逻辑功能和结构特点可以分为两大类：一类称为组合逻辑电路，该电路的输出状态仅取决于输入的即时状态，而与电路原来的状态无关；另一类称为时序逻辑电路，这种电路的输出状态不仅与输入的即时状态有关，而且还与电路原来的状态有关。本节仅介绍组合逻辑电路。首先介绍组合逻辑电路的一般分析和设计方法，然后以编码器、译码器、加法器、数据选择器为例，重点讲述常用中规模集成组合电路的功能、使用方法及典型应用。时序逻辑电路将在下一章介绍。

11.3.1　组合逻辑电路的分析

组合逻辑电路的分析就是根据给定的逻辑电路图，找出输出信号与输入信号之间的逻辑关系，由此判断出它的逻辑功能。

分析组合逻辑电路的一般步骤如下：①根据已知的逻辑电路图写出逻辑表达式；②运用逻辑代数化简或变换；③列出逻辑真值表；④说明电路的逻辑功能。

［例 11.6］　分析图 11.31 所示电路的逻辑功能。

解：根据电路图可写出各个门电路的输出为

$$Y_1 = \overline{ABC}, \quad Y_2 = AY_1, \quad Y_3 = BY_1$$
$$Y_4 = CY_1, \quad Y = \overline{Y_2 + Y_3 + Y_4}$$

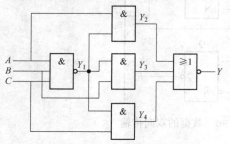

图 11.31　例 11.6 的电路图

进而可以得出逻辑函数式

$$Y = \overline{A\,\overline{ABC} + B\,\overline{ABC} + C\,\overline{ABC}}$$

进一步进行化简可以得出

$$Y = \overline{A\,\overline{ABC} + B\,\overline{ABC} + C\,\overline{ABC}}$$
$$= \overline{\overline{ABC}(A + B + C)}$$
$$= ABC + \overline{A}\,\overline{B}\,\overline{C}$$

根据上式列出逻辑真值表 11.4。

表 11.4　　　　　　　　　　　　　　**例 11.6 逻辑真值表**

A	B	C	Y	A	B	C	Y
0	0	0	1	1	0	0	0
0	0	1	0	1	0	1	0
0	1	0	0	1	1	0	0
0	1	1	0	1	1	1	1

根据逻辑真值表可知，当 A、B、C 全为"0"或全为"1"时，输出 Y 为"1"，否则输出为"0"。即 A、B、C 相同时输出 Y 为"1"，否则输出 Y 为"0"，所以该电路称为"判一致电路"。

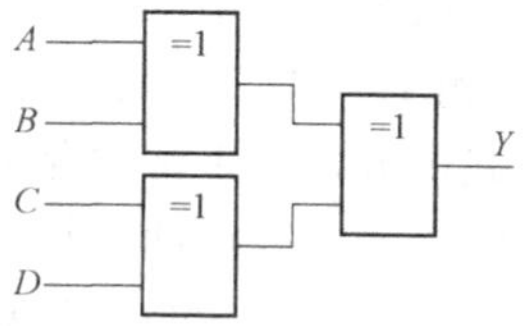

［**例 11.7**］　试分析图 11.32 所示电路的逻辑功能。

解：（1）写出图 11.32 的逻辑表达式。

$$Y = A \oplus B \oplus C \oplus D$$

（2）由逻辑表达式得真值表见表 11.5。

图 11.32　例 11.7 电路图

表 11.5　　　　　　　　　　　　　　　　**例 11.7 真值表**

A	B	C	D	Y	A	B	C	D	Y
0	0	0	0	0	1	0	0	0	1
0	0	0	1	1	1	0	0	1	0
0	0	1	0	1	1	0	1	0	0
0	0	1	1	0	1	0	1	1	1
0	1	0	0	1	1	1	0	0	0
0	1	0	1	0	1	1	0	1	1
0	1	1	0	0	1	1	1	0	1
0	1	1	1	1	1	1	1	1	0

（3）分析逻辑功能。由真值表可知，当 4 个输入变量中有奇数个 1 时，输出为 1；输入变量中有偶数个 1 时，输出为 0，这样根据输出结果就可以校验输入 1 的个数是否为奇数，因此图 11.32 所示电路是一个 4 输入变量的奇校验电路。

11.3.2　组合逻辑电路的设计

组合逻辑电路的设计就是根据给定的逻辑功能要求，设计能实现该功能的简单而又可靠的逻辑电路。随着集成电路的迅猛发展，逻辑电路的设计方法也在不断变化。设计组合逻辑电路时，基于选用器件的不同，有着不同的设计方法，一般的设计方法有：

（1）用小规模集成电路（SSI）设计组合逻辑电路。

（2）用中规模集成电路（MSI）设计组合逻辑电路。

（3）用大规模集成电路（LSI-PLD）设计组合逻辑电路。

利用 SSI 电路和 MSI 器件设计组合逻辑电路的步骤及整个过程如图 11.33 所示。

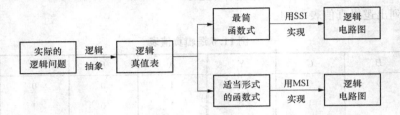

图 11.33　用 SSI 和 MSI 器件设计组合逻辑电路的步骤框图

用大规模集成电路（LSI-PLD）设计组合逻辑电路的方法与前两者有完全不同的理念和方法，将在第 14 章介绍。

下面举例说明小规模组合逻辑电路的设计方法。

[例 11.8]　设计一个供电系统检测控制逻辑电路。设 A、B、C 为三个电源，共同向某一重要负载供电，在正常情况下，至少要有两个电源处在正常状态，否则发出报警信号。

解：（1）逻辑抽象与赋值并列出真值表。

设 A、B、C 在正常状态时为 1，否则为 0，输出 F 报警时为 1，正常时为 0，列真值表见表 11.6。

表 11.6　　　　　　　　　　　　　　　例 11.8 真值表

A	B	C	F
0	0	0	1
0	0	1	1
0	1	0	1
0	1	1	0
1	0	0	1
1	0	1	0
1	1	0	0
1	1	1	0

（2）由真值表画出卡诺图，并化简。

卡诺图如图 11.34 所示，化简后逻辑式：$F = \overline{A}\,\overline{B} + \overline{B}\,\overline{C} + \overline{A}\,\overline{C}$

化为与非门形式：$F = \overline{\overline{A}\,\overline{B} + \overline{B}\,\overline{C} + \overline{A}\,\overline{C}} = \overline{\overline{A}\,\overline{B} \cdot \overline{B}\,\overline{C} \cdot \overline{A}\,\overline{C}}$

（3）画出用与非门实现的逻辑图，如图 11.35 所示。

学习
札记

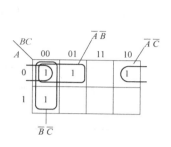

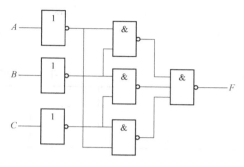

图 11.34　例 11.8 的卡诺图　　　　　　　图 11.35　例 11.8 逻辑图

[例 11.9]　　特快、直快、普快三种不同列车在进火车站时有不同的优先级别，试设计一个优先权控制器。

解：（1）根据逻辑要求列出真值表。设对三种列车由高到低按 A、B、C 进行优先权排列（特快最高、直快其次、普快最后），提出进站请求用高电平 1 表示。能、否进站分别用 F_A、F_B 和 F_C 出现高电平 1 和低电平 0 表示。据此列出真值表见表 11.7。

表 **11.7**　　　　　　　　　　　　　　　　例 **11.9 真值表**

A	B	C	F_A	F_B	F_C
0	0	0	0	0	0
0	0	1	0	0	1
0	1	0	0	1	0
0	1	1	0	1	0
1	0	0	1	0	0
1	0	1	1	0	0
1	1	0	1	0	0
1	1	1	1	0	0

（2）由真值表写出逻辑表达式并化简。

$$F_A = A$$
$$F_B = \overline{A}B\overline{C} + \overline{A}BC = \overline{A}B$$
$$F_C = \overline{A}\,\overline{B}C$$

（3）画出逻辑图，如图 11.36 所示。

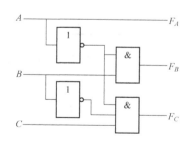

图 11.36　例 11.9 的逻辑图

11.3.3　集成组合逻辑部件

集成组合逻辑部件，是指具有某种逻辑功能的中规模集成组合逻辑电路芯片。常用的有加法器、编码器、译码器、数据选择器等。常用集成芯片见附录 E。本节将重点讲述它们的功能、使用方法和典型应用。

1. 加法器

二进制加法器分为半加器和全加器。

（1）一位半加器。半加器是一种不考虑低位来的进位，只能对本位上的两个数相加的组合电路。其真值表见表 11.8，其中输入 A、B 分别表示被加数和加数，输出 C 表示进位数，S 为本位和。

表 11.8　半加器真值表

A	B	C	S	A	B	C	S
0	0	0	0	1	0	0	1
0	1	0	1	1	1	1	0

从真值表可知

$$S = \overline{A}B + A\overline{B} = A \oplus B \tag{11.29}$$
$$C = AB \tag{11.30}$$

可见，S 是异或逻辑，可用异或门实现，C 可用一个与门实现，其逻辑图和逻辑符号如图 11.37 所示。

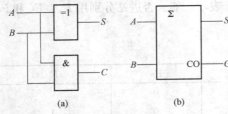

图 11.37　半加器的电路图和逻辑符号
（a）逻辑电路图；（b）逻辑符号

（2）一位全加器。全加器是一种将低位来的进位连同两个加数三者一起来相加的组合电路。用 A_i、B_i 表示两个加数的第 i 位，C_{i-1} 表示来自低位（第 $i-1$ 位）的进位，S_i 表示本位和，C_i 表示本位为向高位（第 $i+1$ 位）的进位。因此，全加器应有三个输入端、两个输出端。根据三个输入变量的状态组合，并按照二进制加法法则列出全加器的真值表见表 11.9。

表 11.9　全加器真值表

A_i	B_i	C_{i-1}	S_i	C_i	A_i	B_i	C_{i-1}	S_i	C_i
0	0	0	0	0	1	0	0	1	0
0	0	1	1	0	1	0	1	0	1
0	1	0	1	0	1	1	0	0	1
0	1	1	0	1	1	1	1	1	1

根据真值表可写出 S_i 和 C_i 的逻辑表达式为

$$S_i = \overline{A}_i\overline{B}_iC_{i-1} + \overline{A}_iB_i\overline{C}_{i-1} + A_i\overline{B}_i\overline{C}_{i-1} + A_iB_iC_{i-1}$$
$$C_i = \overline{A}_iB_iC_{i-1} + A_i\overline{B}_iC_{i-1} + A_iB_i\overline{C}_{i-1} + A_iB_iC_{i-1} = A_iB_i + A_iC_{i-1} + B_iC_{i-1}$$

化简，得

$$S_i = (A_i \oplus B_i) \oplus C_{i-1} \tag{11.31}$$
$$C_i = A_iB_i + (A_i \oplus B_i)C_{i-1} \tag{11.32}$$

由上面两式直接画出的逻辑电路图如图 11.38（a）所示，也可用两个半加器来实现，读者可自行推导。图 11.38（b）所示为全加器的逻辑符号。

2. 编码器

用数字、文字和符号来表示某一状态或信息的过程称为编码。实现编码功能的逻辑电路称为编码器。

学习札记

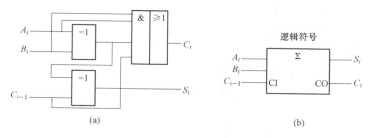

图 11.38　全加器的逻辑电路与逻辑符号
（a）逻辑电路图；（b）逻辑符号

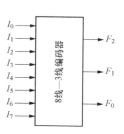

图 11.39　3 位二进制编码器框图

（1）二进制编码器。用 n 位二进制代码对 2^n 个一般信息进行编码，称为二进制编码器。例如：3 位二进制编码器可对 8 个一般信息进行编码，这种编码有一个特点，即任何时刻只允许输入一个有效信号，不允许同时出现两个或两个以上的有效信号，因而其输入是一组有约束的变量。

下面以 3 位二进制编码器为例来说明编码器的原理。图 11.39 是 3 位二进制编码器的框图，它的输入是 $I_0 \sim I_7$ 8 个高电平信号，输出是 3 位二进制代码 F_2、F_1、F_0。为此，又把它称为 8 线—3 线编码器，输出与输入的对应关系见表 11.10。

表 11.10　　　　　　　　　　　3 位二进制普通编码器的真值表

输入								输出		
I_0	I_1	I_2	I_3	I_4	I_5	I_6	I_7	F_2	F_1	F_0
1	0	0	0	0	0	0	0	0	0	0
0	1	0	0	0	0	0	0	0	0	1
0	0	1	0	0	0	0	0	0	1	0
0	0	0	1	0	0	0	0	0	1	1
0	0	0	0	1	0	0	0	1	0	0
0	0	0	0	0	1	0	0	1	0	1
0	0	0	0	0	0	1	0	1	1	0
0	0	0	0	0	0	0	1	1	1	1

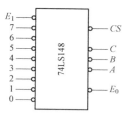

图 11.40　74LS148 的逻辑符号

（2）优先编码器。优先编码器常用于优先终端系统和键盘编码。与普通编码器不同，优先编码器允许同时输入多个有效编码信号，但它只对其中优先级别最高的有效输入信号编码，对级别较低的输入信号不予理睬。常用的 MSI 优先编码器有 10 线—4 线编码器（如 74LS147）、8 线—3 线编码器（如 74LS148）。

74LS148 的逻辑符号如图 11.40 所示，功能表见表 11.11。图 11.40 中，小圆圈表示低电平有效，各引出端功能如下：

学习札记

A、B、C 为反码输出端，A 为最高位。

E_1 为使能输入端，低电平有效，$E_1=0$ 时，电路允许编码；$E_1=1$ 时，电路禁止编码，三个输出端均被封锁在高电平。

E_0 和 CS 分别称为选通输出端和扩展输出端，它们均用于编码器的级联扩展。

表 11.11 74LS148 的功能表

No	输入									输出				
	E_1	I_7	I_6	I_5	I_4	I_3	I_2	I_1	I_0	A	B	C	CS	E_0
1	1	×	×	×	×	×	×	×	×	1	1	1	1	1
2	0	1	1	1	1	1	1	1	1	1	1	1	1	0
3	0	0	×	×	×	×	×	×	×	0	0	0	0	1
4	0	1	0	×	×	×	×	×	×	0	0	1	0	1
5	0	1	1	0	×	×	×	×	×	0	1	0	0	1
6	0	1	1	1	0	×	×	×	×	0	1	1	0	1
7	0	1	1	1	1	0	×	×	×	1	0	0	0	1
8	0	1	1	1	1	1	0	×	×	1	0	1	0	1
9	0	1	1	1	1	1	1	0	×	1	1	0	0	1
10	0	1	1	1	1	1	1	1	0	1	1	1	0	1

由功能表可以看出，当 E_1 使能有效时，如果 $I_7 \sim I_0$ 中有低电平（有效信号）输入，则 A、B、C 是按照申请编码中优先级别（级别从高到低的次序依次为 I_7、I_6、I_5、I_4、I_3、I_2、I_1、I_0）最高的编码输出；如果 $I_7 \sim I_0$ 中无有效信号输入，则 A、B、C 均输出高电平。

从另一个角度理解 E_0 和 CS 的作用。当 $E_0=0$，$CS=1$ 时，表示该电路允许编码，但无码可编；当 $E_0=1$，$CS=0$ 时，表示该电路允许编码，并且正在编码；当 $E_0=CS=1$ 时，表示该电路禁止编码，即无法编码。

（3）二—十进制（BCD）编码器。二—十进制编码器是对 1 位十进制数码进行 8421BCD 码编码的器件，其输入是代表 0～9 这 10 个数符的状态信号，输出是相应的 8421BCD 码，其功能表见表 11.12。

表 11.12 8421BCD 码功能表

十进制数	D	C	B	A	十进制数	D	C	B	A
0 (Y_0)	0	0	0	0	5 (Y_5)	0	1	0	1
1 (Y_1)	0	0	0	1	6 (Y_6)	0	1	1	0
2 (Y_2)	0	0	1	0	7 (Y_7)	0	1	1	1
3 (Y_3)	0	0	1	1	8 (Y_8)	1	0	0	0
4 (Y_4)	0	1	0	0	9 (Y_9)	1	0	0	1

3. 译码器

译码是编码的逆过程，译码器的逻辑功能是将具有特定含义的代码译成对应的输出信号。

学习札记

（1）二进制译码器。二进制译码器有 n 个输入端，2^n 个输出端，对应于每一种输入二进制代码，只有其中一个输出端为有效电平，其余输出端为非有效电平。输入的代码也称为地址码，即每一个输出端有一个对应的地址码。常见的译码器有 2 线—4 线译码器、3 线—8 线译码器、4 线—16 线译码器等。下面以 2 线—4 线译码器、3 线—8 线译码器为例，说明二进制译码器的工作原理、逻辑功能和应用。

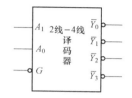

1）2 线—4 线译码器。图 11.41 是 2 线—4 线译码器的逻辑符号，其功能表见表 11.13，由逻辑图可知，A_1、A_0 为地址输入端，A_1 为高位，$\overline{Y}_0$、$\overline{Y}_1$、$\overline{Y}_2$、$\overline{Y}_3$ 为状态信号输出端，Y_i 上的非号表示低电平有效。

图 11.41   2 线—4 线
译码器逻辑符号

表 11.13   2 线—4 线译码器功能表

G	A_1	A_0	$\overline{Y}_0$	$\overline{Y}_1$	$\overline{Y}_2$	$\overline{Y}_3$
1	×	×	1	1	1	1
0	0	0	0	1	1	1
0	0	1	1	0	1	1
0	1	0	1	1	0	1
0	1	1	1	1	1	0

G 为使能输入端，低电平有效。当 $G=0$ 时，译码器处于译码工作状态，在译码工作状态下，4 种输入代码 00、01、10、11 分别对应于 $\overline{Y}_0$、$\overline{Y}_1$、$\overline{Y}_2$、$\overline{Y}_3$ 输出有效；当 $G=1$ 时，译码器被禁止，无论输入端 A_1、A_0 为何种状态，所有输出端均被封锁在高电平。

从表 11.13 可以看出 2-4 译码器的输出函数分别为 $\overline{Y}_0=\overline{\overline{G}\,\overline{A}_1\overline{A}_0}$，$\overline{Y}_1=\overline{\overline{G}\,\overline{A}_1A_0}$，$\overline{Y}_2=\overline{\overline{G}A_1\overline{A}_0}$，$\overline{Y}_3=\overline{\overline{G}A_1A_0}$。如果用 m_i 表示输入地址变量 A_1、A_0 的一个最小项，则输出函数可写成

$$\overline{Y}_i=\overline{\overline{G}m_i}\ (i=0,1,2,3) \tag{11.33}$$

可见，译码器的每一个输出函数对应输入变量的一组取值，当使能端有效（$G=0$）时，它正好是输入变量最小项的非。因此变量译码器也称为最小项发生器。

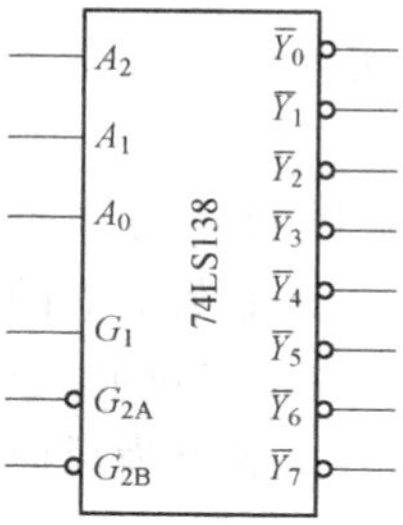

2）3 线—8 线译码器。图 11.42 是 3 线—8 线译码器的逻辑符号，表 11.14 是其逻辑功能表。74LS138 除了 3 个代码输入端 A_2、A_1、A_0 和 8 个译码输出端 $\overline{Y}_0\sim\overline{Y}_7$ 外，还有三个使能输入端 G_1、G_{2A} 和 G_{2B}。译码输出 $\overline{Y}_0\sim\overline{Y}_7$ 为低电平有效。使能输入端 G_1 高电平有效，G_{2A} 和 G_{2B} 低电平有效。当 $G_1=1$，且 $G_{2A}+G_{2B}=0$ 时译码器处于工作状态，否则译码器被禁止。利用译码器的这三个辅助控制端可以方便地扩展译码器的功能。

图 11.42   3 线—8 线译
码器逻辑符号

表 11.14   74LS138 的逻辑功能表

输入					输出							
G_1	$G_{2A}+G_{2B}$	A_2	A_1	A_0	$\overline{Y}_0$	$\overline{Y}_1$	$\overline{Y}_2$	$\overline{Y}_3$	$\overline{Y}_4$	$\overline{Y}_5$	$\overline{Y}_6$	$\overline{Y}_7$
0	×	×	×	×	1	1	1	1	1	1	1	1
×	1	×	×	×	1	1	1	1	1	1	1	1

学习
札记

输入					输出							
G_1	$G_{2A}+G_{2B}$	A_2	A_1	A_0	$\overline{Y}_0$	$\overline{Y}_1$	$\overline{Y}_2$	$\overline{Y}_3$	$\overline{Y}_4$	$\overline{Y}_5$	$\overline{Y}_6$	$\overline{Y}_7$
1	0	0	0	0	0	1	1	1	1	1	1	1
1	0	0	0	1	1	0	1	1	1	1	1	1
1	0	0	1	0	1	1	0	1	1	1	1	1
1	0	0	1	1	1	1	1	0	1	1	1	1
1	0	1	0	0	1	1	1	1	0	1	1	1
1	0	1	0	1	1	1	1	1	1	0	1	1
1	0	1	1	0	1	1	1	1	1	1	0	1
1	0	1	1	1	1	1	1	1	1	1	1	0

二进制译码器的应用很广，典型的应用有以下几种：

a. 实现存储系统的地址译码。

b. 实现逻辑函数。

c. 用作数据分配器或脉冲分配器。

[例 11.10]　　用集成译码器并辅以适当门电路实现下列组合逻辑函数：

$$Y = \overline{A}\,\overline{B} + AB + \overline{B}C$$

解：要实现的是一个 3 变量的逻辑函数，因此应选用 3 线—8 线译码器，用 74LS138。

首先将所给表达式化成最小项表达式，进而转换成与非—与非式，即

$$Y = \overline{A}\,\overline{B} + AB + \overline{B}C = \overline{A}\,\overline{B}\,\overline{C} + \overline{A}\,\overline{B}C + A\overline{B}C + AB\overline{C} + ABC$$

$$= m_0 + m_1 + m_5 + m_6 + m_7 = \overline{\overline{m_0}\,\overline{m_1}\,\overline{m_5}\,\overline{m_6}\,\overline{m_7}} = \overline{\overline{Y}_0\,\overline{Y}_1\,\overline{Y}_5\,\overline{Y}_6\,\overline{Y}_7}$$

由表达式可知，需外接与非门实现，画出逻辑图如图 11.43 所示。

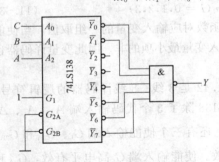

图 11.43　例 11.10 的逻辑图

（2）二—十进制译码器。二—十进制译码器的逻辑功能是把 8421BCD 码译成 0～9 十个十进制数对应的输出信号。表 11.15 是其功能表，输入为四位二进制代码 $A_3 A_2 A_1 A_0$，A_3 为最高位，且为原码输入。输出为反码，低电平有效。它将输入的 10 个 8421BCD 代码 0000～1001 分别译成对应的输出信号 $\overline{Y}_0～\overline{Y}_9$，1010～1111 为无效输入代码。

表 11.15　　二—十进制译码器功能表

序号	输入				输出									
	A_3	A_2	A_1	A_0	$\overline{Y}_0$	$\overline{Y}_1$	$\overline{Y}_2$	$\overline{Y}_3$	$\overline{Y}_4$	$\overline{Y}_5$	$\overline{Y}_6$	$\overline{Y}_7$	$\overline{Y}_8$	$\overline{Y}_9$
0	0	0	0	0	0	1	1	1	1	1	1	1	1	1
1	0	0	0	1	1	0	1	1	1	1	1	1	1	1

学习札记

续表

序号	输入				输出									
	A_3	A_2	A_1	A_0	$\overline{Y}_0$	$\overline{Y}_1$	$\overline{Y}_2$	$\overline{Y}_3$	$\overline{Y}_4$	$\overline{Y}_5$	$\overline{Y}_6$	$\overline{Y}_7$	$\overline{Y}_8$	$\overline{Y}_9$
2	0	0	1	0	1	1	0	1	1	1	1	1	1	1
3	0	0	1	1	1	1	1	0	1	1	1	1	1	1
4	0	1	0	0	1	1	1	1	0	1	1	1	1	1
5	0	1	0	1	1	1	1	1	1	0	1	1	1	1
6	0	1	1	0	1	1	1	1	1	1	0	1	1	1
7	0	1	1	1	1	1	1	1	1	1	1	0	1	1
8	1	0	0	0	1	1	1	1	1	1	1	1	0	1
9	1	0	0	1	1	1	1	1	1	1	1	1	1	0
伪码	1	0	1	0	1	1	1	1	1	1	1	1	1	1
	1	0	1	1	1	1	1	1	1	1	1	1	1	1
	1	1	0	0	1	1	1	1	1	1	1	1	1	1
	1	1	0	1	1	1	1	1	1	1	1	1	1	1
	1	1	1	0	1	1	1	1	1	1	1	1	1	1
	1	1	1	1	1	1	1	1	1	1	1	1	1	1

（3）七段显示译码器。在数字系统中经常采用七段显示器显示十进制数。常用的七段显示器有 LED 显示器（半导体数码管）和 LCD 显示器（液晶显示器）等，如图 11.44 所示，它们可以用数字集成电路来驱动。

七段显示译码器的功能是把 8421BCD 码译成七段显示器的驱动信号，驱动七段显示器显示出对应于 8421BCD 码的十进制数码。常用的集成七段显示译码器有驱动共阴极显示器的 74LS48 和驱动共阳极显示器的 74LS47。LED 共阳极接法和共阴极接法如图 11.45 所示。

图 11.44　七段字形显示器

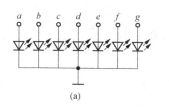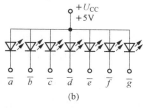

图 11.45　LED 数码管两种接法
（a）共阴极接法；（b）共阳极接法

下面以 74LS47 为例，介绍七段显示译码器的功能和应用。其功能表见表 11.16。74LS47 有 4 个代码输入端 D、C、B、A（输入 8421BCD 码）和 7 个驱动输出端 a、b、c、d、e、f、g（低电平有效，驱动共阳极显示器）。

表 11.16   七段显示译码器功能表

输入				输出							字形
D	C	B	A	F_a	F_b	F_c	F_d	F_e	F_f	F_g	
0	0	0	0	0	0	0	0	0	0	1	⌷
0	0	0	1	1	0	0	1	1	1	1	1
0	0	1	0	0	0	1	0	0	1	0	2
0	0	1	1	0	0	0	0	1	1	0	3
0	1	0	0	1	0	0	1	1	0	0	4
0	1	0	1	0	1	0	0	1	0	0	5
0	1	1	0	0	1	0	0	0	0	0	6
0	1	1	1	0	0	0	1	1	1	1	7
1	0	0	0	0	0	0	0	0	0	0	8
1	0	0	1	0	0	0	0	1	0	0	9

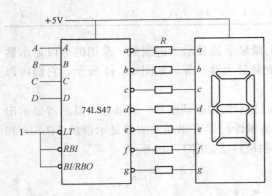

图 11.46　用 74LS47 驱动共阳极七段 LED
显示器的连接示意图

图 11.46 是用 74LS47 驱动共阳极七段 LED 显示器的连接示意图，图中电阻为限流电阻。LT 为试灯输入，低电平有效，用于检查七段显示器能否正常发光；RBI 为灭零输入，低电平有效，用于熄灭不希望显示的 0；BI/RBO 为灭灯输入端，低电平有效。

4. 数据选择器

（1）数据选择器的工作原理和逻辑功能。数据选择器又称多路选择器（Multghexer，MUX），其结构框图如图 11.47 所示，它能够实现从多路数据中选择一路进行传输。从一组（n 个）输入数据中选择一路进行传输的称为一位（n 选 1）数据选择器，如 8 选 1 和 16 选 1 等。选择哪一个输入端上的数据（$D_0 \sim D_{2^n-1}$）作为输出由数据选择控制端的信号（地址码 $A_n \sim A_2 A_1$）决定。例如：4 台计算机共用一台打印机时，就可以用一个 4 选 1 数据选择器，由数据选择器的控制信号来决定打印机连接哪一台计算机。数据选择器的集成电路产品有多种，见附录 F.4。

1）4 选 1 数据选择器。图 11.48 为 4 选 1 数据选择器的逻辑图，D_0、D_1、D_2、D_3 是数据输入端，A_1、A_0 是数据选择端（地址码输入端），Y 是数据输出端，E 是使能端，低电平有效。当 $E=1$ 时，输出 $Y=0$，即无效；当 $E=0$ 时，在地址输入 A_1、A_0 的控制下，从 $D_0 \sim D_3$ 中选择一路输出，其功能表见表 11.17。

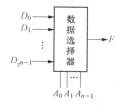

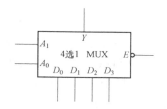

图 11.47   数据选择器结构框图   图 11.48   4 选 1 数据选择器逻辑符号

表 11.17   **4 选 1 数据选择器功能表**

E	A_1	A_0	Y	E	A_1	A_0	Y
0	0	0	D_0	0	1	1	D_3
0	0	1	D_1	1	$\times$	$\times$	0
0	1	0	D_2				

当 $E=0$ 时，4 选 1 MUX 的逻辑功能表达式为

$$Y = \overline{A_1}\,\overline{A_0}D_0 + \overline{A_1}A_0D_1 + A_1\overline{A_0}D_2 + A_1A_0D_3 = \sum_{i=0}^{3} m_iD_i$$

$$(11.34)$$

式中：m_i 为地址变量 A_1、A_0 所对应的最小项，也称地址最小项。

2）8 选 1 数据选择器。图 11.49 是其逻辑符号，表 11.18 是其功能表。输出表达式为

$$Y = \sum_{i=0}^{7} m_iD_i \qquad (11.35)$$

图 11.49   8 选 1 数据选择器
逻辑符号

表 11.18   **8 选 1 数据选择器功能表**

E	A_2	A_1	A_0	Y	E	A_2	A_1	A_0	Y
1	$\times$	$\times$	$\times$	0	0	1	0	0	D_4
0	0	0	0	D_0	0	1	0	1	D_5
0	0	0	1	D_1	0	1	1	0	D_6
0	0	1	0	D_2	0	1	1	1	D_7
0	0	1	1	D_3					

（2）数据选择器的应用。数据选择器的应用很广，典型的有以下两种：

1）实现分时多路通信，见第 11.4 节。

2）实现组合逻辑函数。

对于 n 个地址输入的 MUX，其表达式可表示为

$$Y = \sum_{i=0}^{2^n-1} m_iD_i \qquad (11.36)$$

其中，m_i 是由地址变量 A_{n-1}，…，A_1，A_0 组成的地址最小项。而任何一个具有 l 个输入变量的逻辑函数都可以用最小项之和来表示，即

$$F = \sum_{i=0}^{2^t-1} m_i \qquad (11.37)$$

这里的 m_i 是由函数的输入变量 A、B、C、…组成的最小项。

比较 Y 和 F 的表达式可以看出，只要将逻辑函数的输入变量 A、B、C、…对应加至数据选择器地址输入端，并适当选择 D_i 的值，使 $F=Y$，就可以用 MUX 实现函数 F。因此，用 MUX 实现函数的关键在于如何确定 D_i 的对应值。实际方法可以用代数法，也可用卡诺图法。

[**例 11.11**]　试用 8 选 1 MUX 实现逻辑函数：

$$F = \bar{A}B + A\bar{B} + C$$

解： 首先写出 F 的最小项表达式

$$F(A,B,C) = \sum m(1,2,3,4,5,7)$$

当采用 8 选 1 MUX 时，有

$$Y = \sum_{i=0}^{7} m_i D_i = (A_2 A_1 A_0)_m (D_0 D_1 D_2 D_3 D_4 D_5 D_6 D_7)^{\mathrm{T}}$$

令 $A_2 = A$，$A_1 = B$，$A_0 = C$，且令 $D_1 = D_2 = D_3 = D_4 = D_5 = D_7 = 1$，$D_0 = D_6 = 0$，则有 $Y = F$。用 8 选 1 MUX 实现函数 F 逻辑图如图 11.50 所示。

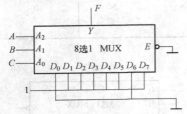

图 11.50　例 11.11 的逻辑图

[**例 11.12**]　试用 4 选 1 MUX 实现逻辑函数

$$F = \bar{A}\bar{B}C + \bar{A}\bar{B}\bar{C} + \bar{A}BC + A\bar{B}\bar{C}$$

解：（1）首先选择地址输入，令 $A_1 A_0 = AB$，则多余输入变量为 C，余函数 $D_i = f(C)$。

（2）确定余函数 D_i。

用代数法将 F 的表达式变换为与 Y 相应的形式为

$$Y = \bar{A}_1 \bar{A}_0 D_0 + \bar{A}_1 A_0 D_1 + A_1 \bar{A}_0 D_2 + A_1 A_0 D_3$$

$$F = \bar{A}\bar{B}C + \bar{A}\bar{B}\bar{C} + \bar{A}BC + A\bar{B}\bar{C} = \bar{A}\bar{B}(C + \bar{C}) + \bar{A}BC + A\bar{B}\bar{C}$$

将 F 与 Y 对照可得

$$D_0 = 1, D_1 = C, D_2 = \bar{C}, D_3 = 0$$

用 4 选 1 MUX 实现函数 F 逻辑图如图 11.51 所示。

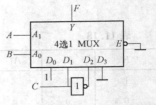

图 11.51　例 11.12 的逻辑图

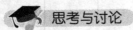
思考与讨论

1. 什么是半加器？什么是全加器？

2. 试说明编码器、译码器、数据选择器的逻辑功能。

3. 二进制编码（译码）和二—十进制编码（译码）有何不同？

11.4　应用举例

11.4.1　计算机分时传输电路

图 11.52 为一个 2 线—4 线译码器的应用电路，它可将四个外部设备的 A、B、C、D 的数据

分时送入计算机中。外部设备的数据线与计算机数据总线之间选用三态缓冲器，每片三态缓冲器的控制端分别接至 2 线—4 线译码器的一个输出端上。因译码器控制端 G 接地，通过改变输入变量 A_1、A_0 的电平可使四个输出 $\overline{Y_0} \sim \overline{Y_3}$ 中的某一路为低电平。此时与之相接的三态缓冲器的控制端 $\overline{E} = 0$，使缓冲器处于使能状态，相应外设数据即可送入计算机中。其余各三态缓冲器因控制端接高电平而处于高阻状态，其外设数据线与计算机的数据总线隔离，相应数据不能送至计算机中。只要使 A_1、A_0 状态分别为 00、01、10、11，就可将 A、B、C、D 的数据分时送入计算机中。

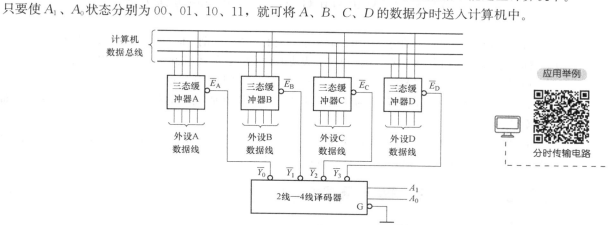

图 11.52　四个外部设备 A、B、C、D 的数据分时送入计算机的电路示意图

11.4.2　分时显示电路

图 11.53 为用一套显示器件分时显示温度、压力的某数字仪表显示部分框图。显示部分输入的温度、压力分别为两位 8421 码。下面说明其工作情况。和前面介绍的一位数据选择器不同的

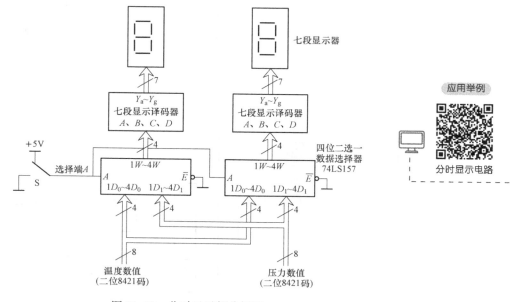

图 11.53　分时显示部分框图

是，74LS157 是 4 位 2 选 1 数据选择器。即在地址码（A）的控制下，从两组数据（$1D_0 \sim 4D_0$ 和 $1D_1 \sim 4D_1$）中选择一组（4 位）输出。所以当开关 S 接＋5V 时（此时 $A=1$），74LS157 输入数据中 $1D_1 \sim 4D_1$ 被选通，此时显示器显示压力数值；S 接地时（此时 $A=0$），74LS157 的输入数据中 $1D_0 \sim 4D_0$ 被选通，显示器显示温度数值。

11.5 用 Multisim 对组合逻辑电路的仿真实验

组合逻辑电路任何时刻的稳态输出仅取决于当前的输入，与前一时刻的输出无关，具有无记忆性。组合逻辑电路主要由门电路构成。下面以三人表决电路为例来介绍 Multisim 对组合电路的仿真。

（1）从 Multisim10 环境中调出数字信号转换仪，并双击打开，填写真值表。

（2）单击版面上的真值表转换为最简表达式按钮，则在版面上的最下面会出现最简表达式如图 11.54 所示。

（3）单击版面上的最简表达式转换为逻辑图按钮，在 Multisim10 的仿真区出现生成的逻辑图如图 11.55 所示，并对其进行完整设计，如图 11.56 所示。

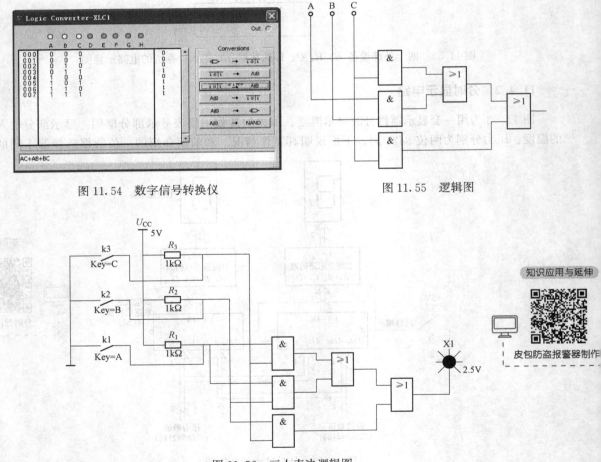

图 11.54 数字信号转换仪

图 11.55 逻辑图

图 11.56 三人表决逻辑图

知识应用与延伸

皮包防盗报警器制作

学习札记

本 章 小 结

（1）数字电路是传递脉冲信号（数字信号）的电路，电路中的晶体管工作在开关状态（饱和、导通或截止状态）。

（2）数字电路中的信息是用二进制数 0 和 1 表示的。

（3）逻辑门是组成数字电路的基本单元。与门、或门、非门分别实现逻辑与、逻辑或、逻辑非。现在广泛应用的是集成复合逻辑门。

（4）逻辑代数是分析和设计数字电路的数学工具，是变换和化简逻辑函数的依据。逻辑函数可以用真值表、逻辑表达式、逻辑状态表、卡诺图和逻辑图来表示。这五种方法是相通的，可以相互转换。

（5）组合逻辑电路是由各种逻辑门组成的，它的特点是无记忆功能，即输出信号只取决于当时的输入信号。

（6）半加器、全加器、编码器、译码器、七段显示译码器、数据选择器等都是广泛应用的组合逻辑电路。

习 题

11.1 已知输入信号 A、B、C、D 的波形如图 11.57（a）所示，试画出图 11.57（b）～（g）所示门电路的输出波形。

11.2 对下列函数指出当变量（A、B、C、…）取哪些组合时，F 的值为"1"。

（1）$F = AB + AC$；

（2）$F = \overline{A + B\overline{C}}(A + B)$

11.3 将下列各式化简为最简逻辑表达式。

（1）$F = AC\overline{AC} + \overline{A}BC + \overline{B}C + AB\overline{C}$；

（2）$F = A(A + B + C) + B(A + B + C) + C(A + B + C)$；

（3）$F = (A + B)(\overline{A} + B)\overline{B}$

11.4 证明下列各等式。

（1）$ABC + \overline{A} + \overline{B} + \overline{C} = 1$；

（2）$A \oplus \overline{B} = \overline{A \oplus B} = \overline{A} \oplus B$；

（3）$\overline{A}\,\overline{B} + \overline{A}B + A\overline{B} = \overline{A} + \overline{B}$；

（4）$A \oplus 1 = \overline{A}$ $A \oplus \overline{A} = 1$

11.5 试用卡诺图将下列各式化简为最简与或表达式。

（1）$F = AB + \overline{A}BC + \overline{A}B\overline{C}$；

（2）$F = \overline{B}\,\overline{C}AD + \overline{A}BC D + \overline{A}BCD + A\overline{B}\,\overline{C}D$；

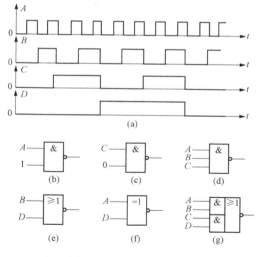

图 11.57 题 11.1 的图

(3) $F = A + \overline{A}B + \overline{A}\,\overline{B}C + \overline{A}\,\overline{B}\,\overline{C}$；

(4) $F = \overline{A}\,\overline{B}D + AB\,\overline{C} + ABD + \overline{A}BCD + \overline{A}BCD$

11.6 写出图 11.58 所示两图的逻辑表达式，并化简之。

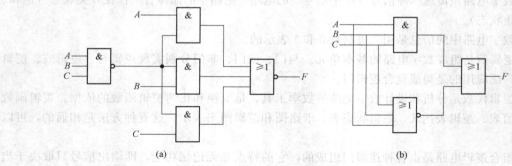

图 11.58 题 11.6 的图

11.7 电路如图 11.59 所示，求 F 的逻辑函数表达式，并画出用最少与非门实现的逻辑电路图。

11.8 组合逻辑电路如图 11.60 所示，A、B 是数据输入端，K 是控制输入端，F_1、F_2、F_3 是输出端。试分析在控制输入端分别为 $K=0$ 和 $K=1$ 的条件下，输出端 F_1、F_2、F_3 和数据输入端 A、B 的关系。

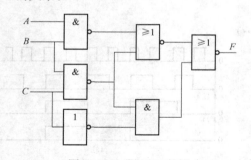

图 11.59 题 11.7 的图

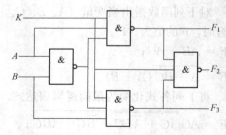

图 11.60 题 11.8 的图

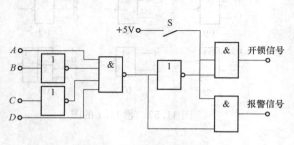

图 11.61 题 11.9 的图

11.9 图 11.61 是一个密码锁控制电路。开锁条件：拨对密码，钥匙插入锁眼将开关 S 闭合，当两个条件同时满足时，开关信号为"1"，将锁打开。否则，报警信号为"1"，接通警铃。试分析密码 $ABCD$ 是多少？

11.10 图 11.62 是两处控制照明灯电路。单刀双投开关 A 装在一处，B 装在另一处，两处都可以开闭电灯。设 $F=1$ 表示灯亮，$F=0$ 表示灯灭；$A=1$ 表示开关向上扳，$A=0$ 表示向下扳，B 也如此。试写出灯亮的逻辑式。

11.11 设三台电动机 A、B、C，现要求：A 开机则 B 必须开机；B 开机则 C 也必须开机。如果不满足上述要求，即发出报警信号。试完成：(1) 写出报警信号的逻辑表达式，并画出逻辑

学习札记

图；（2）用 Multisim10 仿真求解本题。

11.12　试设计一个举重裁判判决电路（一个主裁，两个副裁）。

11.13　用 A、B 两个抽水泵对矿井进行抽水，如图 11.63 所示。当水位在 H 以上时，A、B 两泵同时开启；当水位在 H 以下 M 以上时，开启 A 泵；当水位在 M 以下 L 以上时，开启 B 泵；而水位在 L 以下时，A、B 两泵均不开启。试完成：（1）设计控制 A、B 两泵动作的逻辑电路；（2）用 Multisim10 仿真求解本题。

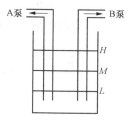

图 11.62　题 11.10 的图　　　　图 11.63　题 11.13 的图

11.14　试用集成译码器 74LS138 和与非门实现全减器。全减器的真值表见表 11.19。

表 11.19　　　　　　　　　　　　题 11.14 表

A_i	B_i	C_{i-1}	D_i	C_i	A_i	B_i	C_{i-1}	D_i	C_i
0	0	0	0	0	1	0	0	1	0
0	0	1	1	1	1	0	1	0	0
0	1	0	1	1	1	1	0	0	0
0	1	1	0	1	1	1	1	1	1

11.15　用集成译码器 74LS138 和与非门实现下列逻辑函数。

（1）$Y = A\bar{B}C + \bar{A}B$；（2）$Y = \overline{(A+B)(\bar{A}+\bar{C})}$；

（3）$Y = \sum m(3,4,5,6)$；（4）$Y = \sum m(0,2,3,4,7)$。

11.16　试用两片 2 线—4 线译码器构成一个 3 线—8 线译码器。

11.17　写出图 11.64 所示电路的 F_1、F_2 的逻辑表达式。

11.18　写出图 11.65 所示电路中输出信号 F 的逻辑表达式。

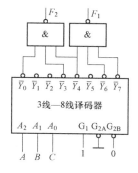

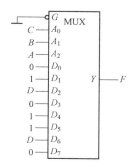

图 11.64　题 11.17 的图　　　　图 11.65　题 11.18 的图

11.19 用 8 选 1 数据选择器实现下列逻辑函数。

(1) $Y = \sum m(0,2,3,5,6,8,10,12)$;

(2) $Y = \sum m(0,2,4,5,6,7,8,9,14,15)$;

(3) $Y = A\bar{B} + BC + \bar{A}C$。

11.20 如图 11.66 所示各门电路，其中一个输入端接信号 A，另外的输入端或接高电平（"1"），或开路（不连接），或接低电平（"0"）。写出输出 Y 的逻辑函数式。

11.21 图 11.67 是用三态门组成的数据选择器，试分析其工作原理，写出逻辑表达式。

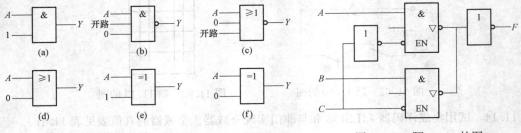

图 11.66 题 11.20 的图　　　　图 11.67 题 11.21 的图

第 12 章

触发器与时序逻辑电路

第 11 章已经讲述了组合逻辑电路，另一类常用的数字电路是时序逻辑电路，简称时序电路。在时序电路中，任一时刻的输出信号，不仅与当时的输入信号有关，还与电路原来的状态有关。时序电路能够保留原来的输入信号对其造成的影响，即具有记忆功能。触发器（Flip - Flop，FF）是时序电路的基本单元。本章首先介绍基本 RS 触发器和由基本 RS 触发器发展而来的集成触发器，然后讨论常见的时序逻辑电路，接着介绍集成定时器及其应用，最后举出几个时序电路的应用实例。

12.1 触 发 器

触发器必须具备以下基本特点：

（1）有两个稳定的工作状态，用 0、1 表示。

（2）在适当信号作用下，两种状态可以转换。

（3）输入信号消失后，能将获得的新状态保持下来。

触发器种类很多，目前大量使用的是集成触发器，而各种触发器都是从基本 RS 触发器发展而来的。

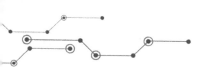 12.1.1 基本 RS 触发器

1. 电路组成

基本 RS 触发器可以用两个交叉耦合的与非门连接组成，其逻辑电路如图 12.1 （a）所示。它有两个输入端，两个输出端 Q 和 $\overline{Q}$ 。基本 RS 触发器有两个稳定状态：一个状态是 $Q=1$， $\overline{Q}=0$；另一个状态是 $Q=0$， $\overline{Q}=1$。正常情况下，两个输出端的状态总是互补的。在实际应用中，把触发器 Q 端的状态作为触发器的输出状态，$Q=0$ 且 $\overline{Q}=1$ 时，称触发器处于 0 态；$Q=1$ 且 $\overline{Q}=0$ 时，称触发器处于 1 态。下面按输入的不同组合，分析基本 RS 触发器的逻辑功能。

2. 逻辑功能

（1）$R_D=S_D=1$，触发器保持原状态不变。若触发器原状态为 0 态，这时 $Q=0$， $\overline{Q}=1$。$Q=0$ 反馈到 G1，$\overline{Q}=1$ 反馈到 G2。因为 G1 的一个输入为 0，根据"见 0 出 1"原则，G1 输出 $\overline{Q}=1$。于是 G2 输入全为 1，由"全 1 出 0"，G2 输出 $Q=0$，触发器维持 0 态不变。同理，当触发器原状态为 1，即 $Q=1$， $\overline{Q}=0$，触发器状态维持不变。

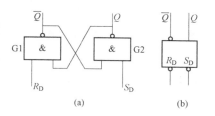

图 12.1 基本 RS 触发器

（a）逻辑电路；（b）逻辑符号

学习
札记

可见，不论触发器原来是什么状态，基本 RS 触发器在 $R_D = S_D = 1$ 时，总是保持原状态不变，这就是触发器的记忆功能，也称为保持（存储）功能。

（2）$R_D = 0$，$S_D = 1$，触发器为 0 态。当 $R_D = 0$ 时，G1 输出 $\overline{Q} = 1$；G2 因输入全 1，输出 $Q = 0$，触发器为 0 态，与原状态无关。

（3）$R_D = 1$，$S_D = 0$，触发器为 1 态。当 $S_D = 0$ 时，G2 输出 $Q = 1$；G1 因输入全 1，输出 $\overline{Q} = 0$，触发器为 1 态，同样与原状态无关。

（4）$R_D = S_D = 0$。这时 $Q = \overline{Q} = 1$，触发器既不是 0 态，又不是 1 态，破坏了 Q 和 $\overline{Q}$ 的互补关系，在两个输入信号同时消失后，Q 和 $\overline{Q}$ 的状态将是不确定的，这种情况应避免。

用与非门组成的基本 RS 触发器的功能表见表 12.1。表中 Q^n 表示触发器原来所处的状态，称为现态；Q^{n+1} 表示在输入信号 R_D、S_D 作用下触发器的新状态，称为次态。

表 12.1　　　　　　　　　　　　与非型基本 RS 触发器功能表

R_D	S_D	Q^{n+1}	$\overline{Q^{n+1}}$	功能说明
0	0	1	1	R_D、S_D 同时从 00 变为 11 时，输出状态不定
0	1	0	1	置 0
1	0	1	0	置 1
1	1	Q^n	$\overline{Q^n}$	保持

当 R_D 端加低电平信号时，触发器为 0 态（$Q = 0$），所以把 R_D 端称为置 0 端，或称复位端。在 S_D 端加低电平信号时，触发器为 1 态（$Q = 1$），所以把 S_D 端称为置 1 端，或称置位端。触发器在外加信号的作用下，状态发生了转换，称为翻转，外加的信号称为触发脉冲。触发脉冲可以是正脉冲，也可以是负脉冲。

图 12.1（b）是由与非门组成的基本 RS 触发器的逻辑符号，输入端带小圆圈表示低电平触发，或称低电平有效。输出端不加小圆圈的表示 Q 端，加小圆圈的表示 $\overline{Q}$ 端。

综上所述，RS 触发器具有置 0、置 1，和保持原状态不变的逻辑功能。上述 RS 触发器虽然电路很简单，但它是其他多功能触发器的基本组成部分，所以称为基本 RS 触发器。

3. 波形图

波形图也称时序图，它反映了触发器的输出状态随时间和输入信号变化的规律，是实验中可观察到的波形。图 12.2 为基本 RS 触发器的工作波形，图中虚线部分表示状态不确定。

图 12.2　基本 RS 触发器工作波形图

12.1.2　同步 RS 触发器

在数字系统中，一般包含多个触发器，为协调各部分工作，常要求某些触发器于同一时刻动作。为此，必须引入同步信号，使这些触发器只有在同步信号到达时，才按输入信号改变它的输出状态。同步信号又称时钟信号，用 CP 表示。受时钟控制的触发器称同步触发器，或称时钟触发器（钟控触发器），以区别于前面讲述的基本 RS 触发器。

1. 电路组成

图 12.3（a）所示为同步 RS 触发器的逻辑图，图中由 G1、G2 组成基本 RS 触发器，G3、G4 组成控制门。CP 为时钟脉冲，R 为置 0 端，S 为置 1 端，图 12.3（b）是同步 RS 触发器的逻辑符号，图中 R、S、CP 输入靠近方框处均无小圆圈，R、S、CP 字母上也不加"非"号，表示高电平触发，或称高电平有效。R_D、S_D 是直接置 0、置 1 端．它不受时钟脉冲的控制，故称为异步置 0、置 1 端，只要在 R_D、S_D 端分别施加负脉冲（或置低电平），就可将该触发器直接置 0 或置 1。

R_D、S_D 在时钟脉冲工作前，预先使触发器处于某一给定状态，而在时钟脉冲工作过程中是不用的，这时可将 R_D、S_D 端接高电平或悬空。

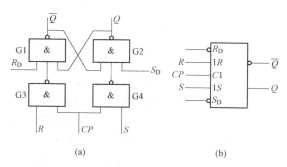

图 12.3　同步 RS 触发器
(a) 逻辑图；(b) 逻辑符号

2. 工作原理

（1）$CP=0$ 时，门 G3、G4 被封锁，此时不论输入端 R 和 S 的状态如何变化，门 G3、G4 的输出均为 1，所以由 G1、G2 与非门组成的基本 RS 触发器的状态保持不变，即同步 RS 触发器的状态不变。

（2）$CP=1$ 时，门 G3、G4 打开，于是触发器的状态随 R、S 端加入的触发信号的不同而不同。下面对此作一个简单分析。

1）$R=0$，$S=1$，触发器为 1 态。由于 $S=1$，当 $CP=1$ 时，G4 输出为 0；由于 $R=0$，G3 输出为 1，所以不管触发器原来处于何种状态，触发器为 1 状态。

2）$R=1$，$S=0$，触发器为 0 态。由于 $R=1$，$S=0$，当 $CP=1$ 时，门 G3 输出为 0，门 G4 输出为 1，不管触发器原来处于何种状态，触发器为 0 态。

3）$R=0$，$S=0$，触发器保持原状态。$R=0$，$S=0$ 时，无论 CP 为何值，门 G3、G4 输出都为 1，触发器的状态不变。

4）$R=1$，$S=1$，当 $CP=1$ 时，门 G3、G4 输出都为 0，导致 $Q=\overline{Q}=1$，触发器既不是 0 态，又不是 1 态，破坏了 Q 和 $\overline{Q}$ 的互补关系，在两个输入信号同时消失后，触发器的状态不能确定，这种情况应当避免。

将上述分析列成表，可得同步 RS 触发器的功能表，见表 12.2。

表 12.2　　　　　　　　　　　　　同步 RS 触发器功能表

CP	R	S	Q^{n+1}	$\overline{Q^{n+1}}$	功能说明
1	0	0	Q^n	$\overline{Q^n}$	保持
1	0	1	1	0	置 1
1	1	0	0	1	置 0
1	1	1	1	1	R、S 同时从 11 变为 00 时，输出状态不定
0	$\times$	$\times$	保持		

学习札记

[例 12.1]　在图 12.3（b）所示的同步 RS 触发器中，若 CP、R、S 端的输入信号如图 12.4 所示，试画出输出 Q 和 $\overline{Q}$ 的波形图，假定触发器的初始状态 $Q=0$。

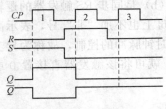

图 12.4　例 12.1 的波形图

解：由 CP、R、S 的波形，根据功能表可画出 Q 和 $\overline{Q}$ 的波形。

在第一个 CP 脉冲 CP_1 到来之前，即 $CP=0$ 时，尽管 $R=0$，$S=1$，但触发器仍保持初始的 0 状态。$CP_1=1$ 时，$R=0$，$S=1$，触发器置 1；$CP_1=0$ 时，无论输入信号 R、S 如何变化，触发器维持 1 态不变。当第二个 CP 脉冲到来时，即 $CP_2=1$，$R=1$，$S=0$，触发器置 0；$CP_2=0$ 时，触发器维持 0 态不变。$CP_3=1$ 时，$R=S=0$，触发器维持 0 态不变；$CP_3=0$ 时，触发器维持 0 态不变。

上面介绍的由基本 RS 触发器构成的同步 RS 触发器可以构成多功能的其他触发器，如主从 RS、主从 JK、主从 D、主从 T 触发器等，由于这些触发器或多或少存在一些缺点，因此，目前大多采用性能优良的边沿触发器。边沿触发器的特点：只有当 CP 处于某个边沿（下降沿或上升沿）的瞬间，触发器的状态才取决于此时刻的输入信号状态，而其他时刻触发器均保持原状态，这就避免了其他时间干扰信号对触发器的影响，因此触发器的抗干扰能力强。

下面讨论的触发器都是边沿触发器，由于在实际使用触发器时更注重其外部特性，在以下讨论过程中，只介绍各种触发器的逻辑符号、真值表和逻辑功能。

12.1.3　JK 触发器

JK 触发器的逻辑符号如图 12.5 所示。图 12.5（a）逻辑符号中 CP 输入端的小圆圈和动态符号 "＞" 表示触发器改变状态的时间在 CP 的下降沿（由 1 变 0），称 "下降沿触发" 或 "负边沿触发"。图 12.5（b）中的 CP 输入端没有小圆圈而只有动态符号 "＞"，表示触发器改变状态的时间是在 CP 的上升沿（由 0 变 1），称上升沿触发或正边沿触发。

尽管 JK 触发器有不同的触发方式（上升沿触发和下降沿触发），不同的导电机理（CMOS 型和 TTL 型），但其逻辑功能是相同的。JK 触发器的功能表见表 12.3。

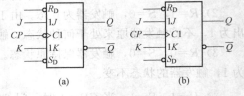

图 12.5　JK 触发器的逻辑符号

（a）下降沿触发；（b）上升沿触发

表 12.3　　　　　　　　　　**JK 触发器的功能表**

J	K	Q^{n+1}	功能说明
0	0	Q^n	保持
0	1	0	置 0
1	0	1	置 1
1	1	$\overline{Q^n}$	翻转

由功能表可以看出：

$J=0$，$K=0$ 时，触发器保持原状态不变，即 $Q^{n+1}=Q^n$。

学习
札记

$J=0$，$K=1$ 时，无论触发器原来是 0 态还是 1 态，触发器都被置 0。

$J=1$，$K=0$ 时，无论触发器原来是 0 态还是 1 态，触发器都被置 1。

$J=1$，$K=1$ 时，触发器翻转，每来一个 CP 脉冲，触发器的状态都要改变一次，称计数或翻转。

由此可见，JK 触发器具有保持、置 0、置 1 和计数等功能。

反映触发器次态输出 Q^{n+1} 与初态 Q^n 及输入信号之间关系的逻辑表达式，称为特征方程。由 JK 触发器的功能表可得 JK 触发器的特征方程：

$$Q^{n+1} = J\overline{Q^n} + \overline{K}Q^n$$

[例 12. 2] 下降沿触发的 JK 触发器的 J、K 和 CP 波形如图 12.6 所示，试画出 Q 的波形图（设初态 $Q=0$）。

解：（1）CP_1 下降沿到来时，$J=1$、$K=0$，触发器置 1，即 $Q=1$，$\overline{Q}=0$。

（2）CP_2 下降沿到来时，$J=0$、$K=0$，触发器保持原状态不变，$Q=1$，$\overline{Q}=0$。

（3）CP_3 下降沿到来时，$J=0$、$K=1$，触发器置 0，$Q=0$，$\overline{Q}=1$。

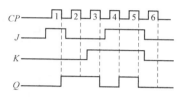

图 12.6 例 12.2 的波形图

（4）CP_4 下降沿到来时，$J=K=1$，触发器翻转，$Q=1$，$\overline{Q}=0$。

（5）CP_5 下降沿到来时，$J=K=1$，触发器翻转，$Q=0$，$\overline{Q}=1$。

（6）CP_6 下降沿到来时，$J=K=0$，触发器保持原状态 0 不变，$Q=0$，$\overline{Q}=1$。

12. 1. 4 D 触发器

1. 电路组成

在 JK 触发器的 K 端前面串接一个"非"门，再和 J 端相连，引出一个输入端，用 D 表示，这样的触发器称 D 触发器。图 12.7（a）是 D 触发器的逻辑图，图 12.7（b）是它的逻辑符号。

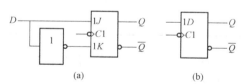

图 12.7 用 JK 触发器接成的 D 触发器
(a) 逻辑图；(b) 逻辑符号

2. 逻辑功能

由图 12.7（a）可以看出，D 触发器是 JK 触发器在 $J \neq K$ 条件下的特殊情况的电路。当 $D=0$ 时，置 0；当 $D=1$ 时，置 1。即 D 触发器的特征方程为 $Q^{n+1}=D$。

综上所述，在 CP 脉冲到来后，D 触发器的状态与其输入端的状态相同。D 触发器的功能表见表 12.4。

表 12. 4 D 触发器功能表

D	Q^{n+1}	功能说明
0	0	置 0
1	1	置 1

学习札记

[**例 12.3**]　在图 12.7（b）所示电路中若触发器的初态为 0 态，CP、D 的波形如图 12.8 所示。试画出与之对应的 Q 和 $\overline{Q}$ 的波形。

解：由于图 12.7（b）是下降沿触发器的边沿触发器，所以触发器的次态只取决于 CP 下降沿到达时 D 端的状态，而与该时刻前、后 D 端的状态无关，Q 和 $\overline{Q}$ 的波形如图 12.8 所示。

12.1.5　T 触发器

1. 电路组成

把 JK 触发器的两个输入端 J、K 连在一起，作为一个输入端 T，就构成了一个 T 触发器。

2. 逻辑功能

从图 12.9（a）可以看出，T 触发器是 JK 触发器在 $J=K$ 条件下的特殊情况的电路。

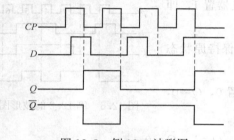

图 12.8　例 12.3 波形图

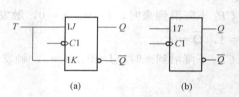

图 12.9　用 JK 触发器接成的 T 触发器
（a）逻辑图；（b）逻辑符号

（1）$T=0$，保持原状态不变。

（2）$T=1$，翻转计数状态。

根据上述分析，可得出 T 触发器的功能表，见表 12.5。

表 12.5　　　　　　　　　　　　　　　　T 触发器功能表

T	Q^{n+1}	功能说明
0	Q^n	保持
1	$\overline{Q^n}$	计数

由功能表可以看出，T 触发器具有保持和计数（翻转）两种功能，受 T 端输入信号控制，$T=0$，不计数；$T=1$，计数。因此，T 触发器是一种可控制的计数触发器。

说明：凡是逻辑功能符合表 12.5 所列的触发器，无论其电路结构采用什么形式，均称为 T 触发器，前述其他触发器也是这样，由表 12.5 可得 T 触发器的特征方程

$$Q^{n+1} = T\overline{Q}^n + \overline{T}Q^n = T \oplus Q^n$$

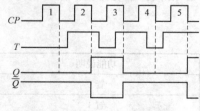

图 12.10　例 12.4 的波形图

[**例 12.4**]　在图 12.9（b）所示电路中，若触发器的初态为 0 态，试根据图 12.10 所示 CP、T 端的波形，画出与之对应的 Q 的波形。

解：该触发器为下降沿触发的边沿触发器：

学习
札记

（1）CP_1 下降沿到来时，$T=0$，触发器维持 0 状态不变，即 $Q=0$，$\overline{Q}=1$。

（2）CP_2 下降沿到来时，$T=1$，触发器翻转，$Q=1$，$\overline{Q}=0$。

（3）CP_3 下降沿到来时，$T=1$，触发器翻转，$Q=0$，$\overline{Q}=1$。

（4）CP_4 下降沿到来时，$T=0$，触发器维持 0 态不变，$Q=0$，$\overline{Q}=1$。

（5）CP_5 下降沿到来时，$T=1$，触发器翻转，即 $Q=1$，$\overline{Q}=0$。

12.1.6 触发器的逻辑符号与时序图

1. 触发器的触发方式及逻辑符号

图 12.11 为电平触发方式触发器的逻辑符号，其中图（a）为基本 RS 触发器逻辑符号，它没有时钟输入端，R_D、S_D 为输入端，触发器的状态只接收 R_D、S_D 电位控制，低电平有效。图 12.11（b）、（c）触发器的 $CP=1$ 时，触发器分别接收输入信号，输出状态 Q、$\overline{Q}$ 按其功能发生变化；$CP=0$ 时，触发器不接收信号，输出状态维持不变；图 12.11（b）中 R、S 为高电平有效，图 12.11（c）中 D 为高电平有效。图 12.11（d）中 CP 输入端有一个小圆圈，表示低电平有效。

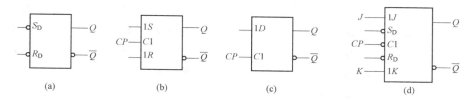

图 12.11　电平触发方式触发器的逻辑符号

（a）基本 RS 触发器逻辑符号；（b）钟控 RS 触发器逻辑符号；（c）钟控 D 触发器逻辑符号；（d）钟控 JK 触发器逻辑符号

边沿触发方式有下降沿触发方式和上升沿触发方式，边沿触发方式的触发器时钟 CP 输入端均有动态符号 "＞"，CP 输入端加有小圈［见图 12.12（b）］表示当 CP 下降沿来到时触发器输出状态立即变化，不加小圈［见图 12.12（a）］是表示当 CP 上升沿到来时触发器输出状态立即变化。各符号中的 R_D、S_D 均为异步直接置 0、置 1 输入端；R_D、S_D 输入端加小圈表示低电平有效，当输入为低电平时可立即将触发器置 0 或置 1，而不受时钟信号控制，触发器在时钟信号控制下正常工作时，应使 R_D、S_D 均为高电平。输入控制端往往是多个输入信号相与而成。如图 12.12（a）中 $1D=D_1D_2$；图 12.12（b）中 $1J=J_1J_2$，$1K=K_1K_2$。

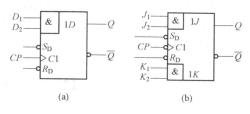

图 12.12　边沿触发方式触发器的逻辑符号

（a）CP 输入端不加小圈；（b）CP 输入端加有小圈

2. 时序图

从前面的分析可以看出，对于同一逻辑功能的触发器，如果触发方式不同，其输出对输入信号的响应是不同的，因此画时序波形时，首先要注意触发器的触发方式。对于电平触发方式的触发器，其输出状态只接收输入信号的电位或时钟 CP 的电位控制；对于边沿触发器，其时序图的画法一般按以下步骤进行：

学习
札记

（1）以时钟 CP 的作用沿为基准，划分时间间隔，CP 作用沿来到前为现态，作用沿来到后为次态。

（2）每个时钟脉冲作用沿来到后，根据触发器的状态方程或状态表确定其次态。

（3）异步直接置 0、置 1 端（R_D、S_D）的操作不受时钟 CP 的控制，画波形时要特别注意。

[例 12.5]   如图 12.13 所示，试分别画出 Q、$\overline{Q}$ 端的波形。设电路初态均为 0。

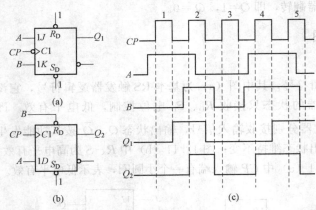

图 12.13 例 12.5 的图
(a) 边沿 JK 触发器；(b) 边沿 D 触发器；(c) 输入波形

解：（1）由图 12.13 可见，JK 触发器为下降沿触发，因此首先以 CP 下降沿为基准，划分时间间隔，然后根据 JK 触发器的状态方程 $Q_1^{n+1}=J\overline{Q_1^n}+\overline{K}Q_1^n=A\overline{Q_1^n}+BQ_1^n$，由每个 CP 来到之前的 A、B 和原态 Q_1^n 决定其次态 Q_1^{n+1}。可画出 Q_1 的波形如图 12.13（c）所示。

（2）图 12.13（b）的 D 触发器为上升沿触发，因此首先以 CP 上升沿为基准，划分时间间隔。由于 $D=A$，故 D 触发器的状态方程为 $Q_2^{n+1}=D=A$，这里需要注意的是异步置 0 端 R_D 和 B 相连，因此该状态方程只有当 $B=1$ 时才适用。当 $B=0$ 时，无论 CP、A 如何，$Q_2^{n+1}=0$，即图 12.13（c）中 $B=0$ 期间所对应的 Q_2^{n+1} 均为 0；只有 $B=1$，Q_2^{n+1} 才在 CP 的上升沿来到后和 A 有关。Q_2 的波形如图 12.13（c）所示。

思考与讨论

1. 说明基本 RS 触发器在置 1 或置 0 脉冲消失后，为什么触发器的状态保持不变。

2. R_D 和 S_D 两个输入端起什么作用？

3. 试述 RS、JK、D、T 各种触发器的逻辑功能，并默写出其功能状态表。

4. 将 JK 触发器的 J 和 K 端悬空（也称 T′ 触发器），试分析其逻辑功能。

12.2 常用时序逻辑电路

寄存器和计数器是两种常用的时序逻辑电路，各自都有相应的集成电路产品。下面分别予以介绍。

12.2.1 寄存器

寄存器是一种用来暂时存放二进制数码的数字逻辑部件，是典型的时序电路，广泛应用在电子计算机和数字系统中。

寄存器存放数码的方式有并行输入和串行输入两种。并行方式是数码从各对应位输入端同时输入到寄存器中，串行方式是数码从一个输入端逐位输入到寄存器中。

从寄存器取出数码的方式也有并行输出和串行输出两种。并行方式是被取出的数码同时出现

学习
札记

在各位的输出端上，串行方式是被取出的数码在一个输出端逐位出现。

寄存器分为数码寄存器和移位寄存器。

1. 数码寄存器

存放数码的组件称为数码寄存器，简称寄存器。寄存器主要由触发器构成，它具有接收、暂时存放和清除原有数码的功能。

图 12.14 是由 D 触发器构成的四位数码寄存器的逻辑图。四个触发器的时钟脉冲输入端连在一起，作为接收数码的控制端，$D_0 \sim D_3$ 为寄存器的数码输入端，$Q_0 \sim Q_3$ 是数码输出端。各触发器的复位端连在一起，作为寄存器的总清零端，低电平有效。工作过程如下：

（1）清除原有数码。$R_D=0$，寄存器清除原有数码，$Q_0 \sim Q_3$ 均为 0 态，即 $Q_3Q_2Q_1Q_0=0000$。清零后，$R_D=1$。

（2）寄存数码。若要存放的数码为 1011，将数码 1011 加到对应的数码输入端 D_3、D_2、D_1、D_0，即使 $D_3=1$，$D_2=0$，$D_1=1$，$D_0=1$，在 $R_D=1$ 时，根据 D 触发器的特性，当接收指令脉冲 CP 的下降沿一到，各触发器的状态与输入端状态相同，即 $Q_3Q_2Q_1Q_0=$ 1011，于是数码 1011 便存放到寄存器中。

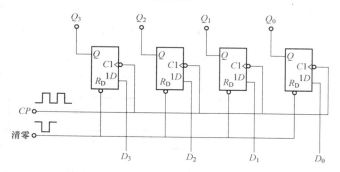

图 12.14　四位数码寄存器的逻辑图

（3）保存数码。$R_D=1$，CP 脉冲消失后（$CP=0$），各触发器都处于保持状态。由于该寄存器能同时输入各位数码，同时输出各位数码，故又称并行输入、并行输出数码寄存器。

2. 移位寄存器

移位寄存器是在数码寄存器的基础上发展而成的，它除了具有存放数码的功能外，还具有移位的功能。移位是指在移位脉冲的作用下，能把寄存器的数码依次左移或右移。移位寄存器分为单向移位寄存器和双向移位寄存器。

在移位脉冲作用下，所存数码只能向某一方向移动的寄存器称为单向移位寄存器。单向移位寄存器有左移寄存器和右移寄存器之分。图 12.15 所示是用 D 触发器组成的 4 位左移寄存器的逻辑图。其中最低位触发器 FF0 的输入端 D_0 为数码输入端，每个低位触发器的输出端 Q 与高一位触发器的输入端 D 相连，各个触发器的 CP 端连在一起作为移位脉冲的控制端，受同一个 CP 脉冲控制。

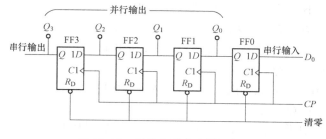

图 12.15　四位左移寄存器逻辑图

若有数码 1011，按移位脉冲的工作节拍，从高位到低位逐位送到输入端 D_0。当第一个 CP 脉冲的上升沿到来后，第一位数码 1 移入 FF0，$Q_0=1$，寄存器的状态为 $Q_3Q_2Q_1Q_0=0001$。第二个 CP 的上升沿到来后，第二位数码 0 移入 FF0，$Q_0=0$，同时原 FF0 中的数码 1 移入 FF1 中，$Q_1=1$，寄存器的状

态为 $Q_3Q_2Q_1Q_0=0010$。依次类推，经过 4 个 CP 脉冲后，数码由高位到低位依次移入寄存器中。

从四个触发器的输出端可以同时输出数码，即并行输出。若要得到串行输出信号，可将 Q_3 作为信号输出端，再送入 4 个 CP 脉冲，CP 端将依次输出 1011 的串行信号，如图 12.16 所示。

右移寄存器电路结构与左移寄存器相似，这里就不再赘述了。

3. 双向移位寄存器

在电子计算机运算系统中，常需要寄存器中的数码既能左移，又能右移。具有双向移位功能的寄存器称为双向移位寄存器。

图 12.17 所示为四位双向移位寄存器 CT74LS194 的外引脚排列图。图中的 D_{SR} 和 D_{SL} 分别是右移和左移的数据串行输入端，Q_0 和 Q_3 分别是左移和右移的数据串行输出端，$D_0 \sim D_3$ 是数据的并行输入端，$Q_0 \sim Q_3$ 是数据的并行输出端。可见，数据的输入和输出均有串行和并行两种方式。

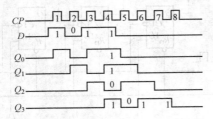 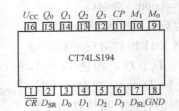

图 12.16　左移寄存器的工作波形图　　图 12.17　CT74LS194 外引脚排列图

M_1、M_0 为工作方式控制端，M_1、M_0 的四种取值（00、01、10、11）决定了寄存器的逻辑功能：保持、右移、左移和数据并行输入、并行输出。表 12.6 所示为 CT74LS194 逻辑功能表。

表 12.6　　　　　　　　　　　　　　**CT74LS194 逻辑功能表**

$\overline{CR}$	M_1	M_0	CP	功能
0	×	×	×	清零
1	0	0	×	保持
1	0	1	↑	右移
1	1	0	↑	左移
1	1	1	↑	数据并行输入

为了正确使用双向移位寄存器，现结合表 12.6 对其功能作简单说明。

（1）第一行：不论 CP、M_1、M_0 为何值，只要 $\overline{CR}=0$，寄存器均清零。

（2）第二行：当 $\overline{CR}=1$，$M_1M_0=00$，不论 CP 如何，寄存器中数据保持不变。

（3）第三行至第五行：当 $\overline{CR}=1$，且 CP 上升沿到来时，其工作状态由 M_1、M_0 决定。

当 $M_1M_0=01$ 时，寄存器处在右移工作方式，数码由 D_{SR} 串行输入，依次向 Q_0、Q_1、Q_2、Q_3 方向移动，数据从 Q_3 串行输出，也可以从 $Q_0 \sim Q_3$ 并行输出。

当 $M_1M_0=10$ 时，寄存器处在左移工作方式，数码由 D_{SL} 串行输入，依次向 Q_3、Q_2、Q_1、Q_0 方向移动，数据可以从 Q_0 串行输出，也可从 $Q_0 \sim Q_3$ 并行输出。

当 $M_1M_0=11$ 时，寄存器处在并行输入工作方式，在 CP 上升沿到来时，数码从 $D_0 \sim D_3$ 并行输入各触发器，由 $Q_0 \sim Q_3$ 并行输出。

学习札记

📡 12.2.2　计数器

计数器是一种能够累计输入脉冲个数的逻辑电器。在数字系统中，其用途相当广泛，除计数器外，还可用作分频器、定时器。

构成计数器的核心器件是触发器。一般计数器有多个输出端，每个输出端有 0 和 1 两种状态，所以输出端不同的状态组合就可以用来表示输入到计数器的脉冲个数。显然，输出端的位数越多，能够累计的输入脉冲个数就越多，但任何一个计数器能够累计的最大脉冲个数总是有限的，这是因为一个具有 N 位输出端的计数器最多可构成 2^N 个状态，并且在实际构成计数器时，还不一定完全利用其 2^N 个状态。一般地，把一个计数器所利用的状态称为有效状态，没有利用的状态称为无效状态，并且把有效状态的个数称为计数器的模数，用 M 表示。在计数过程中，当输入的脉冲个数等于 M 时，计数器输出端的状态必定返回到原始状态。

集成计数器具有功能较完善、通用性强、功耗低、工作速率高且可以自扩展等许多优点，因而目前应用广泛。下面主要以 74LS90 和 74LS161 为例介绍集成计数器的功能及应用，并着重讨论使用时的一些共性问题。

1. 异步集成计数器 74LS90

74LS90 是二—五—十进制异步计数器，其逻辑符号如图 12.18（a）所示，图 12.18（b）为结构框图，它包含两个下降沿触发的计数器，即模 2（二进制）和模 5（五进制）计数器，采用这种结构可以增加使用的灵活性。异步清 0 端 R_{01}、R_{02} 和异步置 9 端 S_{91}、S_{92} 均为高电平有效。

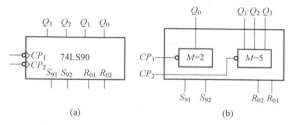

图 12.18　74LS90 计数器
(a) 逻辑符号；(b) 结构框图

74LS90 的逻辑功能表见表 12.7，可以看出，当 $R_{01}R_{02}=1$，$S_{91}S_{92}=0$ 时，无论时钟如何，输出全部清 0；而当 $S_{91}S_{92}=1$ 时，无论时钟和清 0 信号 R_{01}、R_{02} 如何，输出均被置 9。这说明清 0、置 9 都是异步操作，而且置 9 是优先的，所以称 R_{01}、R_{02} 为异步清 0 端，S_{91}、S_{92} 为异步置 9 端。

表 12.7　　　　　　　　　　　　　　　　**74LS90 的逻辑功能表**

输入						输出 $Q_3Q_2Q_1Q_0$	功能
R_{01}	R_{02}	S_{91}	S_{92}	CP_1	CP_2		
1	1	0	×	×	×	0 0 0 0	异步清 0
1	1	×	0	×	×	0 0 0 0	
×	×	1	1	×	×	1 0 0 1	异步置 9
$R_{01}R_{02}=0$		$S_{91}S_{92}=0$		↓	×	二进制	计数
				×	↓	五进制	
				↓	Q_0	8421BCD 码	
				Q_3	↓	5421BCD 码	

学习
札记

当满足 $R_{01}R_{02}=0$，$S_{91}S_{92}=0$ 时电路才能执行计数操作，根据 CP_1、CP_2 的各种接法可以实现不同的计数功能。当计数脉冲从 CP_1 输入，CP_2 不加信号时，Q_0 端输出二分频信号，即实现二进制计数。当 CP_1 不加信号，计数脉冲从 CP_2 输入时，Q_3、Q_2、Q_1 实现五进制计数。

有两种接法实现十进制计数。图 12.19（a）是 8421BCD 码的接法，先模 2 计数，后模 5 计数，由 Q_3、Q_2、Q_1、Q_0 输出 8421BCD 码，最高位 Q_3 作进位输出。图 12.19（b）是 5421BCD 码接法，先模 5 计数，后模 2 计数，由 Q_0、Q_3、Q_2、Q_1 输出 5421BCD 码，最高位 Q_0 作进位输出，波形对称。两种接法的状态转换表（也称态序表）见表 12.8。

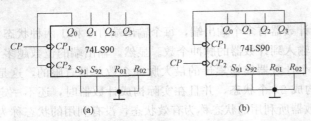

图 12.19　74LS90 构成十进制计数器的两种接法

(a) 8421BCD 码接法；(b) 5421BCD 码接法

表 12.8　　　　　　　　　　　　两种接法的态序表

CP 顺序	8421BCD 码计数				5421BCD 码计数				十进制
	Q_3	Q_2	Q_1	Q_0	Q_0	Q_3	Q_2	Q_1	
0	0	0	0	0	0	0	0	0	0
1	0	0	0	1	0	0	0	1	1
2	0	0	1	0	0	0	1	0	2
3	0	0	1	1	0	0	1	1	3
4	0	1	0	0	0	1	0	0	4
5	0	1	0	1	1	0	0	0	5
6	0	1	1	0	1	0	0	1	6
7	0	1	1	1	1	0	1	0	7
8	1	0	0	0	1	0	1	1	8
9	1	0	0	1	1	1	0	0	9

2. 同步集成计数器 74LS161

74LS161 是模 2^4（四位二进制）同步计数器，具有计数、保持、预置、清 0 功能，其逻辑符号如图 12.20 所示。Q_3、Q_2、Q_1、Q_0 是计数输出，Q_3 为最高位。74LS161 逻辑功能表见表 12.9。

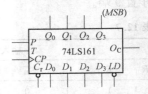

图 12.20　74LS161 计数器

表 12.9　　　　　　　　　　　　74LS161 逻辑功能表

输　入									输　出			
CP	C_r	LD	P	T	D_3	D_2	D_1	D_0	Q_3	Q_2	Q_1	Q_0
×	0	×	×	×	×	×	×	×	0	0	0	0
↑	1	0	×	×	d	c	b	a	d	c	b	a

学习札记

续表

输　　入								输　　出
↑	1	1	1	1	×	×	×	×	计数
×	1	1	0	1	×	×	×	×	保持
×	1	1	×	0	×	×	×	×	保持（$O_C = 0$）

O_C 为进位输出端，$O_C = Q_3 Q_2 Q_1 Q_0 T$，仅当 $T=1$ 且计数状态为 1111 时，O_C 才变高，并产生进位信号。

CP 为计数脉冲输入端，上升沿有效。

C_r 为异步清 0 端，低电平有效，只要 $C_r = 0$，即有 $Q_3 Q_2 Q_1 Q_0 = 0$，与 CP 无关。

LD 为同步预置端，低电平有效，当 $C_r = 1$，$LD = 0$，在 CP 上升沿来到时，才能将预置输入端 D_3、D_2、D_1、D_0 的数据送至输出端，即 $Q_3 Q_2 Q_1 Q_0 = D_3 D_2 D_1 D_0$。

P、T 为计数器允许控制端，高电平有效，只有当 $C_r = LD = 1$，$P = T = 1$，在 CP 作用下计数器才能正常计数。当 P、T 中有一个为低时，计数器处于保持状态。P、T 的区别是 T 影响进位输出 O_C，而 P 则不影响 O_C。

3. 集成计数器的级联

将多片（或称多级）集成计数器进行级联可以扩大计数范围。片间级联的基本方式有两种：

（1）异步级联。用前一级计数器的输出作为后一级计数器的时钟信号。这种信号可以取自前一级的进位（或借位）输出，也可直接取自高位触发器的输出。此时若后一级计数器有计数允许控制端，则应使它处于允许计数状态。图 12.21 是两片 74LS90 按异步级联方式组成的 $10 \times 10 = 100$ 进制计数器。图 12.21 中每片 74LS90 接成 8421BCD 码计数

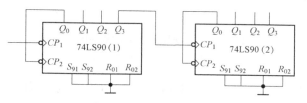

图 12.21　74LS90 的级联扩展

器，第二级的时钟由第一级输出 Q_3 提供。第一级每经过 10 个状态向第二级提供一个时钟有效沿，使第二级改变一次状态。

（2）同步级联。同步级联时，外加时钟信号同时接到各片的时钟输入端，用前一级的进位（借位）输出信号作为下级的工作状态控制信号（计数允许或使能信号）。只有当进位（借位）信号有效时，时钟输入才能对后级计数器起作用。图 12.22 是同步级联的接法，以第一片的进位输出 O_{C1} 作为第二片的 P_2 和 T_2 输入，每当第一片计成 15（1111）时 O_{C1} 变为 1，下个 CP 信号到达时第二片为计数工作状态，计入 1，而第一片计成 0（0000），它的 O_{C1} 端回到低电平。第一片的 P_1 和 T_1 恒为 1，始终处于计数工作状态。

4. 任意模值计数器

集成计数器可以加适当反馈电路后构成任意模值计数器。

设计数器的最大计数值为 N，若要得到一个模值为 $M(M < N)$ 的计数器，则只要在 N 进制计数器的顺序计数过程中，设

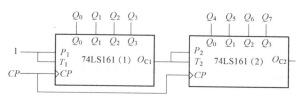

图 12.22　74LS161 的同步级联方法

法使之跳过 $N-M$ 个状态，只在 M 个状态中循环就可以了。通常，MSI 计数器都有清 0、置数等多个控制端，因此实现模 M 计数器的基本方法有两种：①反馈清 0 法（或称复位法）；②反馈置数法（或称置数法）。

（1）反馈清 0 法。这种方法的基本思想：计数器从全 0 状态 S_0 开始计数，计满 M 个状态后产生清 0 信号，使计数器恢复到初态 S_0，然后再重复上述过程。具体做法又分以下两种情况：

1）异步清 0。计数器在 $S_0 \sim S_{M-1}$ 共 M 个状态中工作，当计数器进入 S_M 状态时，利用 S_M 状态进行译码产生清 0 信号并反馈到异步清 0 端，使计数器立即返回 S_0 状态。其示意图如图 12.23 (a) 中虚线所示。

2）同步清 0。计数器在 $S_0 \sim S_{M-1}$ 共 M 个状态中工作，当计数器进入 S_{M-1} 状态时，利用 S_{M-1} 状态译码产生清 0 信号并反馈到同步清 0 端，要等下一拍时钟来到时，才完成清 0 动作，使计数器返回 S_0。同步清 0 没有过渡状态，其示意图如图 12.23 (a) 中实线所示。

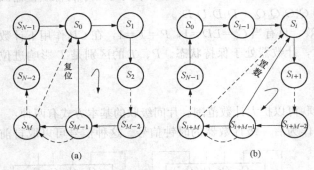

图 12.23   实现任意模值计数器的示意图

(a) 反馈清 0 法；(b) 反馈置数法

（2）反馈置数法。反馈置数法和反馈清 0 法不同，由于置数操作可以在任意状态下进行，因此计数器不一定从全 0 状态 S_0 开始计数。它可以通过预置功能使计数器从某个预置状态 S_i 开始计数，计满 M 个状态后产生置数信号，使计数器又进入预置状态 S_i，然后再重复上述过程，其示意图如图 12.23 (b) 所示。

1）异步预置的计数器，使预置数端 (LD) 有效的信号应从 S_{i+M} 状态译出，当 S_{i+M} 状态一出现，即置数信号一有效，立即就将预置数置入计数器，它不受 CP 控制，所以 S_{i+M} 状态只在极短的瞬间出现，稳定状态循环中不包含 S_{i+M}，如图 12.23 (b) 中虚线所示。

2）同步预置的计数器，使预置数端 (LD) 有效的信号应从 S_{i+M-1} 状态译出，等下一个时钟 CP 到来时，才将预置数置入计数器，计数器在 S_i，S_{i+1}，…，S_{i+M-1} 共 M 个状态中循环，如图 12.23 (b) 中实线所示，综上所述，采用反馈清 0 法或反馈置数法设计任意模值计数都需要经过以下三个步骤：

a. 选择模 M 计数器的计数范围，确定初态和末态。

b. 确定产生清 0 或置数信号的译码状态，然后根据译码状态设计译码反馈电路。清零端 (R_D) 或预置数端 (LD) 为异步控制端时，译码态为有效状态的下一个状态；清零端 (R_D) 或预置数端 (LD) 为同步控制端时，译码态为末态。

c. 画出模 M 计数器的逻辑电路。

[例 12.6]   用 74LS90 实现模 7 计数器。

解：因为 74LS90 有异步清 0 和异步置 9 功能，并有 8421BCD 码和 5421BCD 码两种接法，因此可以用四种方案设计。

（1）异步清 0 法。计数范围是 0～6，计到 7 时异步清 0。

8421BCD 码接法的态序表见表 12.10。计数器输出 $Q_3Q_2Q_1Q_0$ 的有效状态为 0000～0110，计到

学习
札记

0111 时异步清 0，译码状态为 0111，即当 $Q_2Q_1Q_0$ 全为高时 $R_{01}R_{02}=1$，使计数器复位到全 0 状态。

5421BCD 码接法的态序表见表 12.11。计数器输出 $Q_0Q_3Q_2Q_1$ 的有效状态为 0000～1001，计到 1010 时异步清 0，译码状态为 1010。两种接法的逻辑电路分别如图 12.24（a）、（b）所示。

表 12.10 异步清 0 法 8421BCD 码态序表   **表 12.11 异步清 0 法 5421BCD 码态序表**

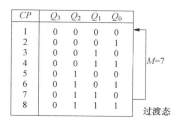 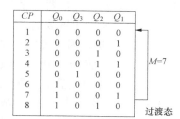

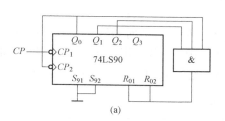 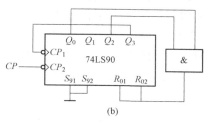

图 12.24 例 12.6 反馈清 0 法逻辑图

（a）8421BCD 码接法；（b）5421BCD 码接法

（2）反馈置 9 法。以 9 为起始状态，按 9、0、1、2、3、4、5 顺序计数，计到 6 时异步置 9。

对于 8421BCD 码接法，其态序表见表 12.12，译码状态为 0110，逻辑电路如图 12.25（a）所示。对于 5421BCD 码接法，其态序表见表 12.13，译码状态为 1001，逻辑电路如图 12.25（b）所示。

表 12.12 反馈置 9 法 8421BCD 码态序表   **表 12.13 反馈置 9 法 5421BCD 码态序表**

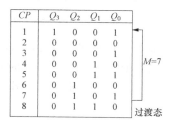 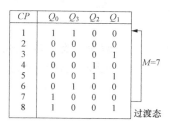

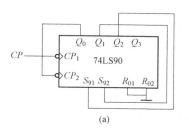 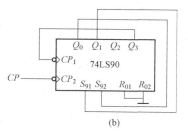

图 12.25 例 12.6 反馈置 9 法逻辑图

（a）8421BCD 码接法图；（b）5421BCD 码接法图

[例 12.7]　用 74LS161 实现模 7 计数器。

解：74LS161 有异步清 0 和同步置数功能，因此可以采用异步清 0 法和同步置数法实现任意模值计数器。

采用异步清 0 法和 74LS90 相似，不同的是 74LS161 的异步清 0 端 C_r 是低电平有效，因此译码门应采用与非门。模 7 计数器态序表见表 12.14（a），逻辑图如图 12.26（a）所示。

置数法是通过控制同步置数端 LD 和预置输入端 $D_3D_2D_1D_0$ 来实规模 M 计数器。由于置数状态可在 N 个状态中任选，因此实现的方案很多，常用方法有以下三种：

（1）同步置 0 法（前 M 个状态计数）。选用 $S_0 \sim S_{M-1}$ 共 M 个状态计数，计到 S_{M-1} 时使 $LD=0$，等下一个时钟 CP 来到时置 0，即返回 S_0 状态。这种方法和同步清 0 相似，但必须设置预置输入 $D_3D_2D_1D_0=0000$。本例中 $M=7$，故选用 0000～0110 共 7 个状态，计到 0110 时同步置 0，译码状态为 0110，其态序表见表 12.14（b），逻辑图如图 12.26（b）所示。

（2）O_C 置数法（后 M 个状态计数）。选用 $S_i \sim S_{N-1}$ 共 M 个状态，当计到 S_{N-1} 状态并产生进位信号时，利用进位信号置数，使计数器返回初态 S_i。同步置数时预置输入数的设置为 $N-M$。本例要求 $M=7$，预置数为 $16-M=9$，即 $D_3D_2D_1D_0=1001$，故选用 1001～1111 共 7 个状态，计到 1111 时利用 O_C 同步置数，所以 $LD=\overline{O_C}$，其态序表见表 12.14（c），逻辑图见图 12.26（c）。

表 12.14　　　　　　　　　态 序 表

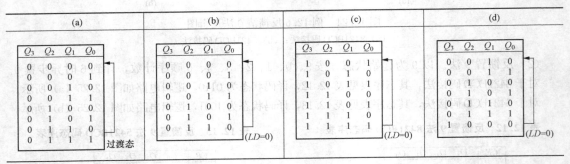

（3）中间任意 M 个状态计数。随意选 $S_i \sim S_{i+M-1}$ 共 M 个状态，计到 S_{i+M-1} 时译码使 $LD=0$，等下一个时钟 CP 来到时返到 S_i 状态。本例选用 0010～1000 共 7 个状态，计到 1000 时同步置数，故译码状态为 1000，$D_3D_2D_1D_0=0010$，态序表见表 12.14（d），逻辑图如图 12.26（d）所示。

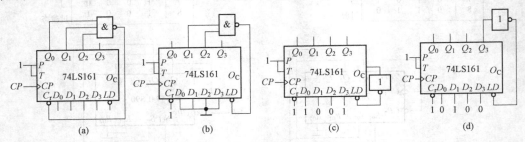

图 12.26　例 12.7 模 7 计数器的四种实现方法的逻辑图

（a）异步清 0；（b）前 7 个状态计数；（c）后 7 个状态计数；（d）中间任意 7 个状态计数

以上举例介绍了用单片计数器实现任意模值计数器的方法，如果要求实现的模值 M 超过单片计数器的计数范围时，必须将多片计数器级联，才能实现模 M 计数器。常用的方法有以下两种：

a. 将模 M 分解为 $M=M_1\times M_2\times\cdots\times M_n$，用 n 片计数器分别组成模值为 M_1，M_2，$\cdots$，M_n 的计数器，然后再将它们异步级联组成模 M 计数器。

b. 先将 n 片计数器级联组成最大计数值 $N>M$ 的计数器，然后采用整体清 0 或整体置数的方法实现模 M 计数器。

整体清 0 法是首先将两片 N 进制计数器按最简单的方式接成一个大于 M 进制的计数器，然后在计数器计满 M 状态时译出清零信号，将两片 N 进制计数器同时清零。

而整体置数法是首先将两片 N 进制计数器按最简单的方式接成一个大于 M 进制的计数器，然后在选定的某一状态下译出预置数控制信号，将两片 N 进制计数器同时置入适当的数据，跳过多余的状态，获得 M 进制计数器。采用这种接法要求已有的 N 进制计数器本身必须具有预置数功能。

[例 12.8]　试用 74LS90 实现模 54 计数器。

解：因 $M=54$，因此必须用两片 74LS90 实现。

（1）大模分解法。可将 M 分解为 $54=6\times9$，用两片 74LS90 分别组成 8421BCD 码模 6、模 9 计数器，然后级联组成 $M=54$ 计数器，其逻辑图如图 12.27（a）所示。图中，模 6 计数器的进位信号应从 Q_2 输出。

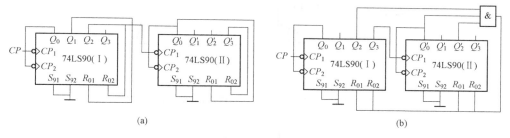

图 12.27　例 12.8 用 74LS90 实现计数器逻辑图
（a）$M=6\times9$；（b）整体清 0 法

（2）整体清 0 法。先将两片 74LS90 用 8421BCD 码接法构成模 100 计数器，然后加译码电路构成模 54 计数器。单片 74LS90 构成的是十进制计数器，低位片到高位片进位规则是逢十进一，计数到 54 的 8421BCD 码为 0101 0100，所以译码态 $Q'_3Q'_2Q'_1Q'_0Q_3Q_2Q_1Q_0=01010100$。模 54 计数器的逻辑图如图 12.27（b）所示。

[例 12.9]　试用 74LS161 实现模 60 计数器。

解：因一片 74LS161 最大计数值为 16，故实现模 60 计数器必须用两片 74LS161。

（1）大模分解法。可将 M 分解为 $60=6\times10$，用两片 74LS161 均采用 O_C 置数法分别组成模 6、模 10 计数器，然后级联组成模 60 计数器。其中第 I 片的进位信号 O_C 经反相器后作为片 II 的计数脉冲，只有当片 I 由 1111 变为 0000 状态，使进位信号 O_C 由 1 变为 0，片 II 的计数脉冲 CP 由 0 变为 1，才能计入一个脉冲，其他情况下，片 II 都将保持原来状态不变。逻辑电路如图 12.28（a）所示。

　　(2) 整体置数法。先将两片 74LS161 同步级联组成 $N=16^2=256$ 的计数器，然后用整体置数法构成模 60 计数器。图 12.28 (b) 为整体置 0 逻辑图，计数范围为 0～59，当计到 59(00111011) 时同步置 0。图 12.28 (c) 为 O_C 整体置数法逻辑图，计数范围为 196～255，计到 255($O_C=1$) 时使两片 LD 均为 0，下一个 CP 来到时数，预置输入 $=256-M=196$，故 $D_3'D_2'D_1'D_0'D_3D_2D_1D_0=(196)_{10}=(11000100)_2$。

　　可以看出，O_C 置数法具有通用性，对于同步置数的加法计数器，只要使 $LD=\overline{O_C}$，并设置预置输入数为 $N-M$，就可以实现任意模值计数（或分频）器。若要改变模值 M，只需改变预置输入数即可，因此这种方法可以用来实现可编程分频器。

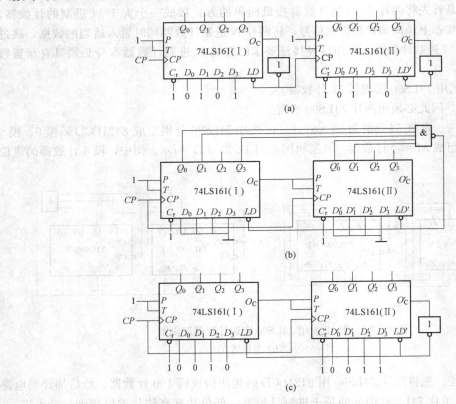

图 12.28　例 12.9 模 60 计数器逻辑图
(a) 大模分解法；(b) 整体置 0 法；(c) O_C 整体置数法

　思考与讨论

1. 数码寄存器和移位寄存器有什么区别？
2. 什么是并行输入、串行输入、并行输出和串行输出？
3. 什么是异步计数器，什么是同步计数器，两者区别何在？
4. 什么是异步清 0？什么是同步预置数？
5. 计数器工作在 CP 的上升沿或下降沿，与级联方式有无关系？

学习
札记

12.3　555 定时器及其应用

555 定时器是一种模拟电路和数字电路相结合的中规模集成器件，只需在其外部配上少量阻容元件就可以构成单稳态触发器、多谐振荡器、施密特触发器等脉冲的产生与变换电路。555 定时器的电源电压范围广，还可输出一定的功率，可驱动微电动机、指示灯、扬声器等。它在波形产生与变换、测量与控制、家用电器等许多领域都得到了广泛应用。

12.3.1　555 定时器的结构与功能

555 定时器的结构原理图和外部引脚图分别如图 12.29 所示。其内部包括两个电压比较器 C1 和 C2、基本 RS 触发器、集电极开路的放电三极管 VT1 以及三个阻值为 5kΩ 的电阻组成的电阻分压器。C1 和 C2 的参考电压（电压比较的基准）U_{R1}、U_{R2} 由电源 U_{CC} 经三个 5kΩ 的电阻分压给出。

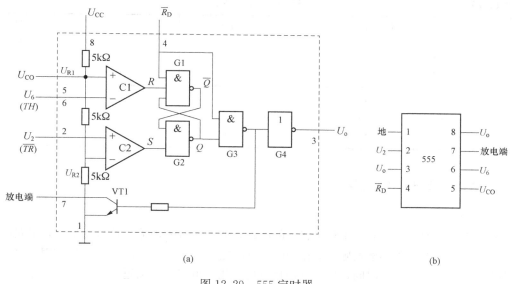

图 12.29　555 定时器
（a）结构原理；（b）外部引脚

放电三极管 VT1 的输出端为集电极开路输出，其集电极最大电流可达 50mA，因此具有较大的带灌电流负载能力。555 集成电路的输出级为推拉式结构。

555 定时器的外部引脚功能如下：

U_6——阈值输入端，手册上用 TH 标注。

U_2——触发输入端，手册上用 $\overline{TR}$ 标注。

U_{CO}——控制电压输入端。当 U_{CO} 悬空时，$U_{R1} = \dfrac{2}{3}U_{CC}$，$U_{R2} = \dfrac{1}{3}U_{CC}$；若 U_{CO} 外接固定电压

时，$U_{R1} = U_{CO}$，$U_{R2} = \dfrac{1}{2}U_{CO}$。

学习札记

$\overline{R}_{\mathrm{D}}$——异步置 0 端，只要在 $\overline{R}_{\mathrm{D}}$ 端加入低电平，则基本 RS 触发器就置 0，平时 $\overline{R}_{\mathrm{D}}$ 处于高电平。

U_{o}——输出端，经缓冲器输出，有较强的带负载能力。

定时器的主要功能取决于两个比较器输出对 RS 触发器和放电管 VT1 状态的控制。

当 $U_6>\dfrac{2}{3}U_{\mathrm{CC}}$、$U_2>\dfrac{1}{3}U_{\mathrm{CC}}$ 时，比较器 C1 输出为 0，即 $R=0$；C2 输出为 1，即 $S=1$。基本 RS 触发器被置 0，VT1 导通，U_{o} 输出为低电平。

当 $U_6<\dfrac{2}{3}U_{\mathrm{CC}}$、$U_2<\dfrac{1}{3}U_{\mathrm{CC}}$ 时，比较器 C1 输出为 1，即 $R=1$；C2 输出为 0，即 $S=0$。基本 RS 触发器被置 1，VT1 截止，U_{o} 输出高电平。

当 $U_6<\dfrac{2}{3}U_{\mathrm{CC}}$、$U_2>\dfrac{1}{3}U_{\mathrm{CC}}$ 时，比较器 C1、C2 输出均为 1，即 $R=1$，$S=1$，则基本 RS 触发器的状态保持不变，因而 VT1 和 U_{o} 输出状态也维持不变。

因此可以归纳出 555 定时器的功能表见表 12.15。

表 12.15　　　　　　　　　　　555 定时器功能表

$\overline{R}_{\mathrm{D}}$	U_6（TH）	U_2（$\overline{TR}$）	U_{o}	VT1
0	×	×	0	导通
1	$<\dfrac{2}{3}U_{\mathrm{CC}}$	$<\dfrac{1}{3}U_{\mathrm{CC}}$	1	截止
1	$>\dfrac{2}{3}U_{\mathrm{CC}}$	$>\dfrac{1}{3}U_{\mathrm{CC}}$	0	导通
1	$<\dfrac{2}{3}U_{\mathrm{CC}}$	$>\dfrac{1}{3}U_{\mathrm{CC}}$	不变	不变

12.3.2　555 定时器的应用

1. 单稳态触发器

单稳态触发器是一种只有一个稳定状态的电路，如果没有外加输入信号的变化，电路将保持这一稳定状态。当受到外加触发脉冲的作用时，电路能够从稳定状态翻转到一种与其相反的状态，电路将在这一状态维持一定时间，依靠电路自身的作用，电路将自动返回稳定状态。用 555 定时器组成的单稳触发器如图 12.30（a）所示。图中 R、C 为外接定时元件。触发信号 U_{i} 加在低端触发端（引脚 2）。5 脚 U_{CO} 控制端平时不用，通过 $0.01\mu\mathrm{F}$ 滤波电容接地。

该电路是负脉冲触发。

（1）工作原理。

1）静止期。触发信号没有来到时，U_{i} 为高电平。电源刚接通时，电路有一个暂态过程，即电源通过电阻 R 向电容 C 充电，当 U_{C} 上升到 $\dfrac{2}{3}U_{\mathrm{CC}}$ 时，$RS=01$，$U_{\mathrm{o}}=0$，导通，U_{C} 经 VT1 迅速放电，直到 $U_{\mathrm{C}}=0$，电路进入稳态。这时如果 U_{i} 一直没有触发信号来到，电路就一直处于 $U_{\mathrm{o}}=0$ 的稳定状态。

2）暂稳态。当 U_{i} 的下降沿到达时，由于 $U_6=0$，$U_2<\dfrac{1}{3}U_{\mathrm{CC}}$，使得 $RS=10$，$U_{\mathrm{o}}=1$，VT1 截

止，U_{CC} 开始通过电阻 R 向电容 C 充电。随着电容 C 充电的进行，U_c 不断上升，趋向值 $U_c(\infty)=U_{CC}$。

当触发脉冲 U_i 消失后，U_o 保持高电平，在 $U_6 < \frac{2}{3}U_{CC}$，$U_2 > \frac{1}{3}U_{CC}$ 期间，RS 触发器状态保持不变，因此 U_o 一直保持高电平不变，电路处于暂稳态。但当 U_c 上升到 $U_6 > \frac{2}{3}U_{CC}$ 时，RS 触发器置 0，$U_o=0$，VT1 导通，此时暂稳态结束，电路返回到初始稳态。

3）恢复期。U_c 导通后，电容 C 通过 VT1 迅速放电，使 $U_o=0$，电路又恢复到稳态。当第二个触发信号到来时，又重复上述过程。

输出电压 U_o 和电容 C 上电压 U_c 的工作波形如图 12.30（b）所示。

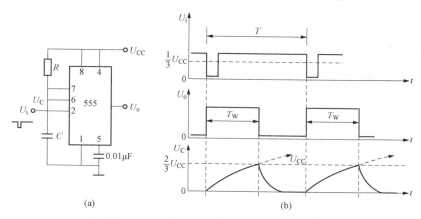

图 12.30　用 555 定时器构成的单稳触发器

（a）电路；（b）波形

（2）输出脉冲宽度 T_w。输出脉冲宽度 T_w 是暂稳态的停留时间，根据电容 C 的充电过程可知 $U_c(0_+)=0$，$U_c(\infty)=U_{CC}$，$U_T=U_c(T_w)=\frac{2}{3}U_{CC}$，$\tau=RC$，可得

$$T_w = RC\ln\frac{U_c(\infty)-U_c(0_+)}{U_c(\infty)-U_T} = RC\ln3 = 1.1RC \tag{12.1}$$

应该指出，图 12.30（a）所示电路对输入触发脉冲的宽度有一定要求，它必须小于 T_w。若输入触发脉冲宽度大于 T_w 时，应在 U_i 输入端加 R_iC_i 微分电路。

（3）单稳触发电路的用途。

1）延时。将输入信号延迟一定时间（一般为脉宽 T_w）后输出。

2）定时。产生一定宽度的脉冲信号。

2. 多谐振荡器

多谐振荡器产生的矩形波可作为触发器和时序逻辑电路中的时钟脉冲。多谐振荡器是一种自激振荡电路，该电路能在电源接通后，自动产生矩形脉冲信号。由于矩形脉冲信号除含有基波成分外，还含有丰富的高次谐波成分，故称为多谐振荡器。用 555 定时器构成的多谐振荡器如图 12.31（a）所示。其中 R_1、R_2、C 为外接定时元件，$0.01\mu F$ 电容为滤波电容。该电路不需要外加触发信号，接通电源 U_{CC} 后就能产生周期性的矩形脉冲或方波。

学习札记

（1）工作原理。

1）当电源接通时，电容 C 上电压 $U_c<\frac{1}{3}U_{CC}$，$R=1$，$S=0$，故 U_o 输出高电平，VT1 截止，电源 U_{CC} 通过 R_1 和 R_2 给电容 C 充电。随着充电的进行 U_c 逐渐增高。

2）当电容电压上升到 $\frac{1}{3}U_{CC}<U_c<\frac{2}{3}U_{CC}$ 时，$R=1$，$S=1$，则输出电压 U_o 就一直保持高电平不变，这就是第一个暂稳态。

3）当电容 C 上的电压上升到 $U_c=\frac{2}{3}U_{CC}$ 时，$R=0$，$S=1$，使输出电压 $U_o=0$，VT1 导通，此时电容 C 通过 R_2 和 VT1 放电，U_c 下降。但只要 $\frac{1}{3}U_{CC}<U_c<\frac{2}{3}U_{CC}$，$U_o$ 就一直保持低电平不变，这就是第二个暂稳态。电容 C 继续放电，U_c 继续下降。

4）当下降到 $U_c=\frac{1}{3}U_{CC}$ 时，$R=1$，$S=0$，RS 触发器置 1，VT1 截止，电容 C 又开始充电，重复上述过程，电路输出便得到周期性的矩形脉冲。其工作波形如图 12.31（b）所示。

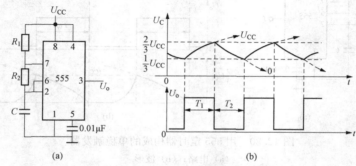

图 12.31　用 555 定时器构成的多谐振荡器

(a) 电路；(b) 波形

（2）振荡周期 T 的计算。多谐振荡器的振荡周期为两个暂稳态的持续时间，$T=T_1+T_2$。T_1 为 U_c 从 $\frac{1}{3}U_{CC}$ 上升到 $\frac{2}{3}U_{CC}$ 的充电时间，T_2 为 U_c 从 $\frac{2}{3}U_{CC}$ 下降到 $\frac{1}{3}U_{CC}$ 的放电时间，则

$$T_1=(R_1+R_2)C\ln\frac{U_{CC}-\frac{1}{3}U_{CC}}{U_{CC}-\frac{2}{3}U_{CC}}=(R_1+R_2)C\ln2=0.7(R_1+R_2)C \tag{12.2}$$

$$T_2=R_2C\ln\frac{0-\frac{2}{3}U_{CC}}{0-\frac{1}{3}U_{CC}}=R_2C\ln2=0.7R_2C \tag{12.3}$$

因而振荡周期
$$T=T_1+T_2=0.7(R_1+2R_2)C \tag{12.4}$$

输出脉冲的占空比
$$D=\frac{T_1}{T}=\frac{R_1+R_2}{R_1+2R_2} \tag{12.5}$$

（3）占空比可调的多谐振荡器。图 12.31（a）所示电路产生的方波是不对称的，且占空比 D

学习
札记

是固定的。实际应用中常需要频率固定而占空比可调，图 12.32 所示的电路就是占空比可调的多谐振荡器。电容 C 的充放电通路分别用二极管 VD1 和 VD2 隔离。R_P 为可调电位器。

电容 C 的充电路径为 $U_{CC} \rightarrow R_1 \rightarrow VD1 \rightarrow C \rightarrow$ 地，因而 $T_1 = 0.7 R_1 C$。

电容 C 的放电路径为 $C \rightarrow VD2 \rightarrow R_2 \rightarrow VT1 \rightarrow$ 地，因而 $T_2 = 0.7 R_2 C$。

振荡周期

$$T = T_1 + T_2 = 0.7(R_1 + R_2)C \qquad (12.6)$$

占空比

$$D = \frac{T_1}{T} = \frac{R_1}{R_1 + R_2} \qquad (12.7)$$

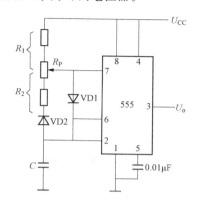

图 12.32　占空比可调的多谐振荡器

3. 施密特触发器

（1）施密特触发器的构成与工作原理。施密特触发器是脉冲波形变换和整形中经常使用的一种电路，它的一个重要特点是能把边沿变化非常缓慢的信号波形整形成边沿陡峭的矩形脉冲，且具有滞回特性，抗干扰能力强。将 555 定时器 U_6（TH）和 U_2（$\overline{TR}$）端直接连在一起作为触发电平输入端，则可构成上阈值电压 $U_+ = \frac{2}{3} U_{CC}$、下阈值电压 $U_- = \frac{1}{3} U_{CC}$ 的施密特触发器，如图 12.33（a）所示。若在输入端 U_i 加三角波，则可在输出端得到如图 12.33（b）所示的矩形脉冲。

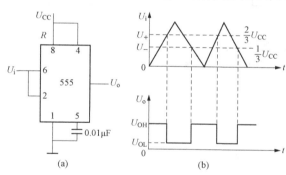

图 12.33　用 555 定时器构成的施密特触发器
(a) 电路；(b) 波形

图 12.33（a）中 4 脚（$\overline{R_D}$）接电源 U_{CC}，使电路处于正常工作状态；5 脚（U_{CO}）没有外接控制电压，即使用内部电压 $U_{CO} = \frac{2}{3} U_{CC}$ 作为 U_+，但为防止干扰，对地接 $0.01 \mu F$ 的滤波电容。其工作过程如下：

U_i 从 0 开始升高，当 $U_i < \frac{1}{3} U_{CC}$ 时，RS 触发器置 1，故 $U_o = U_{OH}$。

当 $\frac{1}{3} U_{CC} < U_i < \frac{2}{3} U_{CC}$ 时，$RS = 11$，$U_o = U_{OH}$ 保持不变。

当 $U_i \geqslant \frac{2}{3} U_{CC}$ 时，电路发生翻转，RS 触发器置 0，U_o 从 U_{OH} 变为 U_{OL}。

当 $\frac{1}{3} U_{CC} < U_i < \frac{2}{3} U_{CC}$ 时，$RS = 11$，$U_o = U_{OL}$ 保持不变。

当 U_i 下降到小于等于 $\frac{1}{3} U_{CC}$ 时，RS 触发器置 1，电路发生翻转，U_o 从 U_{OL} 变为 U_{OH}。

从以上分析可以看出，电路在 U_i 上升和下降时，输出电压 U_o 翻转时所对应的输入电压值是不同的，一个为 U_+，另一个为 U_-。这是施密特电路所具有的滞回特性，称为回差。回差电压 $\Delta U = U_+ - U_- = \frac{1}{3} U_{CC}$。电路的逻辑符号和电压传输特性如图 12.34（a）、（b）所示。改变电压控

学习
札记

制端 U_{CO}（5脚）的电压值便可改变回差电压，一般 U_{CO} 越高，ΔU 越大，抗干扰能力越强，但灵敏度相应降低。

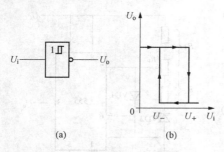

图 12.34 施密特触发器逻辑符号与电压传输特性

（a）逻辑符号；（b）电压传输特性

（2）施密特触发器的应用。施密特触发器应用很广，主要有以下几方面：

1）波形变换。用施密特触发器将边沿变化缓慢的信号变换为边沿陡峭的矩形脉冲，如图 12.35（a）所示。

2）脉冲整形。在数字系统中，矩形脉冲经传输后往往发生波形畸变，通过施密特触发器，可得到满意的整形效果，如图 12.35（b）所示。

3）脉冲鉴幅。将一系列幅度各异的脉冲信号加到施密特触发器的输入端，则施密特触发器能将幅度高于 U_+ 的脉冲选出，即在输出端产生对应的脉冲，如图 12.35（c）所示。

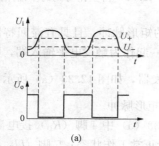 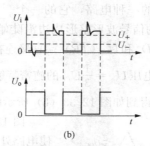 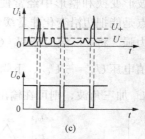

图 12.35 施密特触发器应用电路

（a）波形变换；（b）脉冲整形；（c）脉冲鉴幅

🎓 **思考与讨论**

1. 555 定时器为什么能用于脉冲信号的产生？

2. 555 定时器能否在 $U_6 > \dfrac{2}{3}U_{CC}$，$U_2 < \dfrac{1}{3}U_{CC}$ 的情况下工作？

3. 单稳态触发器、多谐振荡器和施密特触发器各有什么特点？它们产生的方波有何不同？

12.4 应 用 举 例

12.4.1 优先裁决电路

图 12.36 是一个优先裁决电路。如在游泳比赛中用来自动裁决优先到达者。图 12.36 中，输入变量 A_1、A_2 来自设在终点线上的光电检测管。平时，A_1、A_2 为 0，复位开关 S 断开。

比赛开始前，按下复位开关 S 使发光二极管 LED 全部熄灭。当游泳者到达终点线时，通过光电管的作用，使相应的 A 由 0 变为 1，同时使相应的发光二极管发光，以指示出谁首先到达终点。电路的工作原理可自行分析。

12.4.2　电子表电路

电子表电路框图如图 12.37 所示，它由分频器、显示器、七段译码器、时钟发生器和校准逻辑五部分电路组成。其中，时钟发生器由 32.768kHz 的晶体振荡器和 32768 分频器组成，输出 1Hz 的秒脉冲。秒脉冲送秒计数器（8421BCD 码 60 进制计数器），秒计数器的进位输出作为分计数器（8421BCD 码 60 进制计数器）的时钟，

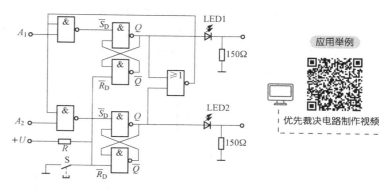

图 12.36　优先裁决电路

应用举例

优先裁决电路制作视频

分计数器的进位输出作为小时计数器（8421BCD 码 24 进制计数器）的时钟。每个计数器输出到 2 位 BCD 码，再送七段译码器 74LS48 译码，74LS48 输出 7 位控制码送显示器。校准逻辑电路分别对小时计数器和分计数器进行手动快速计数，用于将小时显示和分显示调整为当前时间，校准逻辑电路可用一个 RS 锁存器和一个 2 选 1 数据选择器实现。

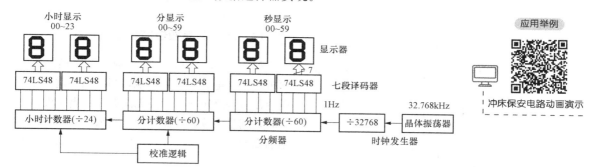

图 12.37　电子表电路框图

应用举例

冲床保安电路动画演示

12.4.3　温度控制电路

图 12.38 是由 555 定时器组成的温度控制电路。图中的 R_t 是一个负温度系数的热敏电阻，即温度升高时其电阻减少；温度下降时其电阻增大。当温度升高到上限值时，6 端电压 U_6 上升到 $\frac{2}{3}U_{CC}$，定时器的输出 U_o 为低电平，切断加热器或接通冷却器。随着温度降低到下限值时，2 端电压 U_2 下降到 $\frac{1}{3}U_{CC}$，这时输出 U_o 为高电平，接通加热器或切断冷却器。

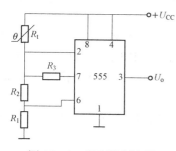

图 12.38　温度控制电路

12.4.4　模拟声响电路

图 12.39（a）是由两个多谐振荡器构成的模拟声响发生器。调节定时元件 R_{11}、R_{12}、C_1 使第 1 个振荡器的振荡频率为 1Hz，

学习札记

_____

调节 R_{21}、R_{22}、C_2 使第 2 个振荡器的振荡频率为 2kHz。由于低频振荡器的输出端 3 接到高频振荡器的置 0 输入端 4，因此当振荡器 1 的输出电压 U_{o1} 为高电平时，振荡器 2 就振荡；U_{o1} 为低电平时，振荡器 2 就停止。从而扬声器便发出"呜……呜……"的间隙声响。U_{o1} 和 U_{o2} 的波形如图 12.39（b）所示。

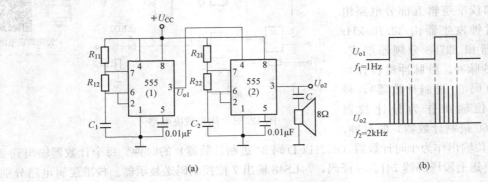

图 12.39　模拟声响电路

（a）电路；（b）波形

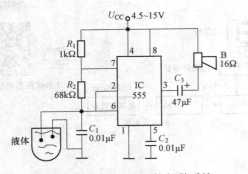

图 12.40　简易液位监控报警系统

🗼 12.4.5　简易液位监控报警电路

如图 12.40 所示，555 接成一个多谐振荡器，一对探极跨接在电容器 C 的两端，当液面埋过探极时，由于电容器被旁路短接，因此无法振荡，当探极位于液面之上时，满足振荡条件而起振，喇叭发出报警响。振荡频率的高低可通过改变充放电时间常数来实现，振荡频率

$$f = \frac{1.44}{(R_1 + 2R_2)C_1}$$

图 12.40 中参数下的振荡频率为 1051Hz。

12.5　用 Multisim 对时序逻辑电路仿真

　　时序逻辑电路，是指电路任何时刻的稳态输出不仅取决于当前的输入，还与前一时刻输入有关，具有记忆性。计数器是一种应用十分广泛的时序电路，计数器可利用触发器和门电路构成，但在实际工作中，主要利用集成计数器来构成。

　　在 Multisim10 环境中，搭建由集成计数器芯片 74LS161N 来构成的计数器（见图 12.41），实现七进制计数。其中，信号发生器的输入信号设置如图 12.42 所示，采用同步置 0 法对计数器进行设置，计数循环为 0000→0001→0010→0011→0100→0101→0110→0000。打开"仿真"按钮，双击数字信号分析仪，出现如图 12.43 所示的输出信号。

　　从图 12.43 数字信号分析仪输出波形可以看出，一个周期计数器的输出端过程：0000→0001→0010→0011→0100→0101→0110。

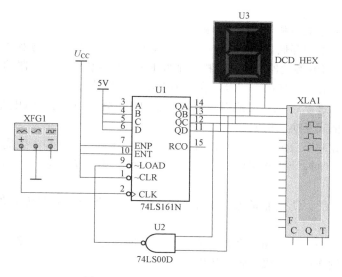

图 12.41 七进制计数器仿真电路

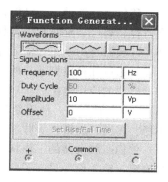

图 12.42 设置输入信号

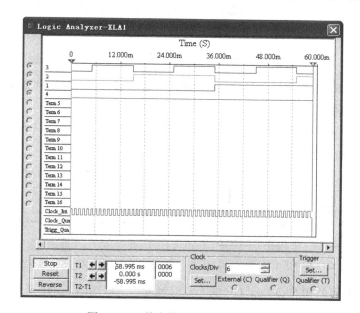

图 12.43 数字信号分析仪输出信号

本 章 小 结

时序逻辑电路在结构上具有反馈,在功能上具有记忆,电路在任何时刻的输出不仅与该时刻的输入有关,而且还和过去的输入也有关系。时序电路的记忆功能,扩展了数字电路的应用领域。

(1) 时序逻辑电路可以用方程组、状态图和状态表进行描述。要求熟练掌握这三种描述方法,能够在状态图和状态表间进行转换。

（2）时序逻辑电路可以分为同步时序电路和异步时序电路。

（3）触发器是时序逻辑电路中最基本的存储部件，具有高电平和低电平两种稳定状态及"不触不发、一触即发"的工作特点。了解 RS 触发器的基本结构，掌握 RS 触发器和集成触发器的外部使用特性，如逻辑符号、真值表、状态图、特征方程等，会画触发器的工作波形。

（4）移位寄存器是一种既能寄存二进制信息，又能对寄存的信息进行移位操作的逻辑电路，常用来寄存、移位、延时和进行数据格式变换及构成移位型计数器。

（5）计数器是用于累计输入计数脉冲个数的逻辑电路，常用于计数、分频、定时和产生周期序列。要求通过几种典型芯片的学习，掌握计数器模块的逻辑符号和一般使用方法；会分析和设计计数器模块的应用电路。

（6）555 定时器是一种用途非常广泛、使用非常方便的集成电路，可配合少量的阻容元件，构成单稳、多谐、施密特等脉冲电路。

（7）单稳态触发器的工作状态包括一个稳态和一个暂稳态。输出脉冲信号的宽度由电路本身的参数决定，输入信号只起了一个触发作用，以决定脉冲产生的时间。

（8）多谐振荡器的工作状态是两个暂态交替出现。

（9）施密特触发器有两个稳定的状态，输出矩形脉冲信号受输入信号电平直接控制，呈现滞后的传输特性。

习　　题

12.1　有一同步 RS 触发器，若其触发器初态为 0 态，试根据图 12.44 所示 CP、R、S 端的波形，画出与之相对应的 Q、$\bar{Q}$ 端波形。

12.2　某 JK 触发器的初态 $Q=1$，CP 的上升沿触发。试根据图 12.45 所示 CP、J、K 波形，画出输出端 Q 和 $\bar{Q}$ 的波形。

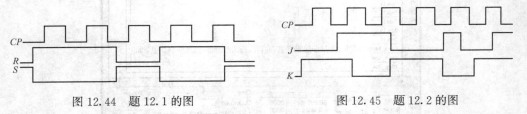

图 12.44　题 12.1 的图　　　　　　图 12.45　题 12.2 的图

12.3　某 D 触发器的初态 $Q=0$，CP 的上升沿触发。试根据图 12.46 所示 CP、D 波形，画出输出端 Q 和 $\bar{Q}$ 的波形。

12.4　已知 T 触发器的 CP、T 信号的波形如图 12.47 所示，设触发器的初态 $Q=0$。试画出：（1）CP 上升沿触发的 T 触发器输出端 Q_1 的波形；（2）CP 下降沿触发的 T 触发器输出端 Q_2 的波形。

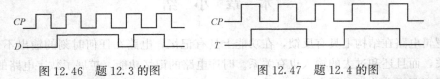

图 12.46　题 12.3 的图　　　　　图 12.47　题 12.4 的图

12.5　图 12.48（a）中各触发器的初态 $Q=0$，输入端 A、B、CP 的波形如图 12.48（b）所示。试画出输出端 Q、$\overline{Q}$ 的波形。

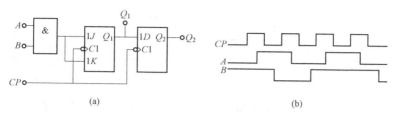

(a)　　　　　　　　　　　　　　(b)

图 12.48　题 12.5 的图

（a）$Q=0$；（b）输入端波形图

12.6　画出图 12.49 中各触发器在 CP 时钟信号作用下输出端 Q 的波形（设所有触发器的初态 $Q=0$）。

12.7　试用两片 74LS160 构成一个 35 进制计数器，要求先把两片 74LS160 分别接成五进制和七进制计数器，再级联成 35 进制计数器。

12.8　试用一片 74LS161 构成一个 13 进制的计数器。要求：（1）采用清 0 法；（2）采用置数法，设数据输入端的状态为全 0 状态。

12.9　试分析图 12.50 所示各计数器，指出计数器的模值 M 为多少？74LS163 功能表如表 12.16 所示。

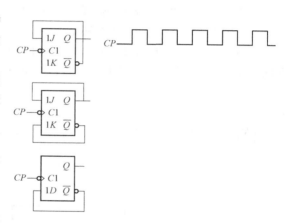

图 12.49　题 12.6 的图

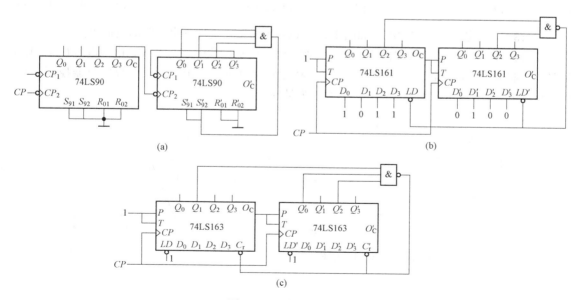

(a)　　　　　　　　　　　　　　(b)

(c)

图 12.50　题 12.9 的图

表 12.16　　　　　　　　　　　　　　**题 12.9 的表**

CP	C_r	LD	PT	Q_3	Q_2	Q_1	Q_0
↑	0	×	×	0	0	0	0
↑	1	0	×	D	C	B	A
↑	1	1	1		计数		
×	1	1	0		保持		

12.10　试用 555 定时器构成一个施密特触发器，以实现图 12.51 所示的鉴幅功能。画出芯片的接线图，并标明有关的参数值。

12.11　图 12.52 所示为门铃电路，S 为门铃按键，试分析其工作原理。若要改变扬声器的声调，则应改变哪些参数？若要扬声器响的时间更长些，应改变哪些参数？若要按钮按下时电路马上振荡，则 R_3 的阻值是应取大些还是小些？分别简述所采用措施的原因。

12.12　图 12.53 所示是一个简易触摸开关电路，当手摸金属片时，发光二极管亮，经过一定时间，发光二极管熄灭。说明其工作原理，并问二极管能亮多长时间？

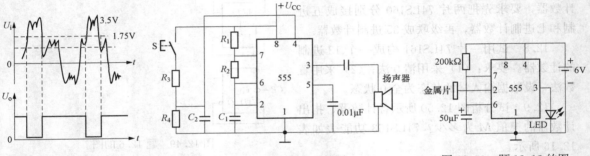

图 12.51　题 12.10 的图　　　　图 12.52　题 12.11 的图　　　　图 12.53　题 12.12 的图

12.13　555 定时器构成的电路如图 12.54（a）图所示，定性画出电路的波形图。

12.14　已知施密特触发器的输入波形如图 12.55 所示。其中 $U_T=20V$，电源电压 $U_{cc}=18V$，定时器控制端 U_{co} 通过电容接地，试画出施密特触发器对应的输出波形；如果定时器控制端 U_{co} 外接控制电压 $U_{co}=16V$ 时，试画出施密特触发器对应的输出波形。

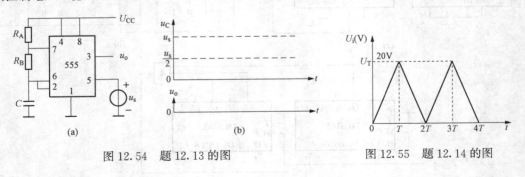

图 12.54　题 12.13 的图　　　　图 12.55　题 12.14 的图

学习札记

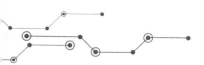

第 13 章

大 规 模 集 成 电 路

前面介绍过的触发器、计数器和寄存器基本上属于中、小规模集成电路。通用型的中、小规模集成电路虽然可以组成大的数字系统，但不如专用大规模集成电路的体积小、质量轻、功耗小，同时可靠性高。本章将作简要介绍的数/模和模/数转换器就是这种专用的大规模集成电路（LSIC）；随着科学技术的发展，又出现了属于通用型的 LSIC 和 VLSIC（超大规模集成电路）的各类可编程逻辑器件（PLD），它的逻辑功能由用户来编程设定，即由设计人员自行在 PLD 芯片上制作出所设计的数字系统。

13.1 模拟量和数字量的相互转换

实际传递和处理电信号的电路既有模拟电路又有数字电路，从而就会有模拟信号（量）和数字信号（量）的相互转换问题。例如直接测得的电压、电流等信号（模拟量），如果要采用数字显示或送数字计算机进行运算和处理，就需要用模/数（A/D）转换器将模拟量转换为对应的数字量。模拟量转换成数字量的器件，称为 A/D 转换器（Analog Digital Converter，ADC）。反过来，要用计算机输出的数字量去控制被控量，往往还得用数/模（D/A）转换器将数字量转换为对应的模拟量。数字量转换成模拟量的器件，称为 D/A 转换器（Digital Analog Converter，DAC）。在计算机应用中，A/D 和 D/A 转换往往是十分关键、要求很高的环节。随着微电子技术的发展，各种快速和高精度的集成 A/D、D/A 转换器已能够大量生产，应用也日益普及。本节要对这类器件的基本工作原理及应用作简要介绍。

13.1.1 数/模转换器 （DAC）

数/模转换就是将数字量每 1 位二进制数码分别按所在位的"权"转换成相应的模拟量，再相加求和，从而得到与原数字量成正比的模拟量。

数/模转换器电路有多种形式，本书以 T 形电阻网络 4 位 D/A 转换器为例（电路原理见图 13.1），介绍它的电路组成和输入、输出信号的关系。

1. 电路组成

从图 13.1 可以看出，D/A 转换器电路主要由三部分组成，即输入数字量控制的（单刀双投）电子转换开关、由基准电压源 U_R 供电的 T 形电阻网络和连接成电流—电压转换器的运算放大器，现分述如下。

（1）电子转换开关（模拟电子开关）。在图 13.1 电路中的电子开关用点画线框起的单刀双投开关用 S3、S2、S1、S0 来表示，它的内部电路可以由受输入数字量控制的一对 MOS 管和非门组成，如图 13.2 所示，也可以由其他的晶体管和逻辑部件组成。

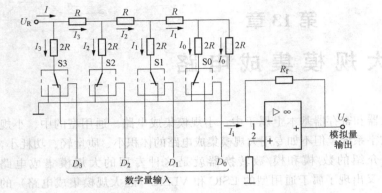

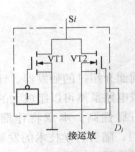

图 13.1　T 形电阻网络 D/A 转换器电路原理图　　图 13.2　电子转换开关电路原理图

如图 13.2 所示，当输入数字量第 i 位的数码 $D_i = 1$ 时，第 i 位电子开关 Si 中，VT2 管因栅极输入 D_i（高电位）而导通，VT1 管因栅极输入 $\overline{D_i}$（低电位）而截止，电阻网络第 i 位 2R 电阻支路经 Si 接运算放大器的反相输入端。反之，当 $D_i = 0$（低电位）时，$\overline{D_i} = 1$（高电位），VT2 管截止，VT1 管导通，第 i 位 2R 电阻支路经 Si 接地。

由于此时运放是反相输入方式，反相输入端电位 $V_- \approx 0$，因此不论是上述哪一种情况，电阻 2R 下端电位均为 0，其中电流不受影响，整个电阻网络的结构不受影响。

（2）T 形电阻网络。这是一种多级 T 形电阻网络（也称梯形网络）。在图 13.1 中，从后往前看，对于每个 T 形电阻的结点，右侧支路的等效电阻均为 2R，和结点下面的 2R 支路的电阻相等，所以它们的电流各为左侧支路流入电流的 $\frac{1}{2}$。因此，从左往右，各 2R 电阻支路的电流按 $\frac{1}{2}$ 分流系数递减。根据上述关系，流入电阻网络的总电流

$$I = \frac{U_R}{2R//2R} = \frac{U_R}{R}$$

流入各 2R 电阻支路的电流分别为

$$I_3 = \frac{I}{2} = \frac{1}{2} \times \frac{U_R}{R} = 2^3 \left(\frac{U_R}{2^4 R} \right)$$

$$I_2 = \frac{I_3}{2} = \frac{1}{4} \times \frac{U_R}{R} = 2^2 \left(\frac{U_R}{2^4 R} \right)$$

$$I_1 = \frac{I_2}{2} = \frac{1}{8} \times \frac{U_R}{R} = 2^1 \left(\frac{U_R}{2^4 R} \right)$$

$$I_0 = \frac{I_1}{2} = \frac{1}{16} \times \frac{U_R}{R} = 2^0 \left(\frac{U_R}{2^4 R} \right)$$

（3）运算放大器。按电流—电压转换器连接，因此输出电压

$$U_o = -R_f I_i$$

输入电阻　　　　　　　　　　$r_i = \infty$（对电阻网络无影响）

2. 输出与输入

由于第 i 位数码 $D_i = 1$ 时，该位 2R 电阻支路电流就被电子开关 Si 送到运算放大器反相输入端。因此运算放大器的输入电流 I_i 和输出电压 U_o 为

学习
札记

$$I_i = D_3 I_3 + D_2 I_2 + D_1 I_1 + D_0 I_0$$

$$U_o = -R_f I_i = -\frac{U_R R_f}{16R}(D_3 \times 2^3 + D_2 \times 2^2 + D_1 \times 2^1 + D_0 \times 2^0) \tag{13.1}$$

式（13.1）表明，D/A 转换器的输出电压（模拟量）与输入二进制数字量 $D_3 D_2 D_1 D_0$ 成正比，具有 D/A 转换功能。目前，常用的集成 D/A 转换器有 DAC0832（8 位输入），国产的 5G7520（10 位）、AD7541（12 位）等，它们都是 CMOS 芯片。

3. 主要技术指标

（1）转换精度。通常用分辨率和转换误差来描述。

分辨率体现在输入二进制数字量的位数上，位数越多，分辨率越高，通常用能分辨的最小（对应 $00\cdots001$）输出电压与最大（对应 $11\cdots11$）输出电压之比表示。n 位 D/A 转换器的分辨率可写作 $\frac{1}{2^n-1}$，例如 10 位 D/A 转换器的分辨率为 $\frac{1}{1023}\approx 0.001$。

转换误差是指由基准电压 U_R 的波动、运算放大器的零点漂移、电子转换开关的导通压降、电阻网络的阻值偏差等所引起的误差，一般用最低位（LSB）对应的 ΔU_o 的倍数表示。

（2）建立时间。建立时间是指 D/A 转换器的输入从全 0 变为全 1（或从全 1 变为全 0）时，转换器输出达到与最终稳定值相差 $\pm$LSB/2 范围内所需时间，也叫满量程建立时间。建立时间是描述 D/A 转换器转换速度的重要指标。

［例 13.1］ 4 位 T 形电阻网络 DAC 电路的 $U_R = 5V$，$R_f = R$。试求：输入数字量 $D_3 D_2 D_1 D_0$ 为 0001、1000、0110 和 1111 的输出电压 U_o 和分辨率。

解： 最低位（LSB）$D_0 = 1$ 时，$U_o = -\frac{U_R R_f}{16R} \times 1 = -\frac{5 \times 1 \times 1}{16 \times 1} = -0.3125(V)$

只有 $D_1 = 1$ 时，$U_o = -\frac{5}{16} \times 2^1 = -5 \times \frac{1}{8} = -0.625(V)$

只有 $D_2 = 1$ 时，$U_o = -\frac{5}{16} \times 2^2 = -5 \times \frac{1}{4} = -1.25(V)$

最高位（MSB）$D_3 = 1$ 时，$U_o = -\frac{5}{16} \times 2^3 = -5 \times \frac{1}{2} = -2.5(V)$

因此 $D_3 D_2 D_1 D_0 = 0110$ 时，$U_o = -(1.25 + 0.625) = -1.875(V)$

$D_3 D_2 D_1 D_0 = 1111$ 时，$U_o = -(2.5 + 1.875 + 0.3125) = -4.6875(V)$

分辨率 $\qquad\qquad\qquad \frac{1}{2^n-1} = \frac{1}{2^4-1} = \frac{1}{15} = 0.0667$

或 $\qquad\qquad\qquad U_{o(min)} = U_{o(LSB)} = -\frac{5}{2^4} = -0.3125(V)$

$$U_{o(max)} = U_{o(1111)} = -\frac{(2^4-1)}{2^4} \times 5 = -4.6875(V)$$

$$\frac{U_{o(min)}}{U_{o(max)}} = \frac{1}{2^4-1} = \frac{0.3125}{4.6875} = 0.0667$$

13.1.2 模/数转换器（ADC）

模/数转换就是将模拟量转换成对应的数字量，使输出的数字量与输入的模拟量成正比。

1. 电路组成

模/数转换器电路也有多种形式，本书以应用最广泛的逐次逼近型 A/D 转换器为例，用其框图介绍这种转换器的基本工作原理，如图 13.3 所示。

这种 A/D 转换器的重要组成部分是 n 位 D/A 转换器（图 13.3），采用逐位试探和反馈比较的方法进行 A/D 转换。

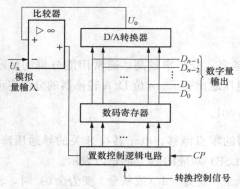

图 13.3　逐次逼近型 A/D 转换器原理框图

转换前先将同 D/A 转换器输入端相连的寄存器清零；转换开始后，按照时钟脉冲的节拍，首先将寄存器最高位置 1，使 $D_{n-1}=1$（其余位为 0）。与此同时，D/A 转换器输出对应于 $D_{n-1}=1$（其余为 0）的模拟电压 U_o 被反馈到运算放大器比较器的输入端同 A/D 转换器输入的待转换模拟量进行比较。若 $U_o<U_x$（说明试探数字量小于待转换量，合理），比较器输出低电平，D_{n-1} 位的置 1 被保留；否则比较器输出高电平，D_{n-1} 位的置 1 被清除。

最高位比较结束，又将寄存器次高位置 1，使 $D_{n-2}=1$（后面各位仍为 0）。与此同时，D/A 转换器输出增加 $D_{n-2}=1$（后面各位为 0）后的模拟电压 U_o 和 U_x 进行比较，与上一步相同，$U_o<U_x$，D_{n-2} 位的置 1 被保留，否则清除。这样逐位试探比较下去，直到最低位 D_0。显然，寄存器中最后保留的 n 位数字量就是对应待转换模拟量的数字量，将它经 n 位信号传输线输出，就完成了 A/D 转换。

常用的集成 A/D 转换器芯片有 ADC0809（8 位，CMOS）、AD571（10 位，TTL）等。

2. 主要技术指标

A/D 转换器的转换精度也用分辨率和转换误差来描述，n 位输出二进制数字量的转换器能区分输入电压的最小值为满量程输入电压的 $\frac{1}{2^n}$；转换误差也是由电路中各元器件和单元电路的偏差引起的，一般也以最低位的倍数表示。

A/D 转换器的转换速度与转换电路类型有关，转换时间差别很大，高速的可小于 50ns，低速的可达数十毫秒，中速的逐次逼近型 A/D 转换器在 $10\sim100\mu s$。

以 AD571JD（通用 A/D）型 A/D 转换器为例，它的芯片特性如下：

分辨率：10 位；

相对精度：±1LSB；

输入电压：$0\sim+10V$，±5V；

转换时间：$15\sim40\mu s$；

供电电源：+15V、10mA，−15V、10mA，+5V、5mA；

工作温度：$0\sim70℃$。

[**例 13.2**]　若逐次比较型 A/D 转换器的分辨率是 8。输入模拟量为 5V 时，对应的数字量是10000000。如果实际的输入模拟量的值是 7.1V，给出逐次比较型 A/D 转换器转换的过程和结果。

解： 转换过程，可用表 13.1 来表示。

次数	比较前寄存器的值	U_o	比较	比较后寄存器的值
1	10000000	5.0	7.1>5.0	10000000
2	11000000	7.5	7.1<7.5	10000000
3	10100000	6.25	7.1>6.25	10100000
4	10110000	6.875	7.1>6.875	10110000
5	10111000	7.1875	7.1<7.1875	10110000
6	10110100	7.03125	7.1>7.03125	10110100
7	10110110	7.109375	7.1<7.109375	10110100
8	10110101	7.0703125	7.1>7.0703125	10110101

表 13.1　　　　　　　　　　　　　　例 13.2 的 A/D 转换过程

经过 8 次比较和转换，得到转换的结果为 10110101。转换完成后，A/D 转换器将发出"转换完成"信号，通知外部系统读取转换的结果。

13.2　可编程逻辑器件

本节介绍可编程逻辑器件 PLD。首先介绍了 PLD 的发展简史，然后按照从低密度 PLD 到高密度 PLD 的顺序分别介绍了 PALGALCPLD 和 FPGA 的具体结构，最后简要介绍了芯片及应用。

13.2.1　PLD 发展简介

电子器件的发展经历了电子管、晶体管、小规模集成电路（SSIC）、中规模集成电路（MSIC）、大规模集成电路（LSIC）、超大规模集成电路（VLSIC）和具有特定功能的专用集成电路（ASIC）等阶段。同时，为满足部分设计人员的需求，出现了各类可编程逻辑器件（PLD）。早期的可编程逻辑器件，如可编程只读存储器（PROM）、紫外线可擦除只读存储器（EPROM）和电可擦除只读存储器（EEPROM），由于结构的限制，它们只能实现较为简单的数字逻辑。随着可编程阵列逻辑（PAL）和通用阵列逻辑（GAL）的出现，可编程逻辑器件的功能及其内部逻辑单元的利用率都有了明显的改善，但还是因为结构过于简单使它们不能实现复杂的数字逻辑。复杂可编程逻辑器件（Complex Programmable Logic Device，CPLD）和现场可编程门阵列（Field Programmable Gate Array，FPGA）是在 PAL、GAL 之后发展起来的大规模可编程器件。其单片逻辑门数已达到上百万，能够实现复杂的组合逻辑和时序逻辑，配合相应的开发软件和简单的编程接口即可实现"在系统编程（ISP）"。

13.2.2　可编程逻辑的表示方法

图 13.4 所示是同 3 输入与门、或门和输入缓冲器等效的可编程逻辑符号。

图 13.5 所示是门阵列的三种连接方式及采用熔丝工艺时的实现原理。

（1）硬线连接：是不可编程的固定连接。

（2）编程后连接：通过编程方式已经实现（或保留）的连接。

学习
札记

（3）可编程连接：可以通过编程方式实现（或保留）连接，但并未连接（或保留）。

采用熔丝工艺的 PLD 器件在出厂时，其可编程连接处的熔丝都是连通的。若通过编程给这些连接处的二极管中通以足够大的编程电流将熔丝烧断，该连接也即断开，且不能恢复。

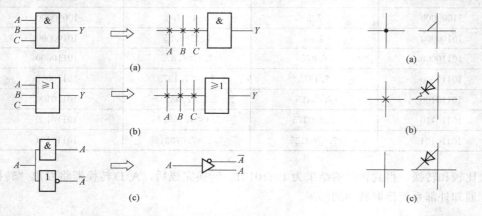

图 13.4　常用逻辑符号与 PLD 用的逻辑符号　　　　图 13.5　三种连接方式
（a）与门；（b）或门；（c）缓冲器　　　　（a）硬线连接；（b）编程后连接；（c）可编程连接

13.2.3　可编程阵列逻辑（PAL）

可编程阵列逻辑（PAL）是由可编程的与阵列和固定的或阵列组成，其结构示意如图 13.6 所示。

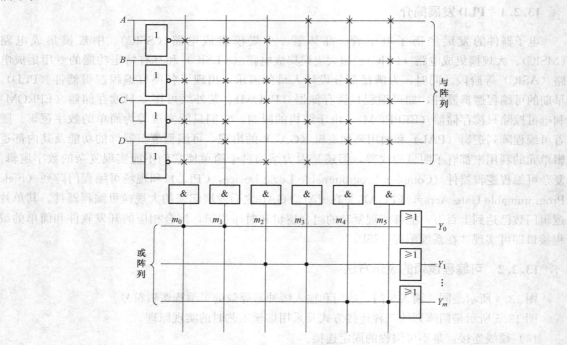

图 13.6　PAL 器件原理结构

学习
札记

在图 13.6 中，与阵列的输出变量 $m_0 \sim m_5$ 如下

$$m_0 = \overline{A}\,\overline{B}\,\overline{C}\,\overline{D}\text{；}\quad m_1 = \overline{A}\,\overline{B}\,\overline{C}D\text{；}\quad m_2 = \overline{A}\,\overline{B}CD$$

$$m_3 = A\overline{B}\,\overline{C}\,\overline{D}\text{；}\quad m_4 = A\overline{B}\,\overline{C}D\text{；}\quad m_5 = ABCD$$

或阵列的输出变量 Y_0、Y_1、Y_3 如下

$$Y_0 = m_0 + m_1\text{；}\quad Y_1 = m_2 + m_3\text{；}\quad Y_m = m_4 + m_5$$

可见，改变与阵列中的连接关系即可在或阵列的输出端得到各种各样的组合逻辑输出结果。改变与阵列中连接关系的过程就是对 PAL 的编程过程。

［例 13.3］ 用 $3 \times 6 \times 3$ 的 PAL 实现下列函数：

$$Y_0 = I_0 I_1 + \overline{I_0}\,\overline{I_1}$$

$$Y_1 = I_0\,\overline{I_2} + \overline{I_0}I_1$$

$$Y_3 = I_0 I_1 I_2 + \overline{I_1}\,\overline{I_2}$$

解： 这三个函数的变量为 3 个，且每个函数的乘积项为 2 个，故可以用该器件来实现。编程后得到的连线图如图 13.7 所示。

13.2.4 通用阵列逻辑 （GAL）

虽然 PAL 器件具有一定的灵活性，但因为它采用的是熔丝工艺，所以编程后无法修改。为了克服这一局限性，在 PAL 基础上发展了一种通用阵列逻辑 GAL 器件，它采用 EEPROM 工艺，实现了电擦除功能，而且其输出部分采用可编程的逻辑宏单元（Output Logic Macro Cell，OLMC），可通过编程将 OLMC 设置成不同的工作模式，从而使 GAL 的设计具有更强的灵活性。GAL 器件的电路结构示意如图 13.8 所示。

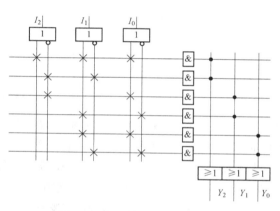

图 13.7 PAL 实现的逻辑函数

图 13.8 中包括以下七部分：

（1）输入缓冲器，其输入端 $I_0 \sim I_3$ 为 GAL 的固定输入端。

（2）与逻辑阵列，可根据需要进行编程。

（3）宏逻辑单元 OLMC0～OLMC3。

（4）输出缓冲器 FF0～FF3，其输出端 $I/O_0 \sim I/O_3$ 既可作为输出端，也可作为输入端。缓冲器的工作原理可参考 11.2 节中的 CMOS 三态缓冲门。

（5）输出反馈/输入缓冲器 F0～F3。

（6）系统时钟 CP。

（7）输出三态控制端 $\overline{OE}$。

其中的宏逻辑单元 OLMC 可被单独配置，通过编程方式改变结构控制字中配置位的状态，使 OLMC 处于三种状态：①简单型工作模式，其输入信号是乘积项之和，无反馈路路；②复杂型工作模式，具有反馈通路；③寄存型工作模式。另外，若通过编程使第 n 个输出缓冲器 FFn 的输出

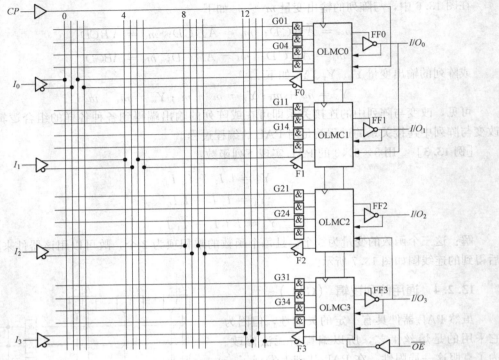

图 13.8 GAL 器件电路结构示意

为高阻状态，I/O 端既可作为信号输入端使用，相应的 Fn 也作为输入缓冲器使用。正是因为 OLMC 可工作在寄存状态，所以 GAL 可实现时序逻辑，还可通过编程控制 OLMC 的输出极性。

[例 13.4] 图 13.9 所示是对 GAL 器件编程后的逻辑连接图，F0 的输入信号为 Q_0，F1 的输入信号为 Q_1；OLMC0 和 OLMC1 都工作在寄存器工作模式，而 OLMC2 工作在简单型模式；FF0～FF3 都工作在同相输出状态。试分析其逻辑功能。

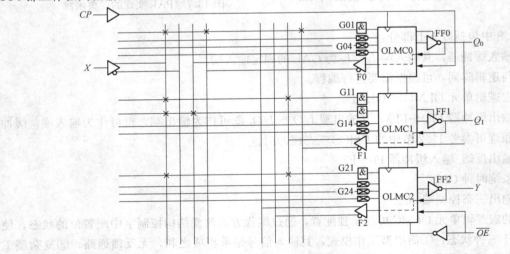

图 13.9 例 13.4 的 GAL 编程逻辑连接图

学习
札记

解： 电路的反馈连接形式表明该电路为一时序逻辑电路，电路的状态方程为

$$Q_1^{n+1} = XQ_1^n + XQ_0^n$$

$$Q_0^{n+1} = X\overline{Q_1^n}\,\overline{Q_0^n}$$

输出方程

$$Y = XQ_1^n$$

假设 Q_1Q_0 的初始状态为 00，可列出与上式对应的状态转换表见表 13.2。

表 13.2 例 13.4 的逻辑状态转换表

移位脉冲 CP 的顺序	输入变量 X	输出变量		
		Q_1	Q_0	Y
0	$\times$	0	0	0
1	0	0	0	0
2	1	0	1	0
3	1	1	0	0
4	1	1	0	1
5	1	1	0	1
6	0	0	0	0

可见，该电路为一个串行数据检测器，当 X 连续输入 3 个或 3 个以上 1 时，输出变量 $Y=1$，其他情况时 $Y=0$。

13.2.5 大规模可编程器件

PAL、GAL 等早期 PLD 器件的一个共同缺点是结构过于简单，只能实现规模较小的电路。为弥补这一缺陷，20 世纪 80 年代中期，Altera 和 Xilinx 分别推出了类似于 PAL 结构的复杂型可编程逻辑器件 CPLD 和与标准门阵列类似的现场可编程门阵列 FPGA，它们都具有体系结构和逻辑单元灵活、集成度高，以及适用范围宽等特点。

虽然 CPLD 和 FPGA 各有所长，但它们都由三大部分组成。

（1）逻辑单元阵列，CPLD/FPGA 器件的核心部分。

（2）输入/输出模块。

（3）逻辑块之间的互连资源，包括连线资源，可编程连接开关等。

其结构框图如图 13.10 所示。

图 13.10 中每一个逻辑单元都相当于一片 GAL，这些逻辑单元可以通过可编程内连线的布线来实现相互间的联系。CPLD 与 FPGA 的内部结构稍有不同，但用法一样，所以多数情况下不加以区分。FPGA/CPLD 芯片都是特殊的 ASIC 芯片，它们除了具有 ASIC 的特点之外，还具有以下优点：

1）随着超大规模集成电路（Very Large Scale IC，VLSI）工艺的不断提高，单一芯片内部可以容纳上百万个晶体管，FPGA/CPLD 芯片的规模也越来越大，其单片逻辑门数已达到上百万门，它所能实现的功能也越来越强，同时也可以实现系统集成。

学习
札记

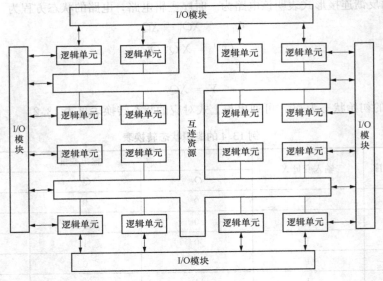

图 13.10　CPLD/FPGA 结构框图

2）FPGA/CPLD 芯片在出厂之前都做过百分之百的测试，不需要设计人员承担风险和费用，设计人员只需在自己的实验室里就可以通过相关的软硬件环境来完成芯片的最终功能设计。所以，FPGA/CPLD 的资金投入小，节省了许多潜在的花费。

3）具有在系统可编程特性。在外围电路不动的情况下，利用计算机和下载线通过编程接口将不同的软件下载到芯片中以实现不同的功能。因为这样的下载方式可在芯片所在系统带电工作的过程中以极快的速度完成，在瞬间就可改变 FPGA/CPLD 的实现逻辑，系统无需为了改变控制逻辑而停机中断。通常，将具有这种使用特性的技术称为"在系统可编程"技术，即 ISP 技术。所以，用 FPGA/CPLD 试制样片或直接组成的系统能以最快的速度占领市场。FPGA/CPLD 软件包中有各种输入工具、仿真工具、版图设计工具和编程器等全系列开发工具，电路设计人员在很短的时间内就可完成电路的输入、编译、优化、仿真，直至最后芯片的制作。当电路有少量改动时，更能显示出 FPGA/CPLD 的优势。电路设计人员使用 FPGA/CPLD 进行电路设计时，不需要具备专门的 IC（集成电路）深层次的知识，FPGA/CPLD 软件易学易用，可以使设计人员更能集中精力进行电路设计，加快产品的开发速度。

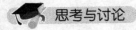 思考与讨论

可编程逻辑器件有几种，有何异同？

13.3　芯片及应用举例

13.3.1　DAC 芯片举例

集成 DAC0832 是单片 8 位数模转换器，它可以直接与 Z80、8080、MCS51 等微处理器相连。

 学习札记

其引脚排列图如图 13.11 所示。

DAC0832 器件上各引脚的名称和功能如下。

ILE：输入锁存允许信号，输入，高电平有效。

$\overline{CS}$：片选信号，输入，低电平有效。

$\overline{WR}_1$：输入数据选通信号，输入，低电平有效。

$\overline{WR}_2$：数据传送选通信号，输入，低电平有效。

$\overline{XFER}$：数据传送选通信号，输入，低电平有效。

$D_7 \sim D_0$：8 位输入数据信号。

U_{REF}：参考电压输入。一般该端口外接一个精确、稳定的电压基准源。U_{REF} 可在 $-10 \sim +10V$ 范围内选择。

图 13.11　DAC0832 引脚图

R_{fb}：反馈电阻（内含一个反馈电阻）接线端。

I_{OUT1}：DAC 输出电流 1，一般作为运算放大器的一个差分输入信号。当 DAC 寄存器中的各位为 1 时，电流最大；为全 0 时，电流为 0。

I_{OUT2}：DAC 输出电流 2，作为运算放大器的另一个差分输入信号（一般接地）。I_{OUT1} 和 I_{OUT2} 满足关系为 $I_{OUT1} + I_{OUT2} =$ 常数。

U_{CC}：电源输入端（一般取 $+5V$）。

DGND：数字地。

AGND：模拟地。

当 ILE、$\overline{CS}$ 和 $\overline{WR}_1$ 同时有效时，输入数据 $D_7 \sim D_0$ 进入输入寄存器。当 $\overline{WR}_2$ 和 $\overline{XFER}$ 同时有效时，输入寄存器的数据进入 DAC 寄存器。8 位 D/A 转换电路随时将 DAC 寄存器的数据转换为模拟信号（$I_{OUT1} + I_{OUT2}$）输出。

DAC0832 的使用有双缓冲器型、单缓冲器型和直通型三种工作方式。

（1）由于 DAC0832 芯片中有两个数据寄存器，可以通过控制信号将数据先锁存在输入寄存器中。当需要 D/A 转换时，再将此数据装入 DAC 寄存器中并进行 D/A 转换，从而达到两级缓冲方式工作。双缓冲器型 DAC0832 如图 13.12（a）所示。

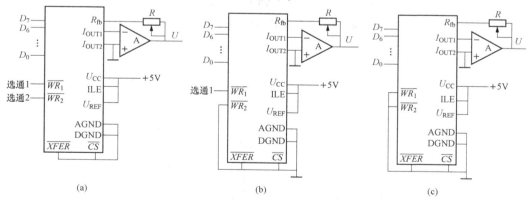

图 13.12　DAC0832 的三种工作方式

（a）双缓冲器型；（b）单缓冲器型；（c）直通型

（2）如果令两个寄存器之一处于常通状态，则只控制一个寄存器的锁存；也可以使两个寄存器同时选通及锁存，这就是单缓冲工作方式。单缓冲器型 DAC0832 如图 13.12（b）所示。

（3）如果使两个寄存器都处于常通状态，这时两个寄存器的输出跟随数字输入而变化，D/A 转换器的输出也同时跟着变化。这种情况是将 DAC0832 直接应用于连续反馈控制系统中作数字增量控制器使用，这就是直通型工作方式，如图 13.12（c）所示。图 13.12 中的电位器用于满量程调整。

实际使用时，选用哪种工作方式应根据控制系统的要求来选择。

13.3.2 ADC 芯片举例

ADC0809 是 8 位逐次逼近式 A/D 转换器，CMOS 工艺。其内部有一个 8 通道多路开关，它可以根据地址码译码后的信号，只选通 8 路模拟输入信号中的一个进行 A/D 转换，转换时间为 $100\mu s$ 左右。单片机 87C51 可以通过数据总线与控制信号直接采用存储器访问形式、I/O 设备访问形式控制 ADC0809。ADC0809 引脚如图 13.13 所示，其名称和功能如下。

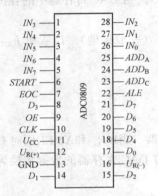

图 13.13　ADC0809 引脚图

$IN_0 \sim IN_7$：模拟输入。

$U_{R(+)}$ 和 $U_{R(-)}$：基准电压的正端和负端。基准电压的中心点应在 $U_{CC}/2$ 附近，其偏差不应超过 $\pm 0.1V$。

ADD_C、ADD_B、ADD_A：模拟输入端选通地址输入。

ALE：地址锁存允许信号输入，高电平有效。

$D_7 \sim D_0$：数码输出。

OE：输出允许信号，高电平有效。即当 $OE=1$ 时，打开输出锁存器的三态门，将数据送出。

CLK：时钟脉冲输入端。一般在此端加 500 kHz 的时钟信号。

$START$：启动信号。为了启动 A/D 转换过程，应在引脚加一个正脉冲，脉冲的上升沿将内部寄存器全部清 0，在其下降沿开始 A/D 转换过程。

EOC：转换结束输出信号。在 $START$ 信号上升沿之后 $1 \sim 8$ 个时钟周期内，EOC 信号变为低电平。当转换结束后，转换后数据可以读出时，EOC 变为高电平。

ADC0809 与 87C51 实现 8 路转换的连接如图 13.14 所示。

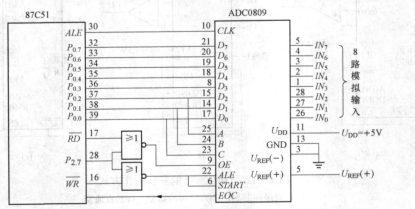

图 13.14　用 ADC0809 与 87C51 组成 8 路 A/D 转换器

87C51 是 8 位 CMOS 单片微机芯片，有一个双工口 P_0 和两个半双工口 P_1 和 P_2，其中 $P_{0.0} \sim P_{0.7}$（P_0 口的 8 个引脚）主要用作数据和地址总线。

13.3.3 可编程逻辑器件举例

[例 13.5] 某水箱由大、小两台水泵 M_S 和 M_L 供水，水箱内装有 3 个水位检测元件 A、B、C。当水位低于检测元件时，检测元件输出高电平；当水位高于检测元件时，检测元件输出低电平。现要求：①当水位高于 C 点时，水泵停止工作；②当水位低于 C 点高于 B 点时，水泵 M_S 工作；③当水位低于 B 点高于 A 点时，水泵 M_L 工作；④当水位低于 A 点时，水泵 M_S 和水泵 M_L 同时工作。

试用 PAL 器件实现控制两台水泵工作的逻辑电路。

解：设水泵工作时为 1，水泵不工作时为 0；水位低于检测元件时输出高电平 1，水位高于检测元件时输出低电平 0。根据题意，列出水泵工作状态的真值表，见表 13.3。其输出表达式为

$$M_S = \overline{A}\,\overline{B}C + ABC$$

$$M_L = \overline{A}BC + ABC$$

表 13.3   例 13.5 水泵工作状态真值表

A	B	C	M_S	M_L	A	B	C	M_S	M_L
0	0	0	0	0	0	1	1	0	1
0	0	1	1	0	1	1	1	1	1

对应编程后的 PAL 器件如图 13.15 所示。

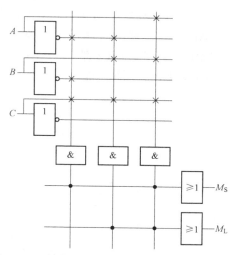

图 13.15 控制水泵工作的 PAL 编程逻辑连线图

本 章 小 结

(1) 数/模（D/A）转换和模/数（A/D）转换是沟通数字量和模拟量的桥梁。评价数/模（D/

A）转换器和模/数（A/D）转换器的主要技术指标是转换精度和转换速度，转换精度由分辨率和转换误差两方面决定。

（2）可编程逻辑器件 PLD 在数字系统的设计中得到了广泛应用。各类 PLD 在组成结构和工作原理上都有所不同，本章以 PAL、GAL 为例，简单介绍了这方面的基本知识。现在多用的是现场可编程逻辑器件 FPLD，其中应用最广泛的是 Xilinx 系列的现场可编程门阵列 FPGA 和 Altera 系列的复杂可编程逻辑器件 CPLD。

习　　题

13.1　4 位 T 形电阻网络 D/A 转换器电路中，$U_R = 5V$，$R = R_f/2 = 10k\Omega$，求对应输入数字量 $D_3D_2D_1D_0 = 0001$、0011、0101 和 1010 的输出电压 U_o 为多少？

13.2　4 位权电阻 D/A 转换器电路，如图 13.16 所示。试求：

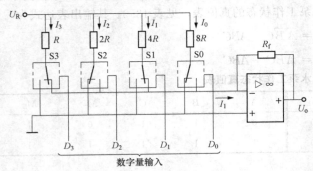

（1）导出输出模拟电压 U_o 和输入数字量 $D_3D_2D_1D_0$ 及基准电压 U_R 的关系式。

（2）若 $U_R = 10V$，$R_f = \frac{1}{2}R$，$D_3D_2D_1D_0 = 1010$，U_o 为多少？

13.3　AD7541 D/A 转换器的分辨率等于多少？

13.4　8 位逐次逼近型 A/D 转换器的满量程输入电压为 10V，求输入模拟电压 $U_x = 6.25V$ 时的转换结果。

图 13.16　题 13.2 的图

13.5　请用 PAL 器件实现 1 位二进制全加器，并画出其编程后的逻辑连接图。

13.6　图 13.17 所示是用 GAL 器件实现的时序逻辑电路，OLMC0 工作在简单型模式，OLMC1 和 OLMC2 工作在寄存器型模式；FF0～FF2 都工作在同相输出状态。请写出电路的状态方程、输出方程，并列出状态转换表，判断其逻辑功能。

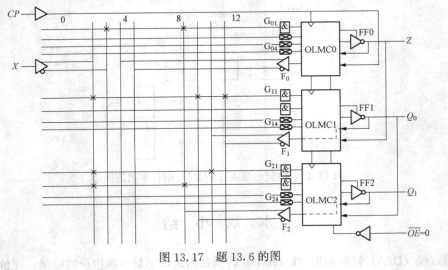

图 13.17　题 13.6 的图

附录 A　电阻器和电容器的命名方法及性能参数

电阻器和电容器的命名方法及一些性能参数，见表 A.1～表 A.7。

表 A.1　　　　　　　　　　　　　　　电阻器的命名方法

第一部分 主称		第二部分 材料		第三部分 特征		第四部分 序号
符号	意义	符号	意义	符号	意义	
R	电阻器	T	碳膜			用数字 1，2，3，…表示说明：主称、材料、特征相同，仅尺寸、性能指标略有差别，但基本上不影响互换的产品，则标同一序号
		P	硼碳膜			
		U	硅碳膜			
		H	合成膜			
		J	金属膜			
		Y	氧化膜			
		X	线绕			
		S	实心			
		M	压敏			
		G	光敏			
		R	热敏	B	温度补偿用	
				C	温度测量用	
				G	功率测量用	
				P	旁热式	
				W	稳压用	
				Z	正温度系数	

表 A.2　　　　　　　　　　　　　　　电阻器的功率等级

名　称	额 定 功 率（W）					
实心电阻器	0.25	0.5	1	2	5	
线绕电阻器	0.5	1	2	6	10	15
	25	35	50	75	100	150
薄膜电阻器	0.025	0.05	0.125	0.25	0.5	1
	2	5	10	25	50	100

表 A.3　　　　　　　　　　　　　　　电阻器的标称值系列

标称值系列	精度	标　称　值
E24	+5%	1.0　1.1　1.2　1.3　1.5　1.6　1.8　2.0　2.2　2.4　2.7　3.0 3.3　3.6　3.9　4.3　4.7　5.1　5.6　6.2　6.8　7.5　8.2　9.1
E12	+10%	1.0　1.2　1.5　1.8　2.2　2.7　3.3　3.9　4.7　5.6　6.8　8.2
E6	+20%	1.0　1.5　2.2　3.3　4.7　6.8

注　表中数值再乘以 10^n，其中 n 为正整数或负整数。

学习
札记

表 A.4　　　　　　　　　　　　　色标的基本色码及意义

颜色	有效数字	乘数	阻值允许偏差	温度系数 $10^{-5}/\text{K}$
银	一	10^{-2}	$\pm10\%$	一
金	一	10^{-1}	$\pm5\%$	一
黑	0	1	一	±250
棕	1	10	$\pm1\%$	±100
红	2	10^2	$\pm2\%$	±50
橙	3	10^3	$\pm0.05\%$	±15
黄	4	10^4	一	±25
绿	5	10^5	$\pm0.5\%$	±20
蓝	6	10^6	$\pm0.25\%$	±10
紫	7	10^7	$\pm0.1\%$	±5
灰	8	10^8	一	±1
白	9	10^9	一	一
无色	一	一	±20	一

阻值为两位有效数字的色码标志示例:

阻值为 27000Ω 和阻值允许偏差为 $\pm5\%$ 的电阻器。

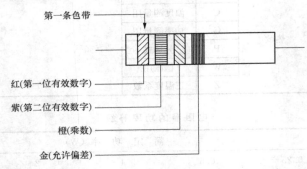

第一条色带

红(第一位有效数字)

紫(第二位有效数字)

橙(乘数)

金(允许偏差)

阻值为三位有效数字的色码标志示例:

阻值为 249000Ω 和阻值允许偏差为 $\pm1\%$ 的电阻器。

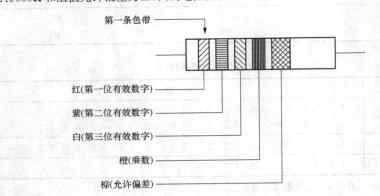

第一条色带

红(第一位有效数字)

紫(第二位有效数字)

白(第三位有效数字)

橙(乘数)

棕(允许偏差)

学习
札记

表 A.5　　　　　　　　　　　　　　　　　电 容 器 的 命 名 方 法

第一部分 主称		第二部分 材料		第三部分 特征		第四部分 序号
符号	意义	符号	意义	符号	意义	
C	电容器	C	瓷介	T W	铁电 微调	用数字 1，2，3，…表示说明：主称、材料、特征相同，仅尺寸、性能指标略有差别，但基本上不影响互换的产品，则标同一序号
		Y	云母	W	微调	
		I	玻璃铀			
		O	玻璃（膜）	W	微调	
		B	聚苯乙烯	J	金属化	
		F	聚四氟乙烯			
		L	涤纶	M	密封	
		S	聚碳酸酯	X	小型、微调	
		Q	漆膜	G	管形	
		Z	纸质	T	筒形	
		H	混合介质	L	立式矩形	
		D	（铝）电解	W	卧式矩形	
		A	旦	Y	圆形	
		N	铌			
		T	钛			
		M	压敏			

表 A.6　　　　　　　　　　　　　　　固定式电容器的标称容量系列

系列	精确度	标　称　值
E24	＋5％	1.0　1.1　1.2　1.3　1.5　1.6　1.8　2.0　2.2　2.4　2.7　3.0 3.3　3.6　3.9　4.3　4.7　5.1　5.6　6.2　6.8　7.5　8.2　9.1
E12	＋10％	1.0　1.2　1.5　1.8　2.2　2.7　3.3　3.9　4.7　5.6　6.8　8.2
E6	＋20％	1.0　1.5　2.2　3.3　4.7　6.8

注　表中数值再乘以 10^n，其中 n 为正整数或负整数。

表 A.7　　　　　　　　　　　　　　　　电容器工作电压系列　　　　　　　　　　　　　　　　单位：V

1.6	4	6.3	10	16	25	32	40
50	63	100	125	160	250	300	400
450	500	630	1000	1600	2000	2500	3000
4000	5000	6300	8000	10 000	15 000	20 000	25 000
30 000	35 000	40 000	45 000	50 000	60 000	80 000	100 000

学习
札记

附录 B Y 系列三相异步电动机技术数据及型号说明

部分型号 Y 系列三相异步电动机技术数据及型号说明见表 B.1 和表 B.2。

表 B.1　　　　　　　　　　部分型号 Y 系列三相异步电动机技术数据

型号	额定功率 (kW)	满载时				启动转矩 额定转矩	启动电流 额定电流	最大转矩 额定转矩
		电流 (A)	转速 (r/min)	效率 (%)	功率因数 (cosφ)			
(1) 二极：同步转速 3000r/min（部分型号）								
Y801-2	0.75	1.8	2825	75	0.84	2.2	7.0	2.2
Y112M-2	4	8.2	2890	85.5	0.87	2.2	7.0	2.2
Y160M$_2$-2	15	29.4	2930	88.2	0.88	2.0	7.0	2.2
Y225M-2	45	83.9	2970	91.5	0.89	2.0	7.0	2.2
Y280M-2	90	167	2970	92	0.89	2.0	7.0	2.2
(2) 四极：同步转速 1500r/min（全部型号）								
Y801-4	0.55	1.5	1390	73	0.76	2.2	6.5	2.2
Y802-4	0.75	2.0	1390	74.5	0.76	2.2	6.5	2.2
Y90S-4	1.1	2.7	1400	78	2.2	0.78	6.5	2.2
Y90L-4	1.5	3.7	1400	79	0.79	2.2	6.5	2.2
Y100L$_1$-4	2.2	5.0	1420	81	0.82	2.2	7.0	2.2
Y100L$_2$-4	3	6.8	1420	82.5	0.81	2.2	7.0	2.2
Y112M-4	4	8.8	1440	84.5	0.82	2.2	7.0	2.2
Y132S-4	5.5	11.6	1440	85.5	0.84	2.2	7.0	2.2
Y132M-4	7.5	15.4	1440	87	0.85	2.2	7.0	2.2
Y160M-4	11	22.6	1460	88	0.84	2.2	7.0	2.2
Y160L-4	15	30.3	1460	88.5	0.85	2.2	7.0	2.2
Y180M-4	18.5	35.9	1470	91	0.86	2.0	7.0	2.2
Y180L-4	22	42.5	1470	91.5	0.86	2.0	7.0	2.2
Y200L-4	30	56.8	1470	92.2	0.87	2.0	7.0	2.2
Y225S-4	37	69.8	1480	91.8	0.87	1.9	7.0	2.2

表 B. 2 三相异步电动机常用型号说明

型 号		结　构	用　途
现	新		
J J₂ J₃	Y	防护式 笼型异步电动机	其结构能防止水滴、铁屑在与垂直方向成 45°以内落入电动机内部。用于对启动性能无特殊要求的设备，如车床、铣床、水泵、鼓风机等
JO1 JO2 JO3	Y	封闭式 笼型异步电动机	其结构能防止灰尘、铁屑或其他飞扬杂物侵入电动机内部。用于灰尘多与水土飞溅的场合，如铸造车间用的鼓风机、带运输机、混砂机、清砂滚筒等
J-L J2-L	YL	防护式 铝线笼型异步电动机	用途同 Y
JQ JQ	YQ	防护式 笼型异步电动机	Q 表示高启动转矩，用于静止负载转矩或惯性较大的机械负载。如磨床、锻压机床、粉碎机、起重机等
JR	YR	防护式 绕线式转子异步电动机	用于要求启动转矩大和小范围调速场合，如起重机、卷扬机、桥式起重机、锻压机床与转炉等
JDO JDO2	YD	封闭式 多速异步电动机	D 表示多速，广泛用于各种万能机床、专用机床等需要调速的机器设备中，如车床、立式车床、铣床、钻床、镗床、磨床、工具磨床等
JZ JZB	YZ	防护式 笼型异步电动机	用在起重、冶金及冶金辅助机械，如起重机、轧钢机等

学习
札记

附录 C　常用低压控制电器的电气图形、文字符号及技术数据

常用低压控制电器的电气图形、文字符号及技术数据见表 C.1～表 C.7。

表 C.1　　　　　　　　　　　　　　常用低压控制电器的电气、文字符号

名称		图形符号	文字
刀开关	单极		Q
	三极		
三相异步电动机	笼型		M
	绕线式		
直流电动机			
单相变压器			T
接触器	吸引线圈		KM
	动合触点		
	动断触点		
电磁继电器	吸引线圈		KA
	动合触点		
	动断触点		
热继电器	热元件		FR
	动断触点		

学习
札记

续表

名称		图形符号		文字
熔断器				FU
按钮	动合			SB
	动断			
行程开关	动合触点			SQ
	动断触点			
时间继电器	缓放线圈		或	KT
	缓吸线圈			
	通电延时闭合动合触点			
	断电延时断开动合触点			
	通电延时断开动断触点			
	断电延时闭合动断触点			
理想电压源				U_s, E
理想电流源				I_s
受控电压源				
受控电流源				
原电池或蓄电池				
电解电容器				C

学习
札记

表 C.2　　　　　　　　　常用低压控制电器的技术数据——CJ10 系列交流接触器

| 型号 | 主触点 | | 辅助触点 | | 线圈 | | 可控制三相异步电动机的最大功率（kW） | | 额定操作频率（次/h） |
	对数	额定电流（A）	对数	持续电流（A）	电压（V）	功率（W）	220V	380V	
CJ10-5	3	5	1 对动合	5	36，110（127）220，380	6	2.2	2.2	≤600
CJ10-10	3	10	2 对动合 2 对动断	5	36	11	2.2	4	≤600
CJ10-20		20		5	127	22	5.5	10	
CJ10-40		40		5	220	32	11	20	
CJ10-60		60		5	380	70	17	30	
CJ10-100		100		5	380	—	24	50	
CJ10-150		150		5	380	—	43	75	

表 C.3　　　　　　　　　常用低压控制电器的技术数据——JR15 系列热继电器

| 型号 | 热元件的额定电流（A） | 热元件（双金属片）等级 | | | 动作特性 |
		编号	热元件额定电流（A）	电流调节范围（A）	
JR15-10	10	6	2.4	1.5~2.0~2.4	
		7	3.5	2.2~2.8~3.5	
		8	5	3.2~4.0~5.0	
		9	7.2	4.5~6.0~7.0	
		10	11.0	6.8~9.0~11.0	
JR15-20	20	11	11.0	6.8~9.0~11.0	通过电流为整定值的 100% 时，长期不动作。通过电流为整定电流值的 120% 时，从热状态开始 20min 后动作。冷态开始通过电流整定值的 600% 时，其动作时间大于 5s
		12	16	10~13~16	
		13	24.0	15~20~24	
JR15-60	60	14	24.0	15~20~24	
		15	35.0	20~28~35	
		16	50.0	32~40~50	
		17	72.0	45~60~70	
JR15-150	150	18	72.0	45~60~70	
		19	110	68~90~110	
		20	150	100~125~150	

学习札记

表 C.4   常用低压控制电器的技术数据——RL1 和 RC1 型熔断器

型号	熔断器额定电流（A）	熔体额定电流等级（A）	交流 380V 极限分断能力（A）
RL1-15	15	2，4，5，6，10，15	2000
RL1-60	60	20，25，30，35，40，50，60	5000
RL1-100	100	60，80，100	5000
RC1-10	10	1，4，6，10	500
RC1-15	15	6，10，15	500
RC1-60	60	40，50，60	1500
RC1-100	100	80，100	1500
RC1-200	200	120，150，200	3000

表 C.5   常用低压控制电器的技术数据——JS7 系列空气阻尼式时间继电器

型号	延时触点数量				不延时触点数量		延时范围（s）	吸引线圈电压（V）
	通电延时		断电延时					
	动合	动断	动合	动断				
JS7-1A	1	1						交流 50Hz
JS7-2A	1	1			1	1	0.4～60	24，36
JS7-3A			1	1			60～180	127，220
JS7-4A			1	1				380，420

表 C.6   常用低压控制电器的技术数据——JLXK1 系列空气阻尼式时间继电器

型号	传动装置及复位方式	额定电流（A）	额定电压（V）		触点换接时间（s）	触点数量		操作频率（次/h）
			交流	直流		动合	动断	
JLXK1-111	单轮防护式能自动复位							
JLXK1-111M	单轮密封式能自动复位							
JLXK1-211	双轮防护式非自动复位							
JLXK1-211M	双轮密封式非自动复位	5	500	440	≤0.4	1	1	1200
JLXK1-311	直动防护式能自动复位							
JLXK1-311M	直动密封式能自动复位							
JLXK1-411M	直动滚轮密封式能自动复位							

学习札记

表 C.7　　　　　常用低压控制电器的技术数据——LA19 系列按钮

型号	形式	额定电压（V）	额定电流（A）	触点数量（对）	信号灯	
					电压（V）	功率（W）
LA19-11	揿钮式					
LA19-11J	紧急式	交流至			6.3	
LA19-11D	信号灯式	500V		1 对动合	18	1
LA19-11H	防护式	直流至	1	1 对动断	24	
LA19-11DH	信号灯防护式	400V				
LA19-11DJ	信号灯紧急式					

学习
札记

附录 D　Multisim10 软件使用简介

随着计算机的普及和应用，电子设计自动化（Electronics Design Automation，EDA）技术在我国逐渐得到推广应用。EDA 技术的发展和应用推动了电子工业的飞速发展，也对科技工作者提出了新的要求及挑战，掌握和应用 EDA 技术，已经成为每位工程技术人员需要具备的一种技能。

EDA 的工具软件种类繁多，Multisim 是专门用于电路设计和仿真的 EDA 工具软件之一。Multisim 是早期的 EWB 的升级换代产品，NI Multisim10 是美国国家仪器公司（National Instruments，NI）推出的 Multisim 最新版本。Multisim10 提供了更为强大的电子仿真设计界面，能进行射频、PSPICE、VHDL、MCU 等方面的仿真和更为方便的电路图和文件管理功能。更重要的是，Multisim10 使电路原理图的仿真与完成 PCB 设计的 Ultiboard 仿真软件结合起来，使电子线路的仿真和 PCB 的制作更为高效。

NI Multisim10 软件最突出的特点之一是用户界面友好，图形输入易学易用，具有虚拟仪表的功能，它既适合高级的专业开发使用，也适合 EDA 初学者使用，是目前世界上最为流行的 EDA 软件之一。

一、Multisim10 的主窗口界面

点击"开始"→"程序"→"National Instruments"→"Circuit Design Suite10.0"→"multisim"起动 Multisim10，可以看到图 D.1 所示的 Multisim10 的主窗口。

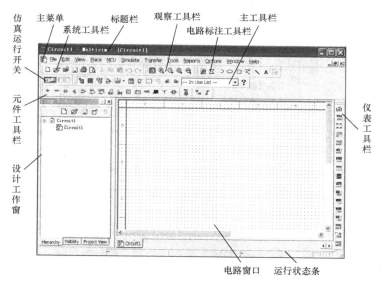

图 D.1　Multisim10 的主窗口

Multisim10 界面和 Office 工具界面相似，参考图 D.1 各部分功能介绍如下：

（1）标题栏：用于显示应用程序名和当前的文件名。

（2）主菜单：里面包含了所有的操作命令。

（3）系统工具栏：包含了所有对目标文件的建立、保存等系统操作的功能按钮。

（4）主工具栏：包含了所有对目标文件进行测试、仿真等操作的功能按钮。

（5）观察工具栏：包含了对主工作窗内的视图进行放大、缩小等操作的功能按钮。

（6）电路标注工具栏：它提供了在编辑文件时，插入图形、文字的工具。

（7）元件工具栏：通过单击相应的元件工具条可以方便快速地选择和放置元件。

（8）仪表工具栏：包含了可能用到的所有电子仪器，可以完成对电路的测试。

（9）设计工作窗：它是展现目标文件整体结构和参数信息的工作窗，完成项目管理功能。

（10）电路窗口：它是软件的主工作窗口。使用者可以在该窗口中进行元器件放置、连接电路、调试电路等工作。

（11）仿真运行开关：它由仿真运行/停止和暂停按钮组成。

（12）运行状态条：用以显示仿真状态、时间等信息。

二、Multisim10 主菜单

Multisim10 有 12 个主菜单，菜单中提供了本软件几乎所有的功能命令。

1. File（文件）菜单

File（文件）菜单提供 19 个文件操作命令，如打开、保存和打印等。File 菜单及功能说明如图 D.2 所示。

2. Edit（编辑）菜单

Edit（编辑）菜单在电路绘制过程中，提供对电路和元件进行剪切、粘贴、旋转等操作命令，共 21 个命令。Edit 菜单及功能说明如图 D.3 所示。

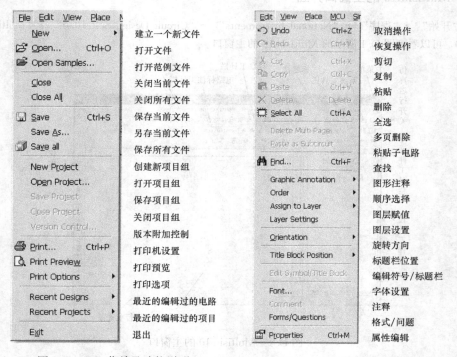

图 D.2　File 菜单及功能说明　　　　图 D.3　Edit 菜单及功能说明

3. View（窗口显示）菜单

View（窗口显示）菜单提供 19 个用于控制仿真界面上显示内容的操作命令。View 菜单及功能说明如图 D.4 所示。

4. Place（放置）菜单

Place（放置）菜单提供在电路工作窗口内放置元件、连接点、总线和文字等 17 个命令。Place 菜单及功能说明如图 D.5 所示。

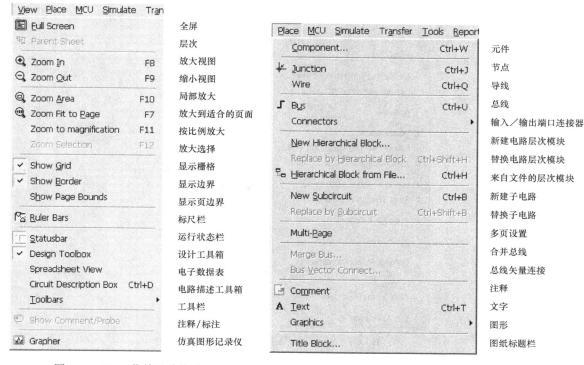

图 D.4　View 菜单及功能说明　　　　图 D.5　Place 菜单及功能说明

5. MCU（微控制器）菜单

MCU（微控制器）菜单提供在电路工作窗口内 MCU 的调试操作命令。MCU 菜单及功能说明如图 D.6 所示。

6. Simulate（仿真）菜单

Simulate（仿真）菜单提供 18 个电路仿真设置与操作命令。Simulate 菜单及功能说明如图 D.7 所示。

7. Transfer（文件输出）菜单

Transfer（文件输出）菜单提供 8 个传输命令。Transfer 菜单及功能说明如图 D.8 所示。

8. Tools（工具）菜单

Tools（工具）菜单提供 17 个元件和电路编辑或管理命令。Tools 菜单及功能说明如图 D.9 所示。

9. Reports（报告）菜单

Reports（报告）菜单提供材料清单等 6 个报告命令。Reports 菜单及功能说明如图 D.10 所示。

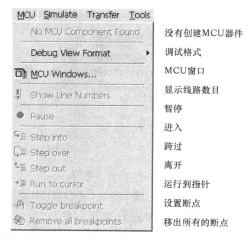

图 D.6　MCU 菜单及功能说明

10. Options（选项）菜单

Options（选项）菜单提供 3 个电路界面和电路某些功能的设定命令。Options 菜单及功能说明如图 D.11 所示。

学习
札记

图 D. 7　Simulate 菜单及功能说明

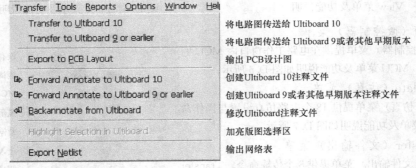

图 D. 8　Transfer 菜单及功能说明

11. Window（窗口）菜单

Window（窗口）菜单提供 9 个窗口操作命令。Window 菜单及功能说明如图 D. 12 所示。

12. Help（帮助）菜单

Help（帮助）菜单为用户提供在线技术帮助和使用指导。Help 菜单及功能说明如图 D. 13 所示。

三、 Multisim10 元件数据库介绍

Multisim10 提供了元件数据库，在元器件库 Database（数据库）窗口下，元器件库被分为 Master Database（主数据库）、Corporate Database（公共数据库）、User Database（用户数据库）三类。Master Database 是主数据库，其内部元件是不能改动的；Corporate Database 是共享设计专用的数据库；User Database 是用

户自定义数据库，用户可以将常用的器件和自己编辑的器件放在此数据库中。

图 D.9　Tools 菜单及功能说明

图 D.10　Reports 菜单及功能说明　　　　　　图 D.11　Options 菜单及功能说明

图 D.12　Window 菜单及功能说明　　　　图 D.13　Help 菜单及功能说明

学习
札记

　　在 Multisim10 的主数据库中，元件被分为 18 个组（Group），每一个组中又包含数个元件族（Family），同一类型的元件放在同一个族中。图 D.14 所示元器件库工具栏即为主数据库的元件工具栏。用鼠标左键单击工具栏中的任何一个分组库的按钮，均会弹出一个多窗口的元器件库操作界面。元器件库操作界面如图 D.15 所示，在此窗口下可以选择要放置的器件。

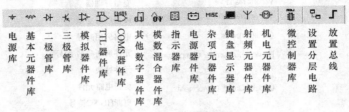

| 电源库 | 基本元器件库 | 二极管库 | 三极管库 | 模拟器件库 | TTL器件库 | COMS器件库 | 其他数字器件库 | 模数混合器件库 | 指示器件库 | 电源器件库 | 杂项元器件库 | 键盘显示器件库 | 射频元器件库 | 机电元器件库 | 微控制器库 | 设置分层电路 | 放置总线 |

图 D.14　元器件库工具栏

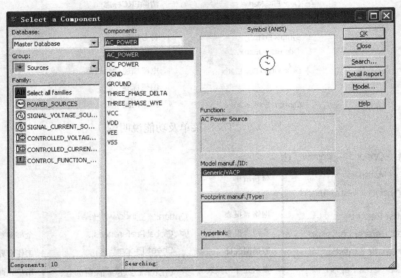

图 D.15　元器件库操作界面

四、仪表工具栏

　　Multisim10 提供了 21 种仪器、仪表，可以通过调用它们进行电路工作状态的测试。一般情况下，仪表工作栏放在工作电路窗口的右侧，也可以将其拖动到工作窗口的任何地方。仪表工作栏如图 D.16 所示。

| 数字万用表 | 函数信号发生器 | 功率表 | 双踪示波器 | 四踪示波器 | 波特图示仪 | 数字频率计 | 字信号发生器 | 逻辑分析仪 | 逻辑转换仪 | 伏安特性分析仪 | 失真分析仪 | 频谱分析仪 | 网络分析仪 | 安捷伦函数信号发生器 | 安捷伦万用表 | 安捷伦示波器 | Tektronix示波器 | 测量探针 | LabVIEW测试仪 | 电流探针 |

图 D.16　仪表工作栏

学习札记

五、 **Multisim10 的基本使用步骤**

Multisim10 的功能强大，要熟练使用需经过不断学习和摸索，电路分析的实战仿真练习对于掌握其使用方法是很重要的。限于篇幅，这里只介绍初步的使用步骤如下。

（1）打开 Multisim10，首先进行简单的设置。选择"Options"→"Global Preferences"菜单命令打开参数设置所需的选择（Global Preferences）窗口，可以进行各种选择设置。

（2）创建电路。①选择电路元件，Multisim 将元件分成实际元件（具有布线信息）和虚拟元件（只有仿真信息）两种，选择元件时要注意区分。如果只用于仿真时可以使用虚拟元件。如果仿真后还需要布线并制作 PCB 板，要使用实际元件。选择元件时单击元件工具栏中的工具按钮，弹出元件库窗口，选择需要的元件，点击 OK 确认，在电路窗口中可看见鼠标拖动着该元件，将其拖动到要放置的位置，再次单击，即放到当前位置上。双击该元件，弹出一个虚拟元件设置对话框，可以进行参数设置。②元件的连接，单击要连接的元件的引脚一端，当出现一个小黑点时，拖动光标至另一元件的引脚处（或电路的导线上）并单击，系统就会用导线自动将两个引脚连接起来。电路中可以使用多个接地符号，但至少要使用一个接地符号，因为没有接地符号的电路不能通过仿真。③放置要使用的仪表并进行相应的设置。与使用实际仪表非常相似，放置仪表后要进行测试线的连接。按以上方法连接、设置完电路后，将电路保存。④调试、仿真。单击仿真开关 ▢▮▯ 或单击 Simulate（仿真）菜单下的 RUN（运行）命令，调节仪表设置，观察到合适的波形。

（3）利用分析功能。Multisim10 提供了 18 种分析方法，可以通过选择 Simulate（仿真）菜单中的 Analysis（分析）命令项来实现，点击设计工具栏也可以弹出该电路分析菜单。

（4）后处理和传输。后处理功能可以对分析的数据结果进行各种运算处理，可以将已经设计好的电路传输到布线软件进行 PCB 设计，也可以导出各种电路数据。

学习
札记

附录 E 半导体分立器件命名方法

表 E.1   **半导体分立器件命名方法（GB 149—2017）**

第一部分		第二部分		第三部分		第四部分	第五部分
用阿拉伯数字表示器件的电极数目		用汉语拼音字母表示器件的材料和极性		用汉语拼音字母表示器件的类别		用阿拉伯数字表示登记顺序号	用汉语拼音字母表示规格号
符号	意义	符号	意义	符号	意义		
2	二极管	A	N 型，锗材料	P	小信号管		
		B	P 型，锗材料	H	混频管		
		C	N 型，硅材料	V	检波管		
		D	P 型，硅材料	W	电压调整管和电压基准管		
		E	化合物或合金材料	C	变容管		
				Z	整流管		
3	三极管	A	PNP 型，锗材料	L	整流堆		
		B	NPN 型，锗材料	S	隧道管		
		C	PNP 型，硅材料	K	开关管		
		D	NPN 型，硅材料	N	噪声管		
		E	化合物或合金材料	F	限幅管		
				X	低频小功率晶体管 $(f_n<3\mathrm{MHz}, P_C<1\mathrm{W})$		
				G	高频小功率晶体管 $(f_n<3\mathrm{MHz}, P_C<1\mathrm{W})$		
				D	低频大功率晶体管 $(f_n<3\mathrm{MHz}, P_C\geqslant1\mathrm{W})$		
				A	高频大功率晶体管 $(f_n\geqslant3\mathrm{MHz}, P_C\geqslant1\mathrm{W})$		
				T	闸流管		
				Y	体效应管		
				B	雷崩管		
				J	阶跃恢复管		

半导体分立器件的型号五个组成部分的基本意义如下：

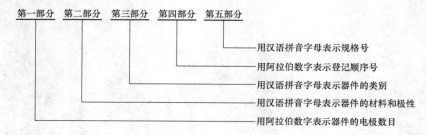

第一部分　第二部分　第三部分　第四部分　第五部分
- 用汉语拼音字母表示规格号
- 用阿拉伯数字表示登记顺序号
- 用汉语拼音字母表示器件的类别
- 用汉语拼音字母表示器件的材料和极性
- 用阿拉伯数字表示器件的电极数目

学习札记

示例：

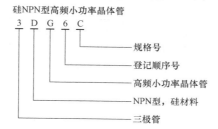

硅NPN型高频小功率晶体管
3 D G 6 C

- 规格号
- 登记顺序号
- 高频小功率晶体管
- NPN型，硅材料
- 三极管

表 E.2   部分二极管型号和参数

型号	参数名称			
	最大整流电流 I_{OM}（mA）	最大正向电流 I_{FM}（mA）	最高反向工作电压 U_{RM}（V）	最大反向电流 I_{RM}（μA）
2AP1	16		20	
2AP7	12		100	
2AP11	25		10	
2CP1	500		100	
2CP10	100		25	
2CP20	100		600	
2CZ11A	1000		100	
2CZ11B	1000		200	
2CZ11C	1000		300	
2CZ12A	3000		50	
2CZ12B	3000		100	
2CZ12C	3000		600	
2AK1		150	10	
2AK5		200	40	
2AK14		250	50	

表 E.3   部分稳压管型号和参数

型号	参数名称				
	稳定电压 U_S（V）	稳定电流 I_S（mA）	最大稳定电流 I_{SM}（mA）	最大功率损耗 P_{SM}（mW）	动态电阻 r_S（Ω）
2CW11	3.2～4.5	10	55	250	≤70
2CW12	4～4.5	10	45	250	≤50
2CW13	5～6.5	10	38	250	≤30
2CW14	6～7.5	10	33	250	≤15
2CW15	7～8.5	5	29	250	≤15

学习
札记

续表

型号	参数名称				
	稳定电压 U_S（V）	稳定电流 I_S（mA）	最大稳定电流 I_{SM}（mA）	最大功率损耗 P_{SM}（mW）	动态电阻 r_S（Ω）
2CW16	8～9.5	5	26	250	≤20
2CW17	9～10.5	5	23	250	≤25
2CW18	10～12	5	20	250	≤30
2CW19	11.5～14	5	18	250	≤40
2CW20	13.5～17	5	15	250	≤50

表 E.4　部分三极管型号和参数

型号	参数名称					
	电流放大系数 β	穿透电流 $I_{CEO}(\mu A)$	集电极最大允许电流 I_{CM}(mA)	集电极最大允许耗散功率 P_{CM}(mW)	集-射反向击穿电压 $U_{(BR)CEO}$(V)	截止频率 f(MHz)
3AX81A	30～250	≤1000	200	200	≥10	≥6kHz
3AX81B	40～200	≤700	200	200	≥15	≥6kHz
3AX51A	40～150	≤500	100	100	≥12	≥0.5
3DX1	≥9		40	250	≥20	≥0.2
3DX1B	≥14		40	250	≥20	≥0.46
3DX1C	≥9		40	250	≥10	≥1
3AG54A	≥30	≤300	30	100	≥15	≥30
3CG100B	≥25	≤0.1	50	100	≥25	≥100
3DG81A	≥30	≤0.1	50	300	≥12	≥1000
3DK8A	≥20		200	500	≥15	≥80
3DK10A	≥20		1500	1500	≥20	≥100
3DK28A	≥25		50	300	≥25	≥500
3DD11A	≥10	≤3000	30A	300W	≥30	
3DD15A	≥30	≤2000	5A	50W	≥60	

表 E.5　部分绝缘栅场效应管型号和参数

型号	参数名称					
	漏极饱和电流 $I_{DSS}(\mu A)$	开启电压 $U_{GS(th)}$（V）	栅源绝缘电阻 $R_{GS}(\Omega)$	跨导 $g_m(\mu A/V)$	漏源击穿电压 $U_{(BR)DS}$（V）	最大耗散功率 P_{DM}（mW）
3DO4	0.5×10^3～15×10^3		≥10^9	≥2000	20	1000
3DO2			≥10^9	≥4000	12	1000
3DO6	≤1	≤5	≥10^9	≥2000	20	1000
3DO1	≤1	−8～−2	≥10^9	≥500		1000

学习
札记

表 E.6   部分晶闸管型号和参数

型号	参数名称						
	正向重复峰值电压 $U_{FRM}(V)$	反向重复峰值电压 $U_{RRM}(V)$	正向平均电流 $I_F(A)$	正向平均管压降 $U_F(V)$	维持电流 $I_H(mA)$	控制极触发电压 $U_G(V)$	控制极触发电流 $I_G(mA)$
KP5	100~3000	100~3000	5	1.2	40	≤3.5	5~70
KP50	100~3000	100~3000	50	1.2	60	≤3.5	8~150
KP200	100~3000	100~3000	200	0.8	100	≤4	10~250
KP500	100~3000	100~3000	500	0.8	100	≤5	20~300

学习
札记

附录 F　半导体集成电路型号命名方法及性能参数

表 F. 1　　　　　　　　　　　半导体集成电路型号命名方法（GB 3430—1989）

第零部分		第一部分		第二部分	第三部分		第四部分	
用字母表示器件符合国家标准		用字母表示器件的类型		用数字表示器件的系列和品种代号	用字母表示器件的工作温度		用字母表示器件的封装	
符号	意义	符号	意义		符号	意义	符号	意义
C	符合国家标准	T	TTL		C	0～70℃	F	多层陶瓷扁平
		H	HTL		G	−25～70℃	B	塑料扁平
		E	ECL		L	−25～85℃	H	黑瓷扁平
		C	CMOS		E	−40～85℃	D	多层陶瓷双列直插
		M	存储器		R	−55～85℃	J	黑瓷双列直插
		F	线性放大器		M	−55～125℃	P	塑料双列直插
		W	稳压器				S	塑料单列直插
		B	非线性电路				K	金属菱形
		J	接口电路				T	金属圆形
		AD	模/数转换器				C	陶瓷片状载体
		DA	数/模转换器				E	塑料片状载体
		D	音响电视电路				G	网格阵列
		SC	通信专用电路					

示例：　C　F　741　C　T
- 金属圆形封装
- 工作温度为0～70℃
- 通用型运算放大器
- 线性放大器
- 符合国家标准

表 F. 2　　　　　　　　　　　部分集成运算放大器的主要参数

型号	参数名称								
	电源电压 $U(V)$	开环差模电压放大倍数 $A_{u0}(dB)$	输入失调电压 $U_{I0}(mV)$	输入失调电流 $I_{I0}(nA)$	最大共模输入电压 $U_{iCM}(V)$	最大差模输入电压 $U_{idM}(V)$	共模抑制比 $K_{CMRR}(dB)$	差模输入电阻 $r_{id}(M\Omega)$	最大输出电压 $U_{OPP}(V)$
F007 (CF741)	$\leqslant\lvert\pm22\rvert$	$\geqslant94$	$\leqslant5$	$\leqslant200$	$\leqslant\lvert\pm15\rvert$	$\leqslant\lvert\pm30\rvert$	$\geqslant70$	2	±13

学习札记

续表

型号	参数名称								
	电源电压 $U(V)$	开环差模电压放大倍数 $A_{u0}(dB)$	输入失调电压 $U_{I0}(mV)$	输入失调电流 $I_{I0}(nA)$	最大共模输入电压 $U_{iCM}(V)$	最大差模输入电压 $U_{idM}(V)$	共模抑制比 $K_{CMRR}(dB)$	差模输入电阻 $r_{id}(M\Omega)$	最大输出电压 $U_{OPP}(V)$
CF324（四运放）	3~30 或 ±1.5~±15	$\geqslant87$	$\leqslant7$	$\leqslant50$			$\geqslant65$		
CF7650	±5	120	5×10^{-3}				120	10^6	±4.8
CF3140	$\leqslant\lvert\pm18\rvert$	$\geqslant86$	$\leqslant15$	$\leqslant0.01$	$+12.5$~-14.5	$\leqslant\lvert\pm8\rvert$	$\geqslant70$	1.5×10^6	$+13$~-14.4

表 F.3　部分三端稳压器的主要参数

型号	参数名称						
	输出电压 $U_o(V)$	输入电压 $U_i(V)$	最小输入电压 $U_{imin}(V)$	最大输入电压 $U_{imax}(V)$	最大输出电流 $I_{omax}(A)$	电压最大调整率 $S_\mu(mV)$	输出电压温漂 S_T（mV/℃）
CW7805	$5\pm5\%$	10	7.5	35	1.5	50	0.6
CW7815	$15\pm5\%$	23	17.5	35	1.5	150	1.8
CW7820	$20\pm5\%$	28	22.5	35	1.5	200	2.5
CW7905	$-5\pm5\%$	-10	-7	-35	1.5	50	-0.4
CW7915	$-15\pm5\%$	-23	-17	-35	1.5	150	-0.9
CW7920	$-20\pm5\%$	-28	-22	-35	1.5	200	-1

表 F.4　部分数字集成电路的型号、功能和外引线排列

型号	功能	外引线排列	型号	功能	外引线排列	型号	功能	外引线排列
CT4000 或 74LS00	四2输入与非门	1 1A / 14 U_{CC}; 2 1B / 13 4B; 3 1Y / 12 4A; 4 2A / 11 4Y; 5 2B / 10 3B; 6 2Y / 9 3A; 7 GND / 8 3Y	CT183 或 74LS183	并行二进制二位全加器	1 1A / 14 U_{CC}; 2 NC / 13 2A; 3 1B / 12 2B; 4 1Cn / 11 2Cn; 5 1Cn+1 / 10 2Cn+1; 6 1S / 9 NC; 7 GND / 8 2S	CT4074 或 74LS74	上升沿双D触发器	1 1CLR' / 14 U_{CC}; 2 1D / 13 2CLR'; 3 1CLK / 12 2D; 4 1PRE' / 11 2CLK; 5 1Q / 10 2PRE'; 6 1Q' / 9 2Q; 7 GND / 8 2Q'
CT7411 或 74LS11	三3输入与门	1 1A / 14 U_{CC}; 2 1B / 13 1C; 3 2A / 12 1Y; 4 2B / 11 3C; 5 2C / 10 3B; 6 2Y / 9 3A; 7 GND / 8 3Y	CT74151 或 74LS151	八选一数据选择器	1 D3 / 16 U_{CC}; 2 D2 / 15 D4; 3 D1 / 14 D5; 4 D0 / 13 D6; 5 Y / 12 D7; 6 W / 11 A; 7 G' / 10 B; 8 GND / 9 C	CT4114 或 74LS114	下降沿JK触发器	1 1CLR' / 14 U_{CC}; 2 1K / 13 2CLK'; 3 1J / 12 2K; 4 1PRE' / 11 2J; 5 1Q / 10 2PRE'; 6 1Q' / 9 2Q; 7 GND / 8 2Q'

学习札记

型号	功能	外引线排列	型号	功能	外引线排列	型号	功能	外引线排列
CT4075 或 74LS75	四2输入或门	1 1Q' 1Q 16 / 2 1D 2Q 15 / 3 2D 2Q' 14 / 4 3C,4C 1C,2C 13 / 5 Ucc GND 12 / 6 3D 3Q' 11 / 7 4D 3Q 10 / 8 4Q' 4Q 9	CT4148 或 74LS148	8/3编码器	1 4 Ucc 16 / 2 5 E0 15 / 3 6 GS 14 / 4 7 3 13 / 5 E1 2 12 / 6 A2 1 11 / 7 A1 0 10 / 8 GND A0 9	CT1194 或 74LS194	四位双向移位寄存器	1 CLR' Ucc 16 / 2 SR QA 15 / 3 A QB 14 / 4 B QC 13 / 5 C QD 12 / 6 D CLK 11 / 7 SL S1 10 / 8 GND S0 9
CT7402 或 74LS02	四2输入或非门	1 1Y Ucc 14 / 2 1A 4Y 13 / 3 1B 4B 12 / 4 2Y 4A 11 / 5 2A 3Y 10 / 6 2B 3B 9 / 7 GND 3A 8	CT4138 或 74LS138	3/8译码器	1 A Ucc 16 / 2 B Y0 15 / 3 C Y1 14 / 4 G2A' Y2 13 / 5 G2B' Y3 12 / 6 G1 Y4 11 / 7 Y7 Y5 10 / 8 GND Y6 9	T4163 或 74LS164	四位二进制计数器	1 CLR' Ucc 16 / 2 CLK RCO 15 / 3 A QA 14 / 4 B QB 13 / 5 C QC 12 / 6 D QD 11 / 7 ENP ENT 10 / 8 GND LOAD' 9
CT4086 或 74LS86	四2输入异或门	1 1A Ucc 14 / 2 1B 4B 13 / 3 2Y 4A 12 / 4 2A 4Y 11 / 5 2B 3B 10 / 6 2Y 3A 9 / 7 GND 3Y 8	CT4085 或 74LS85	四位数据比较器	1 B3 Ucc 16 / 2 A<BIN A3IN 15 / 3 A=BIN B2IN 14 / 4 A>BIN A2IN 13 / 5 A>BOUT A1IN 12 / 6 A=BOUT B1IN 11 / 7 A<BOUT A0IN 10 / 8 GND B0IN 9	T4160 或 74LS160	四位十进制计数器	1 CLR' Ucc 16 / 2 CLK RCO 15 / 3 A QA 14 / 4 B QB 13 / 5 C QC 12 / 6 D QD 11 / 7 ENP ENT 10 / 8 GND LOAD' 9

学习札记

参 考 文 献

［1］罗映红. 电工技术. 北京：中国电力出版社，2018.

［2］罗映红. 电子技术（高等学校分层教学 A）. 北京：中国电力出版社，2013.

［3］罗映红. 电工技术（高等学校分层教学 A）. 北京：中国电力出版社，2011.

［4］陶彩霞. 电工与电子技术. 北京：清华大学出版社，2011.

［5］罗映红. 电工技术（高等学校分层教学 B）. 北京：中国电力出版社，2010.

［6］罗映红. 电子技术（高等学校分层教学 B）. 北京：中国电力出版社，2009.

［7］陶彩霞. 模拟电子技术. 北京：中国电力出版社，2009.

［8］刘晔. 电工技术. 北京：电子工业出版社，2010.

［9］秦曾煌. 电工学. 6 版. 北京：高等教育出版社，2004.

［10］姚海彬. 电工技术（电工学 I）. 2 版. 北京：高等教育出版社，2004.

［11］孙洛生. 电工学基本教程. 2 版. 北京：高等教育出版社，2008.

［12］刘润华. 电工电子学. 山东：石油大学出版社，2002.

［13］徐淑华，宫淑贞. 电工电子技术. 山东：电子工业出版社，2003.

［14］朱伟兴. 电工电子应用技术（电工学 I）. 北京：高等教育出版社，2008.

［15］朱伟兴. 电路与电子技术（电工学 II）. 北京：高等教育出版社，2009.

［16］汤蕴璆. 电机学. 第五版. 北京. 机械工业出版社，2014.

［17］周新云. 电工技术. 北京：科学出版社，2005.

［18］杨振坤. 电工电子技术. 西安：西安交通大学出版社，2007.

［19］林小玲. 电工电子学. 北京：机械工业出版社，2009.

［20］史仪凯. 电工电子技术. 北京：科学出版社，2009.

［21］孙梅. 电工学. 北京：清华大学出版社，2006.

［22］龙旭明. 电工技术与电子技术. 成都：西南交通大学出版社，2008.

学习
札记